Forschungen
zur Raumentwicklung
Band 12

Hartmut Euler

Umweltverträglichkeit von Energieversorgungskonzepten

Planungsgrundlagen für die Erstellung von umweltorientierten örtlichen und regionalen Energieversorgungskonzepten

Bonn 1984

Bundesforschungsanstalt für Landeskunde und Raumordnung

Herausgeber	Bundesforschungsanstalt für Landeskunde und Raumordnung
Schriftleitung	Wendelin Strubelt Mieke Brinkmann
Herstellung	Bundesforschungsanstalt für Landeskunde und Raumordnung

Zu beziehen über den Buchhandel oder
den Selbstverlag der Bundesforschungsanstalt
für Landeskunde und Raumordnung
Am Michaelshof 8, Postfach 20 01 30
5300 Bonn 2

ISSN 0341 — 244 X (Schriftenreihe)
ISBN 3 — 87994 — 412 — 1

Alle Rechte vorbehalten

Vorwort

Die Erforschung der Zusammenhänge zwischen Raumstruktur und Energieversorgung ist seit etwa acht Jahren ein Arbeitsschwerpunkt der Bundesforschungsanstalt für Landeskunde und Raumordnung. Die BfLR verfolgte dabei die Idee, siedlungsstrukturell differenzierte Energieleitbilder als Orientierungslinie und Entscheidungshilfe für die räumliche Planung und die räumlich konkrete Energiepolitik zu erarbeiten. Die entsprechenden methodischen und empirischen Vorleistungen der BfLR sind in das interministerielle Arbeitsprogramm "Örtliche und regionale Energieversorgungskonzepte" des Bundesministers für Forschung und Technologie und des Bundesministers für Raumordnung, Bauwesen und Städtebau eingeflossen.

Die Bundesregierung hat in ihrem Energieprogramm die Gemeinden und die Energieversorgungsunternehmen wiederholt aufgefordert, Energieversorgungskonzepte im Sinne langfristiger kommunaler oder regionaler Energieleitbilder zu erstellen, die der Verwirklichung der Ziele der Energiepolitik unter lokalen oder regionalen Rahmenbedingungen dienen sollen. "Zu diesem Zweck sind die Versorgungsmöglichkeiten nach technischen und wirtschaftlichen Gesichtspunkten im Hinblick auf die konkreten örtlichen Verhältnisse zu ermitteln und mit den Ausgangsbedingungen der Siedlungsstruktur sowie mit den Zielen der Stadtentwicklung, der Stadterneuerung und des Umweltschutzes in Einklang zu bringen" (Bundestagsdrucksache 9/983). Die Bundesregierung unterstützt die Kommunen bei dieser Aufgabe durch Förderung und Publikation von etwa 30 modellhaften örtlichen oder regionalen Energieversorgungskonzepten im Rahmen des interministeriellen Arbeitsprogramms. Die Projektleitung nichtnukleare Energieforschung der Kernforschungsanlage Jülich und die BfLR betreuen das Programm fachlich. Erste Ergebnisse liegen bereits vor.

In den von der Bundesregierung geförderten Energieversorgungskonzepten werden auch die Umweltwirkungen alternativer Vorschläge und Versorgungssysteme untersucht. Gerade in letzter Zeit hat sich das fachpolitische Interesse an Energieversorgungskonzepten vom volkswirtschaftlichen und kommunalwirtschaftlichen Aspekt der Energieeinsparung hin zu der Umweltverträglichkeit der Energieversorgung entwickelt. Dem neuen politischen Interesse steht allerdings bisher kein anerkanntes methodologisches Instrumentarium und empirisches Datengerüst zur Verfügung. In dieser Situation ist die hier vorgelegte, vor allem methodisch orientierte Forschungsarbeit von Hartmut Euler eine Orientierungshilfe für die kommunale Energiepolitik und für die wissenschaftliche Diskussion. Besonders wichtig sind die von Euler gemachten Verfahrensvorschläge für die Ermittlung globaler und regionaler Umweltwirkungen und Umweltkosten verschiedener, örtlich angepaßter Versorgungsstrategien. Diese Vorschläge werden zur Grundlage für Empfehlungen an die Planungspraxis gemacht.

Die Euler-Studie stellt daher eine wertvolle Ergänzung zu den Ergebnissen des interministeriellen Arbeitsprogramms "Örtliche und regionale Energieversorgungskonzepte" dar. Schon wegen der Eindeutigkeit ihrer Resultate dürfte die Studie kritische Reaktionen hervorrufen. Die BfLR wird diese durchaus gewünschte wissenschaftliche Diskussion aufmerksam verfolgen und ihren Ertrag für die weitere Erstellung von örtlichen oder regionalen Energieversorgungskonzepten nutzbar machen.

Dr. Frithjof Spreer
Leiter der Abteilung Forschung
und des Energiereferats in der
Bundesforschungsanstalt für
Landeskunde und Raumordnung

Die Frage der Beeinflußbarkeit der Umweltsituation durch raumplanerische und fachplanerische Maßnahmen ist seit langem ein Forschungsschwerpunkt der Abteilung Raumplanung an der Universität Dortmund. Durch Auswertung der hierbei gewonnenen Erkenntnisse sowie der Erfahrungen, die insbesondere in der BfLR mit der Initiierung, Betreuung und Beobachtung von örtlichen und regionalen Energieversorgungskonzepten gemacht wurden, war die hier vorliegende genauere Bestimmung der Schnittstelle zwischen Energieversorgungsplanung und Umweltplanung möglich.

Der Forschungsbericht wurde an der Abteilung Raumplanung der Universität Dortmund unter dem Titel "Umweltfolgen von Wärmeversorgungskonzepten — Berücksichtigung von externen (Umwelt-) Effekten der Wärmeversorgung im Rahmen der Aufstellung kommunaler und regionaler Energieversorgungskonzepte" als Dissertation zur Erlangung des akademischen Grades eines Dr.-Ing. der Fachrichtung Raumplanung vorgelegt und in der hier veröffentlichten Fassung angenommen. Die Promotionskommission setzte sich zusammen aus Herrn Prof. Dr.-Ing. Hans-Jürgen d'Alleux (Gutachter), Herrn Prof. Dr. phil. Klaus Michael Meyer-Abich, Universität Essen (Gutachter) sowie Herrn Prof. Dr. rer. pol. Paul Velsinger und Herrn Dr.-Ing. Bernhard Budde. Tag der mündlichen Prüfung war der 21.10.1983.

Den Mitgliedern der Abteilung Raumplanung, den Mitarbeitern der BfLR und allen, die mir durch Hinweise, Informationen und ihre Diskussionsbereitschaft bei der Erstellung der Arbeit geholfen haben, sei an dieser Stelle gedankt. Besonderer Dank gilt darüber hinaus Herrn Dr. rer. pol. Georg Cramer für seine Anregungen zum umweltökonomischen Teil, Herrn cand. Ing. Hans-Günter Nolte für die Programmierarbeiten sowie Frau stud. Ing. Kerstin Bergenthal und Frau Dipl.-Ing. Petra Matil-Franke für die Hilfen bei der graphischen Aufbereitung.

Dortmund, im Februar 1984

Hartmut Euler

INHALTSVERZEICHNIS

0.	Kurzfassung	1
1.	Einleitung	7
1.1	Problemstellung	7
1.2	Übersicht	10
1.3	Energieversorgungsplanung als Instrument der Umweltplanung	12
2.	Möglichkeiten der Veränderung der Wärmeversorgungsstruktur	15
2.1	Entwicklung des Gesamtenergieverbrauchs	15
2.2	Anteil und Struktur der Raumwärmeversorgung	18
2.2.1	Anteil der Wärmeversorgung am Gesamtenergieverbrauch	18
2.2.2	Beheizungsstruktur nach Energiearten	18
2.3	Bestimmungsfaktoren für die Entwicklung des Energieverbrauchs im Raumwärmebereich	19
2.3.1	Baugestalterische und planerische Maßnahmen	20
2.3.2	Wärmeschutzmaßnahmen	22
2.4	Energieverbrauch in Abhängigkeit von der Wahl des Heizungssystems	29
2.4.1	Ermittlung des Primärenergieaufwandes	29
2.4.1.1	Zur energetischen Betrachtung von Heizsystemen	30
2.4.1.2	Energieausnutzung verschiedener Heizungssysteme	31
2.4.2	Weitere zu berücksichtigende Faktoren	39
2.5	Bandbreite des zukünftigen Energieverbrauchs im Raumwärmebereich (Einfluß verschiedener Versorgungsstrategien auf den Energieverbrauch im Raumwärmebereich)	40
3.	Externe (Umwelt-) Effekte von Wärmeversorgungssystemen	43
3.1	Vorbemerkungen	43
3.2	Luftverunreinigungen	44
3.2.1	Emissionen von Wärmeversorgungssystemen	44
3.2.2	Wirkungen von Luftverunreinigungen	59
3.2.2.1	Wirkungen von Kohlendioxid und Wärmeemissionen	60
3.2.2.2	Direkte Wirkungen der erfaßten Schadstoffe	61
3.2.2.3	Indirekte Wirkungen der erfaßten Schadstoffe	62

3.3	Gewässer- und flächenbezogene Ressourcenbeanspruchungen durch die Energiegewinnung und Energieumwandlung	66
3.3.1	Ressourcenbeanspruchung durch die Energiegewinnung	66
3.3.1.1	Steinkohlenförderung	66
3.3.1.1.1	Kennwerte für die Wasserbeanspruchung (Steinkohlenbergbau)	72
3.3.1.1.2	Flächenanspruch des Steinkohlenbergbaus	75
3.3.1.1.2.1	Gesamtflächenbeanspruchung	76
3.3.1.1.2.2	Polderflächen	78
3.3.1.1.2.3	Bergehalden	82
3.3.1.1.2.4	Betriebsflächen	83
3.3.1.2	Braunkohlenförderung	88
3.3.1.2.1	Kennwerte für die Gewässerbeanspruchung durch den Braunkohlenbergbau	95
3.3.1.2.2	Kennwerte für die Flächenbeanspruchung durch den Braunkohlenbergbau	97
3.3.1.3	Flächenbeanspruchung durch andere Energieträger	105
3.3.2	Ressourcenbeanspruchung durch die Energieumwandlung	106
3.3.2.1	Gewässerbeanspruchung durch die Energieumwandlung	106
3.3.2.2	Gesamtbeanspruchung der Gewässerressourcen durch den Betrieb von Wärmeversorgungssystemen	115
3.3.2.3	Flächenbeanspruchung durch Energieumwandlung und Verteilung	117
3.3.2.3.1	Energieumwandlungsanlagen	117
3.3.2.3.2	Schutzabstände	121
3.3.2.3.3	Flächenbeanspruchung durch die Energieverteilung	123
3.4	Exkurs: Kernenergiespezifische Umweltprobleme	125
3.4.1	Bedeutung der Kernenergie für die Wärmeversorgung	125
3.4.2	Vergleichbarkeit der kernenergiespezifischen Umweltprobleme mit denen konventioneller Anlagen	126
4.	**Verfahren für die Ermittlung und Bewertung von externen Umwelteffekten**	131
4.1	Vorbemerkungen	131
4.2	Stofflich-quantitative Prüfung der Umweltfolgen	133
4.2.1	Das Simulationsprogramm "Kunstwaerg"	133
4.2.2	Referenzhaus	137
4.2.3	Ergebnisse der stofflich-quantitativen Prüfung der Umweltfolgen	137
4.3	Möglichkeiten der Aggregation der erfaßten Umweltfolgen mit Hilfe nutzwertanalytischer Methoden	153

4.4	Möglichkeiten der Internalisierung der externen Effekte durch Kostenbewertung der Umweltschäden	161
4.4.1	Vorbemerkung	161
4.4.2	Ansätze zur Monetarisierung von Umweltschäden	162
4.4.3	Modifikation der Wirtschaftlichkeitsberechnung von Wärmeversorgungsarten durch Einbeziehung der volkswirtschaftlichen Kosten durch Umweltbelastung	169
4.4.3.1	Wärmeschutzmaßnahmen	169
4.4.3.1.1	Berechnungsverfahren	170
4.4.3.1.2	Ausgangsdaten	173
4.4.3.1.3	Gegenüberstellung der einzelwirtschaftlichen und gesamtwirtschaftlichen Kostenrechnung für Wärmeschutzmaßnahmen	177
4.4.3.2	Umstellung von Heizungssystemen	184
4.4.4	Für die Wirtschaftlichkeitsberechnung relevante förderungspolitische und fiskalische Randbedingungen	190
5.	**Handlungsmöglichkeiten zur Aufstellung und Durchsetzung umweltorientierter Versorgungskonzepte**	**193**
5.1	Vorbemerkungen	193
5.2	Planungshinweise für die Aufstellung umweltorientierter Versorgungskonzepte	193
5.3	Ansatzpunkte zur Durchsetzung umweltorientierter Versorgungskonzepte im immissionsschutzrechtlichen Bereich	198
5.3.1	Bestehende immissionsschutzrechtliche Rahmenbedingungen	198
5.3.2	Vorschlag zur Ergänzung des Immissionsschutzrechts: Der energiedienstleistungsabhängige Emissionsgrenzwert	199
5.4	Rechtliche und organisatorische Aspekte bei der Einführung einer Emissionsabgaberegelung	203
5.4.1	Ansatzpunkte für eine Emissionsabgaberegelung	203
5.4.2	Nebeneffekte einer Abgabenregelung	208
5.4.3	Durch die vorgeschlagene Abgaberegelung nicht erfaßte, ökonomisch bedeutsame Effekte der Ressourcenbeanspruchung	209
5.5	Einbeziehung der umwelt- und ressourcenbezogenen Auswirkungen in energierelevante Planungsvorhaben	213
5.5.1	Erfordernis der Prüfung von Umweltfolgen bei Planungsvorhaben	213
5.5.2	Die stofflich-quantitative Analyse als Teil einer umfassenden Umweltverträglichkeitsprüfung	214
5.5.3	Umsetzungsmöglichkeiten einer umweltorientierten Planung von Wärmeversorgungskonzepten	218

5.5.3.1	Organisation der Energieversorgung	218
5.5.3.2	Handlungsmöglichkeiten der Planungs- und Entscheidungsträger	221
5.5.3.2.1	Formelle Umsetzungsmöglichkeiten	221
5.5.3.2.2	Handlungsmöglichkeiten im informellen Bereich	222
6.	**Überlegungen und Empfehlungen zu einer umweltorientierten Wärmeversorgungsplanung**	225
6.1	Maßnahmen am Verbrauchsort	226
6.2	Vorhaben im Energiegewinnungs- und Energieumwandlungsbereich	228

Anmerkungen	231
Anmerkungen zu Kapitel 1	232
Anmerkungen zu Kapitel 2	233
Anmerkungen zu Kapitel 3	239
Anmerkungen zu Kapitel 4	253
Anmerkungen zu Kapitel 5	259
Literaturverzeichnis	265
Gesetze und Verordnungen	285

Verzeichnis der Abbildungen

1. Aufteilung der Heizwärmeflüsse in einem großen Wohngebäude und bei einem freistehenden Einfamilienhaus — 23

2. Einfluß der Luftwechselzahl auf den jährlichen Heizenergiebedarf — 26

3. Einfluß der internen Wärmequellen auf den Heizenergiebedarf und die Heizzeit — 27

4. Vergleich der Kohlendioxidemissionen verschiedener Wärmeversorgungssysteme — 46

5. Vergleich der Schwefeldioxidemissionen verschiedener Wärmeversorgungssysteme — 50

6. Vergleich der Stickoxidemissionen verschiedener Wärmeversorgungssysteme — 51

7. Wirkung des sauren Niederschlags auf die Vegetation — 63

8. Wanderung des Abbaus auf der Steinkohlenlagerstätte — 67

9. Lagerstättensituation und bis 1975 eingetretene Senkungen im Bereich des Rhein-Herne-Kanals — 68

9a Entwicklung der Abbauverfahren bei der Steinkohleförderung — 69

10. Entwicklung der effektiven und preisbereinigten Bergschäden — 77

11. Poldergebiete und Flächenbelegung durch den Steinkohlenbergbau im Ruhrrevier — 79

12. Bergeanteil an der Steinkohlenförderung — 82

13. Nebenwirkungen des Steinkohlenbergbaus — 85

14. Flächenbeanspruchung durch den Steinkohlenbergbau in Abhängigkeit vom Wärmeversorgungssystem — 87

15. Flächenbilanz des Braunkohlenbergbaus — 88

16. Braunkohlenförderung und Wasserhebung im Rheinischen Braunkohlenrevier — 96

17. Braunkohlen-Grundwasserabsenkung in der Niederrheinischen Bucht — 99

18. Ausdehnung der durch Grundwasserabsenkungsmaßnahmen betroffenen Flächen — 101

19. Nebenwirkungen des Braunkohlenbergbaus — 103

20. Flächenbedarf durch den Braunkohlenbergbau in Abhängigkeit von dem Wärmeversorgungssystem — 104

21. Vergleich der Gewässerbeanspruchung kohlebetriebener Heizungssysteme — 116

22. Einordnung der elektrischen Wärmepumpe in die Netzbelastung 126

23. Gebäudedaten des Referenzhauses 140

24. Betriebswirtschaftliche Optimierung von Wärmeschutz und Wärmezuführung 169

25. Einfluß des Zinssatzes auf den Barwert der Umweltkosten 188

26. Einfluß der Umweltkostensteigerungsrate auf den Barwert der Umweltkosten 188

27. Umwelteffekte bei der Kombination von Maßnahmen der rationellen Energieverwendung 195

28. Strategie zur effizienten Umweltentlastung und Energieeinsparung 197

Verzeichnis der Tabellen

1.	Primärenergieverbrauch in der Bundesrepublik Deutschland	15
2.	Struktur des Primärenergieverbrauchs	16
3.	Ergebnisse der Berechnungen für die vier Pfade der Enquête-Kommission	17
4.	Beheizungsstruktur der Bundesrepublik Deutschland	18
5.	Jahresenergiebilanz eines Fensters in der Heizperiode in kWh pro m^2	21
6.	Vergleich der verschiedenen Anforderungen an den Wärmeschutz in der Bundesrepublik	23
7.	Wärmeschutzanforderungen in Schweden	24
8.	Durchschnittlicher Wärmeleistungsbedarf und Jahreswärmeverbrauch in der Bundesrepublik	28
9.	Ermittlung des Gesamtwirkungsgrades (Beispiel Ölheizung)	30
10.	Gesamtnutzungszahlen verschiedener Heizungssysteme	33
11.	Solarer Deckungsanteil in Abhängigkeit von der wärmeschutztechnischen Ausstattung des Gebäudes	39
12.	Spezifische Schadstoffemissionen von Energieumwandlungsanlagen	48
13.	Energieverbrauch und Emissionen von Kohleveredelungsanlagen	53
14.	Spezifische Fluor- und Chloremissionen	57
15.	Ausdehnung der Polderflächen im Einflußbereich des Ruhrbergbaus	78
16.	Durchschnittliche Sümpfungswassermengen bei der Braunkohlenförderung	97
16a	Durchschnittlicher spezifischer Flächenverbrauch der Braunkohlengewinnung	97
17.	Wasserbeanspruchung durch thermische Kraftwerke	107
18.	Wasserbeanspruchung durch Kohleveredelungsanlagen	113
19.	Flächenverbrauch für die Erzeugung von 750 MW elektrischer Leistung	119
20.	Schutzstreifen für Hochspannungsfreileitungen	124
21.	Reduzierung des Wärmedurchgangs und Kosten bei nachträglichen Wärmeschutzmaßnahmen an Altbauten	138
22.	Wärmebedarfsberechnung für das Referenzhaus ohne Wärmeschutzmaßnahmen	145

23. Umweltwirkungen des Referenzhauses ohne Wärmeschutz-
    maßnahmen   146

24. Wärmebedarfsberechnung für das Referenzhaus mit aufwendigen
    Wärmeschutzmaßnahmen (Typ E)   149

25. Reduzierung der Umwelteinwirkungen bei Dämmung des
    Referenzhauses (Typ A -> Typ E)   150

26. Deutsche Grenz- bzw. Richtwerte und relative Wirkungszahlen   155

27. Ökologischer und energetischer Vergleich der verschiedenen
    Versorgungsvarianten   157

28. Positive Effekte einer SO_2-Emissionsverminderung   166

29. Kosten verschiedener nachträglicher Wärmeschutzmaßnahmen
    am Referenzhaus   174

30. Veränderung der Investitionsrechnung für Wärmedämmung
    bei Berücksichtigung der Umweltkostenersparnisse   178

31. Veränderung der Investitionsrechnung für Wärmedämmung
    bei Berücksichtigung der Umweltkostenersparnisse (korrigierte
    Werte)   179

32. Vergleich verschiedener Wärmeschutzmaßnahmen (korrigierte
    Werte)   181

33. Veränderung der Investitionsrechnung für verschiedene Ver-
    sorgungsarten bei Berücksichtigung der Umweltkosten   186

0. Kurzfassung

Durch die Verknappung und Verteuerung der Energieträger in den sechziger und siebziger Jahren und die mittel- bis langfristig abzusehende Verschärfung des Energieproblems ist die Frage der Gestaltung der zukünftigen Energieversorgung zu einer bedeutenden Planungsaufgabe geworden. Dem wird in vielen Gemeinden und Kreisen durch die Aufstellung örtlicher und regionaler Energieversorgungskonzepte Rechnung getragen.

Die Frage der zukünftigen Energieversorgung ist nicht nur unter energiepolitischen und ökonomischen Aspekten von Bedeutung; ihr kommt darüberhinaus auch unter umweltpolitischen Gesichtspunkten eine Schlüsselrolle zu.

Die Energieumwandlung hat wesentlichen Einfluß auf die Schadstoffbelastung der Luft. Betrachtet man das Gesamtsystem der Energieversorgung von der Gewinnung bis zum Verbrauch, so ist die Energienutzung auch mit erheblichen Beeinträchtigungen der Gewässer- und Flächenressourcen verbunden.

Die Beeinträchtigungen stehen nicht unbedingt in einem direkten räumlichen, wohl aber in einem stofflich-physischen Zusammenhang zum Energieverbrauch.

In der vorliegenden Arbeit erfolgt eine Beschränkung auf den Bereich der Wärmeversorgung von Gebäuden. Es werden die direkten und indirekten Auswirkungen der Wärmeversorgung auf die Umweltbereiche Luft, Wasser und Boden untersucht, um eine umweltbezogene Planungs- und Entscheidungsgrundlage für die Aufstellung von Versorgungskonzepten zu erstellen. Hierbei zeigt sich, daß zwischen den einzelnen Versorgungsmöglichkeiten große Differenzen hinsichtlich des Ausmaßes der Umwelt- und Ressourcenbeanspruchung bestehen.

Die Differenzen resultieren zum einen aus der unterschiedlichen Umweltverträglichkeit der verschiedenen Energieträger Kohle, Öl und Gas. Im Vergleich der fossilen Energieträger ist die Verwendung von Kohle mit den größten Umweltbeeinträchtigungen verbunden, ist andererseits jedoch als heimischer Energieträger von hohem energiepolitischen Wert. Hier sind umweltbezogene Aspekte und Aspekte der Energieressourcenbewirtschaftung, insbesondere der Außenhandelspolitik, in einem politischen Entscheidungsprozeß gegeneinander abzuwägen, dessen Entscheidungsgrundlage durch eine auf die Versorgungsqualität bezogene, quantifizierende Gegenüberstellung allerdings verbessert werden kann.

Es zeigen sich jedoch auch gewichtige Unterschiede zwischen Versorgungssystemen, die mit gleichen oder ähnlichen Energieträgern betrieben werden. Hierfür ist neben umwelttechnischen Parametern die Effizienz des Gesamtsystems von entscheidender Bedeutung. Abgesehen von wenigen Zielkonflikten zwischen rationeller Energieverwendung und Umweltschutz zeigt es sich, daß der Einsatz rationeller und energetisch effizienter Versorgungssysteme in der Regel zu einer wesentlichen Umweltentlastung führt. Die mit gleichen Energieträgern versorgten Systeme können direkt miteinander verglichen werden.

Hinsichtlich der Luftbelastung weisen die unterschiedlichen Systeme gravierende Differenzen auf, die, bezogen auf die heutige Versorgungsstruktur, von einer Vervielfachung der Schadstoffbelastung beim Anschluß elektrischer Direktheizungen bis zur Umweltentlastung durch rationelle und umwelttechnisch optimierte Systeme reicht. Neben der fast umweltneutralen Gasheizung erweisen sich insbesondere die Wärmedämmung von Gebäuden und die Fernwärmeversorgung als nachhaltig umweltentlastende Maßnahmen. Für die Fernwärmeversorgung gilt dies jedoch in der Regel nur dann, wenn die Erzeugungsanlage mit technischen Umweltschutzeinrichtungen ausgerüstet ist.

Auch die Ressourcenbeanspruchungen der Umweltbereiche Wasser und Boden können durch die Wahl unterschiedlicher Versorgungssysteme nachhaltig beeinflußt werden.

Die Gewässerbeanspruchung bei der Energieumwandlung wird durch den Ausbau elektrischer Heizungssysteme erheblich gesteigert, durch den Einsatz Wärme-Kraft-gekoppelter Systeme verringert. Hier spielt von der Mengenseite her der Wasserentzug durch Verdunstung, von der Güteseite her die Belastung von Oberflächengewässern mit Abwärme eine Rolle. Auch die Gewässerbeanspruchung durch die Energiegewinnung, insbesondere durch den Kohlebergbau, die sowohl mengen- wie auch gütemäßig zu einschneidenden Beeinträchtigungen des Wasserhaushalts führen, können durch die Aufstellung und Umsetzung rationeller Versorgungskonzepte vermindert werden. Ebenso sind die durch den Flächenanspruch des Bergbaus entstehenden Flächennutzungskonflikte erheblich und können durch rationelle Energienutzung reduziert werden. Durch auf verstärkte Einsparung ausgerichtete Versorgungskonzeptionen können entweder die Nebenwirkungen des Bergbaus durch verminderten Kohleeinsatz reduziert oder unter ressourcenpolitischen

Gesichtspunkten möglicherweise höherwertige Ziele wie die Ölverdrängung in stärkerem Maße erfüllt werden.

Bei energetisch ungünstigen Systemen sind die gewässer- und flächenbezogenen Ressourcenbeanspruchungen, die sich als Nebeneffekte der Wärmeversorgung ergeben, z.T. deutlich höher als die entsprechenden Beanspruchungen durch die Siedlungsplanung selbst. Daher ist es erforderlich, diese Nebeneffekte in wesentlich stärkerem Maße als Abwägungsfaktor in die Planung von Versorgungskonzepten einzubeziehen, als dies bislang der Fall ist. Ebenso sollten bei der Durchführung von umweltrelevanten und ressourcenbeanspruchenden Planungen im Bereich der Energieumwandlung und -gewinnung versorgungskonzeptionelle Alternativen in den planerischen Abwägungsprozeß mit einbezogen werden.

Mit dem Simulationsprogramm "Kunstwaerg" wurde ein Informationsmodell erstellt, das die Umweltfolgen von baulichen und heizungstechnischen Maßnahmen zur Veränderung der Wärmeversorgungsstruktur sowohl bei Einzelmaßnahmen als auch bei der Aufstellung von Versorgungskonzepten ermittelt und dadurch eine frühzeitige Einbeziehung von Umweltaspekten in den Planungs- und Entscheidungsprozeß ermöglicht. Aufgrund der Ausrichtung des Modells auf die Versorgungsqualität, die Gewährleistung einer ausreichenden Raumwärmeversorgung, ist ein direkter Vergleich verschiedener versorgungskonzeptioneller Alternativen hinsichtlich der zu erwartenden Umweltfolgen möglich, wobei sowohl bauliche (insbesondere Maßnahmen des Wärmeschutzes) als auch versorgungstechnische Maßnahmen (durch Wahl rationeller Energieversorgungsarten) berücksichtigt werden können. Die direkte Vergleichsmöglichkeit ist eine wesentliche Voraussetzung, um die Einbeziehung von Umweltfolgen als Abwägungsfaktor im Planungsprozeß handhabbar zu machen.

Um die Realisierungschance für umweltorientierte Versorgungskonzepte zu verbessern, ist es empfehlenswert, die externen Umwelteffekte durch Erhebung einer Schadstoffabgabe und die finanzielle Förderung von Maßnahmen zur Senkung der Schadstoffemission zu internalisieren. Es bestehen zwar hinsichtlich der monetären Bewertung von Umweltschäden große Unsicherheiten. Auch können nur Teile der volkswirtschaftlichen Schäden in ökonomischen Größen bewertet werden; die "Intangibles" entziehen sich weitgehend einer Bewertungsmöglichkeit. Dennoch wird beispielhaft gezeigt, daß selbst eine vorsichtige Einbeziehung von Umweltkosten die Wirtschaftlichkeit von Maßnahmen der rationellen Energieverwendung deutlich verbessert und Einsatzmöglichkeiten rationeller und umweltentlastender Versorgungstechniken auch dort eröffnet, wo die Wirtschaftlichkeitsschwelle nicht oder noch nicht erreicht ist.

Darüberhinaus erscheint es zweckmäßig, die Möglichkeiten der Umweltentlastung durch bessere Energienutzung auch im immissionsschutzrechtlichen Instrumentarium stärker als bisher zu berücksichtigen. Da das bestehende Immissionsschutzrecht die Möglichkeit der Umweltentlastung durch rationelle Energieverwendung kaum berücksichtigt und Effizienzgesichtspunkte weitgehend unbeachtet läßt, wird als Ergänzung des bestehenden Instrumentariums die Einführung eines energiedienstleistungsabhängigen Emissionsgrenzwertes vorgeschlagen und diskutiert.

Insgesamt zeigt sich, daß die rationelle Energieverwendung neben der technischen Emissionsminderung als wichtiger Beitrag zur Umweltentlastung anzusehen ist, den es gilt, als aktive Strategie des vorbeugenden Umweltschutzes verstärkt auszubauen.

Ebenso bietet die vergleichende Zuordnung der Ressourcenbeanspruchung durch die Energiegewinnung und -umwandlung zur Wärmeversorgung die Möglichkeit, auch bei Planungen, die sich auf die Gewässer- und Flächenressourcenbewirtschaftung beziehen, das umweltpolitische Prinzip der vorsorgenden Schadensvermeidung gezielt anzuwenden und gegenüber der Anpassungs- und Ausgleichsplanung zu verstärken. Durch eine genauere Kenntnis und Berücksichtigung der ursächlichen, physischen Zusammenhänge, die zwischen der Wärmeversorgung und der Umwelt- und Ressourcenbeanspruchung von Energieumwandlungs- und -verteilungsanlagen bestehen, können Umweltprobleme und Flächennutzungskonflikte bereits in einem frühen Planungsstadium vermindert oder entschärft werden.

Wie exemplarisch am Beispiel der Wärmeversorgung gezeigt wird, bestehen zwischen den Naturressourcen enge, stoffliche Zusammenhänge. Eine stärkere, integrierende Berücksichtigung dieser Zusammenhänge bei den einzelnen Fachplanungen ermöglicht eine insgesamt auf Ressourcenschonung ausgerichtete, geplante Form der Naturaneignung, die den Konflikt zwischen Umweltzielen und wirtschaftlichen Zielen entschärfen kann und überwiegend "von selbst" zur Umweltentlastung beiträgt.

Im Bereich der Wärmeversorgung ist es allerdings neben einem hohen Maß an Koordination zwischen den einzelnen Fachplanungen erforderlich, die Einflußmöglichkeiten öffentlicher Planungsträger auf die Ausgestaltung von örtlichen und regionalen Energieversorgungskonzepten zu verbessern.

1. Einleitung

1.1 Problemstellung

Die Ölpreissteigerungen der Jahre 1973 und 1979 sowie die Erkenntnis, daß der Vorrat an fossilen Energieträgern begrenzt ist, haben die Umstrukturierung der gegenwärtigen Energieversorgung zu einer Aufgabe mit hohem politischen und ökonomischen Gewicht gemacht.

Besondere Bedeutung für die zukünftige Energieversorgung hat der Bereich der Raumwärme, da er mit knapp 40% des gesamten Energieeinsatzes den größten Einzelposten des Energieverbrauchs darstellt, zu einem hohen Anteil mit Erdölprodukten versorgt wird und überdies ein hohes Veränderungspotential aufweist.

Durch bauliche Maßnahmen des Wärmeschutzes einerseits und durch den Einsatz städtebaulich angepaßter Versorgungstechnologien andererseits kann die Menge und die Struktur der einzusetzenden Energieträger beeinflußt werden. Dies ist nicht nur unter energiepolitischen und wirtschaftlichen Aspekten von großer Bedeutung, sondern hat überdies erheblichen Einfluß auf die Umweltsituation.

Menge und Struktur des Energieverbrauchs beeinflussen nicht nur die Qualität der Luft durch die Abgabe von Schadstoffen, sondern haben überdies auch bedeutenden Einfluß auf die Qualität und Verfügbarkeit der Umweltmedien Wasser und Boden.

Der überwiegende Teil der Schadstoffbelastung der Luft ist auf Verbrennungsprozesse zurückzuführen und steht damit in engem Zusammenhang zum Energieverbrauch. Die Menge und Art der Schadstoffabgabe ist von der eingesetzten Brennstoffart, der verwendeten Umwandlungstechnologie, den angewandten Umweltschutztechniken und nicht zuletzt von der eingesetzten Brennstoffmenge abhängig.

Für eine vollständige Bilanzierung der Schadstoffbelastung ist jedoch nicht nur die lokale Schadstoffabgabe zu ermitteln, sondern es gilt, die gesamte Brennstoffverwendung inclusive aller Umwandlungsstufen (Kraftwerke, Raffinerien) bis hin zur Energiegewinnung (Bergbau) in die Betrachtung mit einzubeziehen. Die Umwandlungsanlagen wie die Gewinnungsanlagen verursachen ebenfalls Umweltbeeinträchtigungen, die anteilig dem Energieverbrauch zuzurechnen sind und durch Änderung der Wärmeversorgungsstruktur beeinflußt werden können.

Auch die Gewässerressourcen werden durch die Energiegewinnung und -umwandlung beansprucht; das Ausmaß dieser Beanspruchung kann ebenfalls durch die Art der Energienutzung beeinflußt werden. Von der Mengenseite her führt der Wasserentzug aus den Oberflächengewässern beispielsweise durch die Wasserverdunstung der Kraftwerke zum Teil zu Engpässen, die aufwendige und großräumige Vorsorge- und Ausgleichsmaßnahmen erforderlich machen. Ähnliches gilt für die Energiegewinnung.

Von der qualitativen Seite her wird der Wasserhaushalt durch bergbauliche Tätigkeiten wie durch Kraftwerke, Raffinerien und Kokereien ebenfalls z.T. erheblich beeinträchtigt. Hierbei spielen sowohl Schadstoffe (Salze, Kohlenwasserstoffe) als auch die Einleitung von Abwärme eine Rolle.

Der Flächenanspruch der Energiegewinnung, -verteilung und -umwandlung führt lokal, zum Teil sogar großräumig zu erheblichen Flächennutzungskonflikten und Planungsproblemen. Als Beispiele seien hier Umsiedlungsmaßnahmen als Folge des Braunkohlentagebaus, entstehende Bergsenkungen durch den Steinkohlebergbau und Planungsrestriktionen durch den direkten und indirekten (Abstandsflächen) Flächenanspruch von Energieumwandlungsanlagen und Leitungstrassen genannt.

Trotz z.T. großer räumlicher Entfernung besteht ein direkter physischer Zusammenhang zwischen dem lokalen Energiebedarf des Endverbrauchers und den durch die Versorgungsinfrastruktur erzeugten Umweltbeeinträchtigungen und Nutzungskonflikten, die durch die Ausgestaltung der Energieversorgung zu beeinflussen sind. Dieser Zusammenhang wird untersucht und, soweit möglich, quantitativ bestimmt.

Da die verschiedenen einsetzbaren Versorgungstechniken sehr unterschiedliche Energiemengen bei Gewährleistung der gleichen Versorgungsqualität benötigen, können die mit dem Energieeinsatz verbundenen Umweltbelastungen und Ressourcenbeanspruchungen durch Wahl von unterschiedlichen Versorgungskonzepten erheblich beeinflußt werden.

Generell ist, abgesehen von wenigen Zielkonflikten zwischen Energieeinsparung und Umweltschutz, davon auszugehen, daß rationellere Energieversorgungskonzepte im allgemeinen weniger Umweltprobleme aufwerfen als solche mit einer geringeren energetischen Effizienz. Auch der Rat von Sachverständigen für Umweltfragen kommt zu dem Schluß, daß "...insgesamt ... von einer auf Einsparung gerichteten Veränderung der Wärmeversorgungssysteme eine wesentliche Verbesserung der Umweltqualität in der Bundesrepublik Deutschland zu erwarten wäre."/1/

Meyer-Abich stellt ebenfalls den Zusammenhang zwischen Energieeinsparung und Umweltschutz heraus: "...in jedem Fall handelt es sich um Beiträge zum Umweltschutz in dem Maße, in dem die einzusparenden Energiemengen die Umwelt belasten würden, wenn sie nicht eingespart werden würden"./2/

Die umweltentlastende Wirkung von Energieeinsparmaßnahmen kann sowohl bei Einzelmaßnahmen als auch bei der Aufstellung örtlicher oder regionaler Energieversorgungskonzepte nutzbar gemacht werden.

Die Bedeutung von örtlichen und regionalen Energieversorgungskonzepten als Planungsinstrument wird von der Bundesregierung betont./3/ Auch die übrigen beteiligten Institutionen wie Landesregierungen/4/, der deutsche Städtetag/5/, die kommunalen Unternehmen/6/ sowie die Verbände der leitungsgebundenen Energiewirtschaft/7/ haben sich positiv zur Aufstellung von Versorgungskonzepten geäußert und ihre Mitwirkungsbereitschaft bekundet.

Die Notwendigkeit, Belange des Umweltschutzes bei der Aufstellung von Versorgungskonzepten zu beachten, wird hierbei unterstrichen: "... die Versorgungsmöglichkeiten sind nach technischen und wirtschaftlichen Gesichtspunkten im Hinblick auf die konkreten örtlichen Verhältnisse zu ermitteln und mit den Ausgangsbedingungen der Siedlungsstruktur sowie mit den Zielen der Stadterneuerung und des Umweltschutzes in Einklang zu bringen."/8/

Damit die Möglichkeit der Umweltentlastung durch Gestaltung der Wärmeversorgung im Rahmen der Planung eine angemessene Berücksichtigung finden kann, ist es notwendig, die mit den jeweiligen Planungsalternativen verbundenen umweltrelevanten Nebenwirkungen für den Planungsträger konkret vorab sichtbar zu machen.

Es besteht die Chance, die Aufstellung von Energiekonzepten gleichzeitig zu einem Instrument der Umweltplanung als Maßnahme des prophylaktischen Umweltschutzes zu entwickeln. Für die praktische Umsetzung ist es jedoch notwendig, daß die mit der jeweiligen Versorgungsvariante verbundenen Umwelt- und Ressourcenprobleme zu einem möglichst frühen Zeitpunkt des Planungsablaufes bekannt sind, um als Planungs- und Entscheidungskriterium Berücksichtigung finden zu können.

Da durch Umweltbelastungen auch volkswirtschaftliche Schäden erheblichen Ausmaßes entstehen, wird weiterhin die Frage untersucht, welche Auswirkungen die Berücksichtigung dieser externen Effekte auf die betriebswirtschaftliche Kostenrechnung der Wärmeversorgung hat.

Insgesamt ist es das Ziel der Untersuchung, die mit der Wärmeversorgung verbundenen Umweltfolgen zu ermitteln und in einer für die Planungspraxis anwendbaren Form aufzubereiten. Dies soll dazu beitragen, die kommunalen bzw. regionalen Planungs- und Entscheidungsträger in die Lage zu versetzen, schon bei der Aufstellung von Versorgungskonzepten die damit verbundenen umwelt- und ressourcenbezogenen Implikationen zu erkennen und in den Entscheidungsprozeß mit einzubeziehen. Darüberhinaus sollen die Handlungsmöglichkeiten erörtert werden, die hinsichtlich der Aufstellung und Umsetzung umweltorientierter Versorgungskonzepte bestehen.

1.2 Übersicht

Der besseren Übersichtlichkeit halber sollen die in den einzelnen Kapiteln behandelten Schwerpunkte hier kurz zusammengefaßt werden:

In **Teil 2** wird der Einfluß unterschiedlicher Versorgungskonzeptionen auf den Energieverbrauch dargestellt. Es werden die gebäudebezogenen Parameter (Wärmeschutz, Gebäudetyp, Lage) sowie die heizsystembezogenen Parameter, insbesondere die Energieausnutzung der Systeme insgesamt, zusammengestellt, um die Bandbreite der Einflußmöglichkeiten abzustecken.

In **Teil 3** werden die mit verschiedenen ausgewählten Wärmeversorgungssystemen verbundenen direkten und indirekten Umweltauswirkungen und Ressourcenbeanspruchungen untersucht. Neben den Schadstoffbelastungen der Luft werden die Einwirkungen auf den Wasserhaushalt und die Flächenbeanspruchungen ermittelt, die unmittelbar oder mittelbar mit der Wärmeversorgung verbunden sind, wobei eine Beschränkung auf das Gebiet der Bundesrepublik Deutschland erfolgt. Sofern ein direkter Zusammenhang zwischen Energieverbrauch und Ausmaß der Beeinträchtigungen feststellbar ist, werden spezifische Kennwerte bestimmt und diskutiert. Die nur in Teilbereichen vergleichbaren Umweltfolgen der Kernenergie werden in einem Exkurs angesprochen.

Die in **Teil 4** angestellten Überlegungen zielen darauf ab, die Möglichkeiten der Einbeziehung von Umweltfolgen in den Planungs- und Entscheidungsprozeß zu überprüfen:

a. Stofflich-quantitative Prüfung der Umweltfolgen
Um die externen Effekte von Wärmeversorgungssystemen sowie die Unterschiede zwischen verschiedenen Versorgungsvarianten ad hoc sichtbar zu

machen, wurde ein Simulationsprogramm entwickelt, daß die umwelt- und ressourcenbezogenen Nebenwirkungen - sofern sie sinnvoll quantifiziert werden können - von beliebigen Versorgungseinheiten ermittelt.

b. Nutzwertanalytische Ansätze

Die Frage, ob eine Aggregation der verschiedenen erfaßten externen Effekte durch formalisierte nutzwertanalytische Bewertungsverfahren möglich ist, wird untersucht.

c. Möglichkeiten und Konsequenzen der Kostenbewertung von Umweltschäden

Die bisher bereits feststellbaren Schäden bieten - mit großen Vorbehalten - die Möglichkeit, Teile der externen Effekte mit monetären Größen zu bewerten. Auch wenn durch eine solche Monetarisierung nur Mindestgrößen angegeben werden können, so zeigen die durchgeführten Berechnungen, daß selbst eine vorsichtige Einbeziehung der volkswirtschaftlichen Schäden die betriebswirtschaftliche Kostenrechnung erheblich modifizieren kann.

In **Teil** 5 wird vor dem Hintergrund der bestehenden rechtlichen, organisatorischen und institutionellen Rahmenbedingungen die Frage erörtert, wie die Aufstellung und Umsetzung umweltorientierter Versorgungskonzepte verbessert werden kann.

Zunächst wird geprüft, inwieweit das bestehende umweltrechtliche Instrumentarium die Möglichkeiten der Umweltentlastung durch rationelle Energieverwendung berücksichtigt.

Darüberhinaus werden die Möglichkeiten der Erhebung einer Schadstoffabgabe zur Einbeziehung der volkswirtschaftlichen Schäden in die Kostenrechnung, die Kompatibilität mit den bestehenden umweltpolitischen Strategien und die damit verbundenen Auswirkungen untersucht.

Um die Durchsetzungsmöglichkeiten umweltentlastender Versorgungskonzepte zu erhöhen, werden abschließend Vorschläge zur Veränderung der rechtlichen und institutionellen Rahmenbedingungen gemacht. Die Frage, ob die gegenwärtig bestehende Kompetenz- und Aufgabenverteilung zwischen öffentlichen Planungsträgern, Versorgungsunternehmen und Verbrauchern bei der Erstellung und Umsetzung von Energieversorgungskonzepten unter Umweltschutzgesichtspunkten sinnvoll ist, wird hierbei geprüft.

1.3 Energieversorgungsplanung als Instrument der Umweltplanung

Zur Einordnung der rationellen Energieverwendung als gezielte Strategie zur Umweltentlastung sei an dieser Stelle eine kurze Systematisierung der umweltpolitischen Handlungsmöglichkeiten vorausgestellt.

a. Strategien zur Verminderung der Umwelteinwirkungen ohne Veränderung der Ursache der Umweltbeeinträchtigung:

Zwei konkrete Beispiele für diese Strategie lassen sich im Bereich des Immissionsschutzes festmachen: Die sog. "Politik der hohen Schornsteine" und die Anforderungen an die räumliche Planung, emittierende und immissionsempfindliche Nutzungen durch Schaffung von Schutzabständen möglichst weit voneinander zu trennen. Diese, für die Umwelteinwirkungen Lärm, auch Gerüche, aufgrund des vollständigen Abbaus der Störung angemessene Strategie der räumlichen Trennung des Akzeptors von der Emissionsquelle ist im Bereich des Immissionsschutzes problematisch, sofern die Schadwirkung der luftverunreinigenden Stoffe nicht vollständig abgebaut wird. Auch führt die durch § 50 Bundesimmissionsschutzgesetz /9/ allgemein formulierte und in Nordrhein-Westfalen durch den sog. "Abstandserlaß" /10/ konkretisierte Anforderung, emittierende Anlagen und immissionsempfindliche Nutzungen durch Einhaltung von Schutzabständen voneinander zu trennen, teilweise zu Substitutionen emissionsmindernder Maßnahmen durch Planungsmaßnahmen, wodurch das Ziel der Umweltentlastung konterkariert werden kann. /11/

b. Strategien zur Verminderung der Umweltbeeinträchtigung am Ort des Entstehens, ohne den Stoffumsatz zu modifizieren.

Bezogen auf den Bereich der Luftreinhaltung bedeutet dies: technische Maßnahmen zur Verminderung der spezifischen Schadstoffemissionen bzw. Auswahl von technischen Verfahren, die bei gleichem Produktionsoutput weniger Schadstoffe emittieren, wie z.B. Kraftwerke mit Rauchgasentschwefelungsanlagen und Entstaubungsanlagen. Diese Strategie ist ein entscheidendes und unverzichtbares Mittel zur Verbesserung der Umweltsituation.

Nicht vermindert werden jedoch die mit dem Ressourcenverbrauch verbundenen Probleme sowie die mit der Energieumwandlung bei fossilen Brennstoffen untrennbar verbundenen Emissionen von CO_2 und Wärme.

Darüberhinaus werden auch die Schadstoffprobleme aufgrund des Naturgesetzes der Stofferhaltung nur begrenzt gelöst: Beispielsweise wird der in der Kohle enthaltene Schwefel zwar bei der Rauchgasentschweflung in den wesentlich umweltneutraleren Stoff Gips umgewandelt; die ebenfalls in der Kohle enthaltenen toxischen Stoffe tauchen jedoch, sofern sie in einer Entstaubungsanlage abgeschieden werden, entweder im Abwasser oder in der Schlacke wieder auf und verursachen so an anderer Stelle neue Umweltprobleme.

c. Strategien zur Veränderung des Stoffumsatzes ohne Veränderung des Zwecks, um dessentwillen die Stoffumwandlung durchgeführt wird.

Diese Strategie geht von der Tatsache aus, daß mit rationeller Produktion in der Regel per se eine Schonung der Umweltressourcen verbunden ist. Im Bereich der Wärmeversorgung hat diese Strategie einen besonders hohen Stellenwert. Der Zweck der Energie- und Stoffumwandlung im Bereich der Wärmeversorgung, die Sicherung der Energiedienstleistung "warmer Raum", läßt sich in Abhängigkeit von der baulichen Ausstattung des zu beheizenden Gebäudes und der Umwandlungstechnologie mit sehr unterschiedlichen Energiemengen sichern.

Eine Senkung des Energieverbrauchs durch Wärmeschutzmaßnahmen oder durch Wahl einer effizienteren Umwandlungstechnologie reduziert mit wenigen Ausnahmen (s.u.) sämtliche mit dem Energieeinsatz verbundenen Umwelt- und Ressourcenprobleme. "Energieeinsparungen bieten ... gegenüber anderen Möglichkeiten der Immissionsreduktion den Vorteil, prinzipiell die Emission aller anfallenden Schadstoffe zu verringern, während Rückhaltetechnologien meist nur einen oder einige wichtige Stoffe erfassen. Schließlich impliziert der Umweltschutz per Energieeinsparung definitionsgemäß keinen zusätzlichen Energieaufwand, während die verschiedenen Rückhaltetechnologien z.T. mit signifikanten Erhöhungen der Energieumsätze verbunden sind." /12/

d. Strategien zur Verminderung des Stoffumsatzes bei gleichzeitiger Verminderung des mit der Stoffumwandlung angestrebten Zwecks.

Im Falle der Wärmeversorgung bedeutet dies die Senkung der Umweltbelastung durch Reduzierung der Versorgungsleistung. Die Senkung der Raumtemperatur um einige Grad stellt in vielen Fällen keine echte Komforteinbuße dar und ist bei überheizten Räumen unter medizinischen Aspekten eher zu begrüßen. Auch mit der nur teilweisen Beheizung zeitweilig unbenutzter Räume sowie mit der Temperatur-Nachtabsenkung sind Einsparungsmöglichkeiten verbunden, die kaum eine Senkung der Versorgungsqualität bedeuten. Die Möglichkeiten der Umweltentlastung durch Senkung der Energiedienstleistung bleiben jedoch im folgenden unberücksichtigt.

2. Möglichkeiten der Veränderung der Wärmeversorgungsstruktur

2.1 Entwicklung des Gesamtenergieverbrauchs

Der Energieverbrauch stieg in der Bundesrepublik Deutschland von 1950 bis 1973 kontinuierlich um fast das Dreifache an. Gründe hierfür sind insbesondere in der starken wirtschaftlichen Expansion und den relativ sinkenden Energiepreisen während dieser Periode zu suchen.

Hieraus wurden im Laufe der siebziger Jahre Abschätzungen über die Entwicklung des zukünftigen Energieverbrauchs abgeleitet, die sich bisher regelmäßig als wesentlich zu hoch gegriffen herausgestellt haben. So wurde im Energieprogramm der Bundesregierung von 1972 /13/ eine Steigerung des Primärenergieverbrauchs um 60% auf 600 Mio t SKE für das Jahr 1985 prognostiziert; in der 2. Fortschreibung des Energieprogramms von 1977 /14/ wurde auf Grundlage einer Gemeinschaftsprognose von vier energiewissenschaftlichen Instituten /15/ ein Primärenergieverbrauch von 600 Mio t SKE für das Jahr 2000 abgeschätzt.

Die tatsächliche Energieverbrauchsentwicklung weicht in den Jahren 1973-1982 hiervon in deutlicher Weise ab. Seit der ersten Energiekrise 1973 stieg der Energieverbrauch bis 1979 nur noch verlangsamt an. Die mit nochmaligen starken Preissteigerungen verbundene 2. Energiekrise des Jahres 1979 bewirkte in der Folge ein Absinken des Energieverbrauchs, so daß der Verbrauch des Jahres 1982 deutlich unter dem des Jahres 1973 lag (vgl. Tab. 1) /16/.

Tabelle 1: Primärenergieverbrauch in der Bundesrepublik Deutschland

Jahr	10^6 t SKE	Veränderung %
1973	378,5	+ 6,8
1974	365,9	- 3,3
1975	347,7	- 5,0
1976	370,3	+ 6,5
1977	372,3	+ 0,5
1978	389,0	+ 4,5
1979	408,2	+ 4,9
1980	390,2	- 4,4
1981	374,1	- 4,1
1982	362,5	- 3,1

Die Veränderung der Struktur des Energieverbrauchs (Tab. 2) zeigt, daß in bezug auf das energiepolitisch bedeutende Ziel, die Zurückdrängung des überwiegend importierten Erdöls, wesentliche Fortschritte erzielt werden konnten. Dennoch spielt das Erdöl mit 44,1% am gesamten Primärenergieverbrauch immer noch die dominierende Rolle.

Tabelle 2: Struktur des Primärenergieverbrauchs

	1973		1982		Veränderung
	10^6 t SKE	%	10^6 t SKE	%	10^6 t SKE
Mineralöl	208,9	55,3	160,0	44,1	- 48,9
Steinkohle	84,2	22,2	77,0	21,2	- 7,2
Braunkohle	33,1	8,7	38,6	10,6	+ 5,5
Erdgas	38,6	10,2	55,1	15,2	+ 16,5
Kernenergie	3,9	1,0	20,6	5,7	+ 16,7
Wasserkraft	8,2	2,1	8,0	2,2	- o,2
Sonstige	1,6	0,4	3,2	0,9	+ 1,6
Gesamt	378,5	100,0	362,5	100,0	- 16,0

Die Fehleinschätzung hinsichtlich der Energieverbrauchsentwicklung ist auf die zugrundegelegten Prognosemethoden zurückzuführen. Es wurde aus dem in den fünfziger und sechziger Jahren empirisch zu beobachtenden Zusammenhang zwischen der Entwicklung des Bruttosozialprodukts und des Energieverbrauchs eine gesetzmäßige Verbindung abgeleitet, die nur langsam zu "entkoppeln" sei. Bei der Vorgabe einer aus wirtschaftspolitischen Gründen notwendigen jährlichen prozentualen Steigerungsrate des Sozialprodukts ergab sich automatisch die Erwartung einer exponentiellen Steigerung des Energieverbrauchs.

Wichtigster Mangel einer solchen Trendfortschreibung ist vor allem die Vernachlässigung bzw. Unterschätzung der Möglichkeiten der Beeinflussung des Energieverbrauchs, die sich durch den Einsatz rationeller Energieversorgungssysteme ergeben.

Verschiedene, in neuerer Zeit durchgeführte in- und ausländische Untersuchungen zeigen, daß bei forciertem Einsatz von Techniken der rationellen Energieverwendung der Energieverbrauch langfristig auch dann noch gesenkt werden kann, wenn von einer erheblichen Steigerung der Nachfrage nach Energiedienstleistungen ausgegangen wird. /17/18/19/20/21/22/

Die Entwicklung des künftigen Energieverbrauchs weist somit ein weites Spektrum verschiedener Möglichkeiten auf. So wurden auch bei der Untersuchung der Enquête-Kommission des Deutschen Bundestages über die "Zukünftige Kernenergiepolitik" keine traditionellen Bedarfsprognosen mehr zugrundgelegt, sondern vier mögliche "Pfade" in Form von Szenarien ermittelt, die die Bandbreite dieses Spektrums abstecken sollten. Ausgehend von einer Steigerung des Sozialproduktes gegenüber 1978 um 55% bis zum Jahr 2000 (Pfad 1: 105%) errechnete sich ein Primärenergieverbrauch für den Pfad 1 (600 Mio t SKE) der das Ergebnis des Pfades 4 (345 Mio t SKE) um 74% übersteigt.

In der langfristigen Perspektive bis zum Jahr 2030 übersteigt das Ergebnis des Pfades 1 (800 Mio t SKE) das des Pfades 4 (310 Mio t SKE) um 160% (vgl. Tab. 3) /23/

Der Steuerung der Entwicklung der Energieversorgungsstruktur kommt somit eine entscheidende Aufgabe zur Lösung des vor uns liegenden Energieproblems zu.

Hierbei hat die Frage der Entwicklung der Wärmeversorgungsstruktur eine besondere Schlüsselrolle: Der Sektor Wärmeversorgung ist von der Quantität her bedeutend, infolge seiner hohen Ölabhängigkeit besonders empfindlich und weist ein hohes Einsparpotential auf.

Tabelle 3: Ergebnisse der Berechnungen für die vier Pfade der Enquête-Kommission

		PFAD 1		PFAD 2		PFAD 3		PFAD 4	
Charakterisierung									
Wirtschaftswachstum									
– vor 2000		3,3%		2,0%		2,0%		2,0%	
– nach 2000		1,4%		1,1%		1,1%		1,1%	
Strukturwandel in der Wirtschaft		mittel		mittel		stark		stark	
Wachstum der Grundstoffindustrie		wie BSP/2		wie BSP/2		Null		Null	
Energieeinsparungen		Trend		stark		sehr stark		extrem	
	1978	2000	2030	2000	2030	2000	2030	2000	2030
Nachfrageseite									
Primärenergiebedarf	390	600	800	445	550	375	360	345	310
Endenergiebedarf	260	365	446	298	317	265	250	245	210
Strombedarf[2]	36	92	124	47	57	39	42	36	37
Nicht-energetischer Verbrauch	32	50	67	43	52	34	34	34	34
Angebotsseite									
Stein- und Braunkohle	105	175	210	145	160	145	160	130	145
Erdöl und Erdgas	265	250	250	190	130	190	130	165	65
Kernenergie in GWe	10	77	165	40	120	0	0	0	0
– davon Brutreaktoren	—	—	84	—	54	—	—	—	—
Regenerative Energiequellen	8	40	50	40	50	40	70	50	100
Sonstiges									
Kohleverstromung	65	80	80	29	22	76	77	52	33
Synthetisches Erdgas aus Kohle	—	18	50	18	56	—	—	—	—
Stromanteil in %									
– an der Raumwärme	3	14	17	5	7	3	2	2	0
– an der Prozeßwärme	7	19	17	8	8	8	8	7	6
Natururanbedarf, in 1000 t kumuliert		bis 2030		bis 2030					
– ohne Wiederaufarbeitung		650		425					
– mit Brutreaktoren		390		255					

[1] Wenn nicht anders angegeben, beziehen sich alle Werte auf Millionen t SKE.
[2] Der Strombedarf bezieht sich auf den Endenergiebedarf an Strom, nicht auf die Bruttostromerzeugung. Er ist hier in Millionen t SKE angegeben. 1 Million t SKE Strombedarf entspricht 8,13 TWh.

2.2 Anteil und Struktur der Raumwärmeversorgung

2.2.1 Anteil der Wärmeversorgung am Gesamtenergieverbrauch

Der gesamte Endenergieverbrauch der Bundesrepublik betrug 1979 269,6 Mio t SKE bzw. 2192 Mrd kWh. Für die Raumwärmeversorgung wurden hiervon 38% bzw. 833 Mrd. kWh aufgewendet.

Der Verbrauchsbereich Raumwärme unterteilt sich nach Nutzergruppen folgendermaßen: 56% verbrauchte der Sektor private Haushalte; 32% wurden für die Raumwärmeversorgung im Bereich Kleinverbrauch, 11% im Sektor Industrie aufgewendet /24/.

2.2.2 Beheizungsstruktur nach Energiearten

Die Entwicklung der Beheizung

Die Entwicklung der Beheizungsstruktur war in den letzten 20 Jahren erheblichen Veränderungen unterworfen. Sie ist vor allem gekennzeichnet durch den Rückgang der vor 20 Jahren doch dominierenden Kohle-Einzelheizung (von 90,2% 1960 auf 10,6% 1980) das starke Vordringen des Öls (von 7,3% 1960 auf 53% 1980) und die langsamere Ausbreitung der leitungsgebundenen Energieträger Gas (von 1,6% auf 21,3%) Fernwärme (von 0,7% auf 7,3%) und Strom (von 0,2% auf 7,8%) (vgl. Tab. 4).

Der Anteil ölbeheizter Wohnungen erreichte 1974 mit über 55% seinen höchsten Stand und sank seitdem kontinuierlich ab (auf unter 50% 1982).

Tabelle 4: Beheizungsstruktur der Bundesrepublik Deutschland (mit Berlin, Wohnungen in 1000)

Jahr	alle Wohnungen	Ein- und Zweifamilienhäuser									
			Einzelbeheizung				Sammelbeheizung				
			Kohle	Öl	Gas	Strom		Kohle	Öl	Gas[1]	Fernwärme
1960	15655	7505	6601	6102	379	108	12	904	644	224	24	12
1970	20550	9882	5665	3205	1967	150	340	4217	866	2814	471	66
1980	23900	11900	3300	780	1490	360	670	8600	480	5940	1890	290

		Mehrfamilienhäuser									
			Einzelbeheizung				Sammelbeheizung				
			Kohle	Öl	Gas	Strom		Kohle	Öl	Gas[1]	Fernwärme
1960		8150	7631	7072	438	111	10	519	298	109	14	98
1970		10668	6672	4422	1291	468	491	3996	424	2305	526	741
1980		12000	3800	1130	740	740	1190	8200	130	4500	2110	1460

[1]) einschließlich über Heizzentralen versorgte Wohnungen

Quelle: /25/

2.3 Bestimmungsfaktoren für die Entwicklung des Energieverbrauchs im Raumwärmebereich

Das Ausmaß der externen (Umwelt-)Effekte von Wärmeversorgungssystemen hängt unter anderem von der bereitzustellenden Energiemenge ab. Daher sollen die Bestimmungsfaktoren, die den Energieverbrauch für Heizzwecke beeinflussen, in dem folgenden Abschnitt zusammengefaßt werden.

Die über die Heizung bereitzustellende Nutzenergiemenge stellt nur eine Teilgröße innerhalb des gesamten Wärmehaushaltes eines Gebäudes dar. Vereinfacht ist ein Gebäude als ein hohler Körper anzusehen, für den es gilt, zur Bedürfnisbefriedigung der in ihm lebenden Menschen eine konstante Innentemperatur (ca. 20° C) zu gewährleisten und eine ausreichende Menge Frischluft zuzuführen. Die insgesamt ausgeglichene Bilanz von Wärmezufuhr und Wärmeabfuhr wird durch folgende Faktoren bestimmt:

Die Wärmeverluste setzen sich zusammen aus
- Transmissionsverlusten durch die Raumumschließungsflächen (Fenster, Wände, Dach, Keller, Außentüren), und die
- Lüftungsverluste durch den ungewollten und den erwünschten Außenluftwechsel.

Die Wärmegewinne setzen sich zusammen aus
- Wärmegewinnen durch Sonneneinstrahlung auf die Außenfläche, insbesondere die Fenster,
- Wärmegewinnen durch rauminterne Quellen, insbesondere durch elektrische Geräte, Beleuchtung, Personenwärme,
- den Heizwärmebedarf (Nutzenergiebedarf) zur Deckung der verbleibenden Differenz /26/

Der Brennstoff- bzw. Primärenergiebedarf für die Bereitstellung der Raumwärme hängt von dem Heizwärmebedarf und dem Gesamtwirkungsgrad des eingesetzten Heizungssystems ab.

Der Energieverbrauch kann somit beeinflußt werden durch
- baugestalterische und planerische Maßnahmen der Anpassung des Gebäudes an die natürlichen Umgebungsbedingungen (bei Neubauten)
- bauliche Maßnahmen zur Verringerung der Wärmeverluste,
- die Wahl des Heizungssystems.

2.3.1 Baugestalterische und planerische Maßnahmen

Bei der Neuplanung von Gebäuden läßt sich durch die Wahl der Gebäudeform, die Gebäudeausrichtung und des Standortes des Gebäudes der Heizungsbedarf unabhängig von baulichen Maßnahmen am Gebäude verändern.

a. Oberflächen - Volumen Verhältnis

Das Verhältnis zwischen Oberfläche und Volumen (F/V-Verhältnis) schwankt je nach Geschoßzahl und Bautyp (z.B. Einfamilienhaus, Reihenhaus, Blockbebauung und Hochhaus) zwischen den Extremwerten $0,24 m^{-1}$ (Blockbebauung in Würfelform) und $1,2\ m^{-1}$ (aufgelockert, extravagant gegliederte Einfamilienhausbebauung) und wird durch die Feingliederung und architektonische Formgestaltung modifiziert. /27/ Bei gleicher baulicher Ausführung wird der Wärmebedarf eines kompakten Mehrfamilienhauses (F/V = $0,25$-$0,45\ m^{-1}$) von einem Reihenhaus (F/V = $0,4$-$0,8\ m^{-1}$) um ca. 20-35% überstiegen, von dem Wärmebedarf eines freistehenden Einfamilienhauses (F/V $0,8$-$1,2\ m^{-1}$) um ca. 45-55%. /28/

b. Einfluß der Gebäudestellung und des Fensterflächenanteils

Die energetische Bedeutung der Gebäudeorientierung resultiert vorrangig aus der Möglichkeit der passiven Sonnenenergienutzung. Diese wird durch den Wärmegewinn der Baukörper durch Strahlungswärme bestimmt, wobei die Fenster eine vorrangige Rolle spielen. Durch den sog. "Treibhauseffekt" kann die kurzwellige Sonnenstrahlung durch das Glas ins Gebäude einfallen, während die langwellige, zurückgegebene Wärmestrahlung zum Teil zurückgehalten wird. Strahlungswärmegewinne treten zwar auch bei nicht-transparenten Bauteilen (Wänden) auf, sind jedoch gering und damit faktisch ohne Einfluß auf den Wärmebedarf /29/.

Die Nutzbarmachung des Sonnenwärmegewinns hängt somit besonders von der Orientierung der gegen Süden gerichteten Fassade und dem Anteil der Fensterfläche an der Südfassade ab. Abgedichtete, doppelt oder dreifach verglaste Südfenster haben eine günstigere Jahresenergiebilanz als die nach Süden orientierte Außenwand, selbst dann, wenn diese gut isoliert ist. (Vgl. Tab. 5)

Tabelle 5: Jahresenergiebilanz eines Fensters in der Heizperiode in kWh pro m^2

	Süd	Ost	West	Nord	Außenwand k=0,3	k=0,8
Doppelverglasung (Fugendichtung)	-25	-185	-175	-256	-31	-83
Dreifachverglasung (Fugendichtung)	+35	-125	-112	-208		

(Nach: /30/31/)

Modellrechnungen an einem geplanten Bebauungsgebiet in Erlangen haben ergeben, daß durch Vergrößerung des Fensterflächenanteils der Südfassade und entsprechende Fassadenorientierung der Heizenergiebedarf deutlich gesenkt werden kann. Bei gleicher wärmetechnischen Ausstattung (nach Wärmeschutzverordnung 1977) wird durch Erhöhung des Fensterflächenanteils der Südfassade von 20% auf 70% eine Steigerung des Sonnenenergieanteils an dem gesamten Nutzwärmebedarf von 10% auf 32% bzw., bei einer ungünstigeren Fassadenorientierung, von 7% auf 18% erreicht. Die Heizenergieeinsparung beträgt 25% bzw. - bei der ungünstigeren Gebäudeorientierung - 11% /32/. Der relative Anteil des Sonnenwärmegewinns steigt hierbei mit verbessertem Wärmeschutz.

Der Beitrag des passiven Sonnenwärmegewinns hängt weiterhin naturgemäß davon ab, ob während der Heizzeit eine Verschattungsfreiheit der Fenster erreicht werden kann, also vom Abstand zur Nachbarbebauung, der Art und Höhe der Bepflanzung usw..

c. Windeinfluß

Auch Planungsmaßnahmen, die auf eine Verminderung der durchschnittlichen Windgeschwindigkeit abzielen, können zur Verringerung des Energiebedarfs von Gebäuden beitragen. Der Transmissionswärmebedarf und - in stärkerem Maße - auch der Lüftungswärmebedarf steigt mit der Erhöhung der Windgeschwindigkeit. Besonders stark variiert der Wärmebedarf durch den Windeinfluß im Bereich niedriger Windgeschwindigkeiten zwischen 0 und 6 m/s. Berechnungen von Weidlich /33/ ergaben folgende Anhaltswerte: eine Verringerung der durchschnittlichen Windgeschwindigkeit um 15-30% bewirkt eine Reduktion des Gesamtwärmebedarfs um etwa 3-6%.

In bezug auf eine Verringerung der Windgeschwindigkeit sind insbesondere folgende Maßnahmen relevant:

- Auswahl des Baugebietes; Kuppenlagen und Nord- bzw. Westhänge sind gegenüber der Lage in ebenem Gelände oder Süd- und Osthanglagen erheblich im Nachteil /34/. Der Unterschied hinsichtlich des Heizwärmebedarfs zwischen extrem windexponierten und windgeschützten Lagen kann über 30% ausmachen /35/.

- Gebäudeorientierung

  Der Winddruck bzw. -sog, der den Lüftungswärmebedarf von Gebäuden mitbeeinflußt, ist u.a. von der Anströmrichtung abhängig. Die Gebäudeorientierung sollte so gewählt werden, daß große Fassaden mit hohem Fensteranteil nicht senkrecht zur Hauptwindrichtung gestellt werden. Ebenfalls zu beachten ist die Stellung der Gebäude zueinander, da einerseits Windschatteneffekte ausgenutzt werden können, andererseits jedoch an den Seiten und Kanten der Gebäude Düseneffekte mit dem Effekt der Erhöhung der Windgeschwindigkeit auftreten. /36/

- Windschutzpflanzungen

  Pflanzungen (Hecken, Windschutzstreifen) können als windreduzierende Maßnahme eingesetzt werden und sind in der Regel wirkungsvoller als gleich hohe Mauern /37/. Im Bereich der fünffachen Entfernung der Schutzstreifenhöhe reduziert sich die Windgeschwindigkeit um 40-60% im Bereich der zehnfachen Entfernung um ca. 15-30%. Die zunehmende Dichte der Schutzpflanzung steigert die Schutzwirkung direkt hinter dem Schutzstreifen, bei weniger dichter Bepflanzung (Laubgehölze im Winter) ist die Wirkung in größerer Entfernung von Schutzstreifen höher /38/.

2.3.2 Wärmeschutzmaßnahmen

In stärkerem Ausmaß als durch Planungsmaßnahmen - die bei Neubauten allerdings mit keinem oder nur geringem finanziellen Mehraufwand zu realisieren sind - kann durch Wärmeschutzmaßnahmen am Gebäude der Energieverbrauch beeinflußt werden. Der Wärmeschutz von Gebäuden ist vorrangig abhängig von

- dem Wärmedurchgangskoeffizienten der umschließenden Bauteile und deren Anteil an der wärmeübertragenden Umfassungsfläche,
- der Wärmespeicherfähigkeit der einzelnen Bauteile,
- der Luftdurchlässigkeit der Bauteile,
- der Lüftung.

a. Transmissionswärmeverluste

Da bei Gebäuden, die bis 1977 erstellt wurden, also dem überwiegenden Teil des Gebäudebestandes, die Transmissionswärmeverluste etwa 80-90% der gesamten Wärmeverluste ausmachen, kommt der Verringerung dieses Faktors vorrangige Bedeutung zu. (Vgl. Abb. 1)

Abb. 1: Aufteilung der Heizwärmeflüsse in einem großen Wohngebäude und bei einem freistehenden Einfamilienhaus

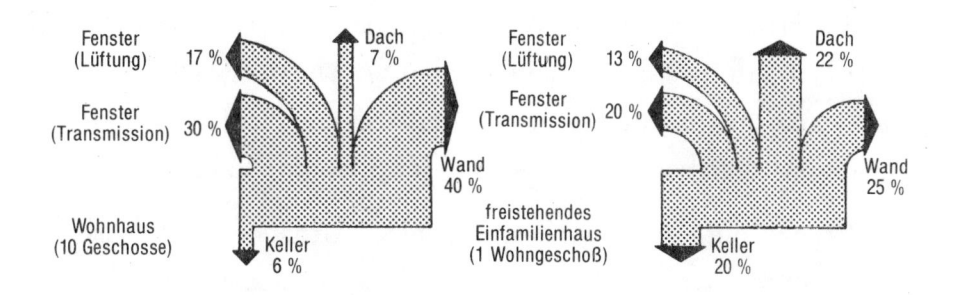

Fenster (Lüftung) 17 %
Dach 7 %
Fenster (Transmission) 30 %
Wand 40 %
Wohnhaus (10 Geschosse)
Keller 6 %

Fenster (Lüftung) 13 %
Dach 22 %
Fenster (Transmission) 20 %
Wand 25 %
freistehendes Einfamilienhaus (1 Wohngeschoß)
Keller 20 %

Quelle: /39/

Der Transmissionswärmeverlust entspricht dem Wärmestrom, der pro Grad Temperaturdifferenz durch ein bestimmtes Teil der Gebäudehülle abfließt und wird bestimmt als Wärmedurchgangskoeffizient
$k = W/m^2 K$. (K = Temperaturdifferenz in Kelvin).

Gegenüber dem Gebäudebestand ist eine drastische Verringerung der Transmissionswärmeverluste durch Wärmeschutzmaßnahmen erreichbar. Die Wärmeschutzverordnung von 1977 /40/ brachte bereits eine bedeutende Erhöhung der wärmetechnischen Anforderungen an Neubauten mit sich und wird mit der Neufassung vom 24.2.1982 (Inkrafttreten am 1.1.1984) /41/ noch einmal spürbar verschärft. Eine vergleichende Übersicht gibt Tab. 6. /42/

Tabelle 6: Vergleich der verschiedenen Anforderungen an den Wärmeschutz in der Bundesrepublik (maximale durchschnittliche k-Werte in Abhängigkeit von der Gebäudeform und dem Fensterflächenanteil)

	k_m max $(W/m^2 K)$
Altbauten	1,30 - 1,80
Wärmeschutzverordnung 1977	0,80 - 1,30
Wärmeschutzverordnung 1982	0,50 - 0,80

In Skandinavien, insbesondere in Schweden, wo aufgrund der klimatischen Bedingungen dem Wärmeschutz schon immer eine höhere Bedeutung beigemessen wurde, liegen die Anforderungen an die Wärmedämmung bedeutend höher. Da aufgrund der steigenden Energiepreise für die zweite Hälfte der achtziger Jahre auch für die Bundesrepublik mit weiteren Verschärfungen der Wärmeschutzvorschriften zu rechnen ist, seien die schwedischen Anforderungen hier zum Vergleich aufgeführt /43/.

In Schweden werden für alle Bauteile maximale Wärmedurchgangskoeffizienten vorgeschrieben, die nur dann überschritten werden dürfen, wenn der damit verbundene Energie-Mehrverbrauch durch besseren Wärmeschutz der anderen Bauteile kompensiert wird /44/. Die schwedische Wärmeschutznorm macht darüberhinaus eine gebietsbezogene Unterscheidung zwischen der wärmeren südlichen und der kalten nördlichen Klimazone.

Verglichen mit dem bundesdeutschen Altbaubestand wird unter gleichen klimatischen Bedingungen durch das schwedische Anforderungsniveau eine Nutzenergieeinsparung von 70-75% (bzw. 75-80% durch die für Nordschweden geltenden Vorschriften) erreicht. Für elektrisch beheizte Neubauten gilt aufgrund des ungünstigen Wirkungsgrades bei der Erzeugung des elektrischen Stroms (s.u.) eine weitere verschärfende Auflage. Elektrisch beheizte Häuser müssen als Genehmigungsvoraussetzung eine weitere Energieeinsparung von 40% gegenüber dem schwedischen Neubaustandard nachweisen. /45/ Dies kann entweder über eine weitere Erhöhung des Wärmeschutzes erreicht werden oder durch den Einsatz rationeller Versorgungstechnologien wie der Lüftungswärmerückgewinnung oder der Wärmepumpe. (Vgl. Tab. 7) /46/

Tabelle 7: Wärmeschutzanforderungen in Schweden			
Bauteil	k-Wert (W/m^{2}K) Südschweden Zone III+IV	k-Wert (W/m^{2}K) Nordschweden Zone I+II	k-Wert (W/m^{2}K) elekt. Heizung
Außenwand	0,3	0,25	0,17
Fenster	2,0	2,0	2,0
Dach	0,2	0,17	0,12
Kellerwand	0,3	0,3	0,2

Es lassen sich also die Transmissionswärmeverluste gegenüber dem Altbaubestand um etwa 80-90% bei festen Bauteilen und um 60-70% bei Fenstern senken. Bei letzteren sind durch Einbau isolierender Rolläden weitere Einsparungen möglich.

b. Lüftung

Die Wärmeverluste eines Gebäudes durch die Lüftung hängen von der Dichtigkeit der Außenbauteile und den Lüftungsgepflogenheiten der Bewohner ab.

Maß für die Energieverluste eines Gebäudes durch die Lüftung ist die Anzahl der stündlichen Luftwechsel, die Luftwechselzahl. Die VDI-Norm 2067 /47/ zur Berechnung des Energieverbrauchs von Gebäuden geht als hygienischem Minimum zur Sicherstellung einer ausreichenden Sauerstoff- Versorgung von einem halben stündlichen Luftwechsel (Luftwechselzahl 0,5 h^{-1}) aus, der bei extrem niedrigen Außentemperaturen ohne Öffnen der Fenster gesichert sein muß. Die reale Luftwechselzahl bei Altbauten liegt jedoch wesentlich höher, da die meisten Altbauten den heutigen Qualitätsnormen nicht entsprechen. /48/. Zudem nimmt der Anteil der benutzerabhängigen Lüftung durch Fensteröffnen mit steigenden Außentemperaturen in der Übergangszeit erheblich zu. (Bei gekipptem Fenster bespielsweise auf 0,8 - 4 h^{-1}) /49/

Ehm gibt an, daß man für ein gut isoliertes Haus sinnvollerweise von einer Luftwechselzahl von 0,8 - 1 h^{-1} ausgehen kann. /50/

Hörster rechnet in dem energetischen Vergleich verschiedener Einfamilienhaus-Typen für das Normalhaus (Altbau) mit einer durchschnittlichen Luftwechselzahl von 1,6 h^{-1}, für ein nach schwedischen Standards gebautes, gut isoliertes und gut abgedichtetes Haus mit 0,9 h^{-1}, und kommt dabei zu folgenden Ergebnissen (vgl. Abb. 2):

Der Anteil des Lüftungswärmebedarfs an dem Gesamtwärmebedarf eines Hauses nimmt bei gut isolierten Gebäuden relativ zu. Bei einem nach schwedischen Standards gedämmten Haus setzen sich die gesamten Wärmeverluste bereits bei 0,9-fachem Luftwechsel zu über 80% aus Lüftungsverlusten und nur zu knapp 20% aus Transmissionswärmeverlusten zusammen. Eine weitere Verbesserung des Wärmeschutzes etwa nach dem Standard (E-Haus) des Experimentierhauses in Aachen (entspricht in etwa den Anforderungen an elektrisch beheizte Häuser in Schweden) bringt absolut nur noch eine vergleichsweise geringere Energieeinsparung mit sich; die konstant bleibenden Lüftungswärmeverluste machen dann etwa 97% der Gesamtverluste aus.

Abb. 2: Einfluß der Luftwechselzahl auf den jährlichen Heizenergiebedarf
(Wetterdaten: Hamburg 1973)   Quelle : /51/

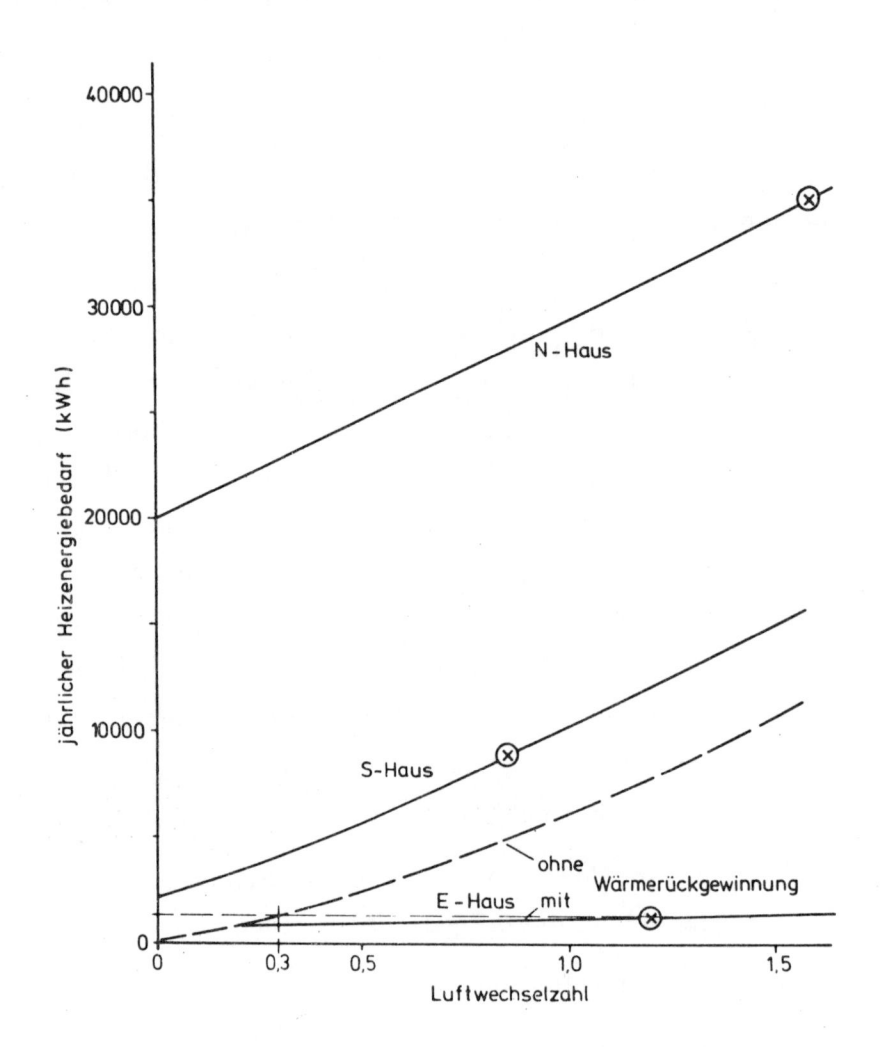

Bei hochgedämmten Häusern erweist es sich daher als sinnvoller, eine weitere Reduzierung des Wärmeverbrauchs über die Installation von mechanischen Lüftungsanlagen und durch eine teilweise Rückgewinnung der Lüftungswärme zu erreichen. Nach dem heutigen Stand der Technik kann mit derartigen Anlagen, unter Einbeziehung des Stromverbrauchs für die Rückgewinnungsanlage, ca. 60% der Lüftungswärme wiedergewonnen werden. /52/

c. Einfluß interner Wärmequellen

Die internen Wärmequellen setzen sich aus Personen- und Gerätewärme zusammen und sind daher ebenfalls benutzerabhängig. Personen geben ständig etwa 100 W an die Umgebung ab; die Gerätewärme (Elektrogeräte, Warmwasser, Licht) hängt von dem Ausstattungsgrad mit Haushaltsgeräten und der Benutzungsintensität ab. Da der Beitrag der internen Lasten unabhängig von dem Isolierungsstandard des Gebäudes ist, steigt die relative Bedeutung dieses Faktors mit verbesserter Wärmedämmung an (Abb. 3).

Abb. 3: Einfluß der internen Wärmequellen auf den Heizenergiebedarf
und die Heizzeit   Quelle : /53/

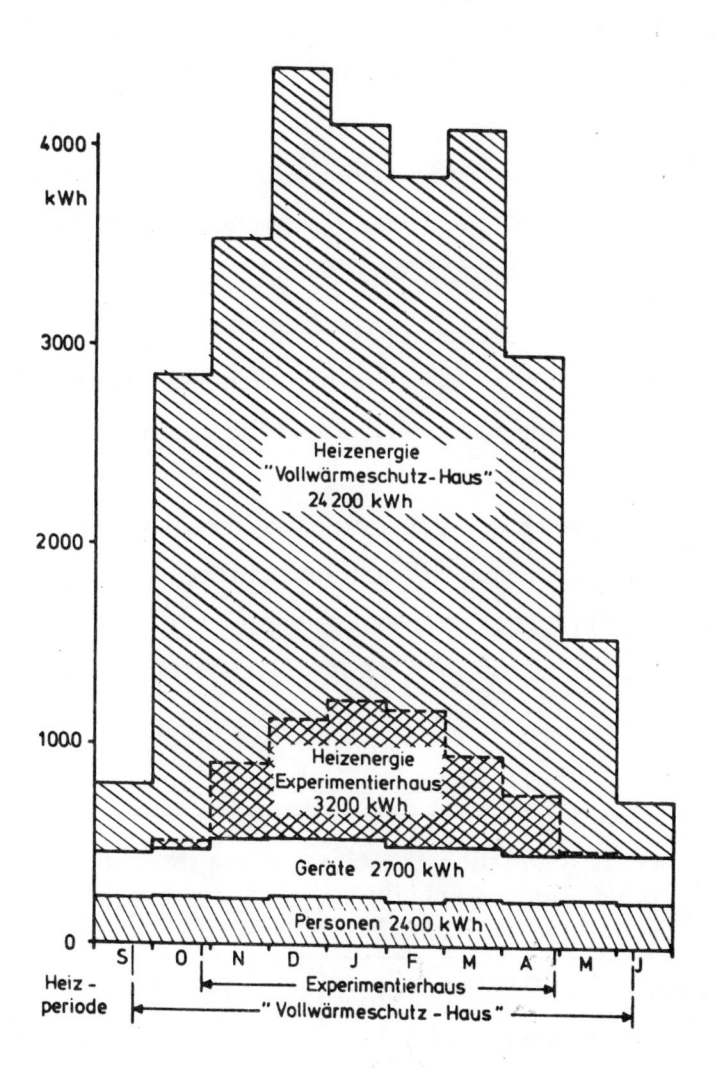

Aufgrund des Einflusses der internen Wärmequellen in einem Gebäude sinkt zum einen der Heizenergiebedarf eines Hauses bei verstärkter Wärmedämmung stärker ab als die Wärmeverluste. Zum anderen verkürzt sich die Heizperiode. In der Übergangszeit reichen bei gut isolierten Gebäuden die internen Wärmequellen in Ergänzung zu den passiven Sonnenwärmegewinnen aus, um eine zusätzliche Wärmezuführung durch die Heizungsanlage zu erübrigen.

d. Wärmespeicherfähigkeit

Auch die Wärmespeicherkapazität der verwendeten Baumaterialien hat einen Einfluß auf den Wärmebedarf von Gebäuden. Die tagsüber durch Sonneneinstrahlung aufgenommenen Wärmemengen können bei schweren Baukonstruktionen an die Innenluft eines Gebäudes abgegeben werden und so den Energiebedarf reduzieren. Einige Autoren gehen sogar davon aus, daß eine verstärkte Wärmeisolierung die Wärmespeicherfähigkeit entscheidend beeinträchtige und so zu einem Energiemehrverbrauch führe. /54/55/

Diesbezügliche Untersuchungen von Ehm /56/ und Rouvel /57/ haben jedoch ergeben, daß die Frage der Wärmespeicherfähigkeit nach dem neueren Forschungsstand nur eine nachgeordnete Rolle spielt.

Bei Berücksichtigung der genannten Faktoren Wärmeschutz, Lüftungsverluste und Wärmegewinne ergeben sich hinsichtlich des Wärmeleistungsbedarfs und des Energieverbrauchs in Abhängigkeit von den für die Bundesrepublik gültigen Wärmeschutznormen etwa folgende Durchschnittswerte nach Rouvel (Vgl. Tab. 8) /58/:

Tabelle 8: Durchschnittlicher Wärmeleistungsbedarf und Jahreswärmeverbrauch in der Bundesrepublik				
Wärmeschutz-norm	Wärmeleistungs-bedarf (W/m^2)	Jahresenergie-verbrauch ($kWh/m^2/a$)	Anteil Wärme-gewinne (%)	Energie-verbrauch (%)
1969	115	320	25%	100%
1977	85	240	38%	75%
1982	60	170	50%	53%
(MFH, 5-geschossig)				
1969	165	480	25%	100%
1977	125	350	38%	73%
1982	85	240	50%	50%
(EFH, 1 1/2-geschossig)				

Technisch läßt sich somit der Jahresnutzwärmebedarf von Gebäuden mit konventionellen Mitteln auf etwa ein Viertel (Schwedenstandard), mit extremen Aufwendungen inclusive Wärmerückgewinnung auf ein Siebentel bis ein Zehntel reduzieren. Limitierender Faktor ist hierbei vor allem die wirtschaftliche Rentabilität der Maßnahmen (vgl. Kap. 4.2.2 und 4.4.3).

Bei der nachträglichen Isolierung bestehender Altbauten bestehen hingegen für derart weitgehende Wärmeschutzmaßnahmen auch technische und städtebauliche Restriktionen. Diese sind insbesondere:

- Die nur begrenzte Verringerungsmöglichkeit der Verluste bei Gebäuden mit besonders hohem Fensterflächenanteil (insbesondere Bürogebäude aus den 60er und 70er Jahren)
- Vorhandene Wärmebrücken (z.B. Balkone)
- Bestehende feingegliederte Fassaden (z.B. Stuck oder Fachwerk), die aus stadtgestalterischen oder denkmalpflegerischen Erwägungen nicht verändert werden sollten. /59/

2.4 Energieverbrauch in Abhängigkeit von der Wahl des Heizungssystems

2.4.1 Ermittlung des Primärenergieaufwandes

Die in Abschnitt 2.3 beschriebenen planerischen und baulichen Veränderungsmöglichkeiten bestimmen den jährlichen, durch die Heizungsanlage bereitzustellenden Nutzenergiebedarf eines Gebäudes. Die erforderliche Nutzenergiemenge kann jedoch, je nach Wahl des Heizungssystems, durch unterschiedliche End- bzw. Primärenergiemengen bereitgestellt werden.

Für die Bestimmung der Umwelt- und ressourcenbezogenen Nebenwirkungen eines Wärmeversorgungssystems ist es notwendig, die ganze Kette der Energieumwandlung, von der Primärenergiegewinnung bis zur Bereitstellung der Energiedienstleistung "Raumwärme" zu betrachten.

Bei konventionellen Energiesystemen ergibt sich der Endenergiebedarf, der für die Beheizung von Gebäuden bereitgestellt werden muß, aus der in Form von Heizwärme aufzubringenden Nutzenergie dividiert durch den Wirkungsgrad des jeweiligen Heizungssystems. Der für die Bestimmung des Primärenergieaufwandes zu ermittelnde Gesamtwirkungsgrad einer Heizungsanlage ergibt sich aus dem Produkt der Einzelwirkungsgrade der einzelnen Umwandlungsstufen und Verteilungsvorgänge. Den Gesamtwirkungsgrad bildet das Produkt aus folgenden Einzelfaktoren, die in Abb. 8 am Beispiel der Ölheizung schematisch dargestellt werden:

Tabelle 9: Ermittlung des Gesamtwirkungsgrades (Beispiel Ölheizung)

Einzelwirkungsgrad	zu berücksichtigende Faktoren
Verteilungswirkungsgrad Heizungsanlage	Leitungsverluste der Wärmeverteilung im Gebäude
x	
Umwandlungswirkungsgrad Heizungsanlage	Brenner- und Abgasverluste der Heizungsanlage
x	
Verteilungswirkungsgrad des Heizöls	Energieaufwand für den Transport des Heizöls
x	
Umwandlungswirkungsgrad der Heizölerzeugung	verfahrenstechnisch bedingte Verluste im Raffinerieprozeß
x	
Verteilungswirkungsgrad des Rohöls	Transportenergieaufwand
x	
Gewinnungswirkungsgrad Rohöl	Energieverbrauch und Verluste bei der Erdölgewinnung

2.4.1.1 Zur energetischen Betrachtung von Heizsystemen

Der Genauigkeit halber sind noch einige grundsätzliche Überlegungen zum Begriff "Wirkungsgrad" notwendig: Häufig wird dieser Begriff in der Literatur mit dem Anteil an nutzbarer Energie gleichgesetzt, der bei einem Energieumwandlungsprozeß im Verhältnis zur eingesetzten Energie frei wird. Bei dieser, nur den ersten Hauptsatz der Thermodynamik (Erhaltungssatz der Energie) berücksichtigenden Betrachtungsweise hat ein konventioneller Ölkessel eine ähnlich hohe Energieausnutzung zu verzeichnen wie beispielsweise ein Wärme-Kraft-Kopplungsprozeß (ca. 70-85%).

Diese Sichtweise vernachlässigt jedoch die Wertigkeit der Energie. Nach dem 2. Hauptsatz der Thermodynamik wird die Energie bei jedem Umwandlungsprozeß auf ein niedrigeres Niveau gebracht und dadurch irreversibel entwertet. Soll die Energie besser genutzt werden, so kommt es darauf an, diese Energieentwertung zu verlangsamen. Der Wert einer Energiemenge ist bestimmt durch ihre Fähigkeit, Arbeit zu leisten. Daher wird eine Energiemenge in voll in Arbeit umwandelbare Anteile (Exergie), und nicht mehr in Arbeit umwandelbare, sondern in Form von Wärme niedriger Temperatur abgegebene Anteile (Anergie), unterteilt.

Mechanische und elektrische Energie sind reine Exergie, während Wärme ein Gemisch aus Exergie und Anergie darstellt, das je nach Temperatur unterschiedliche Exergieanteile enthält. /60/ Umgebungswärme ist reine Anergie, die zwar praktisch unbegrenzt vorhanden ist, aber nicht mehr in Arbeit zurückverwandelt werden kann. Ein physikalisch exakterer, für die Praxis aber nur zum Teil verwendbarer Vergleich verschiedener Heizsysteme läßt sich über den exergetischen Wirkungsgrad feststellen.

Der exergetische Wirkungsgrad liegt bei konventionellen Heizungssystemen ausnahmslos unter 5%, bei der elektrischen Widerstandsheizung aufgrund des doppelten Exergieverlustes im Kraftwerk und im Heizsystem immer unter 2,5%. /61/

Am geringsten sind die Exergieverluste bei Heizungen aus Wärme-Kraft- gekoppelten Prozessen und bei Wärmepumpensystemen; bei letzteren wird die sonst nicht nutzbare Umgebungswärme unter Zuführung von Exergie für die Heizung mit genutzt.

Bei derartigen Prozessen kann das Verhältnis zwischen abgegebener Wärmemenge zu eingesetzer Energie auf über 1 steigen; für diesen Sachverhalt ist jedoch die Verwendung von Wortverbindungen mit "Grad" wie "Wirkungsgrad" oder "Nutzungsgrad" unzulässig, /62/ auch wenn sie in weiten Teilen der energiewirtschaftlichen Literatur Eingang gefunden hat. Da in die folgenden Betrachtungen auch nicht-konventionelle Systeme miteinbezogen werden, wird der Begriff "Wirkungszahl" oder "Nutzungszahl" verwendet.

2.4.1.2 Energieausnutzung verschiedener Heizungssysteme

Im folgenden werden die Nutzungszahlen der verschiedenen Heizungssysteme dargestellt: Die Betrachtung beschränkt sich auf solche Heizungssysteme, die derzeit oder in absehbarer Zukunft quantitativ eine beachtenswerte Rolle spielen und mit wesentlichen ökologischen Beeinträchtigungen verbunden sind. Aufgrund ihrer geringen quantitativen Bedeutung wurden Holzfeuerungen, Torffeuerungen etc. nicht einbezogen. Die Gesamtwirkungszahlen der einzelnen Versorgungssysteme sind in Tab. 10 zusammengestellt.

Tabelle 10: Gesamtnutzungszahlen verschiedener Heizungssysteme

Heizungssystem	Nutzenergie	Verteilnutzungszahl Heizungsanl.	Nutzungszahl Heizungsanl.	Verteilnutzungszahl Endenergie	Umwandlungsnutzungszahl Primär/Endenergie	Verteilnutzungszahl Primärenergie	Gewinnungswirkungszahl Primärenergie	Gesamtnutzungszahl	Primärenergieaufwand
Ölheizung	100	0,98	0,69	0,99	0,89	0,99	–	0,59	169,5
Gasheizung	100	0,98	0,70	0,99	0,95	0,98	–	0,63	158,1
Einzelofen (Kohle)	80	–	0,65	0,99	0,99	0,99	0,96	0,62	130,1
Elektroheizung	100	–	0,98	0,95	0,345	0,99	0,96	0,305	327,5
E-Wärmepumpe (+Ölheizung) Gesamt	67 + (33) = 100	0,98 (0,98)	2,6 (0,69)	0,95 (0,99)	0,345 (0,89)	0,99 (0,99)	0,96 –	0,79 (0,59) 0,71	84,4 + (55,9) = 140,3
Gas-Kompressions-Wärmepumpe	100	0,98	1,34	0,99	0,95	0,98	–	1,21	82,6
Diesel Kompressions-Wärmepumpe	100	0,98	1,34	0,99	0,89	0,99	–	1,14	87,3
Fernwärme Heizkraftwerk (-Stromgutschrift) Gesamt	100 (-48)	0,98	1,0	0,92	0,52	0,99	0,96		225,5 (-158,1) 67,4
Heizung mit Kohleveredelungsprodukten	100	0,98	0,70	0,99	0,52	0,99	0,96	0,33	297,9

a. Ölzentralheizung

Die Nutzungszahl für die Wärmeversorgung im Haus kann bei Heizungssystemen mit Warmwasserkreislauf, also auch bei der Ölzentralheizung mit 0,98 angegeben werden. /63/

Die Kesselwirkungszahl des Ölbrenners schwankt nach einer vom Bundesbauministerium durchgeführten Untersuchung an 1.000 Ölheizungen zwischen 0,38 und 0,82.

Gründe für die zum Teil extrem schlechte Energieausnutzung liegen in der Einstellung und Wartung der Brenner, der in derselben Untersuchung gefundenen erheblichen Überdimensionierung der Anlagen um den Faktor 2-4 und den hohen Stillstandsverlusten. Als Mittelwert wurde eine Nutzungszahl von 0,69 gefunden. /64/ Der Energieverbrauch für die Verteilung des Heizöls beträgt knapp 1% des Energiegehaltes des transportierten Heizöls. Der Energieverbrauch der Raffinerien beträgt 11,2% /65/. Der Energieaufwand für die Gewinnung und den Transport des Rohöls fällt - ebenso wie die damit verbundenen Umwelteffekte - vorwiegend im Ausland an. Die Nutzungszahl für diese beiden Faktoren liegt bei etwa 0,98 - 0,99.

Veränderbar ist vor allem die Wirkungszahl der Brenner- und Kesselanlagen. Moderne, richtig dimensionierte und geregelte Ölbrenner erreichen heute Wirkungszahlen bis zu 0,85 - 0,88.

b. Gaszentralheizungen

Die energetische Bilanz der Gasheizung ist ähnlich der Ölheizung. Die Wirkungszahl des Brenners ist heute geringfügig höher (η = 0,7; ebenfalls durch moderne Brennersysteme bis auf über 0,8 steigerungsfähig). Das Rohgas muß aufbereitet, insbesondere entwässert und durch ein chemisches Reinigungsverfahren von H_2S und Kohlendioxidanteilen befreit und durch die Fernleitungen gepumpt werden. Die Nutzungszahl der Gasaufbereitung und des Transports liegt bei etwa 0,95. /66/ Der Energieaufwand für den Gastransport im Feinverteilungsnetz beträgt etwa 1-1,5% des Energiegehaltes des transportierten Gases. /67/

c. Kohleeinzelheizungen

Bei allen Einzelheizungen ist zunächst zu beachten, daß der Nutzenergiebedarf aufgrund des höheren Bedienungsaufwandes der Öfen um ca. 20% unter dem zentralbeheizter Wohnungen liegt. /68/ Die Energieausnutzung der Öfen liegt bei etwa 0,65 /69/, der Eigenverbrauch der Brikettfabriken beträgt etwa 2%, der Eigenverbrauch der Steinkohlezechen und des Braunkohlenbergbaus liegt bei 3,5% bzw. bei 3,7% /70/. Der Energieverbrauch für den Transport der Kohle ist demgegenüber gering: Bei einem Energieverbrauch der Güterzüge von etwa 0,02 kWh/t km /71/ errechnet sich für den Transport von Steinkohle eine Nutzungszahl von 99,9995 pro 100 km und für den Transport der Braunkohle eine solche von etwa 99,998.

d. Elektrische Direktheizsysteme

Zur Ermittlung der Gesamtnutzungszahl von Elektroheizungen (Nachtspeicherheizungen, Elektro-Direktheizungen und Heizlüfter) sind folgende Einzelfaktoren zu berücksichtigen: Die Wirkungszahl von Elektrospeichergeräten beträgt bei Einzelspeichergeräten 0,98 - 0,99, bei Zentralspeichergeräten zwischen 0,94 und 0,96. Die effektive Wirkungszahl vermindert sich allerdings, wenn man berücksichtigt, daß die Speicherheizung aufgrund der Zeitdifferenz zwischen Energieaufnahme und -abgabe auf kurzzeitige Temperaturschwankungen nicht reagieren kann. Die Verteilungsverluste durch Transformatoren und Leitungsnetz konnten von 10% 1956 auf 5-6% im Jahre 1979 reduziert werden. /72/ Durch verbesserte Kraftwerkstechnik konnte zwar die Energieausnutzung in Kraftwerken in den letzten 30 Jahren von 0,29 auf etwa 0,38 gesteigert werden, /73/ bei Kohlekraftwerksneubauten muß jedoch auch der Energieverbrauch der dem Umweltschutz dienenden Zusatzanlagen, insbesondere der Rauchgasentschweflung und der Entstaubung, mitbetrachtet werden, so daß auch moderne Kohlekraftwerke nur eine Wirkungszahl von 0,345 aufweisen. Diese Wirkungszahl dürfte auch dem Durchschnitt der heutigen Kraftwerke entsprechen, Kernkraftwerke liegen jedoch deutlich darunter.

e. Wärmepumpensysteme

Durch Verdichtung und Entspannung eines bei niedrigen Temperaturen siedenden Arbeitsmittels sind Wärmepumpen in der Lage, die niedrige, sonst nicht gewinnbare Umgebungswärme in der Luft, dem Wasser oder dem Erdreich zu nutzen und in Heizwärme umzuwandeln. Die Wärmeausbeute ist hierbei wesentlich höher als die für den Betrieb des Verdichters aufzunehmende Kraft (Exergie). Wärmepumpen unterscheiden sich zum einen hinsichtlich des Wärmeentzugsmediums, zum anderen hinsichtlich der Antriebsart. Mit Gas oder Diesel verbrennungsmotorisch angetriebene Wärmepumpen können neben dem Wärmegewinn aus der Wärmepumpe auch die Motor- und Abgaswärme mit als Heizenergie nutzen, womit gegenüber der elektromotorisch angetriebenen Wärmepumpe zwei Vorteile zu verzeichnen sind.

Zum einen steigt die Gesamtnutzungszahl der Wärmepumpe erheblich an; zum anderen kann die Kompressionswärmepumpe auch bei niedrigen Außentemperaturen noch eingesetzt werden, da das Temperaturniveau der Wärmepumpe durch die hohen Motor- und Abgastemperaturen auf eine für die Heizung ausreichende Vorlauftemperatur gebracht werden kann. /74/ Elektrowärmepumpen hingegen weisen aufgrund der Abwärmeverluste im Kraftwerk wesentlich niedrigere Gesamtnutzungsgrade aus, es sei denn, der Strom wird aus Wärme-Kraft-Kopplungsprozessen gewonnen.

Elektrowärmepumpen werden zum überwiegenden Anteil bivalent betrieben, d.h. sie werden aus Gründen der sinkenden Leistungszahl und der Belastung des elektrischen Verteilnetzes bei Temperaturen unter 3° C abgeschaltet. Ca. 33% der Heizwärme müssen dann aus einer anderen Quelle, meistens einer Ölheizung bereitgestellt werden. Die in Tab. 10 zusammengestellten Nutzungszahlen für Wärmepumpen wurden aus /75/76/ entnommen.

f. Fern- und "Nah"wärme aus Wärme-Kraft-Kopplungs-Prozessen

Die Fernwärme aus reinen Heizwerken ohne Wärme-Kraft-Kopplung erfordert einen ähnlich hohen Primärenergieaufwand wie die Öl- bzw. Gasheizung, wobei allerdings die in der Regel höheren Leitungsverluste zu beachten sind. Demgegenüber muß der Heizenergieaufwand für Fernwärme- bzw. "Nah"-wärmesysteme, die aus wärme-kraft-gekoppelten Anlagen versorgt werden, immer im Zusammenhang mit der gleichzeitig erfolgenden Stromproduktion gesehen werden. Die elektrische Energieausbeute ist bei wärme-kraft-gekoppelten Prozessen immer geringer als die von reinen Kondensationskraftwerken, da die Fernwärme bei höheren Temperaturen abgeführt werden muß als die Kondensatorabwärme, um für die Raumwärmeversorgung nutzbar zu sein.

Zur Ermittlung des der Wärmeversorgung anzurechnenden Energieaufwandes unterscheiden Fichtner/Prognos insgesamt fünf verschiedene gebräuchliche Verfahren. Eine Betrachtung, bei der lediglich die Nutzenergieausbeute der verschiedenen Systeme nebeneinandergestellt wird, berücksichtigt nicht die Wertigkeit der Energie (nach dem 2. Hauptsatz der Thermodynamik) und ist somit unzureichend. Stellt man die Gesamt-Energieflußdiagramme der Wärme-Kraft-Kopplung und der getrennten Erzeugung von Strom und Wärme einander gegenüber,/77/ so erhält man zwar einen Überblick über das Gesamtsystem, kann jedoch aufgrund der darin enthaltenen Mischkalkulation den der Wärmeversorgung zuzuordnenden Energieaufwand nicht ausreichend genau definieren. Für einen Vergleich der verschiedenen Wärmeversorgungssysteme sollte realistischerweise davon ausgegangen werden, daß der Strom ohnehin in ein größeres Netz eingespeist wird und für stromspezifische Zwecke benötigt wird. In diesem Fall ist der Fernwärme nur der Mehrverbrauch an Primärenergie anzurechnen, der bei gleicher Stromproduktion erforderlich ist. /78/79/80/ Der der Fernwärmeversorgung anzurechnende Brennstoffaufwand berechnet sich unter dieser Voraussetzung wie folgt:

$$B = \frac{Q}{\eta_{HK_{th}}} - \frac{\frac{Q}{\eta_{HK_{th}}} \times \eta_{HK_{el}}}{\eta_{K_{el}}}$$

und die Wirkungszahl der Fernwärmeversorgung:

$$\eta_{FW} = \frac{Q}{B}$$

hierbei ist

Q : Heizwärmebedarf

$\eta_{HK_{th}}$: Wirkungszahl der Wärmeversorgung im Heizkraftwerk

$\eta_{HK_{el}}$: Wirkungszahl der Stromerzeugung im Heizkraftwerk

$\eta_{K_{el}}$: Wirkungszahl der Stromerzeugung in Kondensationskraftwerken

Als Wirkungszahlen sind hierbei jeweils die Gesamtwirkungszahlen (incl. Leitungsverluste, Brennstofftransportverluste und Verluste bei der Energiegewinnung) einzusetzen.

Die jeweiligen Wirkungszahlen hängen von der Fahrweise des Heizkraftwerkes (vorrangig am Strom- oder am Wärmebedarf orientiert) und der verwendeten Turbinenart ab (Entnahme-Kondensations-Turbinen weisen ein anderes Verhältnis zwischen Strom- und Wärmeproduktion auf als Gegendruckturbinen) und können in relativ weiten Bereichen schwanken.

Zur Abdeckung der Wärmeverbrauchsspitzen werden darüberhinaus üblicherweise ungekoppelte Spitzenheizkessel eingesetzt. Der Versorgungsanteil und die Wirkungszahl dieser Aggregate ist in die Gesamtbetrachtung ebenfalls mit einzubeziehen.

Für die Berechnungen im Rahmen dieser Arbeit wurden Angaben aus

/81/82/83/84/ ausgewertet und vereinfachend netto (incl. Leitungsverluste und Verluste im Heizungssystem) von einer mittleren Nutzungszahl von wärmeseitig 0,46 und stromseitig 0,24 ausgegangen.

Blockheizkraftwerke auf der Basis von Gas- und Dieselverbrennungsmotoren erreichen deutlich höhere Nutzungszahlen.

Nach Hein /85/ erreicht das in mittlerweile 5-jährigem Betrieb erprobte Blockheizkraftwerk in Heidenheim Nutzungszahlen von wärmeseitig 0,52 und stromseitig 0,30 bei nur 18% Verlusten.
Bei Berücksichtigung der Stillstands-, Leitungs- und Netzverluste sowie der geringeren Nutzungszahl des Spitzenlastkessels wurden für die Berechnungen ebenfalls Gesamtwirkungszahlen von 0,46 wärmeseitig und 0,24 stromseitig zugrundegelegt. Die für kleinere Versorgungseinheiten in der Größenordnung eines Mehrfamilienhauses mittlerweile erprobten Blockheizkraftwerke auf der Basis von PKW-Motoren (Fiat-TOTEM) erreichen bei etwa gleich hoher Gesamtnutzungszahl eine etwas geringere Stromausbeute. /86/

g. Wärmeversorgung aus Produkten der Kohleveredelung

Als mittel- bis langfristige Perspektive wird auch die Heizwärmeversorgung mit Produkten aus Kohleveredelungsprozessen, insbesondere die Gasversorgung mit SNG-Gas aus Kohlevergasungsanlagen diskutiert. Für die energetische Betrachtung dieser Versorgungsart muß neben den verschiedenen Energieumwandlungs- und Verteilwirkungszahlen das Gases auch die energetische Effizienz des Kohlevergasungs- bzw. Kohleverflüssigungsprozesses selbst mit eingerechnet werden.

Bei der energetischen Bilanz sollte die Wirkungszahl der gesamten Anlage angegeben sein /87/, die sich als Quotient aus dem Energiegehalt aller Produktstoffe und dem Energiebedarf aller Eingangsstoffe (incl. Sauerstoff, Dampf, Wasserstoff, Strom) bildet. Darüberhinaus ist auch das Verhältnis von erwünschten Endprodukten und nicht unbedingt problemlos verwertbaren Nebenprodukten von Bedeutung. /88/

Unter diesen Voraussetzungen beträgt die Gesamtwirkungszahl der Kohleverflüssigung 0,48 - 0,52, die der Kohlevergasung 0,46 - 0,53. /89/ Extrem ungünstig wäre die Gesamtenergieausnutzung der Primärenergie, wenn, wie in Hamburg von der Firma SHELL geplant, Kohlegas in einem Gaskraftwerk in Strom umgewandelt wird, und der daraus gewonnene Strom für Heizungszwecke eingesetzt würde. /90/ Die Gesamtnutzungszahl würde etwa 0,17 betragen; für 1 kWh Nutzenergie müßten 5,7 kWh Kohle aufgewendet werden. Weiter in die Zukunft reichende Konzepte gehen davon aus, daß die Wasserstofferzeugung und die Prozeßdampferzeugung von Kohleveredelungsanlagen aus nuklearer Hochtemperaturwärme durch den THTR (Thorium-Hochtemperatur-Reaktor) erzeugt werden kann, und dadurch der Gesamtnutzungsgrad zwar etwa gleich bliebe, der erforderliche Kohleeinsatz jedoch um ca. 40% gesenkt werden könnte.

Diese Strategie zur Wärmegewinnung wird im Rahmen dieser Arbeit nicht berücksichtigt, da

- der erste, nur für die Stromerzeugung ausgelegte THTR in Hamm-Schmehausen nach zehnjähriger Bauzeit noch nicht fertiggestellt werden konnte und unklar ist, ob er überhaupt in Betrieb gehen wird,
- bisher noch kein umsetzungsfähiges Konzept für einen prozeßwärmeerzeugenden THTR existiert,
- die Kosten für den Prototypreaktor mit derzeit geschätzen 5-6 Mrd. DM so hoch liegt, daß ein Vergleich, der auch die Wirtschaftlichkeit einer Wärmeversorgung aus nuklear erzeugtem Synthesegas oder -öl mit einbeziehen würde, nicht sinnvoll ist.

h. Regenerative Energien

Bei der Betrachtung regenerativer Energiesysteme sind Nutzungsbetrachtungen, wie sie oben angestellt worden sind, in der Regel nicht sinnvoll. Im Gegensatz zu allen fossilen und nuklearen Energiesystemen sind regenerative Energien mengenbegrenzt, nicht aber vorratsbegrenzt, da die zugrundeliegende Energiequelle, die Sonne, der Menschheit für eine quasi unendlich lange Zeit zur Verfügung steht. Der Einsatz regenerativer Energien reduziert - abzüglich der zusätzlich benötigten Hilfsenergien (z.B. Strom für Umwälzpumpen) - den Einsatz der sonst aufzuwendenden fossilen Energie um die Menge, die sie an nutzbarer Energie bereitstellen.

Neben den bereits genannten passiven Sonnenwärmegewinnen und der mittels Wärmepumpen nutzbaren Umgebungswärme kommt für den Heizwärmebereich insbesondere die aktive Sonnenenergienutzung durch Solarkollektoren, aber auch Biomasse (Holz, Stroh, Biogas) und kinetische Energieformen wie Wind und Wasserkraft infrage.

Da die regenerativen Energien nur in begrenzter Menge verfügbar sind, kann über ihren potentiellen Anteil an der Heizwärmeversorgung nur im Zusammenhang mit der Qualität der Energienutzung, inbesondere mit dem

Stand des Wärmeschutzes etwas ausgesagt werden. Je nach wärmetechnischer Ausstattung eines Gebäudes schwankt z.B. der Anteil des solaren Deckungsbeitrages am Heizenergiebedarf eines Gebäudes erheblich, wie Hörster am Beispiel des Aachener Experimentierhauses zeigt. (Tab. 11)

Tabelle 11: Solarer Deckungsanteil in Abhängigkeit von der wärmeschutztechnischen Ausstattung des Gebäudes (Experimentierhaus Aachen, 140 m^2 Wohnfläche, Wetterdaten: Trier 1973)

Haus-Version	Deckungsanteil Standard-Kollektor		Deckungsanteil höher effizienter Kollektor	
	absolut kWh/a	%	absolut kWh/a	%
Normal-Haus	8600	26%	13560	41%
Schweden-Standard	5320	63%	6140	76%
Experimentierhaus	890	88%	990	98%

Quelle : /91/

2.4.2 Weitere zu berücksichtigende Faktoren

Für die vollständige Ermittlung der Energiebilanz eines Wärmeversorgungssystems ist es prinzipiell erforderlich, auch diejenige Energie mitzubetrachten, die für die Erstellung des Versorgungssystems aufgewendet werden muß. Gewichtet nach der Lebensdauer des Versorgungssystems sollte sie den jährlichen Gesamtenergieaufwendungen hinzugezählt werden.

Umfangreiche diesbezügliche Untersuchungen des Infras-Instituts zeigen jedoch, daß für Energieumwandlungs- und Energiegewinnungsanlagen, bei denen von einer langen Lebendauer ausgegangen werden kann, der für den Bau der Anlagen benötigte Energieaufwand äußerst gering ist und im Rahmen dieser Arbeit vernachlässigt werden kann. Über die Lebensdauer verteilt beträgt der Energieaufwand zumeist weit unter 1%, in Ausnahmefällen bis 2% der durch die Anlagen erzeugten Energiemenge. /92/

Die energetische Amortisationszeit von Wärmeschutzmaßnahmen liegt bei ca. 3 Monaten /93/ die von verschiedenen Energieumwandlungssystemen bei 2-16 Monaten. /94/ Verhältnismäßig lange energetische Amortisationszeiten weisen hierbei die Sonnenkollektoren auf. (ca. 16 Monate).

2.5 Bandbreite des zukünftigen Energieverbrauchs im Raumwärmebereich (Einfluß verschiedener Versorgungsstrategien auf den Energieverbrauch im Raumwärmebereich)

Die im vorangegangenen Abschnitt zusammengefaßten Bestimmungsgrößen für die Entwicklung des Energieverbrauchs im Raumwärmebereich haben gezeigt, daß die verschiedenen Möglichkeiten der Umstrukturierung der Raumwärmeversorgung sehr unterschiedliche Rückwirkungen auf den Energieverbrauch hinsichtlich der bereitzustellenden Energiemenge und der Energieträger haben. Wählt man als Ausgangspunkt das durch eine Ölheizung versorgte Gebäude, so können die Maßnahmen zur Veränderung der Wärmeversorgung vereinfachend folgendermaßen klassifiziert werden:

1. Maßnahmen, die zu einer deutlichen Reduzierung des Energieverbrauchs führen. Hierunter fallen:
   - Gebäudeisolierung,
   - Nutzung von Abwärme aus Industrieprozessen sowie aus der Stromerzeugung,
   - Einsatz von gas- oder dieselbetriebenen Wärmepumpen,
   - Einsatz regenerativer Energien.

2. Maßnahmen zur Substitution von Öl durch andere Energieträger; keine oder geringfügige Verbesserung der Effizienz des Energiesystems. Hierunter fallen:
   - Einsatz von Gasheizungen
   - Einsatz von Elektrowärmepumpen

3. Maßnahmen, die zu einer Verschlechterung der energetischen Effizienz des Versorgungssystems führen. Hierunter fallen:
   - Einsatz von Elektroheizungen
   - Nutzung von Kohleveredelungsprodukten für die Wärmeversorgung.

Die unterschiedlichen zur Diskussion stehenden Heizungssysteme unterscheiden sich bei gleicher Nutzenergiebereitstellung um im Extremfall den Faktor 4 bis 5. Die zur Beheizung aufzuwendende Nutzenergie kann gegenüber dem heutigen Altbaubestand durch Wärmeschutzmaßnahmen um 50 bis 70%, bei Neubauten durch sorgfältige Planung und Verwendung skandinavischer Wärmeschutztechniken in noch höherem Maße reduziert werden.

Bei Nichtbetrachtung weitergehender Einsparungsmöglichkeiten wie Lüftungswärmerückgewinnung unterscheiden sich im Extremfall die ungünstigste Versorgungskonzeption, der ungedämmte, elektrisch beheizte Altbau, von der günstigsten Systemkombination, dem fernwärmeversorgten, nach schwedischen Bauvorschriften gedämmten Haus, bei gleicher Versorgungsqualität um etwa den Faktor 16.

In Abhängigkeit von den favorisierten Maßnahmen zur Veränderung der Beheizungsstruktur schwanken daher auch die Berechnungen und Schätzungen über die für die zukünftige Deckung des Raumwärmebedarfs bereitzustellenden Primärenergiemengen erheblich. Der frühere Staatssekretär im Bundesbauministerium, Sperling, hält auf Grundlage verschiedener, in seinem Ministerium durchgeführter Untersuchungen "durch die Kombination geeigneter Maßnahmen mittelfristig Einsparungen von 50% für erzielbar" ... , " die noch Kosten-Nutzen Anforderungen erfüllen". /95/ Die schwedische Reichsregierung hat eine 25%-ige Energieeinsparung im Raumwärmebereich in ca. 10 Jahren (1978-1988) zum konkreten politischen Handlungsprogramm erhoben. /96/

Demgegenüber geht die Versorgungswirtschaft, insbesondere die Elektrizitätswirtschaft, von erheblichen Primärenergiebedarfssteigerungen im Raumwärmesektor aus, was vor allem auf den geplanten, verstärkten Ausbau elektrischer Heizungssysteme bei weitgehender Vernachlässigung der Einsparpotentiale zurückzuführen ist. In den siebziger Jahren sah die Elektrizitätswirtschaft in dem forcierten Ausbau elektrischer Direktheizsysteme die Möglichkeit, die zuvor erreichten hohen Zuwachsraten im Stromabsatz trotz erwarteter Stagnation in anderen Stromverbrauchssektoren zu erhalten. /97/ Auch die der zweiten Fortschreibung des Energieprogramms der Bundesregierung zugrundeliegenden Bedarfsprognosen gingen noch von einem Anteil elektrisch direkt beheizter Wohnungen von 30% im Jahr 2000 aus /98/. In neueren Überlegungen der Elektrizitätswirtschaft wurden diese Erwartungen etwas zurückgeschraubt und es wird neben der Verdopplung der Anzahl der Nachtspeicherheizungen bis zum Jahr 2000 ein verstärkter Einsatz von elektrischen Wärmepumpen angestrebt, wodurch ein elektrischer Versorgungsanteil von 21-25% erreicht werden soll. Auch in diesen Berechnungen wird die Möglichkeit der Verringerung des Wärmebedarfs weitgehend außer acht gelassen und von einer Steigerung des Endenergiebedarfs um 12% gegenüber 1977 ausgegangen. /99/

Es ist ersichtlich, daß durch die Ausgestaltung von Versorgungskonzepten der Energieverbrauch innerhalb einer großen Bandbreite verändert werden kann, was auch durch die Ergebnisse der Enquête-Kommission "Zukünftige Kernenergie-Politik", die Ermittlung der vier möglichen Energie'pfade', eindrucksvoll unterstrichen wird.

3. Externe (Umwelt-)effekte von Versorgungssystemen

3.1 Vorbemerkungen

Nachdem im vorangegangenen Kapitel die Möglichkeiten dargestellt wurden, den Energieumsatz für die Bereitstellung von Raumwärme durch planerische, bauliche Maßnahmen und durch die Wahl des Heizungssystems zu beeinflussen, sollen hier die Umweltfolgen der Wärmeversorgung und weitere, für die Planung relevanten externen Effekte ermittelt und vergleichend dargestellt werden. Ein für die planerische Beurteilung aussagefähiger Vergleich von Wärmeversorgungsarten muß an folgenden Kriterien gemessen werden:

- Es muß die gesamte Kette der Energiegewinnung und -umwandlung in die Betrachtung einbezogen sein.

- Als Bezugsgröße für den Vergleich ist die Versorgungsqualität in Form der Energiedienstleistung "warmer Raum" einheitlich zugrundezulegen.

- Für diejenigen Auswirkungen, für die ein direkter Zusammenhang zum Energieumsatz existiert, sind Kennwerte zu bilden, die zunächst auf die bereitgestellte Nutzenergie, in einem weiteren Schritt auf die gewährleistete Energiedienstleistung zu beziehen sind.

- In diesem Sinne nicht quantifizierbare Auswirkungen sind qualitativ zu beschreiben.

- Die Abhängigkeit der Auswirkungen von anderen Einflußfaktoren, insbesondere möglichen technischen Maßnahmen, ist zu beachten.

- Die mit den Umweltbeeinträchtigungen und Ressourcenbeanspruchungen verbundenen Probleme sind in ihrer Relevanz für die Planung herauszuarbeiten.

Es werden sowohl schädliche Umweltfolgen, als auch reale oder potentielle Flächennutzungskonflikte, die direkt oder indirekt mit der Wärmeversorgung verbunden sind, in die Betrachtung einbezogen.

3.2 Luftverunreinigungen

3.2.1 Emissionen von Wärmeversorgungssystemen

Bei der Energieumwandlung in Wärmeversorgungssystemen werden neben den eigentlichen Verbrennungsprodukten fossiler Kohlen- und Kohlenwasserstoffe, Kohlendioxid und Wasserdampf, auch luftverunreinigende Stoffe an die Atmosphäre abgegeben. Die Menge der abgegebenen Schadstoffe hängt für einige Stoffe (Schwefeloxide, Feststoffe, Halogenwasserstoffe) überwiegend vom eingesetzten Brennstoff, für die übrigen Stoffe (Stickoxide, Kohlenmonoxid, Kohlenwasserstoffe) überwiegend von der eingesetzten Umwandlungstechnologie ab.

Für die Abschätzung der Schadstoffemission von Heizungssystemen sind empirisch ermittelte, durchschnittliche Emissionsfaktoren zugrundezulegen, da kontinuierliche Messungen nur für große Feuerungsanlagen vorliegen. Die in der Literatur angegebenen spezifischen Emissionsfaktoren stützen sich jedoch zumeist auf umfassend ermittelte Meßdaten, sondern beruhen häufig auf "Schätzungen von Mittelwerten über Gruppen von ähnlichen Anlagen anhand mehr oder weniger repräsentativer Einzelfälle"... woraus ... "eine gewisse Unschärfe der angegebenen Emissionsfaktoren ... folgt." /100/. Auch ähnliche Anlagen gleicher Leistung weisen häufig erhebliche Streuungen auf, was einerseits auf die angewendeten Emissionsminderungsmaßnahmen, andererseits jedoch auch auf Faktoren wie Lastverhalten, Alter, Wartung und die Zeitspanne, über die die Emissionsfaktoren ermittelt werden, zurückzuführen ist.

Da die spezifischen Emissionsfaktoren in verschiedenen Energieeinheiten (kWh, Joule, in älterer Literatur auch Kalorien) angegeben und überdies an verschiedenen Bezugsgrößen (Primärenergie, Endenergie, Rauchgasmenge) festgemacht werden, sind sie in der Regel nur durch den Fachingenieur handhabbar. Um die Umweltfolgen auch für den mit der Aufstellung von Versorgungskonzepten befaßten Planer wie für die politischen Entscheidungsträger beurteilbar zu machen, ist es notwendig, sie in vergleichbare Größen umzurechnen.

a. Kohlendioxid

Die spezifische Kohlendioxidemission hängt von der eingesetzten Brennstoffart ab. Alle Kohlenwasserstoffe haben eine geringere spezifische CO_2- Emission als die Kohle, da hierbei die Oxidation des Wasserstoffs zu Wasserdampf mit zur Energiegewinnung beiträgt. Die primärenergiebezogenen CO_2-Emissionsfaktoren betragen:

  für kohlebeheizte Systeme   377 kg/MWh
  für ölbeheizte Systeme   269 kg/MWh
  für gasbeheizte Systeme   231 kg/MWH   /101/.

Die nutzenergiebezogenen spezifischen Emissionen sind in Abb. 4 abzulesen. Sie unterscheiden sich zwischen der günstigsten und der ungünstigsten Versorgungsart um etwa den Faktor 7. Bezieht man die Möglichkeit der Nutzenergiebedarfsreduzierung durch Wärmeschutzmaßnahmen mit ein, so erhöht sich im Extremfall die Differenz zwischen dem ineffizientesten (Elektroheizung) und dem effizientesten Versorgungssystem (Gaswärmepumpe, starke Wärmedämmung Typ E; vgl. Kap. 4.4.3.2.1) auf den Faktor 22.

b. Schwefeldioxid

Schwefeldioxid gehört aufgrund des quantitativ hohen Anteils, der überregionalen Bedeutung und dem Gewicht der verursachten Umweltprobleme zu den bedeutesten Komponenten der Luftverunreinigung. In Mitteleuropa geht die SO_2-Bildung fast ausschließlich auf anthropogene Einflüsse zurück, natürliche Quellen wie vulkanische Tätigkeit usw. sind hier vernachlässigbar.

Die SO_2-Emission wird zum überwiegenden Teil (91%) durch Energieumwandlungsprozesse hervorgerufen; nur 9% werden bei industriellen Prozessen erzeugt. Knapp die Hälfte der Gesamtemission werden von Kraftwerken und Fernheizwerken abgegeben. /102/

Die verschiedenen Verbrennungs- (SO_2 und SO_3) und Umwandlungsprodukte des Schwefels, Schwefelwasserstoff (H_2S), Schwefelsäuredämpfe (H_2SO_4) und schweflige Säure (H_2SO_3) entstehen in Abhängigkeit vom Schwefelgehalt der Brennstoffe, vor allem bei der Verbrennung von Öl und Kohle. Technisch vermindert werden kann die spezifische SO_2-Emission durch die Verwendung schwefelarmer Brennstoffe, durch die Entschweflung der Brennstoffe und durch die Umwandlung des Schwefels durch Zugabe von Kalk in Gips und Abscheidung während oder nach dem Verbrennungsprozess.

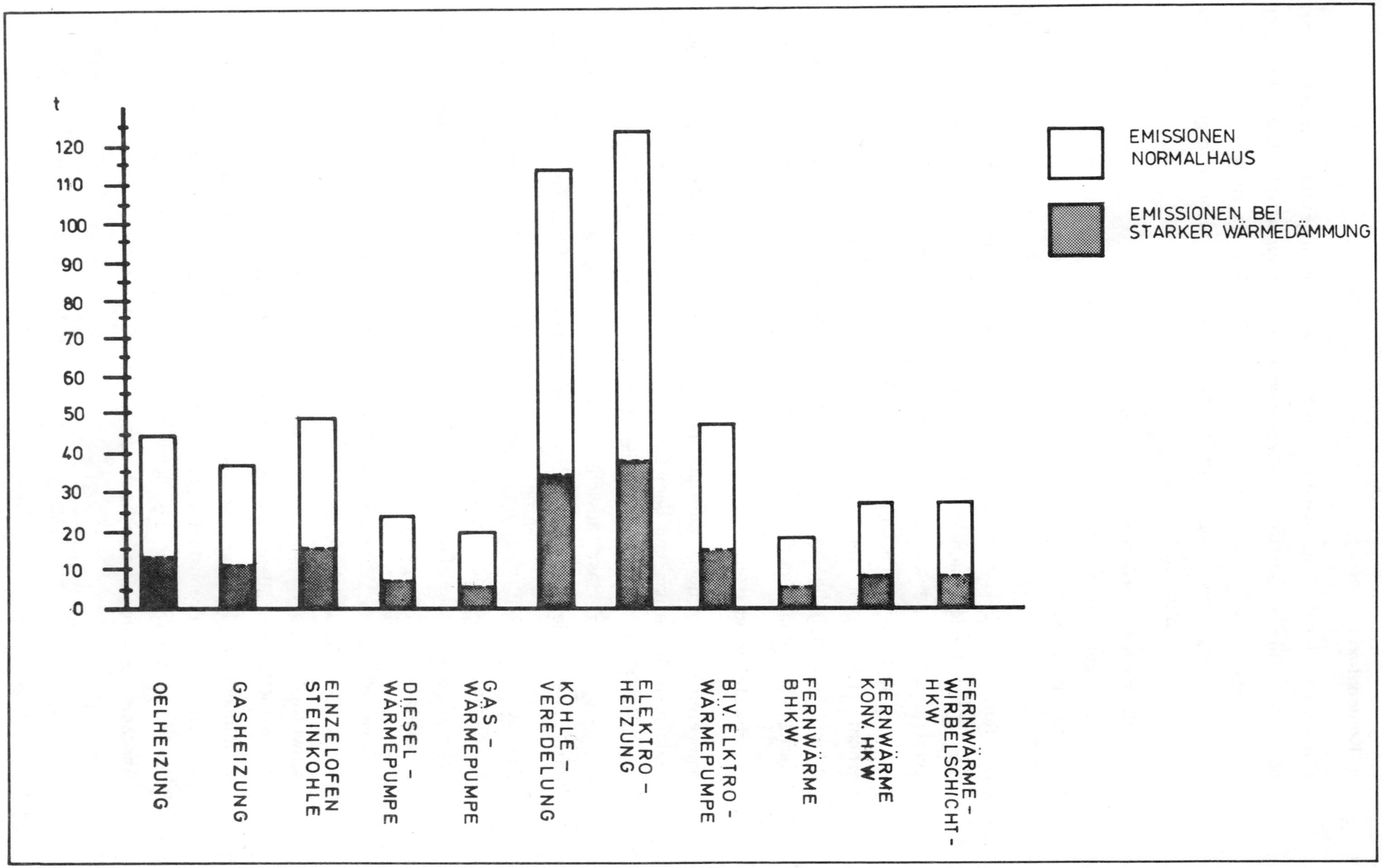

ABB. 4: VERGLEICH DER KOHLENDIOXIDEMISSIONEN VERSCHIEDENER WÄRMEVERSORGUNGSSYSTEME
(BEZOGEN AUF 100.000 kWh NUTZENERGIE)

EMISSIONEN NORMALHAUS

EMISSIONEN BEI STARKER WÄRMEDÄMMUNG

Zu den in Tab. 12 zusammengestellten Emissionsfaktoren ist folgendes anzumerken:

Alle erdgasversorgten Systeme weisen aufgrund des niedrigen Schwefelgehaltes des Erdgases vernachlässigbar geringe SO_2-Emissionen auf.

Bei allen Versorgungssystemen auf Heizölbasis konnte durch die seit 1979 durch Verordnung vorgeschriebene Verminderung des Schwefelgehaltes im leichten Heizöl auf 0,3% S eine Verminderung der spezifischen SO_2- Emission um etwa 40% erreicht werden. /103/ Eine weitere Reduzierung kann nur über eine nochmalige Senkung des zulässigen Schwefelgehaltes im Brennstoff bewirkt werden; eine Entschweflung der Abgase kommt bei Einzel- oder Blockheizungen aus Wirtschaftlichkeitsgründen nicht in Betracht.

Hinsichtlich der Neugenehmigung von Raffinerien wird die SO_2-Emission durch die Begrenzung des Schwefelgehaltes des Brennstoffes bei den Feuerungsanlagen (max. 1%), durch den Einsatz von Rauchgasentschweflungsverfahren und den vorgeschriebenen Einsatz von Nachverbrennungsverfahren bei Clausanlagen begrenzt /104/. Nach Dreyhaupt/Ecke /105/ beträgt die spezifische SO_2-Emission von modernen Raffinerien 2 kg/t Rohöl ($\hat{=}$ 171g/MWh). Bestehende, ältere Raffinerieanlagen weisen zum Teil wesentlich höhere spezifische Emissionen auf, weshalb die zugrundegelegten Durchschnittsemissionen zu niedrig liegen dürften.

Der Schwefelgehalt der Kohle schwankt, in Abhängigkeit von der Kohleart und der Herkunft stark und liegt mit durchschnittlich 2,29% /106/ deutlich über dem der meisten Kohlenwasserstoffe. Daher liegen die Emissionen der kohleversorgten Heizungssysteme in der Regel über denen der ölversorgten. Der Hausbrand weist etwas günstigere spezifische Emissionsfaktoren auf als Kohlekraftwerke, da hier in der Regel nur Kohlen mit geringerem Schwefelgehalt zum Einsatz kommen. Dies gilt insbesondere für Braunkohle und Braunkohlenbriketts aus dem rheinischen Braunkohlenrevier.

Zur Ermittlung der Emissionen, die mit strom- und fernwärmeversorgten Systemen verbunden sind, wurden verschiedene Anlagetypen zugrundegelegt:

Bei der Elektroheizung I wird von dem Strombezug aus einem alten Kohlekraftwerk ohne Emissionsminderungsmaßnahmen ausgegangen.

Elektroheizung II beschreibt die gegenwärtige Situation, da hier die Durchschnittsemission der Kraftwerke zugrundegelegt wird. Die Emissionsdaten für den Durchschnitt der Stromerzeugung ergeben sich aus der Gesamtmenge der

Tabelle 12: Spezifische Schadstoffemissionen von Energieumwandlungsanlagen
(Bandbreiten und für die weiteren Berechnungen zugrundegelegte Mittelwerte; in g/MWh)

Emissionen am Verbrauchsort (in g/MWh Endenergie)	SO$_2$ Bandbreite	SO$_2$ Mittelwert	NO$_x$ Bandbreite	NO$_x$ Mittelwert	CO Bandbreite	CO Mittelwert	C$_n$H$_m$ Bandbreite	C$_n$H$_m$ Mittelwert	Staub Bandbreite	Staub Mittelwert
Ölheizung	500 - 732	500*	180 - 252	180	360 - 430	360	29 - 58	54	7 - 20	9
Gasheizung	3,6 - 7	3,6	108 - 184	108	250 - 340	252	5 - 43	5	-	-
Einzelofen/Braunkohle	432 - 468	432	-	-	-	25200	540 - 1080	540	504 -1800	1188
Einzelofen/Steinkohle	1296 -1800	1584	173 - 216	180	-	36000	720 -2160	1440	288 -1260	1260
Gaswärmepumpe	3,6 - 7	3,6	155 -6480	3600	360 -3456	720	194 - 871	540	-	-
Dieselwärmepumpe	500 - 732	500*	864 -6480	2340	198 -1843	720	29 -1600	360	18 - 305	90

Emissionen am Umwandlungsort (g/MWh Primärenergie)	SO$_2$ Bandbreite	SO$_2$ Mittelwert	NO$_x$ Bandbreite	NO$_x$ Mittelwert	CO Bandbreite	CO Mittelwert	C$_n$H$_m$ Bandbreite	C$_n$H$_m$ Mittelwert	Staub Bandbreite	Staub Mittelwert
Raffinerien	72 -1800	171	160 - 390	190	40 - 800	80	-	50	20 - 180	34
Kohlekraftwerk (alt)	2520 -5400	3840	522 -2880	1900	18 - 360	60	12 - 88	12	500 -1440	682
Kraftwerke (Durchschnitt)	-	2185	-	1013	-	32	-	12	-	183
Kohlekraftwerke nach GFAV 1983	-	500	-	2100	-	315	-	12	-	63
Kohlekraftwerke mit Wirbelschicht	100 - 500	320	140 - 750	517	-	60	-	12	-	104
Kohleveredelung	60 -2330	300	60 - 390	190	50 -1140	80	74 -1540	74	20 -3200	34
Müllverbrennung	1300 -1840	-	504 - 640	-	400 -1120	-	612 - 830	-	112 - 331	-

* bei Schwefelgehalt im Heizöl von 0,3 %   /107/108/

durch Kraftwerke in der Bundesrepublik abgegebenen Schadstoffe /109/ und der insgesamt erzeugten elektrischen Leistung /110/. Dieses Verfahren ist insofern mit Unsicherheiten behaftet, als mögliche heizstromspezifische Abweichungen von der Gesamtstromerzeugung nicht berücksichtigt werden. Genauere diesbezügliche Angaben waren jedoch nicht zu ermitteln.

Die Werte für die Elektroheizung III orientieren sich an den in der Großfeuerungsanlagenverordnung /111/ (im folgenden GFVO) niedergelegten Anforderungen an die Rauchgasentschweflung von Kraftwerksneubauten. Für größere Kraftwerkseinheiten mit einer Gesamt-Feuerungswärmeleistung von über 400 MW ist die zulässige Emission auf 400 mg/m^3 Abluft begrenzt. /112/ Zu beachten ist jedoch, daß aufgrund der in der GFVO enthaltenen Ausnahmemöglichkeiten und der Übergangsregelungen für Altanlagen eine allgemeine Senkung der stromabhängigen Emissionen nur schrittweise zu erreichen sein wird.

Für die Ermittlung der spezifischen Emissionen von konventionellen, kohlebefeuerten Heizkraftwerken wurde von folgenden Annahmen ausgegangen: Heizkraftwerke können aufgrund des Erfordernisses der Anpassung an den örtlichen Wärmebedarf in der Regel nur in kleineren bis mittleren Blockgrößen erstellt werden, bei denen die Installierung von Rauchgasentschweflungsanlagen aus technischen, wie auch wirtschaftlichen Gründen mit Schwierigkeiten verbunden ist. Die GFVO trägt dem insofern Rechnung, indem sie für Anlagen bis zu 400 MW thermischer Gesamtleistung - unter Berücksichtigung der durch die Wärme-Kraft-Kopplung erzielten besseren Energieausnutzung - eine erhöhte SO_2-Emission von 2000 mg/m^3 Abluft zuläßt. Dieser Wert kann bei der Verwendung schwefelarmer Kohle (Schwefelgehalt bis 1,13%) auch ohne zusätzliche Emissionsminderungsmaßnahmen eingehalten werden. /113/

Als weitere Variante der Fernwärmeerzeugung wurde neben dem motorbetriebenen Blockheizkraftwerk das Heizkraftwerk mit Wirbelschichtfeuerung zugrundegelegt. Die Variante Elektroheizung aus wirbelschichtbefeuertem Kraftwerk wurde nicht betrachtet, da die Wirbelschichtfeuerung derzeit nur für kleinere und mittlere Kraftwerkseinheiten technisch einsetzbar ist und sich daher besonders für die Fernwärmeerzeugung eignet. Bei Einsatz der Wirbelschichtfeuerung kann der Schwefel durch Beimengung von Kalk im Wirbelbett während des Verbrennungsprozesses selbst gebunden und abgeschieden werden.

Die Wirbelschichttechnologie ist für industrielle Verwendungszwecke seit langem erprobt. In Düsseldorf-Flingern ist ein kleines Heizkraftwerk im

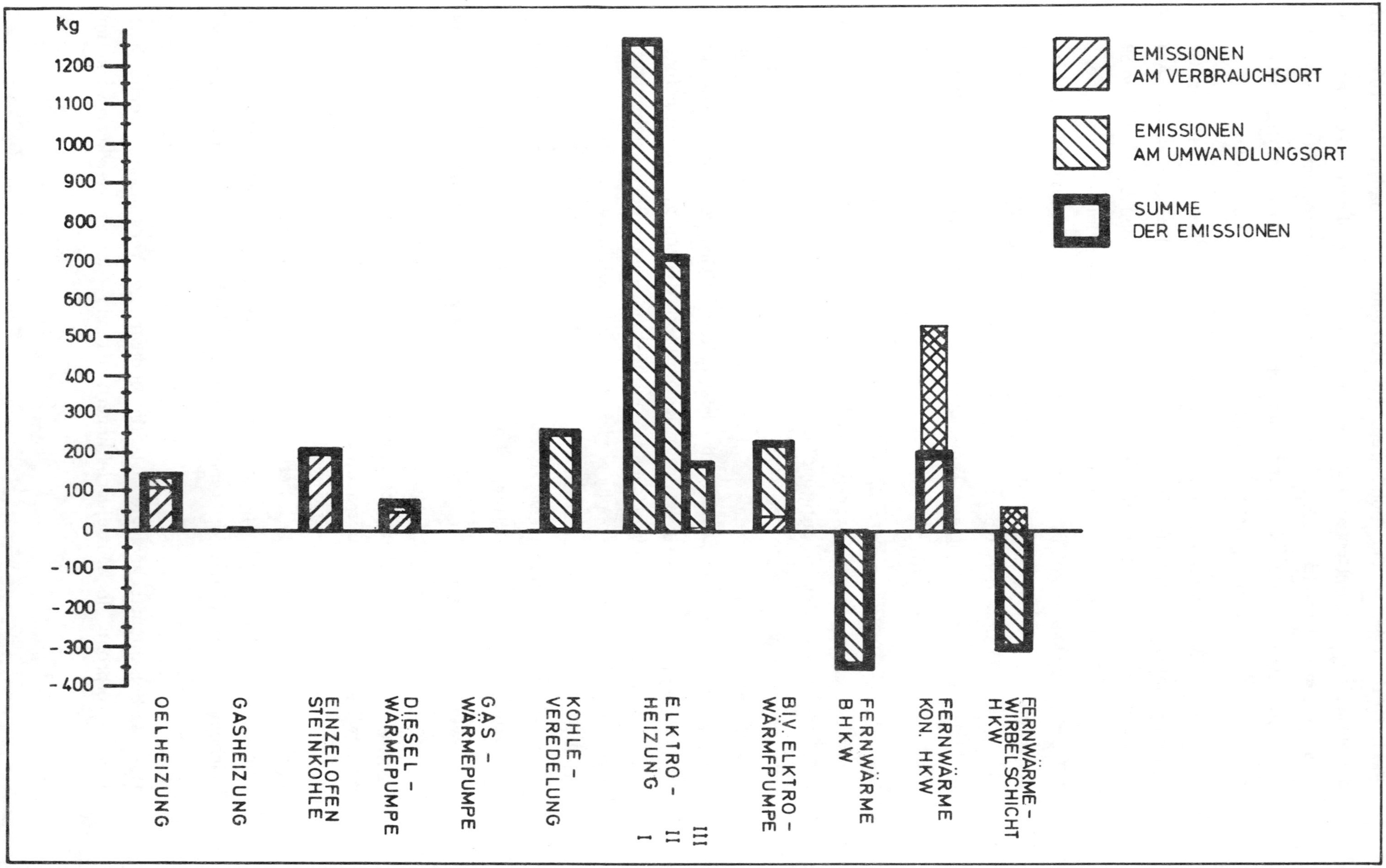

ABB. 5: VERGLEICH DER SCHWEFELDIOXIDEMISSIONEN VERSCHIEDENER WÄRMEVERSORGUNGSSYSTEME
(BEZOGEN AUF 100.000 kWh NUTZENERGIE)

Legende:
- EMISSIONEN AM VERBRAUCHSORT
- EMISSIONEN AM UMWANDLUNGSORT
- SUMME DER EMISSIONEN

Systeme (von oben nach unten):
- FERNWÄRME - WIRBELSCHICHT HKW
- FERNWÄRME KON. HKW
- FERNWÄRME BHKW
- BIV. ELKTRO - WÄRMEPUMPE
- ELKTRO - HEIZUNG (III, II, I)
- KOHLE - VEREDELUNG
- GAS - WÄRMEPUMPE
- DIESEL - WÄRMEPUMPE
- EINZELOFEN STEINKOHLE
- GASHEIZUNG
- OELHEIZUNG

Skala (kg): -400 bis 1200

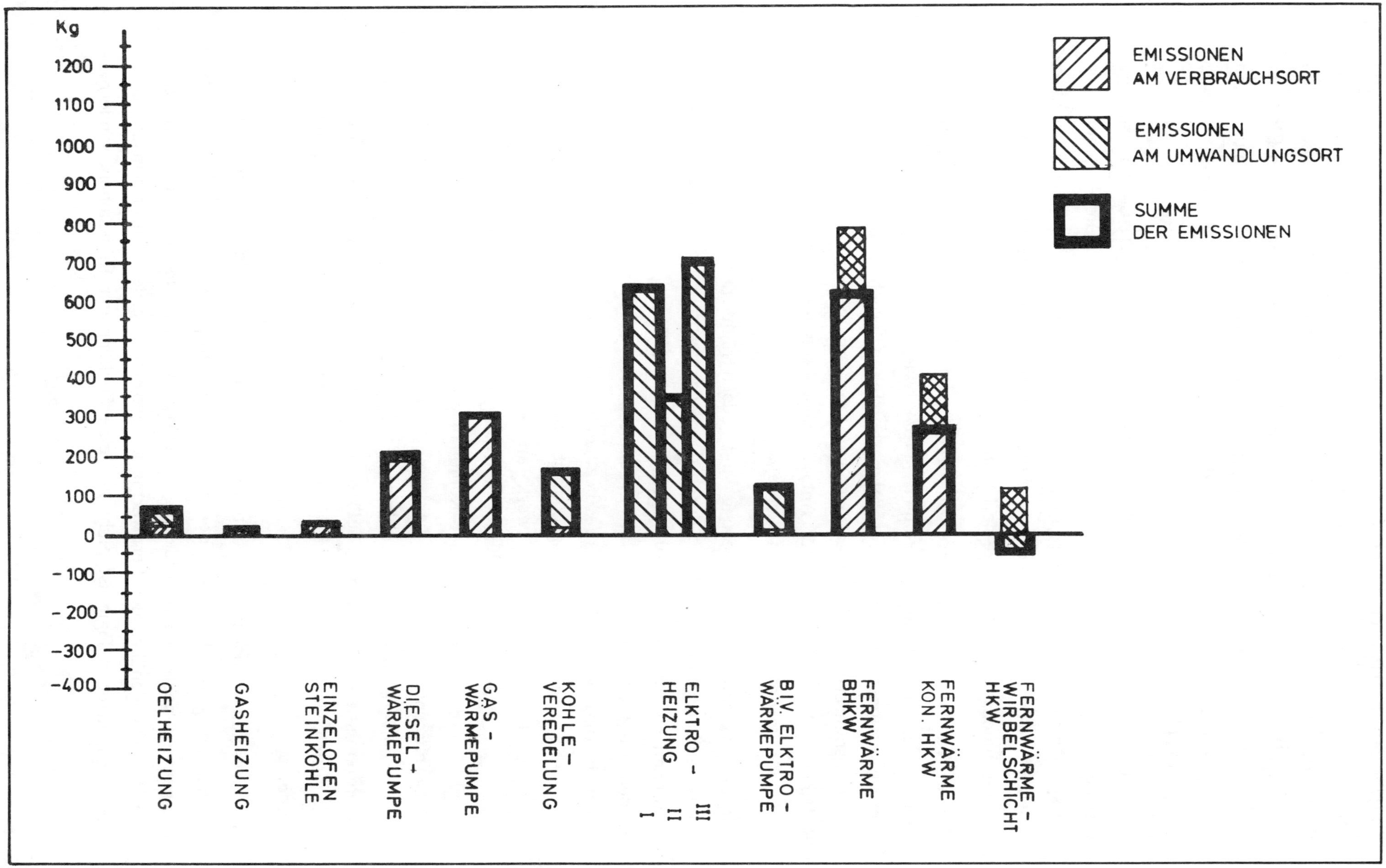

ABB. 6: VERGLEICH DER STICKOXIDEMISSIONEN VERSCHIEDENER WÄRMEVERSORGUNGSSYSTEME
(BEZOGEN AUF 100.000 kWh NUTZENERGIE)

dreijährigen Betrieb erfolgreich getestet worden und eine Demonstrationsanlage in Völklingen (Saarland) ist seit Ende 1982 in Betrieb. In Duisburg, Wolfsburg, Hannover /114/ und einigen weiteren Städten befinden sich kommunale Heizkraftwerke mit Wirbelschichtfeuerung in Bau bzw. in Planung. Je nach Auslegung (atmosphärisch bzw. druckbetriebene Wirbelschicht) und Fahrweise ergeben sich spezifische Emissionswerte von 100-500 g/MWh. /115/116/117/

Beim Einsatz von Kohleumwandlungsanlagen hängt die SO_2-Emissionsmenge vorrangig von den eingesetzten Entschweflungstechniken ab. Die Angaben über die spezifischen Emissionswerte können nur abgeschätzt werden und schwanken erheblich, da für moderne kommerzielle Anlagen im großtechnischen Maßstab für die Bundesrepublik noch keine Erfahrungswerte vorligen.

Die in Tab. 13 dokumentierte Auswertung einer neueren Untersuchung von bestehenden und geplanten Anlagen /118/ sowie von Betreiberangaben /119/ über Emissionen von Kohleveredelungsbetrieben ergeben bei Anlagen mit Emissionsminderungsmaßnahmen Schadstoffabgaben in der Größenordnung von Raffinerien (60-410 g/MWh) für Anlagen ohne Emissionsminderungsmaßnahmen in der Größenordnung von Kraftwerken.

Für eine vollständige Bilanzierung sind jedoch nicht nur die Emissionen der Anlage selbst, sondern auch die durch den Stromverbrauch der Anlagen hervorgerufenen Zusatzemissionen zu berücksichtigten. /120/

In den Abb. 5 und 6 sind die Ergebnisse des auf eine einheitliche Nutzwärmeleistung von 100000kWh/a bezogenen Vergleichs der Heizungssysteme dargestellt. Als Berechnungsgrundlage für die Emissionen, die durch die Stromproduktion im Heizkraftwerk an anderer Stelle vermindert werden, wurde vereinfachend die Durchschnittsemission der Kraftwerke zugrundegelegt. Für den Strombezug der Kohleumwandlungsanlage wurde ebenfalls von der Durchschnittsemission des heutigen Kraftwerksparks ausgegangen. Die auf den Stromverbrauch zurückzuführende Emissionsmenge ist größer als die Gesamtemission der Anlage selbst, bei der allerdings ein hoher Standard hinsichtlich der anzuwendenden Emissionsminderungstechnologie angenommen wurde.

Der Vergleich macht die extrem ungünstige Situation der elektrischen Direktheizung deutlich. Nur bei dem Einsatz von Rauchgasentschwefelungsmaßnahmen nach den Anforderungen der GFVO kann die ungünstige Energieausnutzung gegenüber der Fernwärme kompensiert werden. Durch Einsatz der Wirbelschichttechnologie ist nicht nur eine Senkung der Emissionen, sondern,

Tabelle 13: Energieverbrauch und Emissionen von Kohleveredelungsanlagen

Anlage	VEBA Oel (Verflüssigung)		Sasol Synthol (Verflüssigung)		SRC II (Verflüssigung)		Lurgi (Vergasung)		Texaco (Vergasung)	
Energieeinsatz[1] (Kohle)	4,06 + 0,91 /2/ = 4,97		8,20		9,77		6,22		7,80	
Energieoutput (Gase, Flüssigprodukte, Nebenprodukte)	2,84		3,92		5,15		3,31		3,61	
Wirkungsgrad	0,57		0,48		0,52		0,53		0,46	
Emissionen	kg/h	g/kWh	kg/h	g/kWh	kg/h	g/kWh	kg/h	g/kWh	kg/h	g/kWh
SO_2	750 [3] (-)	0,19 (-)	3339 (19127)	0,41 (2,33)	579 (2637)	0,06 (0,27)	1106 (4921)	0,18 (0,79)	3223 (8005)	0,41 (1,03)
NO_x	800 (-)	0,2 (-)	2527 (3213)	0,31 (0,39)	508	0,06	1418 (1987)	0,23 (0,32)	1039 (1306)	0,14 (0,17)
CO	220	0,06	351 (8261)	0,05 (1,01)	21 (75)	0,002 (0,01)	281 (7107)	0,05 (1,14)	76 (2669)	0,01 (0,34)
OGD (Kohlenwasserstoffe)	300	0,08	5 (7559)	- (0,92)	4 (2500)	- (0,26)	- (9560)	- (1,54)	-	-
H_2S	-	-	- (23061)	- (2,81)	-	-	-	-	- (26418)	- (3,38)
Feststoffe	140	0,04	152 (25076)	0,02 (3,06)	25 (13600)	0,002 (1,39)	64 (19961)	0,01 (3,21)	99 (11076)	0,01 (1,42)

1) in 10^6 kWh/h 2) Primärenergie f Strom ($\eta=0,345$) 3) Werte in Klammern: ohne Emissionsminderungsmaßnahmen

bei Berücksichtigung des substituierten Stroms, sogar eine deutliche Umweltentlastung festzustellen.

Die in Abb. 5 niedergelegten Ergebnisse geben die gegenwärtige Situation wieder. Für die Zukunft ist aufgrund der Vorschriften der GFVO davon auszugehen, daß die Emissionen des gesamten Kraftwerksparks durch Nachrüstung mit Rauchgasentschweflungsanlagen bzw. durch Ersatzbauten deutlich vermindert werden.

Die Nachrüstung aller Kraftwerke mit Entschweflungseinrichtungen, die etwa für das Jahr 1993 zu erwarten ist, hätte auf die vergleichende Bilanzierung folgende Auswirkungen: Die Emissionen der Elektroheizung lägen, in Abhängigkeit vom Anteil nicht-Kohle-betriebener Kraftwerke, noch unterhalb der angegebenen Werte für die Elektroheizung III.

Die Emissionen der Elektrowärmepumpe wie die Heizung mit Kohleveredelungsprodukten würden sich ebenfalls entsprechend vermindern. Die Differenzen zwischen diesen Heizungssystemen und der Ölheizung würden sich wesentlich verringern. Mit Absinken der Durchschnittsemissionen der Stromerzeugung würden auch die durch die Stromgutschrift bewirkten Entlastungseffekte der Wärme-Kraft-Kopplung vermindert. Der Einsatz von Blockheizkraftwerken würde nur noch zu einer geringeren Umweltentlastung führen, die ebenfalls geringe Zusatzbelastung oder -entlastung durch Einsatz der Wirbelschichttechnologie hängt dann von der umwelttechnischen Effizienz der Feuerungsanlage ab.

Wenn der vielfach als unzureichend kritisierte Passus in der GFVO, kleine Kohle-Heizkraftwerke ohne zusätzliche Emissionsminderungsmaßnahmen zuzulassen bzw. weiterzubetreiben, bestehen bleiben sollte, würde dies zu einer vergleichsweise hohen SO_2-Emission von Fernheizungen aus solchen Anlagen führen, da die Gesamt-Emission bestehen bleibt, die durch die Strom-Gutschrift abzuziehende Menge sich jedoch deutlich verringern würde. Der Ausbau von Kohle-Heizkraftwerken kann unter dem Gesichtspunkt der SO_2-Emission daher nur befürwortet werden, wenn umwelttechnisch optimierte Systeme (Rauchgasentschweflung oder Wibelschichtfeuerung) auch für solche Anlagen zum Einsatz kommen./121/

c. Stickoxide

Für die Entstehung von Stickoxiden ist der Stickstoffgehalt im Brennstoff sowie in der Verbrennungsluft bestimmend; als Bestimmungsparameter sind ferner die Verbrennungstemperatur und die Verweilzeit in der Hochtemperaturzone von Bedeutung. Stickoxide entstehen in größerem Umfang erst bei Verbrennungstemperaturen oberhalb 800 C. Der einfachste Wege, die Stickoxidemission zu minimieren, die Senkung der Verbrennungstemperatur, kann - neben verfahrenstechnischen Problemen - auch mit anderen Umweltgesichtspunkten kollidieren, da aus thermodynamischen Gründen (Erhöhung des Wirkungsgrades) und aus Gründen der Luftreinhaltung (Vermeidung des Entstehens von unvollständig verbrannten Kohlenwasserstoffen und von Kohlenmonoxid) hohe Verbrennungstemperaturen angetrebt werden sollten.

Derzeit stammt der Hauptteil der Stickoxid-Emissionen von den Emittentengruppen Kraftwerke und Verkehr. Für die Zukunft wird mit einer weiteren Steigerung der NO_x-Emissionen gerechnet, da der Ersatz von alten Steinkohlekraftwerken durch neue die spezifischen Emissionen auch dann nicht senkt, wenn NO_x-mindernde Brennertypen verwendet werden. /122/

Die Stickoxidemissionen von Kraftwerken sollen laut GFVO nach dem Stand der Technik vermindert werden; der Emissiongrenzwert beträgt 900 mg NO_x/m^3 Abluft, für Anlagen mit Staubfeuerungen und flüssigem Ascheabzug 2000 mg/m^3. Zwar wird durch den Bundesrat, insbesondere das Land Baden-Württemberg, eine Senkung dieser Werte auf 800 bzw. 1800 mg NO_x/m^3 gefordert; es bestehen jedoch Zweifel, ob diese Werte eingehalten werden können. So glaubt der Hersteller des Steinkohlenkraftwerks Ibbenbüren nur einen Wert von 2200 mg/m^3 garantieren zu können /123/. Bei Einhaltung des Grenzwertes von 2000 mg ergibt sich ein spezifischer Emissionsfaktor von ca. 2100 g/MWh. /124/.

Ein forcierter Ausbau der Wirbelschichttechnologie, die aufgrund des erheblich verbesserten Wärmeübergangs im Kessel bei ähnlicher Wirkungszahl mit geringeren Verbrennungstemperaturen arbeiten kann, könnte hier allerdings zu einschneidenden Verbesserungen führen - der Einsatz von Rauchgasentschwefelungsverfahren hingegen hat auf die NO_x-Emission praktisch keinen Einfluß. /125/

Aufgrund der hohen spezifischen Emissionen der gas- und dieselbetriebenen Verbrennungsmotoren würde der verstärkte Einsatz von gas- bzw. dieselbetriebenen Kompressionswärmepumpen, Kraftheizungen und Blockheizkraftwerken zu einer deutlichen Erhöhung der NO_x-Bildung führen./126/ Dieser Nachteil wird durch die günstige Wirkungszahl gegenüber der Elektroheizung zwar teilweise kompensiert, gegenüber allen anderen Heizungsarten liegen die nutzenergiebezogenen Emissionen jedoch um etwa eine Größenordnung höher. (Abb. 6)

Für stationäre Motoren in Blockheizkraftwerken und Gas- bzw. Dieselwärmepumpen besteht die Möglichkeit, durch Einsatz von Katalysatoren die spezifische NO_x- Emission drastisch zu senken. Die Einsatzbedingungen sind sogar günstiger als im Kraftfahrzeugbereich, da für derartige Aggregate ausschließlich unverbleite Treibstoffe Verwendung finden. Derzeit wird ein Änderungsentwurf zur TA- Luft diskutiert, der die NO_x- Emission von stationären Motoren auf 300 mg/m^3 Abluft begrenzt. Diese nur durch Einsatz von Katalysatoren erreichbare Begrenzung entspricht einer Verminderung der spezifischen Stickoxid- Emission um etwa 90%. /127/

Die Anwendung dieser Vorschrift würde den Systemvergleich (Abb. 6) in folgender Weise verändern: Die Emissionen der Gas- und Dieselwärmepumpe lägen in der Größenordnung der Gasheizung, deutlich unter denen der Ölheizung. Der Einsatz von Blockheizkraftwerken würde bei Berücksichtigung der Stromgutschrift eine Emissionsreduzierung bewirken, die noch ausgeprägter wäre, als die Entlastung durch Einsatz von wirbelschichtbetriebenen Heizkraftwerken (BHKW: ca. -100 kg/a; Wirbelschicht- HKW: ca. -60 kg/a). Die übrigen Heizungssysteme blieben hinsichtlich der Stickoxid- Emission etwa gleich.

d. Kohlenmonoxid

Kohlenmonoxid-Emissionen entstehen durch unvollständige Verbrennung, wenn die Luftzufuhr oder andere Zustandskenngrößen (Druck, Temperatur) nicht ausreichend optimiert sind oder die Verbrennungsluft mit dem Brennstoff nicht hinreichend gut vermischt wird. Bei kohlebefeuerten Heizungssystemen lassen sich optimale Verbrennungsbedingungen nur für Großanlagen schaffen, während bei öl- und gasbefeuerten Anlagen auch kleinere Aggregate günstig gefahren werden können. Infolgedessen weisen Kohle-Einzelheizungen Emissionsfaktoren auf, die um zwei bis drei Größenordnungen über denen der anderen Anlagen liegen. /128/

Heizungssysteme auf der Basis von Verbrennungsmotoren weisen erhöhte spezifische CO-Emissionen auf, ein Nachteil, der jedoch bei Berücksichtigung der günstigen Gesamtwirkungszahl weitgehend aufgehoben wird.

e. Organische Gase und Dämpfe

Unter organischen Gasen und Dämpfen (OGD) wird eine große Anzahl chemischer Verbindungen (in der Regel Kohlenwasserstoffverbindungen, auch bezeichnet als C_nH_m) zusammengefaßt. Allerdings gestattet die pauschale Summenbildung nur einen sehr groben, wenig aussagekräftigen Vergleich, da die Spanne der Wirkungen von ungefährlich (z.B. Methan) bis möglicherweise krebserzeugend (z.B. Benzol) reicht. Bisher liegen jedoch noch keine repräsentativen Untersuchungen vor, die eine heizungsbezogen vergleichende Abschätzung der einzelnen Komponenten ermöglichen würden.

Nur ein geringer Anteil der OGD-Emission stammt aus Haushaltsfeuerungen (6,4%) und Kraftwerken (0,6%). Der überwiegende Anteil geht auf den Sektor Verkehr (43,5%) sowie die Erzeugung und Anwendung von Produkten der chemischen Industrie zurück. /129/

Die hohen Emissionen, die durch benzinbetriebene Ottomotoren im Verkehrsbereich entstehen (etwa 8-10 mal höher als die von Dieselmotoren) lassen sich jedoch nicht auf gasbetriebene stationäre Ottomotoren übertragen. Aufgrund des eingesetzten Brennstoffs und der Betriebsbedingungen (gleichmäßige Drehzahl am optimalen Arbeitspunkt) ergeben sich wesentlich günstigere spezifische Emissionswerte. Insofern führt der verstärkte Einsatz verbrennungsmotorischer Heizungssysteme zwar zu einer Erhöhung der OGD- Emission, im Vergleich zu der Belastung durch den Verkehr bleibt dieser Effekt jedoch gering.

Zu beachten ist auch die Erhöhung der OGD-Emission, die mit einem verstärkten Ausbau von Müllverbrennungsanlagen - hervorgerufen vor allem durch die hohen Kunststoffanteile im Müll - verbunden ist.

Wichtigste Maßnahme zur Senkung der OGD-Emissionen ist jedoch die Verdrängung der kohlebefeuerten Einzelheizungen.

g. Halogenwasserstoffe

Die Emission von Halogenverbindungen, insbesondere Fluorwasserstoff (HF), Chlorwasserstoff (HCl) und Chlor (Cl_2) entsteht bei kohle- und müllbefeuerten Heizungssystemen; bei Müllverbrennungsanlagen aufgrund der hohen

Tabelle 14: Spezifische F^- und Cl^--Emissionen (g/MWh)		
	F^-	Cl^-
Einzelofen (Steinkohle)	6	72
Einzelofen (Braunkohle)	2	36
Kraftwerke (Durchschnitt)	10	112
Anforderung nach GFVO	19	126
Müllverbrennungsanlage	18	2034

PVC-Anteile im Brennstoff. Die Gesamtemission ist im Verhältnis zu industriellen Emissionen (z.B. Aluminiumhütten) jedoch gering. Die Emission kann durch den Einsatz von Rauchgasentschweflungsanlagen und der Wirbelschichtfeuerung etwa in dem gleichen Ausmaß gemindert werden, wie die Schwefelemission. /130/

g. Feststoffe

Unter Feststoffen wird das gesamte Spektrum der Staubemissionen mit Korngrößen zwischen 0,01 µm und 2000 µm verstanden. Partikel mit einem Durchmesser unter 10µm gelten nach der TA-Luft als Feinstaub; Partikel unterhalb einer Korngröße von 0,2 µm sind als Aerosole definiert, die wegen ihres geringen Gewichtes über Monate in der Atmosphäre verbleiben, bevor sie sedimentieren.

Da zumindest die meisten Großfeuerungsanlagen in der Bundesrepublik mit modernen Entstaubungsanlagen ausgerüstet sind, die zwar fast die gesamten Grobstäube zurückhalten, Feinstäube und Aerosole aber nur zum Teil herausfiltern, sind mittlerweile 60% der gesamten Feststoffemission in der Bundesrepublik als Feinstaub einzustufen.

Die Feststoffemissionen setzen sich aus folgenden Komponenten zusammen:

- unbrennbare Zusatzstoffe im Brennstoff. Insbesondere in der Kohle sind fast alle Elemente mit enthalten, wovon ca. ein Dutzend (insbesondere Schwermetalle und Radionuklide) umweltbelastend wirken. (As, Be, Ba, Cd, Hg, V, Pb, Se, Sb, Zn, Th, Po, U) /131/ Rohöle enthalten in geringen Mengen ebenfalls organische Metallverbindungen. Die bei Kraftfahrzeugen problematischen, durch verbleites Benzin hervorgerufenen Bleiemissionen dürften für den Heizungsbereich ohne Bedeutung bleiben, da hier vorwiegend Gas-Otto- oder Dieselmotoren Verwendung finden. Daneben werden als unbrennbare Zusatzstoffe vor allem Silikate und Sulfate emittiert.

- Nicht vollständig ausgebrannte Brennstoffpartikel. Auch diese Staubart beschränkt sich vorrangig auf kohlebefeuerte Heizungssysteme.

- Umwandlungsprodukte des Brennstoffs, insbesondere die Polyzyklischen Aromatischen Kohlenwasserstroffe (PAH). Diese thermisch sehr stabilen und daher schwer vermeidbaren Stoffe werden, insbesondere bei Kohlefeuerungen im Hausbrand, bei Verbrennungsmotoren, bei Kokereien und bei Kohleumwandlungsprozessen gebildet. Sie treten entweder allein auf oder sind an feinste Aerosole gebunden.

3.2.2 Wirkungen von Luftverunreinigungen

Aus der Emissionsmenge allein kann die Schadwirkung von Luftverunreinigungen nicht abgelesen werden. Die Wirkung auf Menschen, Tiere, Pflanzen, Böden und Gewässer, Materialien und Klima hängt vielmehr von der Konzentration und Einwirkungsdauer an der Einwirkungsstelle (Immission) ab.

Die Verteilung der Schadstoffe (Transmission) wird im wesentlichen von meteorologischen Faktoren (Windrichtung, Windstärke, Lufttemperatur, Bewölkung), vom Bodenprofil, entscheidend aber auch von der Quellhöhe, der Austrittstemperatur und -geschwindigkeit der Emission bestimmt.

Die Quellhöhe ist für die Beurteilung der Umweltbeeinträchtigung von Heizungssystemen von entscheidender Bedeutung, da die Schadstoffe von elektrischen Heizungssystemen mit vergleichsweise hohen Abgabemengen über hohe Kraftwerkskamine abgeleitet und über größere Flächen verteilt werden, was dazu führt, daß diese Schadstoffe nur in geringem Maße zur lokalen Immissionskonzentration beitragen. Eine ausschließliche Betrachtung der verursachten Immissionskonzentration am Boden führt zu einer deutlichen Verschiebung in der ökologischen Beurteilung der Heizungssysteme. (Vgl. Kap. 4.3)

Eine Betrachtungsweise, die lediglich die lokale bodennahe Immissionskonzentration berücksichtigt, ist jedoch nur dann vertretbar, wenn die folgenden Voraussetzungen erfüllt sind:

- Der Schadstoff wird während des Transports soweit umgewandelt oder abgebaut, daß er seine umweltschädigende Wirkung verliert,
- es gibt eine sichere Schwellenkonzentration, unterhalb der alle immissionsempfindlichen Systeme unbeeinflußt bleiben,
- eine schädigende Wirkung durch langfristige Anreicherung und Kumulation in immissionsempfindlichen Systemen kann ausgeschlossen werden.

Kann eine dieser Voraussetzungen nicht mit ausreichender Sicherheit nachgewiesen werden, so ist davon auszugehen, daß eine Verdünnung der Emission durch hohe Abgaskamine lediglich zu einer räumlichen bzw. zeitlichen Verlagerung der Umwelteinwirkungen führt. Es wird dann mehr Luftvolumen oder mehr Bodenfläche durch entsprechend geringere Konzentrationen beeinträchtigt, die Wirkung ist somit nur großräumiger oder langfristiger, insgesamt jedoch nicht geringer als bei bodennahen Emissionen.

Da die Frage der Beurteilung der Emissionsverteilung und damit der Emissionsquellhöhe von entscheidender Bedeutung für die ökologische Beurteilung von Wärmeversorgungssystemen ist, soll die Wirkung der quantitativ erfaßten Schadstoffe im folgenden besonders unter diesem Aspekt erörtert werden.

3.2.2.1 Wirkungen von Kohlendioxid und Wärmeemissionen

<u>Kohlendioxid</u> ist als normales Verbrennungsprodukt des Kohlenstoffs giftig und von der direkten Wirkung her umweltneutral. Durch eine weitere Steigerung des CO_2-Eintrags in die Atmosphäre könnten sich jedoch, aufgrund verstärkter Absorbtion der von der Erde abgestrahlten, langwelligen Wärmestrahlung, des sog. Treibhauseffektes, das Gesamtklima der Erde erwärmen, was mit einschneidenden klimatischen Veränderungen verbunden sein dürfte. Seit Beginn der Industrialisierung ist der CO_2-Gehalt bereits um 14-17% angestiegen. /132/ Durch Zusammenwirken der zwei Hauptursachen des CO_2-Anstiegs, der verstärkten Emission durch das Verbrennen fossiler Energieträger und der ständigen Verminderung des Assimilationspotentials der Biomasse, vornehmlich durch Abholzen der tropischen Wälder, wird mit einer Verdopplung des CO_2-Gehaltes in der Atmosphäre in etwa 50 Jahren gerechnet, wenn sich die erwartete Steigerung des weltweiten Einsatzes fossiler Brennstoffe einstellen sollte. Dies hätte nach heutigem Erkenntnisstand eine Erwärmung der Gesamtatmosphäre um ca. 2,8° C, an den Polen von etwa 8° C zur Folge. /133/ Auch wenn die Folgen im einzelnen nur begrenzt simulierbar sind (befürchtet wird u.a. ein Verschieben der Klimazonen und ein teilweises Abschmelzen der Polkappen) so muß doch mit weitreichenden und einschneidenden negativen Folgen gerechnet werden. Fortak ist der Auffassung, daß sich bereits bis zum Ende des Jahrhunderts die globale Erwärmung bemerkbar machen wird und von den natürlichen Klimaschwankungen, getrennt werden kann, wobei "den Menschen dann kein Mittel mehr verbleibt, diesen Prozeß zu verändern." /134/

Beurteilungskriterium für die CO_2-Emission kann nur die Menge, nicht der Emissionsort sein.

Die direkte <u>Wärmeemission</u> ist annähernd gleichzusetzen mit dem Primärenergieverbrauch. Wärmeemissionen können zwar das lokale Klima beeinflussen, die Gefahr einer globalen Beeinträchtigung des Wärmehaushalts durch anthropogenen Energieeintrag der Erde ist jedoch nur bei extremer Steigerung des Energieumsatzes zu befürchten und wird durch den CO_2Effekt überlagert. /135/

3.2.2.2 Direkte Wirkungen der erfaßten Schadstoffe

Schwefeldioxid und die nitrosen Gase Stickstoffmonoxid und Stickstoffdioxid, übergreifend im allgemeinen als NO_x zusammengefaßt, müssen derzeit als die bedeutendsten Luftverunreinigungskomponenten angesehen werden. Ihre Wirkung wird zur Zeit besonders intensiv erforscht.

Wie im folgenden dargelegt wird, ist es bei der Beurteilung dieser beiden Schadstoffe fragwürdig, von den Immissionswerten der TA-Luft als ungefährlicher Schwellendosis auszugehen, was allein erlauben würde, nur den Zusatzbeitrag der Emission zur bodennahen Immissionskonzentration, nicht jedoch die Emissionsmenge selbst zu betrachten.

Schwefeldioxid kann eine Schädigung der Atemwege und anderer Schleimhäute beim Menschen bewirken. Die derzeit gültigen Immissionswerte (0,14 mg SO_2/m^3 Langzeitwert und 0,4 mg SO_2/m^3 Kurzzeitwert) /136/ berücksichtigen vorrangig die Schadwirkung auf den Menschen, wobei synergistische Wirkungen einzelner Stoffkombinationen in die Grenzwertfestlegung eingeflossen sind.

Direkte schädigende Wirkungen auf Pflanzen wurden jedoch schon bei weitaus niedrigeren Konzentrationen festgestellt (0,05-0,15 mg/m^3 Durchschnittskonzentration) /137/. Auch beim Menschen sind schädigende Wirkungen bei niedrigeren Konzentrationen nicht auszuschließen, wenn die Vorstufenfunktion des SO_2 für die Bildung von Sulfaten mitberücksichtigt wird. /138/

Bei niedrigeren Stickoxid-Konzentrationen als dem in der TA-Luft festgelegten Langzeitwert von 0,08 mg/m^3 ist ein direkter Zusammenhang zu Atemwegserkrankungen nicht nachweisbar. Problematisch sind jedoch die sekundär als Folge photochemischer Prozesse entstehenden photochemischen Oxidantien. Dies sind insbesondere Ozon (O_3) und eine Reihe weiterer organischer Verbindungen, die aufgrund ihrer oxidierenden Eigenschaften auch in niedrigen Konzentrationen zu Beeinträchtigungen führen. Nach Auffassung des Umweltbundesamtes kann "ein Immissionwert für die Langzeitbelastung von Stickoxid ... nur pragmatisch festgesetzt werden." /139/

Bei Einbeziehung der Oxidantien können die derzeitigen Immissionswerte für empfindliche Pflanzen keinen sicheren Schutz bieten. Bei einigen Oxidantien sind Schäden bereits bei Konzentrationen nachweisbar, (0,05 mg/m^3) die auch in ländlichen Reinluftgebieten häufig überschritten werden. /140/ Auch die von der VDI-Kommission festgelegten, derzeit wieder umstrittenen Ozon-Immissionswerte (0,15 mg/m^3) werden selbst in Reinluftgebieten überschritten. /141/

Der derzeitige Fluor-Immissionswert von 0,2 µg/m^3 (IW I) gewährleistet für empfindliche Pflanzen keinen Schutz, da bereits bei fünfzehnmal niedrigeren Außenluftkonzentrationen Schäden feststellbar sind. /142/

Hinsichtlich der Wirkung der Luftverunreinigungen auf Materialien (Beschleunigung der Verwitterungs- und Alterserscheinungen z.B. von Denkmälern, Kunstgütern, sonstigen Bauwerken Beschleunigung der Korrosion von Metallen) können Wirkungsschwellenwerte für die Immissionsbelastung ebenfalls nicht festgestellt werden: "Jede Immissionsrate größer als Null führt bei entsprechend empfindlichen Materialien letztlich zu einer Wirkung." /143/

Auch die Tatsache, daß die gegenseitig verstärkende Wirkung mehrerer Schadstoffe (Synergismen) nur für einzelne Stoffkombinationen bisher systematisch untersucht werden konnte, jedoch für sehr viele Kombinationen qualitativ nachweisbar ist bzw. als wahrscheinlich angesehen wird, relativiert die Vermutung einer unproblematischen "Schwellenkonzentration", unterhalb der keine Schadwirkung mehr zu erwarten ist.

Für Kohlenmonoxid hingegen ist die Quellhöhe für die Beurteilung von entscheidender Bedeutung, da dieser Stoff mittelfristig zu Kohlendioxid oxidiert und damit unschädlich wird. CO wirkt auf menschliche und tierische Organismen durch Senkung der Sauerstoffbindungsfähigkeit im Blut schädigend. /144/

3.2.2.3 Indirekte Wirkungen der erfaßten Schadstoffe

Schwefeldioxide und Stickoxide werden im Laufe der Zeit chemisch umgewandelt. Die Abbaurate liegt für Stickoxide bei etwa 1%/h (entspricht einer Halbwertzeit von etwa 3 Tagen) /145/, die von Schwefeldioxid liegt bei etwa 10%/h ($\hat{=}$ Halbwertzeit von ca. 6,5 Stunden) /146/. Hieraus könnte dann eine positive Beurteilung großer Emissionsquellhöhen abgeleitet werden, wenn die Tochterprodukte der Umwandlung nicht ebenfalls lokal wie großräumig Umweltschäden verursachen würden. Stickoxide werden neben der bereits erwähnten Umsetzung in photochemische Oxidantien bei der Bindung an atmosphärische Wassertröpfchen (Nebel, Regen, Wolken) vornehmlich in Salpetersäure und Ammoniak, Schwefeldioxid in Schwefelsäure und schweflige Säure umgewandelt. Die hierdurch hervorgerufene Versauerung der Niederschläge (saurer Regen) die auch in emissionsfernen "Reinluftgebieten" zu beobachten ist, führt zu Veränderungen an Böden und aquatischen Systemen (Grund- und Oberflächengewässer). /147/

Der natürliche Neutralpunkt für unbeeinflußtes Regenwasser liegt bei einem pH-Wert von 5,6. Der pH-Wert des Regens in Nordrhein-Westfalen liegt mit

Jahresmittelwerten von pH 4 bis pH 4,5 um das 15- bis 50-fache höher. /148/ Der gegenwärtige mittlere pH-Wert des Regens in Westdeutschland liegt bei 4,1; Extremwerte bis unter 3 sind bereits gemessen worden. /149/ Nach Messungen im Solling tragen im langjährigen Mittel SO_2 zu 76%, Stickoxide mit 19% und Chlor zu 5% zur Säurebildung im Niederschlag bei. /150/

Besonders schwerwiegend wirkt sich der schadstoffinduzierte Säureeintrag in den Boden beim Wald aus, wobei nicht nur die direkte Bodenversauerung, sondern mehrere gleichgerichtete indirekte Effekte eine Rolle spielen, die nach Ulrich zu einer Destabilisierung der Wald-Ökosysteme führen:

- Der Säureeintrag bewirkt eine Änderung des Ionenaustauschs im Boden mit der Folge einer Freisetzung von Aluminiumionen, die toxisch auf das Wald-Ökosystem wirkt. /151/
- Die durch den Säureeintrag bewirkte Änderung des Ionenkreislaufs löst eine bodeninterne Säureproduktion von derselben Größenordnung wie die gesamte Säuredeposition aus.

Die Wirkungsmechanismen sind schematisch in Abb. 7 dargestellt.

Abb. 7: Wirkung des sauren Niederschlags auf die Vegetation (nach Ulrich /152/)

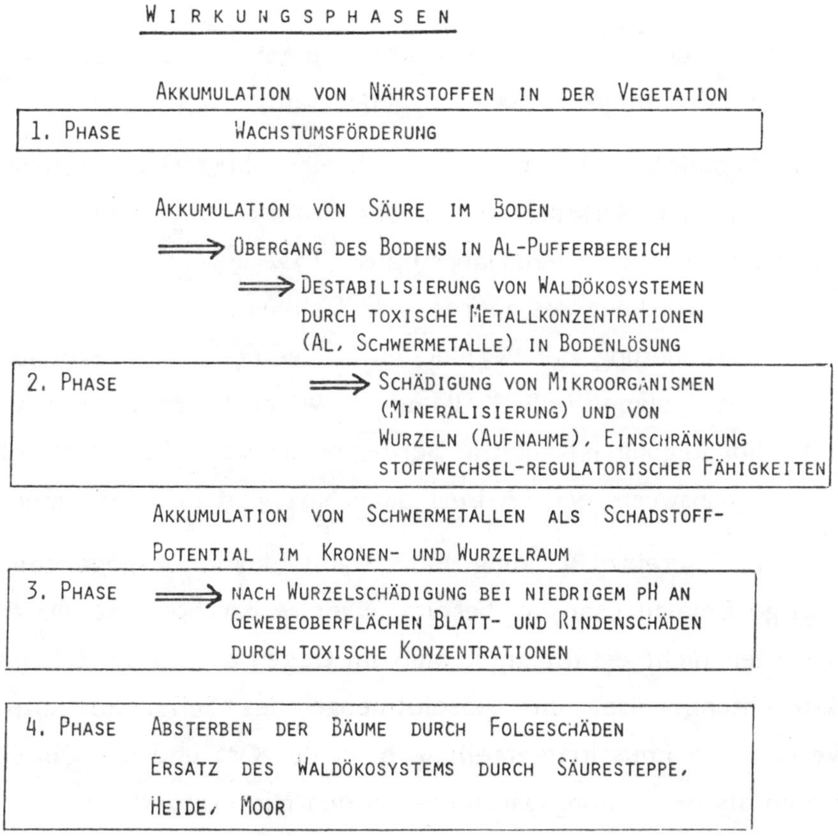

WIRKUNGSPHASEN

AKKUMULATION VON NÄHRSTOFFEN IN DER VEGETATION
1. PHASE WACHSTUMSFÖRDERUNG

AKKUMULATION VON SÄURE IM BODEN
⟹ ÜBERGANG DES BODENS IN AL-PUFFERBEREICH
⟹ DESTABILISIERUNG VON WALDÖKOSYSTEMEN DURCH TOXISCHE METALLKONZENTRATIONEN (AL, SCHWERMETALLE) IN BODENLÖSUNG
2. PHASE ⟹ SCHÄDIGUNG VON MIKROORGANISMEN (MINERALISIERUNG) UND VON WURZELN (AUFNAHME), EINSCHRÄNKUNG STOFFWECHSEL-REGULATORISCHER FÄHIGKEITEN

AKKUMULATION VON SCHWERMETALLEN ALS SCHADSTOFF-POTENTIAL IM KRONEN- UND WURZELRAUM
3. PHASE ⟹ NACH WURZELSCHÄDIGUNG BEI NIEDRIGEM pH AN GEWEBEOBERFLÄCHEN BLATT- UND RINDENSCHÄDEN DURCH TOXISCHE KONZENTRATIONEN

4. PHASE ABSTERBEN DER BÄUME DURCH FOLGESCHÄDEN
ERSATZ DES WALDÖKOSYSTEMS DURCH SÄURESTEPPE, HEIDE, MOOR

Die Auffassung, daß der saure Niederschlag die Hauptursache für die Schädigung des Waldbestandes darstellt, ist nicht unstrittig. Prinz führt eine Reihe von Indizien an, die darauf schließen lassen, daß den Umwandlungsprodukten der Stickoxide, den photochemischen Oxidantien, in Zusammenhang mit den Waldschäden eine besonders hohe Bedeutung zukommt. Zur Begründung wird insbesondere folgendes genannt:

- Die Hauptschäden in Bayern und Baden-Württemberg treten nicht in den Bereichen der höchsten SO_2-Konzentration, sondern vielmehr in Höhen ab 800 m NN an den west- und südwestexponierten Hängen auf. Dies sind Orte, an denen photochemische Umwandlungsprozesse verstärkt stattfinden.
- Auch in den übrigen Bereichen treten die Schäden an Tannen, Fichten und Buchen überwiegend an den "licht- und luftexponierten" Teilen der Wälder auf.
- Eine Beeinträchtigung des Pflanzenwachstums durch den Kfz-Verkehr, der in hohem Maße zur Stickoxidemission beiträgt, jedoch praktisch kein Schwefeldioxid emittiert, ist nachweisbar. /153/

Auch für den Rat von Sachverständigen für Umweltfragen ist eine Beteiligung der Photooxidantien "an dem neuartigen Schadenssyndrom des Waldsterbens im Schwarzwald, im Bayrischen Wald, im Fichtelgebirge und im Harz durchaus denkbar." /154/ Die diesbezügliche kontroverse Diskussion ist noch nicht abgeschlossen.

Für die Beurteilung der indirekten Folgewirkungen der SO_2- wie der NO_x-Emission sind folgende Aspekte bedeutsam:

- Die Schadwirkung wird erst nach einer längeren Latenzphase sichtbar, d.h. Ursache und Wirkung sind zeitlich stark entkoppelt; Ulrich geht von einer Latenzphase von 10-20 Jahren aus. /155/
- Die Schadwirkung des Säureeintrags akkumuliert sich im Laufe der Zeit.
- Die Veränderung der Waldböden ist weitgehend irreversibel und kann durch Gegenmaßnahmen (z.B. Kalkung der Wälder) nur begrenzt vermindert werden.
- Die Schädigung ist auch in Bereichen unzweifelhaft feststellbar, in denen die Immissionswerte der TA-Luft dauerhaft weit unterschritten sind.

Für die indirekte Wirkung muß somit davon ausgegangen werden, daß das heutige Belastungsniveau bereits unvertretbar hoch ist. Da die oben genannten Kriterien nicht erfüllt sind, muß im Gegensatz zu der bislang vorherrschenden Betrachtungsweise, die Absolutmenge des Schadstoffeintrags herangezogen werden; die Emissionsverteilung bzw. der Ort und die Quellhöhe der Emission treten als Beurteilungsparameter in den Hintergrund.

Dies gilt auch für langlebige oder stabile Stoffe mit toxischer bzw. kanzerogener Wirkung, die sich im Boden bzw. in der Biosphäre anreichern, und bei denen eine lineare oder überlineare Dosis-Wirkungs-Beziehung festgestellt wurde oder zu vermuten ist. Davon kann insbesondere bei Schwermetallen, langlebigen Radionukliden sowie bei bestimmten, langlebigen Kohlenwasserstoffen ausgegangen werden.

3.3 Gewässer- und flächenbezogene Ressourcenbeanspruchungen durch die Energiegewinnung und Energieumwandlung

Neben den genannten Luftbelastungen sind mit dem Betrieb von Wärmeversorgungssystemen auch Beeinträchtigungen der Umweltbereiche Wasser und Boden verbunden. Mengen- und gütemäßige Beeinträchtigungen des Wasserhaushalts ergeben sich in der Bundesrepublik besonders durch bergbauliche Tätigkeiten wie durch die Energieumwandlung in Kraftwerken und Kohleveredelungsanlagen. Auch entstehen für die Planung bedeutende Flächennutzungskonflikte durch den Flächenanspruch der Energiegewinnung, -umwandlung und -verteilung. Der Zusammenhang zwischen der Wärmeversorgung und den flächen- und gewässerbezogenen Ressourcenbeeinträchtigungen soll im folgenden untersucht werden.

3.3.1 Ressourcenbeanspruchung durch die Energiegewinnung

Ressourcenbeanspruchungen durch die Energiegewinnung sind in der Bundesrepublik vor allem beim Steinkohlen- wie beim Braunkohlenbergbau festzustellen.

Die mit der Erdöl- bzw. Erdgasförderung sowie mit der Uranförderung verbundenen Probleme sind demgegenüber für die Bundesrepublik sowohl in qualitativer wie auch in quantitativer Hinsicht von geringerer Bedeutung.
Die Beeinträchtigungen sind - großräumig betrachtet - naturgemäß auf die Lagerstätten der Kohle beschränkt, die Wirkungsbeziehungen sind jedoch z.T. weiträumiger als die beanspruchten Abbaufelder.

3.3.1.1 Steinkohleförderung

Im Jahre 1979 betrug die in der Bundesrepublik geförderte Steinkohlenmenge etwa 87,2 Mio t SKE. 70,8 Mio t SKE (81,1%) hiervon wurden im Ruhrrevier gefördert, der Rest verteilte sich auf die Reviere Aachen, (5,9%), Ibbenbüren (2,7%) und Saar (10,3%) /156/.

Die bedeutendsten Nebenwirkungen des Steinkohlenbergbaus sind demgemäß im Ruhrrevier zu finden. Die folgenden Ausführungen beschränken sich daher stellvertretend für die anderen Reviere auf diese Abbauregion.

Der Steinkohlebergbau an der Ruhr ist seit Mitte des vorigen Jahrhunderts durch eine fortschreitende Nordwanderung bei gleichzeitig immer schwieriger werdenden Abbaubedingungen gekennzeichnet. Konnten die ersten Abbaubetriebe an der Ruhr noch im Tagebau fördern, so beträgt die heutige mittlere Gewinnungsteufe etwa 850 m, im Jahr 2000 sind 1000 m durchschnittlicher

Abbauteufe zu erwarten. Maximale Teufen über 1200 m werden in einigen Bergwerken bereits in Kürze erreicht werden. /157/

Nach Auskohlung der derzeitigen Schachtbauzone vornehmlich im Norden des Ruhrgebietes und am Niederrhein sollen die weiter nördlich liegenden Kohlefelder durch neue Bergwerke und Anschlußbergwerke erschlossen werden, was das Durchstoßen des Deckgebirges von 1200 m notwendig macht. /158/ Die derzeitige flächenmäßige Ausdehnung des Ruhrbergbaus läßt sich in Abb. 8 ablesen, in der zwischen stillgelegten Bereichen, betriebenen Bereichen und derzeit noch unverritzten Bereichen unterschieden wird.

Abb. 8: Wanderung des Abbaus auf der Steinkohlenlagerstätte
Quelle: /159/

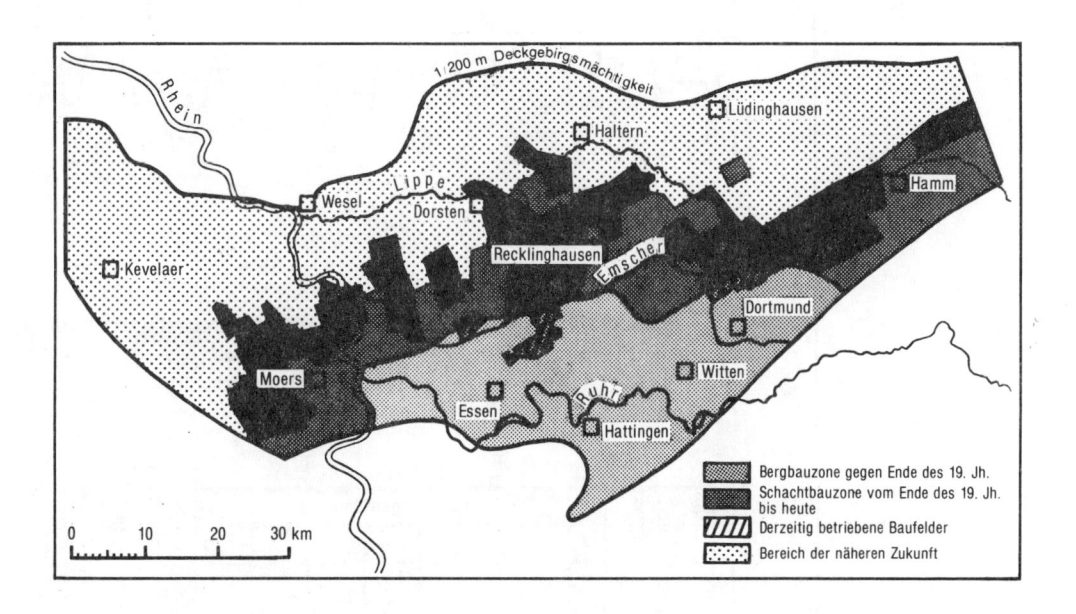

Die mit dem Steinkohlebergbau verbundenen ressourcenbezogenen Nebeneffekte lassen sich auf folgende Wirkungszusammenhänge zurückführen:

Zunächst entsteht durch Abbau von Steinkohle im Untertagebau ein unterirdischer Massenverlust, da die Kohle - mit Gestein (Bergen) verwachsen - dem Gebirge entnommen wird. Insgesamt wurden seit Beginn der Förderungsstatistik im Ruhrkohlenrevier 8,5 Mrd. t v F Steinkohle gefördert, was zu einem Massendefizit in der Größenordnung von 8 Mrd m^3 geführt hat. /160/

Der entstehende Hohlraum schließt sich später weitgehend durch nachrutschendes Gestein, was eine oberirdische Senkung nach sich zieht. Das Ausmaß der Bergsenkung ist unterschiedlich und kann bis zu 12 m, in Ausnahmefällen bis über 20 m, betragen, wie Abb. 9 für den Bereich des Rhein-Herne-Kanals veranschaulicht.

Die Senkung vollzieht sich jedoch nicht gleichmäßig, sondern verändert die Oberfläche in unterschiedlichem Maße, besonders wenn die geologische Struktur des Deckgebirges Sprünge und Verwerfungen aufweist. Hierdurch werden vor allem in bebauten Gebieten Schäden verursacht und die Nutzungsmöglichkeit der Fläche vermindert.

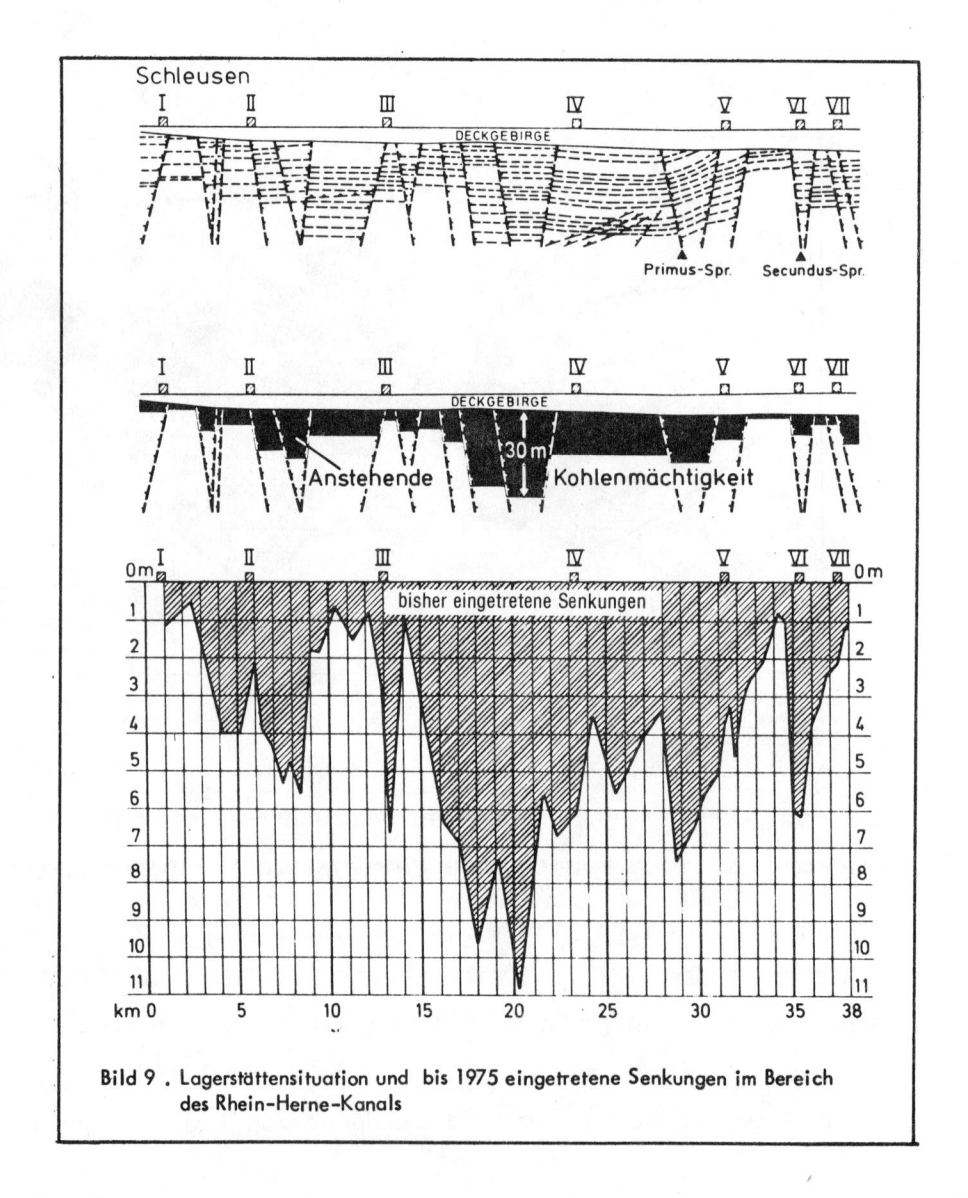

Bild 9. Lagerstättensituation und bis 1975 eingetretene Senkungen im Bereich des Rhein-Herne-Kanals

Quelle: /161/

Das Ausmaß der mit der Steinkohlenförderung verbundenen Bergsenkungen läßt eine steigende Tendenz erwarten, da die Senkungsprozesse noch nicht überall abgeschlossen sind und die heutige Fördertechnik aufgrund des ungünstigeren Kohle/Abraumverhältnisses auf die Förderung bezogen größere Hohlräume schafft als frühere Abbaumethoden. Wurden noch 1960 etwa 45% der gesamten Förderung durch das Abbauhammerverfahren gewonnen, so verminderte sich dieser Anteil bis 1980 auf etwa 1%, während zu 99% vollmechanisierte Verfahren (Schrämmaschine, Hobel, Walzenlader) eingesetzt werden, die mit einer wesentlich höheren Bergeproduktion verbunden sind, /162/ und daher größere Hohlräume unter Tage schaffen. Die Entwicklung der Mechanisierung der Abbauverfahren seit 1960 im gesamten Steinkohlenbergbau der Bundesrepublik zeigt Abb. 9a.

Abb. 9a: Entwicklung der Abbauverfahren bei der Steinkohleförderung
Quelle: /164/

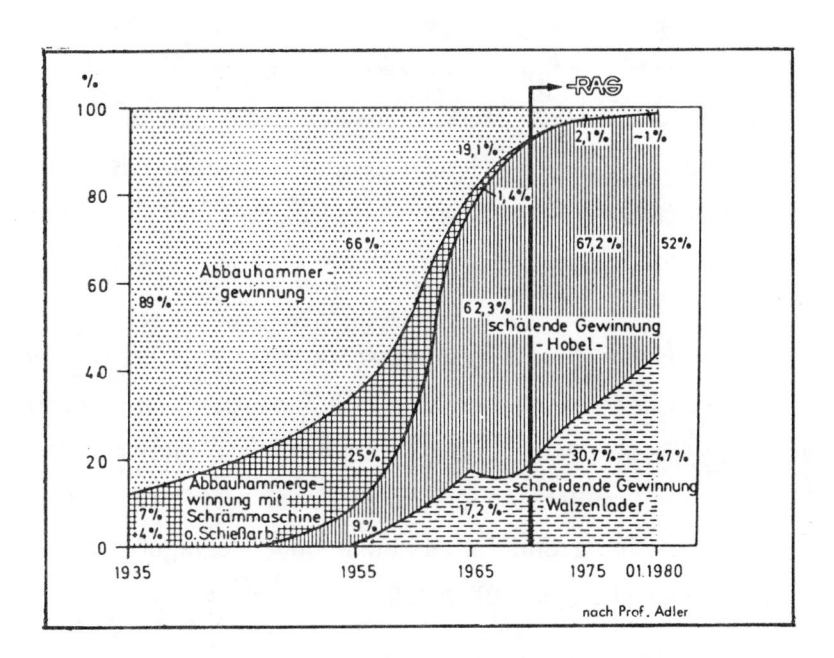

Der Anteil der durch Versatz wieder in die Streben verfüllten Bergemengen sank im Ruhrrevier von 33% 1960 auf 6,7% im Jahre 1981, während er sich im Bereich des Saarbergbaus von 21,5% (1960) auf 12,0% (1981) verminderte. /163/

Der geringe Versatzanteil führt zu einem veränderten Senkungsverhalten des Gebirges:

Der geringe Versatzanteil führt zu einem veränderten Senkungsverhalten des Gebirges:

"Die heutigen Abbauverhältnisse verursachen örtlich weitaus größere Senkungen. Auch wird der Durchbauungsgrad des Gebirges erheblich vergrößert. Das Gebirge befindet sich fast ständig in Bewegung und Verformung, so daß eine Wiederverfestigung des Gesteinsschichtenverbandes nicht mehr stattfinden kann. Dies hat zur Folge, daß die Senkungen sich wesentlich schneller an der Tagesoberfläche bemerkbar machen". /164/

Findet die Absenkung in Gebieten mit geringem Grundwasserflurabstand statt, so ist das Zutagetreten von Grundwasser und ein Versumpfen des Gebietes (Entstehen von Poldergebieten) die Folge, wenn nicht durch ständiges Sümpfen das Grundwasser unter seinem natürlichen Stand gehalten wird. Weite Teile des Ruhrgebietes, zumindest in den bebauten Bereichen, sind bereits zu solchen Poldergebieten geworden, in denen grundwasserbürtiger Abfluß und Abwasser ständig fortgeleitet werden müssen. Lediglich bei einigen Freiflächen wird von der Sümpfung abgesehen, da sich in der Zwischenzeit schützenswerte Sekundärbiotope herausgebildet haben. Als Folge "geht in jedem Fall das örtlich naturnahe Grundwasserangebot der höherwertigen potentiellen Nutzung als Trinkwasser verloren". /165/

Eine weitere Folge der Bergsenkung betrifft die erheblichen Aufwendungen, die im Bereich der natürlichen Vorfluter unternommen werden müssen, um den natürlichen Wasserablauf zum Rhein hin zu sichern. Die wasserbaulichen Maßnahmen, die im Bereich der natürlichen Vorfluter getätigt werden müssen (Vertiefung, Erhöhung und Eindeichung oder Verlegung des Wasserlaufs), haben wiederum Rückwirkungen auf den Grundwasserstand:

"Vorfluter werden entsprechend tief auch .... durch mutmaßlich senkungsfreies oder weniger absinkendes Gelände, z.T. am Rande und außerhalb des Abbaugebietes geführt. Zwangsläufig entziehen diese Vorfluter dann einem beidseitigen Streifen das Grundwasser." /166/

Als ein Indiz für die Bedeutung der mit dem Steinkohlenbergbau verbundenen wasserwirtschaftlichen Probleme mögen hier auch die finanziellen Belastungen erwähnt werden: 49% der 300 Mio DM, die die Ruhrkohle AG etwa an jährlichen Bergschadensaufwendungen zu tragen hat, müssen für die Sicherung der Vorflut und für die Abwassereinleitung aufgewendet werden.

Neben diesen relativ oberflächennahen Beeinträchtigungen des Grundwassers sind durch fortschreitende Bergbautätigkeit in Zukunft auch die großen, für die Trinkwassergewinnung bedeutenden Grundwasserreservoire im Bereich der Halterner Sande tangiert. Eine Verringerung des nutzbaren Grundwasserdargebots wird aufgrund der Gefahr von Wassereinbrüchen in die tieferliegenden Abbaugebiete befürchtet. Ähnliche Effekte könnte auch eine Änderung der Grundwasserfließrichtung, hervorgerufen durch Bergsenkungen, bewirken. /167/

Eine weitere wasserwirtschaftliche Beeinträchtigung entsteht durch die Förderung von Grubenwässern und ihre Einleitung in die Vorflut. Die Förderung des ständig nachsickernden Grubenwassers ist notwendig, um den Abbaubereich unter Tage ausreichend trockenzuhalten und die Standsicherheit des Grubengebäudes zu gewährleisten. Eine Förderung ist nicht nur in den betriebenen, sondern auch in den bereits stillgelegten Bereichen erforderlich, da zwischen den meisten Schachtanlagen Verbindungen bestehen, die sonst nicht wirksam abgedichtet werden könnten.

Aufgrund ihrer chemischen Zusammensetzung, insbesondere der hohen Belastung durch Salze, die nicht bzw. nur mit unverhältnismäßig hohem Aufwand entfernt werden können, wird die Wasserqualität der betroffenen Vorfluter (Lippe, Emscher, Rhein und Nebenflüsse) nachhaltig negativ beeinflußt. Die hohe Salzfracht ist der Hauptgrund dafür, daß die Lippe für die Trinkwassergewinnung ungeeignet ist. Aber auch die landwirtschaftliche Nutzung (Bewässerung) sowie die Industrie und Kraftwirtschaft (Korrosion) werden durch den Salzgehalt negativ beeinflußt. /168/

Der Salzgehalt der Grubenwässer nimmt mit steigender Teufe allgemein erheblich zu und ändert sich in seiner chemischen Zusammensetzung.

Während in geringeren Teufen Hydrokarbonatwässer mit einer Konzentration von weniger als 1 g/ltr anzutreffen sind, sind bei Tiefen bis 500 m vorwiegend Sulfate mit mehreren Gramm/ltr festzustellen. Die Grubenwässer in den tiefen Schichten sind vor allem Chlorid-Wässer mit Salzgehalten von weit über 5 g/ltr und Extremwerten bis 200 g/ltr. /169/

Daher weisen gegenüber den Chloridgehalten von Grubenwässern aus dem Einzugsgebiet der Ruhr (2,9 g/ltr) die Grubenwässer im Einzugsbereich der Emscher und Lippe (22,1 g/ltr) und des Rheins (31,2 g/ltr) deutlich höhere durchschnittliche Salzkonzentrationen auf. /170/

Das Lippewasser selbst weist im Abschnitt zwischen Haltern und Drevenach einen mittleren Chlorid-Gehalt von ca. 600-700 mg/ltr auf. Die Rückwirkungen auf die Grundwasserqualität in diesem Bereich sind hoch. So wurden in einer Entfernung von 400 m vom Fluß in diesem Bereich im Grundwasser Chloridkonzentrationen von 82-255 mg/ltr festgestellt /171/, wodurch auch die Grundwässer im Bereich des Lippe- wie auch des Emschertales für die Gewinnung von (angereichertem) Trinkwasser nicht mehr geeignet sind. /172/ Dies hat zur Folge, daß die Grundwasserreservoire der angrenzenden Bereiche stärker beansprucht werden.

3.3.1.1.1 Kennwerte für die Wasserbeanspruchung (Steinkohlebergbau)

Spezifische Kennwerte für die Gewässerbeanspruchung durch den Bergbau sind nur unter Schwierigkeiten zu ermitteln. Für die hier zur Untersuchung anstehende Frage sind nur die Umweltauswirkungen von Bedeutung, die sich durch einen unterschiedlichen Kohleverbrauch für Heizungszwecke und somit durch eine unterschiedliche Kohleförderung tatsächlich erhöhen bzw. vermindern.

Eine genaue Trennung zwischen fördermengenabhängigen und fördermengenunabhängigen Nebenwirkungen ist jedoch zum einen erhebungstechnisch und zum anderen aus grundsätzlichen Erwägungen problematisch.

Relativ eindeutig der geförderten Kohlenmenge sind die im Betrieb selbst benötigten Wassermengen, vorrangig die Kohlewaschwässer, zuzuordnen. Auch Wässer, die für den Betrieb der Zeche und ihrer Nebenanlagen notwendig sind, sowie Trink- und Spülwässer sind der verbrauchten Kohlemenge zuzuordnen. Nach einer umfangreichen empirischen Erhebung von Rottmann /173/ betrug der spezifische Wasserverbrauch 1963-1965 1,08 m^3/tvF, die zu 8% durch Grubenanlagen unter Tage und zu 92% durch Anlagen des Grubenbetriebes über Tage benötigt wurden. Durch verstärkte Einführung von Kreislaufwassernutzungen konnte der spezifische Verbrauch inzwischen auf etwa 0,5 m^3/tvF (0,06 ltr/kWh Kohle) gesenkt werden, wovon die Kohlewaschwässer etwa die Hälfte (0,2-0,3 m^3/tvF) ausmachen. /174/ Aufgrund ihrer vielfältigen Inhaltsstoffe stellen die Kohlewaschwässer für die Wassergütewirtschaft ein erhebliches Problem dar und bedürfen einer entsprechenden Abwasserbehandlung.

Die geförderten und abgeleiteten Grubenwässer sind nur mit etwas größeren Vorbehalten der geförderten Steinkohlemenge direkt zuzuordnen, da auch während evtl. Stillstandszeiten und Zeiten geringerer Auslastung die Wasserhaltung des Grubengebäudes aufrechterhalten werden muß, um den Abbaubetrieb nicht zu beeinträchtigen.

Da jedoch Wärmeversorgungssysteme auf eine langfristige kontinuierliche Abnahme der Energieträger angewiesen sind und lediglich kurzfristigen witterungsbedingten Schwankungen unterworfen sind, erscheint es gerechtfertigt, von einem verbrauchsabhängigen durchschnittlichen Grubenwasseranfall in Abhängigkeit von der geförderten Kohlemenge auszugehen. Hierbei ist zu beachten, daß die Menge der geförderten Grubenwässer im Ruhrgebiet bei größerer Teufe deutlich abnimmt, da der Abbau hier unter schwer durchlässigen Deckgebirgsschichten stattfindet. Betrug das Verhältnis der Kohleförderung zum Grubenwasser im jetzt nicht mehr betriebenen deckgebirgsfreien Südraum noch 11 m^3 Wasser pro t Kohle, so sinkt das Verhältnis im derzeit betriebenen Bereich auf Werte zwischen 2 m^3/t Kohle und 0,5 m^3/t Kohle (unterhalb des Emschermergel). /175/ Die relative Grubenwassermenge nimmt also mit Fortschreiten des Bergbaus ab, während die qualitativen Probleme größer werden.

Größere Schwierigkeiten treten bei der Bildung von spezifischen Kennwerten für die Grubenwässer auf, die zeitlich praktisch unbegrenzt weitergehoben und abgeleitet werden müssen, ohne daß ihnen eine bestimmte geförderte Kohlenmenge direkt zuzuordnen ist. Da im weiteren Verlauf der bergbaulichen Tätigkeit der Anteil der stillgelegten Zechen gegenüber den betriebenen zwangsläufig zunehmen wird, steigt auch zwangsläufig der Anteil der Wassermenge an, der unabhängig von der geförderten Kohlemenge aus stillgelegten Altanlagen abgegeben wird.

Jede geförderte Tonne Kohle erhöht somit nicht nur die aktuell zu fördernde Grubenwassermenge, sondern zusätzlich auch die Menge, die langfristig aus den stillgelegten Bereichen ebenfalls zu fördern ist und deren Salzkonzentration durch Auslaugen nur langsam sinkt.

Für die Ermittlung der spezifischen Belastungen durch die Energiegewinnung wäre es angemessener der verwertbaren Kohleförderung diejenigen Wassermengen zuzuordnen, die bis zum Ende der Förderung insgesamt anfallen werden.

Bei Zuordnung der gesamten Abwassermenge aus betriebenen und stillgelegten Zechen zu der aktuell geförderten Kohlenmenge gibt man nur den aktuellen Stand und somit zwangsläufig die Untergrenze dessen an, was an konkreten Nebenwirkungen mit dem Steinkohlebergbau verbunden ist. Das Ausmaß der Nebenwirkungen wird demgemäß steigen, wobei eine Quantifizierung ohne konkrete zeitliche Bezugsgröße jedoch nicht möglich ist.

Die spezifische Grubenwasserförderung lag 1965 bei 1,56 m^3 pro tvF, wobei die einzelnen Steinkohlereviere deutliche Unterschiede aufwiesen. Aachener Steinkohlerevier: 2,38 m^3/tvF; Saarrevier: 2,14 m^3/tvF; Ruhrrevier: 1,23 m^3/tvF) /176/

Gegenwärtig werden im Ruhrgebiet jährlich etwa 150 Mio m^3 Grubenwasser aus einer Tiefe von durchschnittlich 700 m gehoben. Ca. 50% hiervon stammen aus den betriebenen Bereichen, die restlichen 50% fallen in den stillgelegten Gruben im südlichen Teil des Ruhrkohlereviers an. /177/

Bezieht man die Abwässer aus den stillgelegten Bereichen mit ein, da sie mittelbar ebenfalls förderungsabhängig sind, so ergibt sich derzeit ein spezifischer Grubenwasseranfall von 1,7-1,8 m^3/tvF. Die gesamte spezifische Wasserabgabe des Bergbaus an oberirdische Vorfluter beträgt danach etwa 2,2-2,3 m^3/tvF.

Von Bedeutung für die Grundwasserqualität sind schließlich auch die Sickerwässer, die aus und über Bergehalden abfließen und unter dem Haldenkörper ins Grundwasser gelangen. Da die Haldensickerwässer z.T. Schadstoffkonzentrationen, insbesondere Sulfatkonzentrationen aufweisen, die die zulässigen Grenzwerte nach der Trinkwasserverordnung um ein vielfaches übersteigen, müssen in der näheren Umgebung der Haldenstandorte ebenfalls ungünstige Rückwirkungen auf die Trinkwassergewinnung aus dem Grundwasser befürchtet werden.

Probleme entstehen vor allem dadurch, daß das Niederschlagswasser den Haldenkörper infiltriert und das häufig stark pyrit- bzw. sulfathaltige Haldengestein auswäscht. Teile des am Haldenboden gesammelten Wassers dringen durch die Bodenschichten ins Grundwasser. Bereits in den fünfziger Jahren wurden hohe schwefelsäurebedingte pH-Wert-Konzentrationen im Sickerwasser gemessen, die im Nahbereich der Halden die Grundwasserqualität empfindlich beeinträchtigen können. /178/ Messungen im Grundwasser unter einer Bergehalde im Dinslakener Raum haben einen pH-Wert von 3,7 und Sulfatkonzentrationen von 2 g/ltr ergeben. /179/ Ähnliche Probleme können entstehen, wenn Bergematerial als Baugrund bzw. im Straßen- und Wegebau verwendet wird.

Auch Kohlehalden, die nicht in der unmittelbaren Nähe von Schachtanlagen liegen, können durch Auswaschung von Salzen, insbesondere auch von Schwermetallen erhebliche Beeinträchtigungen des Wasserhaushalts hervorrufen, wie neuere Untersuchungen aus den USA zeigen. /180/

Wesentliche Beeinträchtigungen des Grundwassers ergeben sich auch daraus, daß, besonders im Bereich des linken Niederrheins, Bergematerial zur Verkippung der durch die Sand- und Kiesgewinnung entstehenden Baggerseen verwendet wird. Die Verkippung hat bei vollständiger Auffüllung der Baggerseen zwar den Vorteil, daß Verunreinigungen, die sich durch den Luftkontakt des zutagetretenden Grundwassers ergeben, vermindert werden können. Gleichzeitig wird jedoch das Grundwasser durch den hohen Pyritgehalt der in diesem Bereich anfallenden Waschberge (Schwefelpyridgehalt 1-2%) und Querschlagberge (Pyridgehalt 0,1-0,2%) /181/ durch Auslaugung stark beeinträchtigt. Einige Wasserwerke, die in Grundwasserfließrichtung solcher verkippten Baggerlöcher liegen, fördern Grundwasser mit Salzgehalten, die eine Verwendung für Trinkwasserzwecke ohne Anreicherung mit qualitativ hochwertigem Wasser ausschließen. Als Beispiel mag das Wasserwerk "auf 'm Berg" in Duisburg-Rheinhausen gelten, das aufgrund der Verkippung im benachbarten "Toepper-See" Wasser so minderer Qualität fördert, daß eine Schließung des Werkes notwendig wäre. Von einer sofortigen Anordnung zur Schließung des Werkes wird nur deshalb abgesehen, weil die Fördererlaubnis ohnehin Ende 1984 auslaufen wird und eine Verlängerung der Erlaubnis nicht vorgesehen ist. /182/

Im Bereich des Niederrheins ist die Verkippung von Bergematerial in rheinnahen Baggerseen zusätzlich mit dem Problem verbunden, daß das Bergematerial aufgrund seiner schwer wasserdurchlässigen Konsistenz den Rückfluß von Rheinwasser vermindert und die Förderung von Uferfiltrat aus dahinterliegenden Brunnengalerien nicht nur unter qualitativen, sondern auch unter quantitativen Gesichtspunkten erschwert.

Energieverbrauchsabhängige Kennwerte der Gewässerbeanspruchung lassen sich, bei Berücksichtigung der genannten Einschränkungen, nur für die Betriebs- und Grubenabwässer bilden. Die Grundwasserbeeinträchtigung durch die Kohle- und Bergeablagerung steigt zwar mit steigendem Energieverbrauch ebenfalls an, der Zusammenhang ist über quantifizierende Kennwerte jedoch nicht sinnvoll zu beschreiben.

3.3.1.1.2 Flächenanspruch des Steinkohlebergbaus

Die Flächenbeanspruchungen durch den Steinkohlenbergbau, der in der Bundesrepublik ausschließlich im Untertagebau erfolgt, beeinträchtigen andere Nutzungen in unterschiedlichem Maße. Folgende Beanspruchungen sind zu unterscheiden:

- Die Gesamtfläche der unter Tage in Abbau befindlichen bzw. für den Abbau vorgesehene Felder, die als potentielle Senkungsgebiete einzustufen sind und über Tage Senkungsschäden und damit Nutzungsbeeinträchtigungen hervorrufen können
- bereits unter den natürlichen Abflußpegel bzw. Grundwasserspiegel abgesunkene Flächen, in denen dauerhaft wasserwirtschaftliche Maßnahmen zur Trockenhaltung der Oberfläche erforderlich sind
- durch Betriebs- und Nebenanlagen des Bergbaus sowie zugehörige Infrastruktureinrichtungen an der Oberfläche beanspruchte Bereiche
- durch Bergehaldenaufschüttung langfristig beanspruchte Flächen.

3.3.1.1.2.1 Gesamtflächenbeanspruchung

Einen groben Anhaltswert über die vom Steinkohleabbau ingesamt beanspruchte Fläche gibt der unter Tage verritzte, d.h. in Abbau befindliche oder bereits abgebaute Bereich. In diesem Bereich ist mit Beanspruchungen zu rechnen. Auch wenn die Oberflächennutzung hier nicht überall beeinträchtigt wird, so kann der Gesamtlandbedarf des Bergbaus als Indikator für potentielle, planungsrelevante Nutzungskonflikte gewertet werden.

Der spezifische Gesamtlandbedarf unter Tage schwankt, in Abhängigkeit von der Lage, der Flözmächtigkeit und der Anzahl der Stockwerke, im Extremfall um den Faktor 10. So ist der spezifische Landbedarf im Bereich des linken Niederrheins bei Flözen geringer Mächtigkeit wesentlich höher als der Landbedarf im westlichen Ruhrgebiet, wo die Flöze zumeist in mehreren Stockwerken übereinander lagern. Bei flächen Flözen kann von einem größeren Flächenverbrauch bei geringerer Senkungshöhe ausgegangen werden. Bei Flözen mit größerer Mächtigkeit bzw. mehrstöckigen Flözen verhält es sich umgekehrt.

Bei Kenntnis der Gesamtförderung in einem Bereich und der in einem bestimmten Zeitabstand neuverritzten Flächen unter Tage und bei Betrachtung eines längeren Zeitraumes ließen sich zutreffende durchschnittliche Kennwerte über die energieverbrauchsabhängige Flächenbeanspruchung ermitteln.

Da ausreichend aufbereitetes Datenmaterial über die jährliche Gesamtflächenbeanspruchung des Bergbaus unter Tage /183/ auch den Bergbaubetrieben nicht vorliegt, kann die Größenordnung des spezifischen Landbedarfs nur überschlägig aufgrund folgender Daten ermittelt werden:

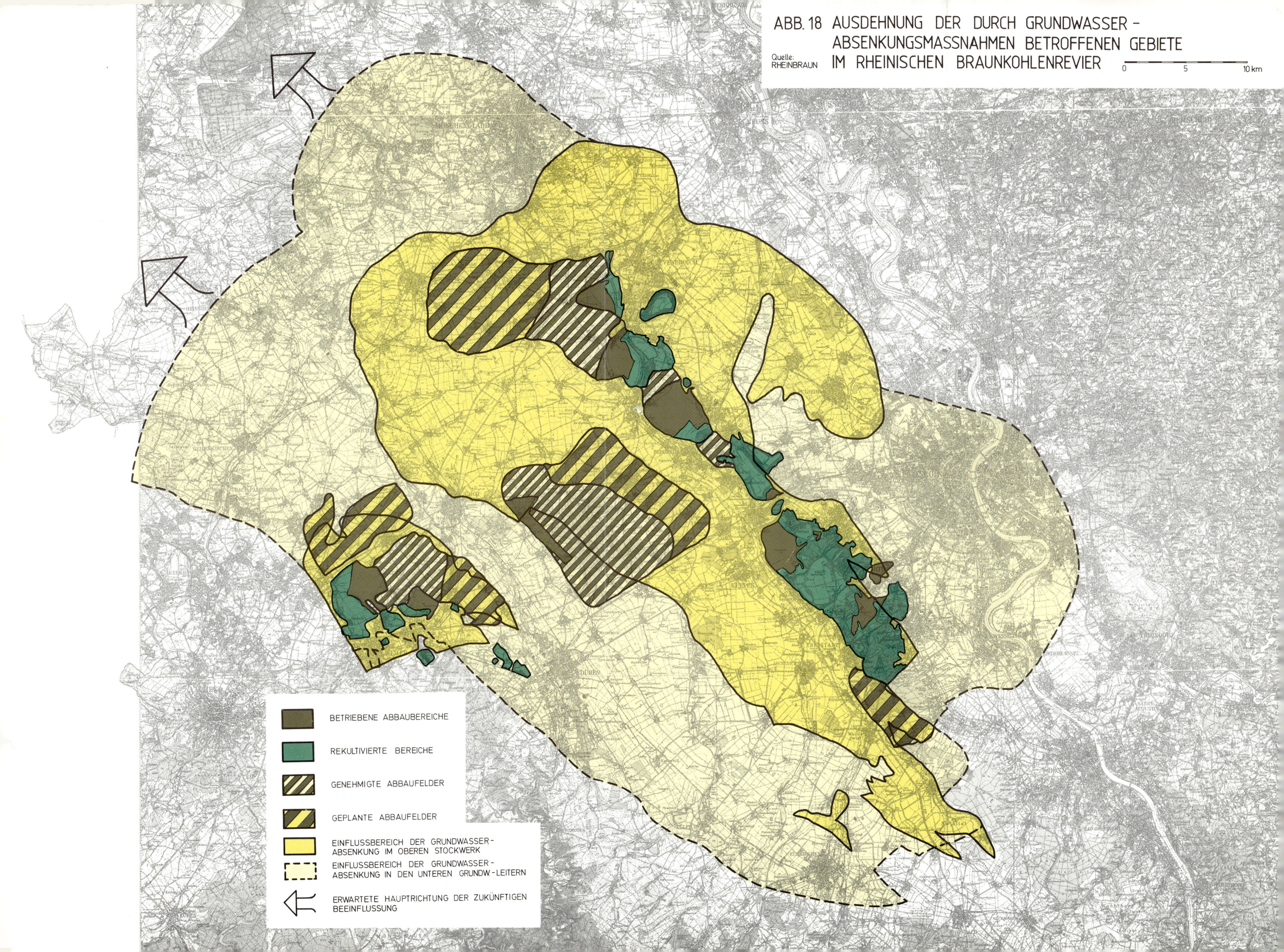

ABB. 18 AUSDEHNUNG DER DURCH GRUNDWASSER-ABSENKUNGSMASSNAHMEN BETROFFENEN GEBIETE IM RHEINISCHEN BRAUNKOHLENREVIER

Quelle: RHEINBRAUN

0 5 10 km

- BETRIEBENE ABBAUBEREICHE
- REKULTIVIERTE BEREICHE
- GENEHMIGTE ABBAUFELDER
- GEPLANTE ABBAUFELDER
- EINFLUSSBEREICH DER GRUNDWASSER-ABSENKUNG IM OBEREN STOCKWERK
- EINFLUSSBEREICH DER GRUNDWASSER-ABSENKUNG IN DEN UNTEREN GRUNDW.-LEITERN
- ERWARTETE HAUPTRICHTUNG DER ZUKÜNFTIGEN BEEINFLUSSUNG

Von den insgesamt 3028 km^2 umfassenden Besitz an verliehenen Feldern (Berechtsamen) sind bis 1981 etwa 60% (1820 km^2) in Anspruch genommen worden; etwa 1060 km^2 hiervon sind bereits wegen Erschöpfung stillgelegt. /184/

Bei der Ermittlung der spezifischen potentiellen Flächenbeeinträchtigung durch Senkungsschäden muß berücksichtigt werden, daß die Senkung sich nicht lotrecht vollzieht, sondern in einem nach außen gerichteten Winkel (Grenzwinkel). Dies führt dazu, daß die Senkungsfläche immer größer ist als die Abbaufläche.

Unter Vernachlässigung dieses Aspektes ergibt sich eine durchschnittliche spezifische Flächenbeanspruchung durch den Bergbau im Ruhrgebiet von 1820 km^2/8,7 Mrd t bisher geförderter Kohle. ($\hat{=}$ 0,21 m^2 pro tvF.)

Nimmt man die Entwicklung der Bergschadenshöhe als Indiz für die Beeinträchtigung der Flächennutzung an der Oberfläche, so ist für die Zukunft eine deutlich zunehmende spezifische Flächenbeanspruchung zu erwarten, die vorrangig auf die bereits erwähnte Änderung der Förderungstechnik zurückzuführen ist. Die Bergschäden sind seit Anfang der siebziger Jahre bis heute nominal auf mehr als das Siebenfache gestiegen. Auch bei Berücksichtigung der hohen Preissteigerung für Bauleistungen in diesem Zeitraum beträgt der reale Anstieg immer noch mehr als das Doppelte. /185/

<u>Abb. 10:</u> Entwicklung der effektiven und preisbereinigten Bergschäden
(bis 1969 Ruhrrevier, ab 1970 Bundesrepublik Deutschland)
Quelle: /185/

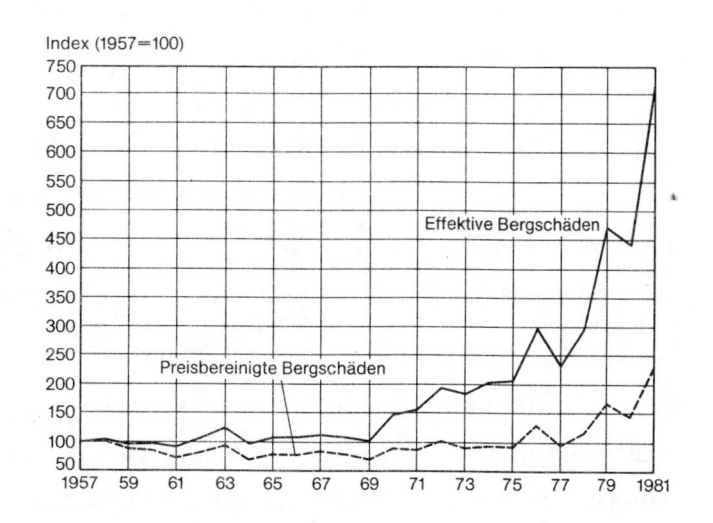

3.3.1.1.2.2 Polderflächen

Als Folge des Steinkohlenbergbaus im Ruhrrevier sank die Oberfläche in weiten Bereichen des Einzugsgebietes der Emscher, der Lippe sowie des linken Niederrheins soweit ab, daß keine natürliche Vorflut mehr existiert. Die so entstandenen Poldergebiete müssen auf Dauer entwässert werden, um ein Versumpfen bzw. Überfluten durch Grundwasser sowie durch Abwasser zu verhindern. Die flächenmäßige Ausdehnung der Poldergebiete ist von 1955 /186/ bis 1981 um nahezu das zweieinhalbfache angestiegen. (vgl. Tab. 15)

Tabelle 15: Ausdehnung der Polderflächen im Einflußbereich des Ruhrbergbaus. /187/				
Jahr	Emscher	Lippe	linker Niederrhein	Gesamt
1955	140 km^2	67 km^2	163 km^2	370 km^2
1981	313 km^2	149 km^2	374 km^2	836 km^2

Setzt man in überschlägiger Betrachtungsweise die in den letzten 25 Jahren neu entstandenen Polderflächen zu der in diesem Zeitraum im Ruhrrevier geförderten Gesamtmenge in Beziehung, so ist bei einer Gesamtförderung von etwa 2460 Mill t Kohle (einschl. linker Niederrhein) im Ruhrrevier von 1955-1980 /188/ eine zusätzliche Polderfläche von 466 km^2 entstanden, es ergibt sich somit eine spezifische Flächenausdehnung von 0,193 m^2/tvF. (vgl. Abb. 11) /189/

Dieser Wert ist nur unwesentlich geringer, als die gesamte Flächenbeanspruchung des untertägigen Steinkohlenbergbaus, was insbesondere durch die hydrogeologischen Verhältnisse der Emscher- und Lippeniederungen (geringes Profil, hoher Grundwasserstand) begründet ist. Da ähnliche Verhältnisse auch in dem zukünftig zu erschließenden nördlichen Lipperaum bzw. dem südlichen Münsterland vorliegen, ist bei dem weiteren Abbau mit einer entsprechend fortschreitenden Ausdehnung der Polderflächen zu rechnen.

Auch wenn die Beeinträchtigung der Oberflächennutzung in den Poldergebieten bei funktionierender Entwässerung nur gering ist, so stellen doch die hohen abzupumpenden Wassermengen und der hiermit verbundene Verlust von Grundwasserressourcen eine durchaus beachtenswerte Größe dar:

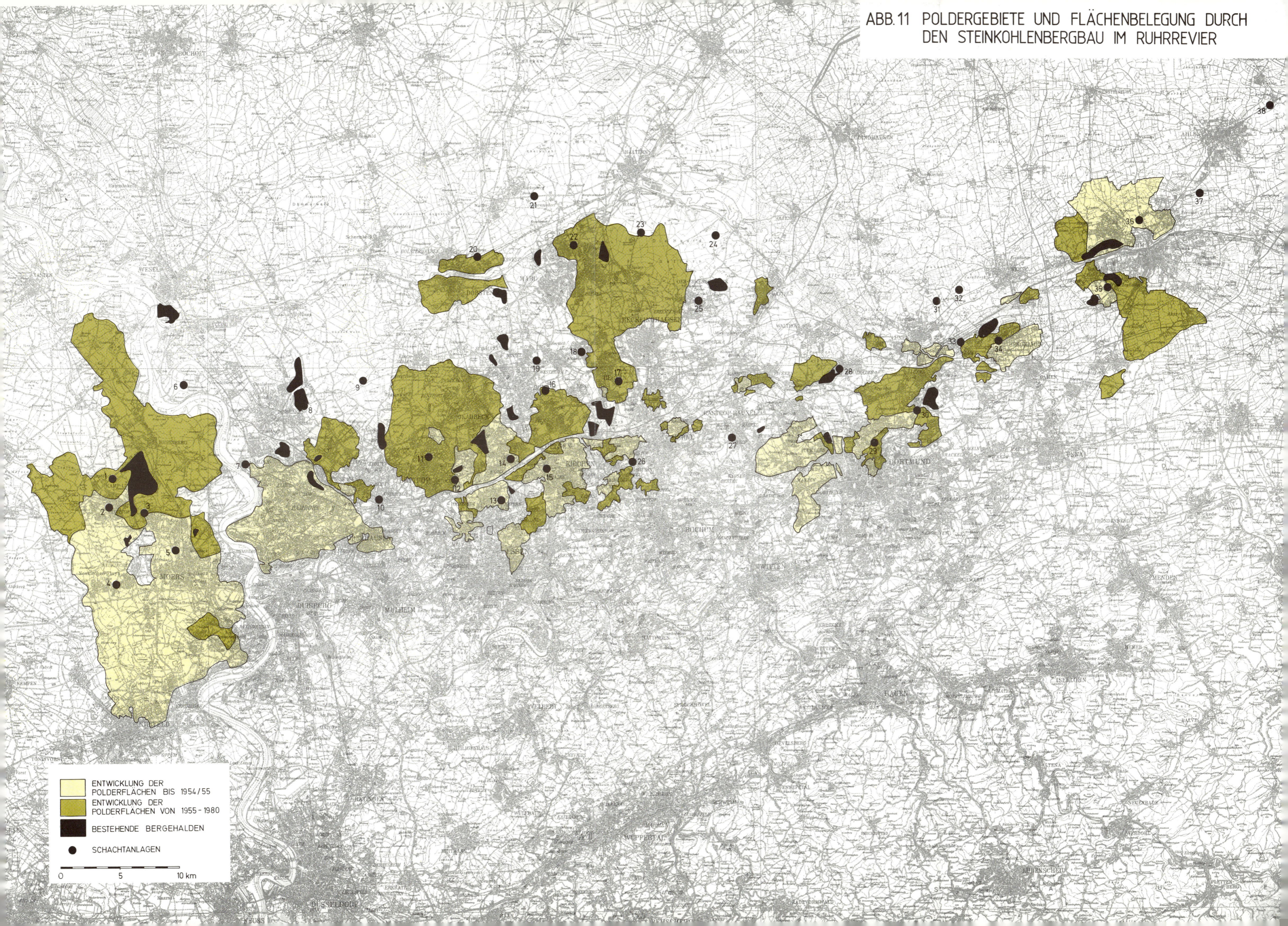

ABB. 11 POLDERGEBIETE UND FLÄCHENBELEGUNG DURCH DEN STEINKOHLENBERGBAU IM RUHRREVIER

ENTWICKLUNG DER POLDERFLÄCHEN BIS 1954/55
ENTWICKLUNG DER POLDERFLÄCHEN VON 1955-1980
BESTEHENDE BERGEHALDEN
SCHACHTANLAGEN

Verzeichnis der Schachtanlagen im Ruhrrevier

1) Rossenray
2) Fr. Heinrich
3) Pattberg
4) Niederberg
5) Rheinpreussen
6) Schacht Voerde / Zeche Walsum
7) Walsum
8) Lohberg
9) Schacht 10 der Zeche Prosper / Haniel
10) Osterfeld
11) Prosper III
12) Prosper II
13) Zollverein
14) Nordstern
15) Consolidation
16) Hugo
17) Ewald
18) Schlägel und Eisen
19) Westerholt
20) Fürst Leopold
21) Wulfen
22) Auguste Victoria
23) Haltern I / II
24) An der Haard I
25) Haard
26) General Blumenthal
27) Erin
28) Minister Achenbach
29) Minister Stein
30) Gneisenau
31) Haus Aden 6
32) Haus Aden 7
33) Haus Aden
34) Neu Monopol
35) Heinrich Robert
36) Radbod
37) Außenschacht der Zeche Westfalen
38) Zeche Westfalen

So stiegen bei der linksniederrheinischen Entwässerungsgenossenschaft (LINEG) die zur Trockenhaltung der Polderflächen zu fördernden Wassermengen von 57,76 Mio m^3 (Durchschnitt der Jahre 1956 - 1960) um das zweieinhalbfache auf 127,83 Mio m^3 (Durchschnitt der Jahre 1976 - 1980) an. Der Anteil der Grundwasserförderung stieg im gleichen Zeitraum von 2,96 auf 22 Mio m^3 jährlich. /190/

Die in den Poldergebieten der Emschergenossenschaft und des Lippeverbandes in den Jahren 1979 - 1981 durchschnittlich geförderte Abwassermenge betrug 536,9 Mio m^3, wobei der Grundwasseranteil nicht speziell ermittelt und ausgewiesen ist. /191/

Insgesamt müssen somit pro m^2 Polderfläche durchschnittlich etwa 800 ltr Wasser gehoben werden, um eine ausreichende künstliche Vorflut herzustellen.

Pro Tonne geförderter Kohle muß letztlich mit einem zusätzlichen Sümpfungserfordernis von 155 ltr/a gerechnet werden. Dieser Wert ist dann von Bedeutung, wenn man bedenkt, daß das Sümpfungserfordernis langfristig bestehen bleibt.

3.3.1.1.2.3 Bergehalden

Die veränderten Gewinnungsverfahren haben zu einem Anstieg des Bergeanteils an der Förderung von 18% im Jahre 1940 auf 47% im Jahre 1980 geführt. (Abb. 12)

Abb. 12: Bergeanteil an der Steinkohlenförderung (Quelle /192/)

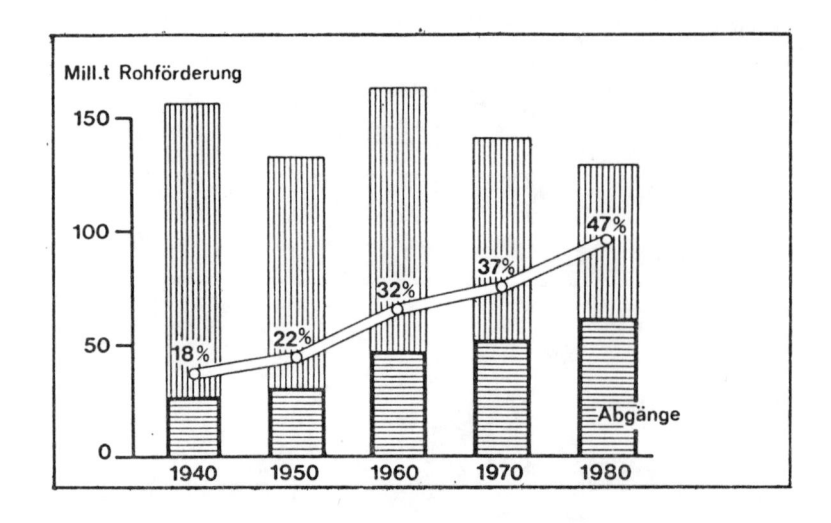

Von den über 0,9 t Bergematerial pro tvF müssen derzeit 67% aufgehaldet werden, da sich der Fremdabsatz (für Straßen- und Deichbau u.ä.) auf 26% reduziert hat und als kaum steigerungsfähig eingeschätzt wird. /193/ Die Ruhrkohle AG rechnet für die neunziger Jahre mit einem Versatzanteil von 17-23%. Die Gesamtmenge der 1980 aufzuhaldenden Berge betrug im Ruhrrevier 38 Mio t.

Obwohl durch die geringe Versatzmenge einerseits das Ausmaß der Bergsenkungen relativ steigen wird, andererseits durch die Flächenansprüche der Bergehalden bereits heute erhebliche Nutzungskonflikte in der Umgebung der Zechen existieren, ist aus betriebswirtschaftlichen Gründen für die nahe Zukunft nicht mit einer nachhaltigen Erhöhung der Versatzmenge zu rechnen.

Gegenwärtig ist also pro t Kohle mit einer aufzuhaldenden Bergemenge von 0,6-0,65 t zu rechnen.

Der spezifische Flächenbedarf ist in den letzten Jahren durch die Anforderung an eine landschaftsgerechtere Gestaltung der Haldenkörper ebenfalls gestiegen. V.d. Gathen rechnet für eine trapezförmige Halde bei einer maximalen Schütthöhe von 50 m mit einer Ausnutzung von 60 t/m^2 Bodenfläche. /194/

Aufgelockert gestaltete Halden, wie sie in Zukunft aus Gründen des Landschaftsschutzes voraussichtlich überwiegend gefordert werden, können diesen Wert nur dann deutlich überschreiten, wenn von maximalen Schütthöhen bis 150 m ausgegangen werden kann. Da derartige Schütthöhen als kaum genehmigungsfähig angesehen werden, ist für zukünftig zu errichtende Bergehalden mit einer Belegung von etwa 40 t/m^2 zu rechnen. /195/

Bei Zugrundelegung einer Ausnutzung von 60 t/m^2 ergibt sich z.Zt. ein spezifischer Flächenverbrauch von etwa 10 m^2 Haldenfläche pro 1000 t Kohle; bei 40 t/m^2 ergibt sich eine Flächenbelegung von 15 m^2 pro 1000 t tvF.

3.3.1.1.2.4 Betriebsflächen

Betriebsflächen benötigt der Steinkohlenbergbau zum einen für die Förderschachtanlagen, denen verschiedene Nebenanlagen (Absetzteiche, Kohlehalden, Transportinfrastruktur) zugeordnet sind, sowie für Außenschachtanlagen (Material-, Seilfahrt- und Wetterschächte).

Der Flächenbedarf für Förderschachtanlagen einschließlich der Nebenanlagen beträgt derzeit 30-80 ha. /196/ Für den Ausbau zukünftiger, neuer Großschachtanlagen ist ein Flächenbedarf von 100-150 ha zu erwarten. /197/ Der Flächenanspruch von Außenschachtanlagen liegt etwa bei 10 ha; reine Wetterschächte benötigen nur geringe Flächen. /198/

Der Betriebsflächenbedarf des Steinkohlenbergbaus über Tage ist im Verhältnis zur Förderung im Verlauf der letzten zwanzig Jahre weitgehend konstant geblieben. 1958 betrug der spezifische Betriebsflächenbedarf etwa 1,2 m^2/t verwertbare Förderung, wobei die sonstigen Liegenschaften des Bergbaus, insbesondere Wohnbauflächen (0,8 m^2/tvF) nicht mitgerechnet sind. /199/ Derzeit beträgt die spezifische Flächenbeanspruchung für den Bergbau und die bergbaubezogenen Nebenanlagen etwa 1,2- 1,4 m^2/tvF. /200/ Hierbei sind die hohen Anforderungen an Infrastruktureinrichtungen, insbesondere im Bereich der Verkehrsinfrastruktur, nicht mit einbezogen.

Zu beachten ist, daß es sich bei dem Flächenanspruch für die Betriebsflächen um einen auf die Kapazität der Bergwerke bezogenen spezifischen Wert handelt, der, im Gegensatz zu den übrigen ermittelten, produktbezogenen Werten, nicht direkt auf das Versorgungssystem zu beziehen ist.

Da jedoch die Betriebsanlagen mit den Lagerstätten "wandern" müssen und die Wiedernutzbarmachung ehemaliger Zechengelände zumeist nur mit großem Aufwand möglich ist, ist auch der Zusammenhang zwischen Kohleförderung und Betriebsflächenverbrauch evident. Die Wiedernutzbarmachung ehemaliger Zechengelände wird durch

- die vorhandenen Hohlräume sowie

- bei einigen Altanlagen festzustellenden Bodenverunreinigungen

erschwert. So ist beispielweise der Boden des ehemaligen Zechengeländes der Zeche "Hansemann" in Dortmund-Mengede durch organische Verunreinigungen, insbesondere Benzol, derart verunreinigt, daß von der Nutzung der Fläche für Wohnzwecke und andere empfindliche Nutzungen Abstand genommen werden muß.

Eine schematische Übersicht über die flächen- und gewässerbezogenen Auswirkungen des Steinkohlenbergbaus zeigt Abb. 13.

ABB. 13

NEBENWIRKUNGEN DES STEINKOHLENBERGBAUS

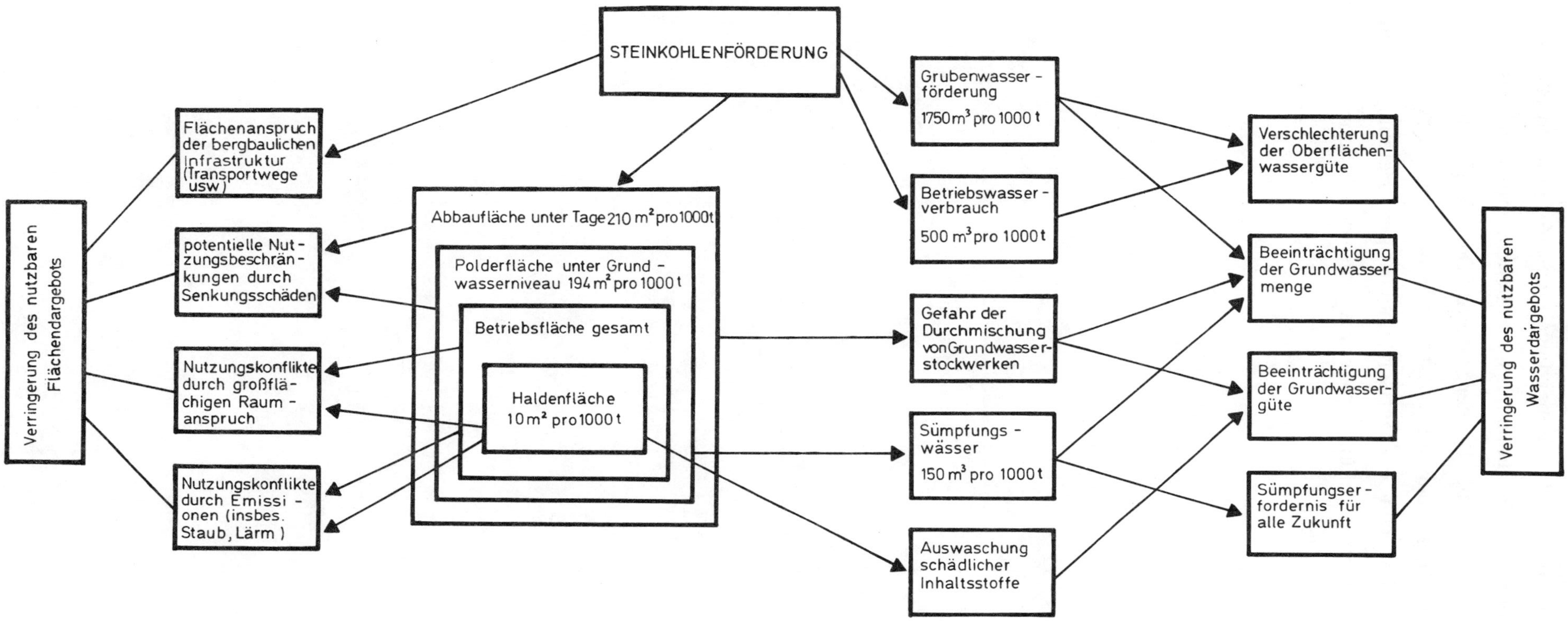

Flächenbezogene Kennwerte

Wasserbezogene Kennwerte

Verringerung des nutzbaren Wasserdargebots

- Verschlechterung der Oberflächenwassergüte
- Beeinträchtigung der Grundwassermenge
- Beeinträchtigung der Grundwassergüte
- Sümpfungserfordernis für alle Zukunft

- Grubenwasserförderung 1750 m³ pro 1000 t
- Betriebswasserverbrauch 500 m³ pro 1000 t
- Gefahr der Durchmischung von Grundwasserstockwerken
- Sümpfungswässer 150 m³ pro 1000 t
- Auswaschung schädlicher Inhaltsstoffe

STEINKOHLENFÖRDERUNG

Abbaufläche unter Tage 210 m² pro 1000 t
Polderfläche unter Grundwasserniveau 194 m² pro 1000 t
Betriebsfläche gesamt
Haldenfläche 10 m² pro 1000 t

- Flächenanspruch der bergbaulichen Infrastruktur (Transportwege usw)
- potentielle Nutzungsbeschränkungen durch Senkungsschäden
- Nutzungskonflikte durch großflächigen Raumanspruch
- Nutzungskonflikte durch Emissionen (insbes. Staub, Lärm)

Verringerung des nutzbaren Flächendargebots

Die anteilige bergbauliche Flächenbeanspruchung, die innerhalb von 20 Jahren durch die Beheizung eines 6-Familien-Hauses (vgl. Kap. 4.2.2) entsteht, ist für die unterschiedlichen, steinkohlenbetriebenen Versorgungssysteme in Abb. 14 dargestellt. Der Vergleich mit der Grundfläche des Hauses zeigt, daß die entstehende Senkungs- bzw. die entstehende Polderfläche bei den energetisch ungünstigen Heizungssystemen Elektroheizung und Kohleveredelung größer ist als die Flächenbeanspruchung durch das Gebäude selbst.

ABB. 14:
FLÄCHENBEANSPRUCHUNG DURCH DEN STEINKOHLENBERGBAU IN 20 JAHREN (in m²/20a)
(6 FAMILIENHAUS, ALTBAU, OHNE ZUSÄTZLICHE WÄRMEDÄMMUNG)

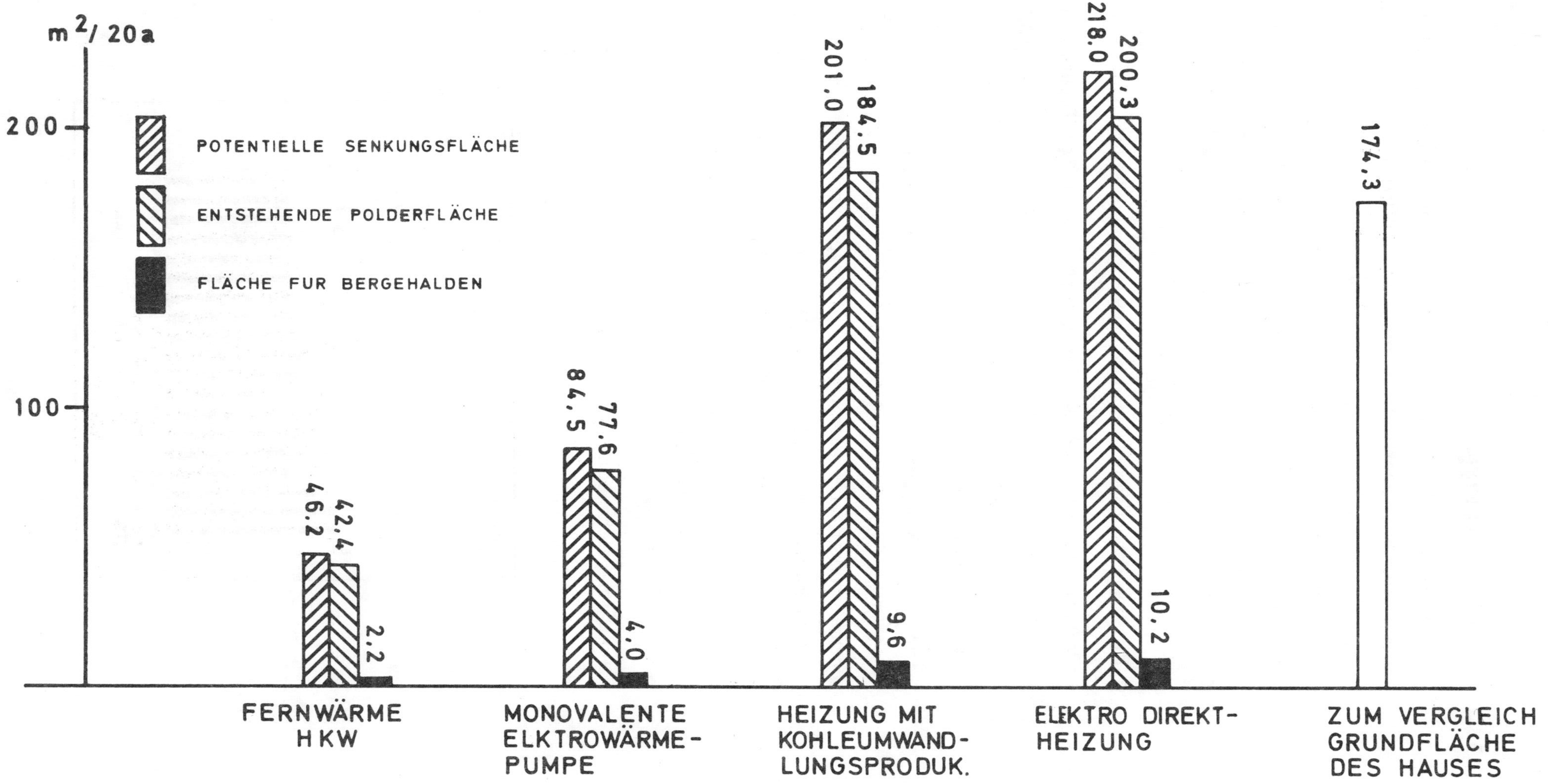

Heizungsart	Potentielle Senkungsfläche	Entstehende Polderfläche	Fläche für Bergehalden
FERNWÄRME HKW	46,2	42,4	2,2
MONOVALENTE ELEKTROWÄRMEPUMPE	84,5	77,6	4,0
HEIZUNG MIT KOHLEUMWANDLUNGSPRODUK.	201,0	184,5	9,6
ELEKTRO DIREKTHEIZUNG	218,0	200,3	10,2
ZUM VERGLEICH GRUNDFLÄCHE DES HAUSES	174,3		

3.3.1.2 Braunkohlenförderung

Etwa 55 Mrd t Braunkohle, ca 90% des gesamten Lagerstättenvorrates der Bundesrepublik lagern in der niederrheinischen Bucht zwischen Aachen, Bonn und Mönchengladbach. /201/ 92% der insgesamt 127,4 Mio t Braunkohlenförderung des Jahres 1982 wurden hier gewonnen. Die übrigen 8% verteilten sich auf die Gebiete um Helmstedt (3,6%), das hessiche Braunkohlengebiet (1,9%) und das Land Bayern (2,5%) /202/. Der überwiegende Teil der umweltbezogenen Folgewirkungen des Braunkohlenbergbaus konzentriert sich daher auf diesen Bereich.

Ressourcenbeanspruchung durch den Braunkohlenbergbau.

Der rheinische Braunkohlenbergbau ist der größte Tagebau Europas. Für den Abbau der Flöze ist es notwendig, das gesamte Deckgebirge und damit die bestehende Oberfläche abzutragen, übergangsweise aufzuhalden und später im Rahmen der Rekultivierung neu zu gestalten.

Die für den Tagebau im rheinischen Braunkohlenrevier benötigte Fläche betrug bis zum Ende des Jahres 1981 insgesamt 200,04 km^2. In diesem Bereich mußten alle vorherigen Nutzungen vorübergehend eingestellt werden. 63,6% dieser Flächen (127,2 km^2) wurden rekultiviert. 72,8 km^2 werden derzeit durch den Tagebau beansprucht. /203/

Hinsichtlich der Flächenbilanz seit 1960 und der Nutzungsaufteilung der rekultivierten Flächen vgl. Abb. 15.

Abb. 15: Flächenbilanz des Braunkohlenbergbaus /204/

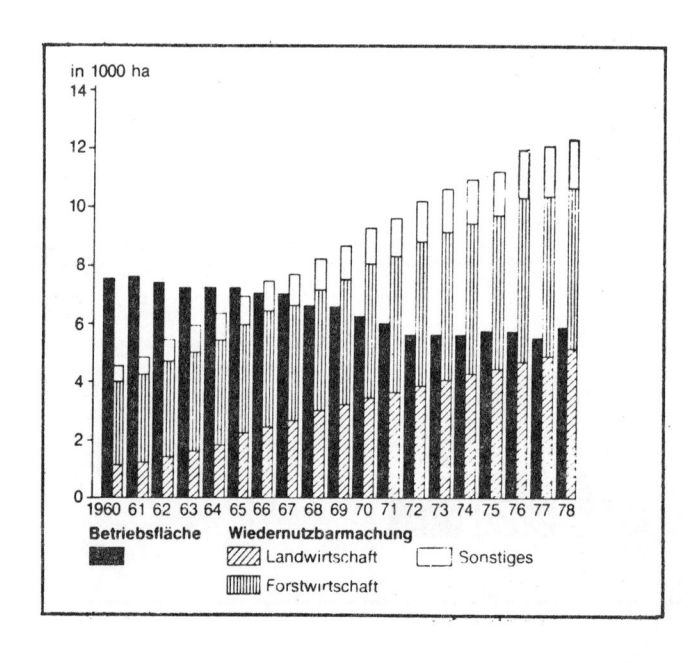

Für die Förderung der Kohle müssen immer größere Deckgebirgsschichten abgetragen und als Abraum vorübergehend gelagert werden. Beträgt das Kohle-Abraum-Verhältnis im Südrevier bei Köln noch 1:0,3 und im Tagebau Frimmersdorf 1:3, /205/ so müssen im Tagebau Hambach im Endausbau 320 Mio t Abraum bewegt werden, um 45-50 Mio t Braunkohle zu fördern (Kohle-Abraum-Verhältnis 1:6,5) /206/.

Seit Beginn des Abbaus mußten 19500 Einwohner umgesiedelt werden; in den kommenden 20 Jahren wird die Zahl der umzusiedelnden Menschen auf über 10.000 geschätzt. /207/

Neben der mehrmaligen Verlegung der betroffenen Verkehrs- und Versorgungstrassen wurden 493 landwirtschaftliche Betriebe mit einer Wirtschaftsfläche von 10.650 ha umgesiedelt /208/, wobei anzumerken ist, daß das betroffene Gebiet aufgrund des vorhandenen Lößbodens zu den fruchtbarsten Europas gehört.

Die nutzungsbeeinträchtigte Fläche ist jedoch größer als die eigentliche Abbaufläche, da um die Gruben herum ein Sicherheitsabstand freizuhalten ist und zudem nicht unerhebliche Lärmemissionen (durch den Tag- und Nachtbetrieb der Bagger, Absetzer und Transportbänder) sowie Staubemissionen auf die Umgebung der Tagebaue einwirken. Die Staubemissionen können allerdings durch technische Maßnahmen, insbesondere Beregnungsmaßnahmen in begrenztem Maße reduziert werden. Beispielsweise konnte im Raum Frimmersdorf eine Reduzierung der Staubemissionen seit 1965 auf etwa die Hälfte erreicht werden. /209/

Weitere einschneidende Beeinträchtigungen der Nutzungsmöglichkeit der umliegenden Fläche werden durch die mit dem Braunkohlentagebau verbundenen wasserwirtschaftlichen Maßnahmen verursacht.

Das Grundwasser muß bis unter die Sohle der Tagebaue abgesenkt werden, um das Wasser aus dem Abgrabungsbereich zu entfernen und um die Böschungen des jeweiligen Arbeitsraumes vom Wasserdruck zu entlasten. Nach Pieper /210/ gibt es hierzu keine Alternative, da die Braunkohle im offenen Tagebau abgebaut werden muß und nicht etwa - wie beim Kiesabbau üblich - unter Wasser gefördert werden kann. Mit Erschließung des Tagebaus Hambach ist die Notwendigkeit einer Grundwasserabsenkung bis zu einer Tiefe von 500 m unter Flur verbunden, da die Grubensohle bei einer Tiefe von 480 m unter Flur liegen wird. /211/ Die bisher größte Abbautiefe (Ville-Scholle) liegt bei 330 m unter Flur.

Die Grundwassersümpfung hat weitreichende Bedeutung für die Wasserwirtschaft. Innerhalb der nächsten 30-50 Jahre wird eines der großen, als ergiebig bis sehr ergiebig eingestuften /212/ Grundwasservorkommen der Bundesrepublik praktisch "aufgelöst".

Anhaltswerte für die insgesamt zu fördernden Mengen geben folgende Zahlenangaben, die sich auf das seit 1955 bis zum Ende der verschiedenen Abbauvorhaben zu fördernde Grundwasservolumen beziehen.

Tagebau Garsdorf: 17,2 bis 18,2 Mrd. m^3
Tagebau Bergheim: bis zu 27,1 Mrd. m^3
Tagebau Hambach: 38,5 bis 44,5 Mrd. m^3
zusammen: 82,8 bis 89,8 Mrd. m^3 /213/

Hiervon sind bis 1977 24 Mrd. m^3, etwa 27%, bereits gehoben worden. /214/

Die Folgewirkungen dieser Grundwasserabsenkung können nicht durch künstliche Maßnahmen örtlich begrenzt werden. Es bildet sich vielmehr ein Senkungstrichter, der sowohl die Grund- wie auch die Oberflächenwasserbilanz der gesamten umliegenden Region erfassen wird, wobei die tieferen Grundwasserreservoire schneller und weiträumiger erfaßt werden als die oberflächennahen Stockwerke. /215/

Oberflächennahe Nutzungen wie die Wassergewinnung sind vorrangig durch den weniger weit reichenden Absenkungstrichter des oberen Grundwasserstockwerks tangiert. Allerdings kann der Grundwasserentzug in den unteren Stockwerken den oberflächlichen Wasserentzug noch verstärken, da die stockwerksbildenden Trennschichten "eine gewisse Wasserdurchlässigkeit aufweisen und über geologische Fenster und Verwerfungen und Störungen einen Wasserdurchfluß nach unten durchaus zulassen" /216/. Auch Siemon stellt das Vorhandensein von Schichtlücken heraus und stellt fest, daß die fünf Haupt-Grundwasserstockwerke in einigen Bereichen untereinander in Verbindung stehen. /217/

Insbesondere bei starken Absenkungen des unteren Grundwasserstockwerks führt die entstehende Druckdifferenz zu beachtlichen Versickerungsmengen. Die Schätzungen über die Entzugsmenge schwanken zwischen 1 und 2 ltr/s km^2. Der Gesamtwasserentzug über die tieferen Grundwasserstockwerke beträgt für den Raum Mönchengladbach-Viersen derzeit etwa 13 Mio m^3/a.

Chemische Analysen der Nitratgehalte des Grundwassers im Bereich des staatlichen Amtes für Wasser- und Abfallwirtschaft Düsseldorf gaben ebenfalls deutliche Hinweise darauf, daß oberflächennahes Grundwasser in beachtlichen Mengen in die tieferen Stockwerke nachsickert. /218/

Weiterhin wird das obere Stockwerk mittelbar auch dadurch beeinflußt, daß die unteren Stockwerke zumindest in den nördlichen Gebieten in größerer Entfernung direkt in die oberen Grundwasserleiter übergehen. Die Folge ist ein kontinuierliches Abfließen von Grundwasser aus diesen Bereichen.

Beide Effekte zusammen liegen mengenmäßig zwar deutlich unter der Grundwasserneubildungsrate, sind jedoch unter Berücksichtigung der starken Beanspruchung durch sonstige Wassernutzungen in den betroffenen Gebieten von Bedeutung. /219/ In Gebieten, in denen der anthropogene Wasserbedarf gleich der oder größer als die Neubildungsrate ist, haben in die unteren Stockwerke abfließende Wassermengen einen negativen Einfluß auf die Gesamt-Grundwasserbilanz. Nach Berechnungen des STAWA Aachen führt ein Wasserentzug von 1 ltr/s km^2 zu einer Absenkung des Grundwasserspiegels von etwa 10-20 cm, wodurch in einigen Gebieten bereits Auswirkungen auf die Vegetation hervorgerufen werden. /220/ Auswirkungen auf die Vegetation treten dann auf, wenn die Pflanzenwurzeln bis zum Grundwasserstand hinabreichen.

Aufgrund der hydrogeologischen Bedingungen sind die Störungen des Wasserhaushalts in den nordöstlich an das Braunkohlenrevier angrenzenden Flächen nachhaltiger und weiträumiger als in den südlichen und westlichen.

Im Norden sind die Auswirkungen der Grundwasserabsenkung bereits bis etwa zur Linie Mönchengladbach-Neuss spürbar /212/. In den betroffenen Bereichen sinkt die Leistung der Brunnen zur Trinkwasserförderung. Viele Brunnen sind bereits trockengefallen, die übrigen Brunnen müssen vertieft, die entstehenden Fehlmengen müssen entweder durch Ersatzwasserlieferungen der Rheinbraun AG ausgeglichen oder aus anderen Bereichen bezogen werden.

Durch Verschieben der Wasserscheide zwischen Rhein und Erft um rund 7 km ist bereits in der Zeit von 1953 - 1977 dem Regierungsbezirk Düsseldorf das Grundwasservorkommen aus einer Fläche von 140 km^2 (insgesamt etwa 30 Mio m^3) verloren gegangen.

In den an das heutige Einflußgebiet nördlich angrenzenden Bereichen Krefeld, Mönchengladbach, Rheydt werden die Auswirkungen der Sümpfungsmaßnahmen die bereits heute absehbaren Trinkwasserversorgungsprobleme deutlich verstärken. Diese Räume weisen zur Zeit bereits einen wasserwirtschaftlichen Fehlbedarf aus, wie am Beispiel der Stadt Mönchengladbach gezeigt werden kann:

"In Mönchengladbach werden unter der Voraussetzung des Ausbaus fast aller vorhandenen und der Errichtung zusätzlicher möglicher Wassergewinnungsstellen ... die Fehlmengen im Jahre 1985 rd. 10 Mio m^3/a und im Jahr 2005 rd. 22 Mio m^3/a betragen. Sofern durch die Sümpfungsmaßnahmen des Braunkohlentagebaus die Wasserentnahmemöglichkeiten innerhalb des Planungsraumes vermindert werden, sind die fehlenden Wassermengen zusätzlich bereitzustellen." /222/

Zur Ordnung des Fehlbedarfs für die genannten Räume soll ein Fernwassersystem installiert werden, wobei das Fremdwasser insbesondere aus nördlich gelegenen Bereichen (bis zum Raum Wesel-Xanten) bezogen werden soll, wodurch in diesem Raum möglicherweise ebenfalls wasserwirtschaftliche Probleme erzeugt werden. Die Grundwasservorkommen im vorgesehenen Gewinnungsbereich Xanten, Ginderich, Niedermörmter sind zwar von der Menge her ausreichend; aufgrund der intensiven landwirtschaftlichen Nutzung in diesem Gebiet (Nitrateintrag) und der bereits erwähnten Nutzungskonflikte durch die Kies- und Sandgewinnung wie der Verkippung von Bergematerial sind jedoch auch hier bedeutende wasserwirtschaftliche Konflikte zu erwarten.

In qualitativer Hinsicht werden Trinkwasserprobleme insbesondere in den Verdichtungsräumen Köln und Bonn mitverursacht, da hier verstärkt auf weniger hochwertiges Wasser aus dem Uferfiltrat des Rheins ausgewichen werden muß: "Der schon jetzt angespannten Wasserversorgungslage in weiten Teilen der niederrheinischen Bucht wird vor allem durch die Nutzung von Rhein-Uferfiltrat begegnet .... Qualitativ ist jedoch das Uferfiltrat gegenüber den Grundwässern der niederrheinischen Bucht benachteiligt." /223/

Dem Grundwasser der Niederrheinischen Bucht wird von der Qualität her zu 80% eine gute Qualität als Trinkwasser bescheinigt, nur 20% werden aufgrund des Härtegrades (Gesamthärte im allgemeinen erhöht, meist Härtestufe 4) als bedingt für Trinkwasserzwecke eingestuft. /224/

Ist es auch unstrittig, daß in der direkten Umgebung des Abbaus die bestehenden ökologischen Verhältnisse zerstört werden, so ist noch nicht genau abzusehen, in welchem Maße der Naturhaushalt im Bereich der Grundwasserabsenkungsfläche zerstört wird.

In jedem Fall stark betroffen sind die ökologisch bedeutsamen Feuchtgebiete, wie Altarme, Verlandungsteiche, Moore, Bruchwälder, Feuchtwiesen sowie Fluß- und Bachauen, in denen "das Leben der hierauf spezialisierten Pflanzen und Tierarten nicht mehr möglich ist" /225/. In dem Bereich nördlich des Braunkohlenreviers sind 2-3% der Flächen solchen Feuchtgebieten zuzuordnen. /226/

Auch die natürlichen Wasserläufe werden durch Wegfall des Grundwasserzuflusses nachhaltig beeinflußt "Zeitweiliges oder völliges Trockenfallen mit Zerstörung der gewässerspezifischen Fauna und Flora; Wegfall der Entnahmemöglichkeiten z.B. von Beregnungswasser für die Landwirtschaft, kaum oder nur sehr kostspielig lösbare Gewässergüteprobleme bei Abwassereinleitung wegen fehlenden Frischwassers, daher Eutrophierung und Geruchsbelästigung, Minderung der Erholungsfunktion weiter Gebiete durch Verödung der Gewässerlandschaften". /227/ Besonders betroffen sind die Gewässersysteme der Norf, der Niers und der Schwalm.

Die Vegetation außerhalb der Feuchtgebiete ist hingegen nur dann betroffen, wenn der Grundwasserstand weniger als 2 m unter der Geländeoberfläche liegt. In weiten Teilen des rheinischen Braunkohlenreviers ist dies jedoch nicht gegeben; der Pflanzenbesatz wird ausschließlich durch das Niederschlagswasser und die Wasserhaltung der oberen Bodenschichten versorgt. /228/

Eine weitere Nutzungsbeeinträchtigung entsteht dadurch, daß zusätzliche industrielle und landwirtschaftliche Wasserentnahmen (Beregnungswasser) vielfach nicht mehr zugelassen werden können. Negative Rückwirkungen auf die Wirtschaftskraft der betroffenen Bereiche sind die Folge.

Im Vergleich zum Steinkohlenbergbau geringe, aber dennoch spürbare Nutzungsbeeinträchtigungen ergeben sich durch die Senkung des Bodens im Bereich des Grundwasserentzugs. Aufgrund des Verschwindens des Wassers aus den Hohlräumen senkt sich der Boden ab. Da die Setzung der Tagesoberfläche etwa 1-2‰ der Grundwassersenkung ausmacht, sind derzeit durchschnittliche Senkungen von 30-60 cm, später bis zu 1 m die Folge. Die Bergschadensbelastung ist daher derzeit gering (1970: ca. 0,10 DM / t Braunkohle) jedoch bilden sich "schwere Bergschäden.... dort, wo .... die Setzungen bis auf 1 m ansteigen oder wo an geologischen Störungen der Wasserspiegel nur in einer Gebirgsscholle abgesenkt wird. /229/

Auch nach Beendigung der Abbauvorgänge dürfte der Wasserhaushalt in diesem Gebiet langfristig gestört bleiben, da die Grundwasserneubildungsmenge aus Niederschlägen von 400 Mio m^3/a etwa dem heutigen Wasserbedarf des Gebietes entspricht. /230/ Selbst wenn die in früheren Prognosen vom großen Erftverband unterstellte Steigerung des Wasserbedarfs auf 600-700 Mio m^3/a nicht eintreffen sollte /231/, ist eine natürliche Regeneration des Wasserhaushaltes nur in extrem langen Zeiträumen möglich.

Zudem wird durch die Schaffung großer Wasserflächen nach Beendigung der Tagebaue die Wasserverdunstung erhöht und damit auch die Grundwasserneubildungsrate negativ beeinflußt. Allein das durch diesen Effekt im Bereich des Tagebaues Hambach erzeugte Verlustvolumen übersteigt beispielsweise den Wasserbedarf des Kreises Euskirchen. /232/

3.3.1.2.1 Kennwerte für die Gewässerbeanspruchung durch den Braunkohlenbergbau

Spezifische Kennwerte für das Ausmaß der Wasserbeanspruchung durch den Braunkohlenbergbau sind nur dann sinnvoll zu definieren, wenn eine Erhöhung bzw. Senkung der Abbaukapazität tatsächlich auch eine Erhöhung bzw. Verminderung der Grundwassersümpfungstätigkeit zur Folge hat. Ein grundsätzlicher Zusammenhang zwischen Abbauvolumen und Sümpfungswassermenge existiert aufgrund der Tatsache, daß der Braunkohlenabbau in den Tagebauen schichtweise vonstatten geht und somit ein größeres Abbauvolumen zu einem früheren Zeitpunkt größere Abbautiefen notwendig macht. Die Sümpfungswassermengen werden durch die vorhandene Grundwassermenge, die Sohlentiefe der Abbaugrube sowie die flächemäßige Ausdehnung der Sohle bestimmt. Darüber hinaus ist die geologische Struktur der Randbereiche von Bedeutung.

Andererseits ist ein linearer Zusammenhang zwischen den beiden Größen langfristig nicht gegeben, da die Vorräte des Rheinischen Braunkohlenreviers bei etwa gleichbleibendem Verbrauch erst langfristig erschöpft sein werden, die Sümpfungsaktivitäten jedoch bereits nach etwa 20-30 Jahren abnehmen werden, da zu diesem Zeitpunkt bereits die maximale Sohlentiefe erreicht sein wird. In der Folgezeit wird sich die Sümpfungswassermenge auf die Grundwasserneubildungsrate beschränken.

Zur Wertung der Verstärkung oder Verminderung der schädlichen Folgen des Wasserentzugs, die mittelbar durch die mehr oder weniger rationelle Nutzung der Braunkohle beeinflußt werden können, ist neben den genannten direkten Wirkungen auch folgender Zusammenhang bedeutsam: Infolge der Kürze der Zeit, in der nach den gegenwärtigen Planungen die großen Grundwasservorkommen abgepumpt werden sollen, ist die Nutzung eines größeren Anteiles des Sümpfungswassers zu Trinkwasserzwecken aus wirtschaftlichen Gründen nicht möglich. So sehen beispielsweise die Stadtwerke Mönchengladbach den Bau einer Fernwasserleitung zur Nutzung des Grundwassers zu Trinkwasserzwecken vor allem deshalb nicht vor, weil nach etwa zwanzig Jahren "der Wasserschaft gehoben" ist, und die dann erfolgende Grundwasserneubildungsmenge "gerade noch zur Wasserbedarfsdeckung der Energiewirtschaft reicht". /233/

Auch wenn die konkrete Quantifizierung dieser Zusammenhänge genaue Untersuchungen notwendig macht, die den Rahmen dieser Arbeit sprengen würden, so läßt sich doch sagen, daß eine rationellere Energieverwendung zum einen die Notwendigkeit der Grundwasserförderung vermindern und zum anderen den Wasserbedarf der Energiewirtschaft senken würde, was in dem genannten Beispiel großräumige wasserwirtschaftliche Ausgleichsmaßnahmen wie die Fernwasserversorgung aus dem Niederrheinbereich einschränken oder verzögern würde.

Auch wäre über einen wesentlich längeren Zeitraum die Versorgung der Ballungsgebiete am Rhein mit Grundwasser möglich. Dieser Aspekt ist längerfristig von besonderer Bedeutung, da aufgrund der hohen Gütebelastung des Rheins sich auch die Qualität des Uferfiltratwassers verschlechtern wird. Die Folgen der Sümpfungsmaßnahmen gehen somit weit über den betroffenen Bereich hinaus.

Den Zusammenhang zwischen Braunkohlenförderung und Wasserhebung zeigt

Abb. 16: Braunkohlenförderung und Wasserhebung im Rheinischen Braunkohlenrevier

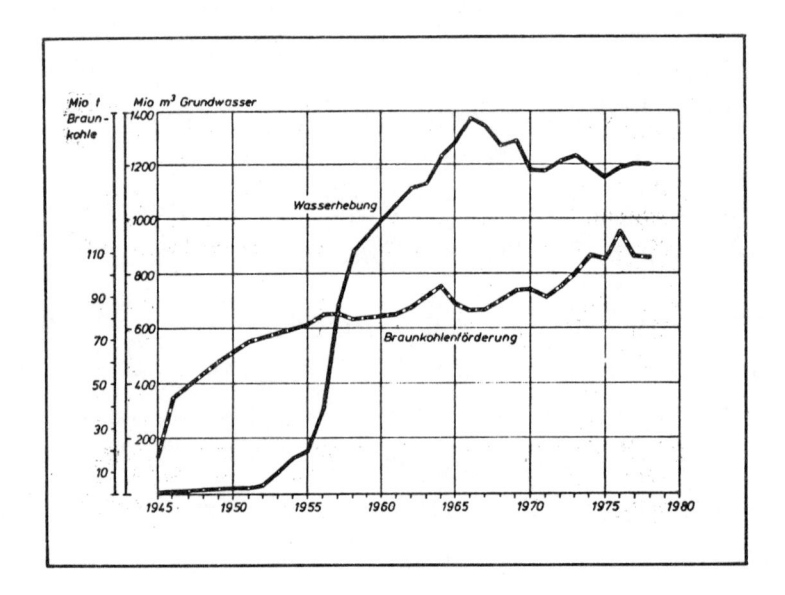

Quelle /234/

Die spezifische Sümpfungswassermenge betrug im Durchschnitt der Jahre 1977-1981 10,41 m^3 Wasser pro t geförderter Braunkohle. Im Verlauf der letzten 20 Jahre ist sie leicht zurückgegangen. (Vgl. Tab. 16)

Tab. 16: Durchschnittliche Sümpfungswassermengen bei der Braunkohlenförderung /235/

	Mill. t Braunkohle	Mill. m³ Sümpfungswasser	m³/t Braunkohle
1962-1966	89,0	1239,5	13,92
1967-1971	89,4	1242,1	13,89
1972-1976	107,7	1205,9	11,20
1977-1981	114,1	1187,3	10,41

Etwa 83% des geförderten Sümpfungswassers werden ungenutzt an die Vorflut abgegeben. Dieser Anteil hat sich in den letzten Jahren nur unwesentlich geändert.

3.3.1.2.2 Kennwerte für die Flächenbeanspruchung durch den Braunkohlenbergbau

Bei der Ermittlung von Kennwerten für den spezifischen Flächenbedarf gilt es zu berücksichtigen, daß bei Aufschließung neuer Abbaufelder zunächst hohe Flächenbeanspruchungen auftreten, die den spezifischen Flächenverbrauch überproportional ansteigen lassen.

Die Mächtigkeit der abzubauenden Kohleflöße schwankt zudem zwischen 3 und 70 m, eine generelle Aussage über den spezifischen Flächenbedarf wird dadurch zusätzlich erschwert.

Durch eine Mittelung über mehrere Jahre kann dennoch der spezifische Landbedarf überschlägig ermittelt werden; er zeigt seit etwa Mitte der siebziger Jahre eine deutlich ansteigende Tendenz, die vorrangig auf den Neuaufschluß des Tagebaus Hambach zurückzuführen ist.

Tab. 16a: Durchschnittlicher spezifischer Flächenverbrauch der Braunkohlengewinnung /236/

	Mill. t Braunkohle	Flächenverbrauch (ha)	m²/1000 t Braunkohle
1962-1966	89,0	380,8	42,77
1967-1971	89,4	260,8	29,16
1972-1976	107,7	311,4	28,91
1977-1981	114,1	554,4	48,58

Langfristig ist die Flächenbeanspruchung durch den Bergbau aufgrund der mit einiger Zeitverzögerung erfolgenden Rekultivierungsmaßnahmen naturgemäß als vorübergehend zu betrachten. Dennoch sind auch langfristig nicht alle Veränderungen reversibel. So beträgt die nach Abschluß der Abbauvorhaben nicht mehr verfüllbare Fläche, die in eine offene Wasserfläche umgewandelt werden muß, etwa 130-140 km^2. Es existieren derzeit Planungen, die "Restlöcher" mit Rheinwasser zu füllen. /237/

Der Zusammenhang zwischen Braunkohlenförderung und der durch die Grundwasserabsenkung nutzungsbeeinträchtigten Flächen stellt sich etwa folgendermaßen dar: Von Beginn der großräumigen Sümpfungsmaßnahmen am 17.10.1955 /238/ bis 1961 vergrößerte sich die durch Grundwasserentzug beeinflußte Fläche zunächst sehr schnell auf 730 km^2 im oberen und 1160 km^2 in den unteren Grundwasserleitern /239/. In den sechziger Jahren war die Flächenbeanspruchung gleichbleibend bis leicht ansteigend und vergrößerte sich bis 1981 auf 1342 km^2 im obersten Stockwerk und 2761 km^2 /240/ in den unteren Stockwerken. Insgesamt war 1981 eine Fläche von 2929 km^2 betroffen. (Vgl. Abb. 17 und 18)

Geht man, um eine Größenordnung zu erhalten, vereinfachend von der Annahme aus, daß zwischen beeinflußter Fläche und der Kohleförderung ein direkter Zusammenhang besteht, so ergibt sich im Durchschnitt der letzten 20 Jahre eine spezifische Flächenausdehnung von 0,31 m^2/t Braunkohle im oberen Stockwerk und 0,81 m^2/t Braunkohle für die unteren Grundwasserleiter, wobei zu beachten ist, daß dieser Wert für den Zeitraum vor 1961 wesentlich höher lag. /241/

Die zukünftige Entwicklung der grundwasserbezogenen Nebenwirkungen der fortschreitenden Braunkohlenförderung kann auf Grundlage des heutigen, z.T. noch unvollständigen Kenntnisstandes etwa folgendermaßen abgeschätzt werden:

Die Auswirkungen des Tagebaues Hambach werden sich flächenmäßig kaum ausdehnen, da der Bereich der Erftscholle bereits heute fast vollständig beeinflußt ist.

Hier werden lediglich noch tieferliegende Grundwasserbereiche tangiert, die für die Flächennutzung wie für die Wasserwirtschaft von untergeordneter Bedeutung sind. Die Auswirkungen der im westlichen Bereich des rheinischen Reviers gelegenen Tagebaue Inden I und II werden nach Süden hin weitgehend im Bereich des heute beeinflußten Gebietes liegen, nach Westen hingegen werden Auswirkungen auf das Grundwasser bis weit in holländisches Gebiet hinein, etwa bis zur Maas, erwartet.

ABB.17: BRAUNKOHLEN - GRUNDWASSERABSENKUNG IN DER NIEDERRHEINISCHEN BUCHT
— BEEINFLUSSTE FLÄCHEN —

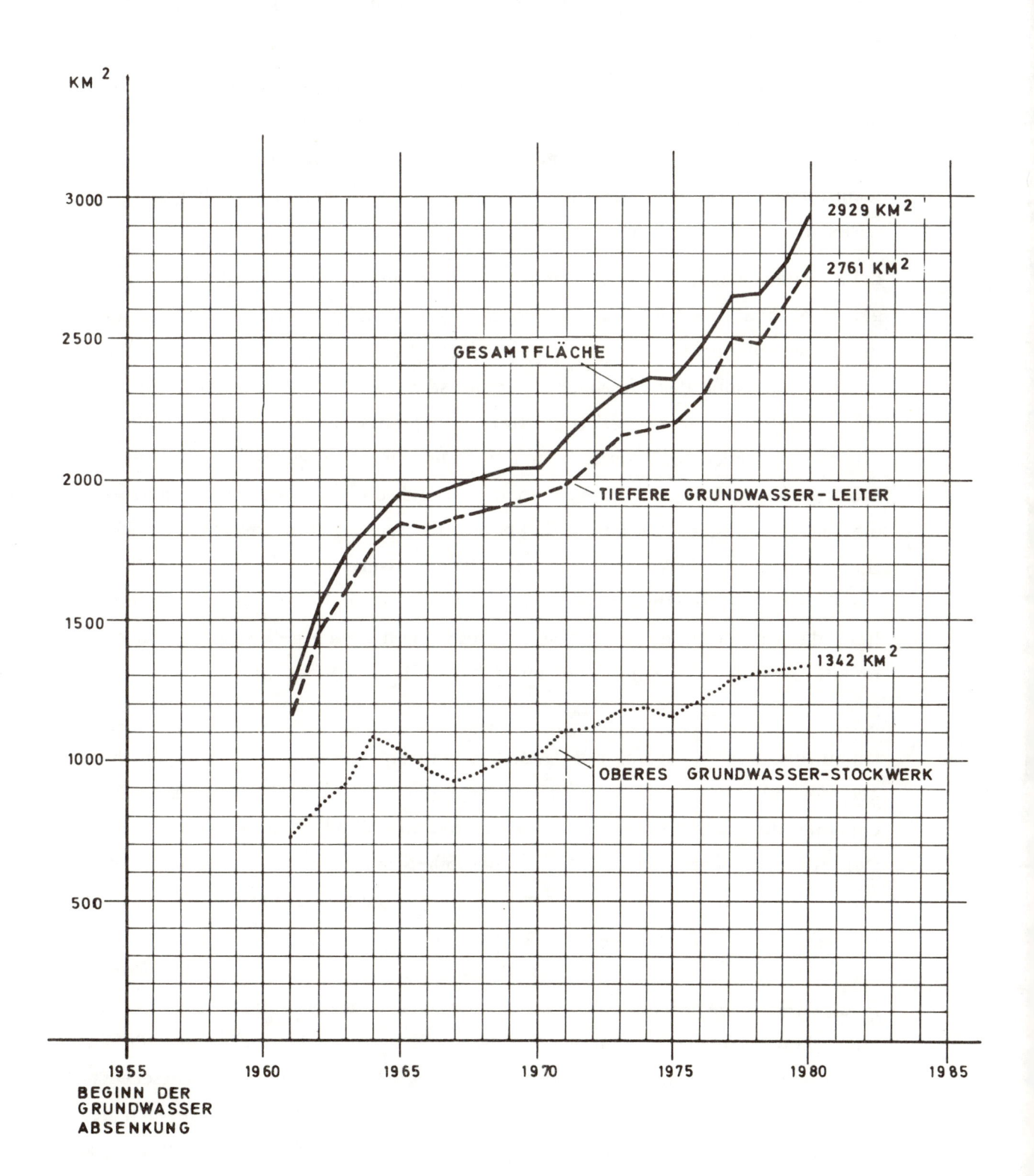

KM^2

2929 KM^2
2761 KM^2
GESAMTFLÄCHE
TIEFERE GRUNDWASSER-LEITER
1342 KM^2
OBERES GRUNDWASSER-STOCKWERK

1955 BEGINN DER GRUNDWASSER ABSENKUNG — 1960 — 1965 — 1970 — 1975 — 1980 — 1985

QUELLE: NACH UNTERLAGEN DER RHEINISCHEN BRAUNKOHLENWERKE A.G.

Geographisches Institut der Universität Kiel
Neue Universität

Genauere Prognosen sind aufgrund der bislang nicht ausreichenden Zusammenarbeit der deutschen und niederländischen Stellen derzeit nicht möglich. Entsprechende Untersuchungen auch durch niederländische Stellen werden gerade erst begonnen.

Die bedeutendsten Auswirkungen werden durch den geplanten, bislang noch nicht genehmigten Aufschluß des Tagebaus Frimmersdorf-West erwartet /242/, da dieser Tagebau außerhalb der Erftscholle liegt, und die Sümpfungseinwirkungen nach Norden und Nordwesten nicht durch geologisch wirksame Sperrzonen verhindert werden.

Erhebliche, jedoch durch die heute vorhandenen Rechenmodelle noch nicht genau abschätzbare Rückwirkungen auf den Grundwasserhaushalt, besonders in nordwestlicher Richtung, werden durch den etwa für das Jahr 2005 geplanten Aufschluß des Tagebaues Frimmersdorf-West-West erwartet. Die dortigen Kohleflöze liegen deutlich tiefer, was entsprechend aufwendige Sümpfungsmaßnahmen erforderlich macht. Die Druckentspannung der unteren Stockwerke dürfte sich bis weit in niederländisches Gebiet hinein, d.h. über die Maas hinaus, erstrecken. Die ebenfalls vorrangig in nordwestlicher Richtung zu erwartende Vergrößerung der Grundwasserentzugsfläche ist nicht nur aus wasserwirtschaftlichen, sondern auch aus ökologischen Gründen bedenklich, da der Anteil der ökologisch bedeutsamen Feuchtgebiete, insbesondere im Bereich der Schwalm und ihrer Nebenflüsse, höher als in dem bisher beeinflußten Gebiet ist.

Hinzuweisen ist auch auf die Tatsache, daß die wasserwirtschaftlichen Folgen der Sümpfung auch dann noch ansteigen, wenn die flächenmäßige Ausdehnung der beeinflußten Gebiete einen stationären Zustand erreicht hat. Der Absenktrichter, der zu Beginn der Sümpfung eine ausgeprägte konkave Form hat, verflacht im Laufe der Zeit, was dazu führt, daß die Absenktiefe im näheren Umfeld der Tagebaue zunimmt.

Auch wenn der Abbau im Bereich des Tagebaus Hambach nur geringe zusätzliche wasserwirtschaftliche Folgen verursacht, besteht auch für die Zukunft ein Zusammenhang zwischen Braunkohlenförderung und wasserwirtschaftlichen Folgeproblemen: Bei rationeller Nutzung der im Bereich des bestehenden Tagebaus geförderten Braunkohle, könnte der Aufschluß der für die Zukunft geplanten, für den Wasserhaushalt äußerst folgenreichen Tagebaue zeitlich weiter hinausgeschoben und dadurch vermindert werden.

ABB. 19: NEBENWIRKUNGEN DES BRAUNKOHLENBERGBAUS

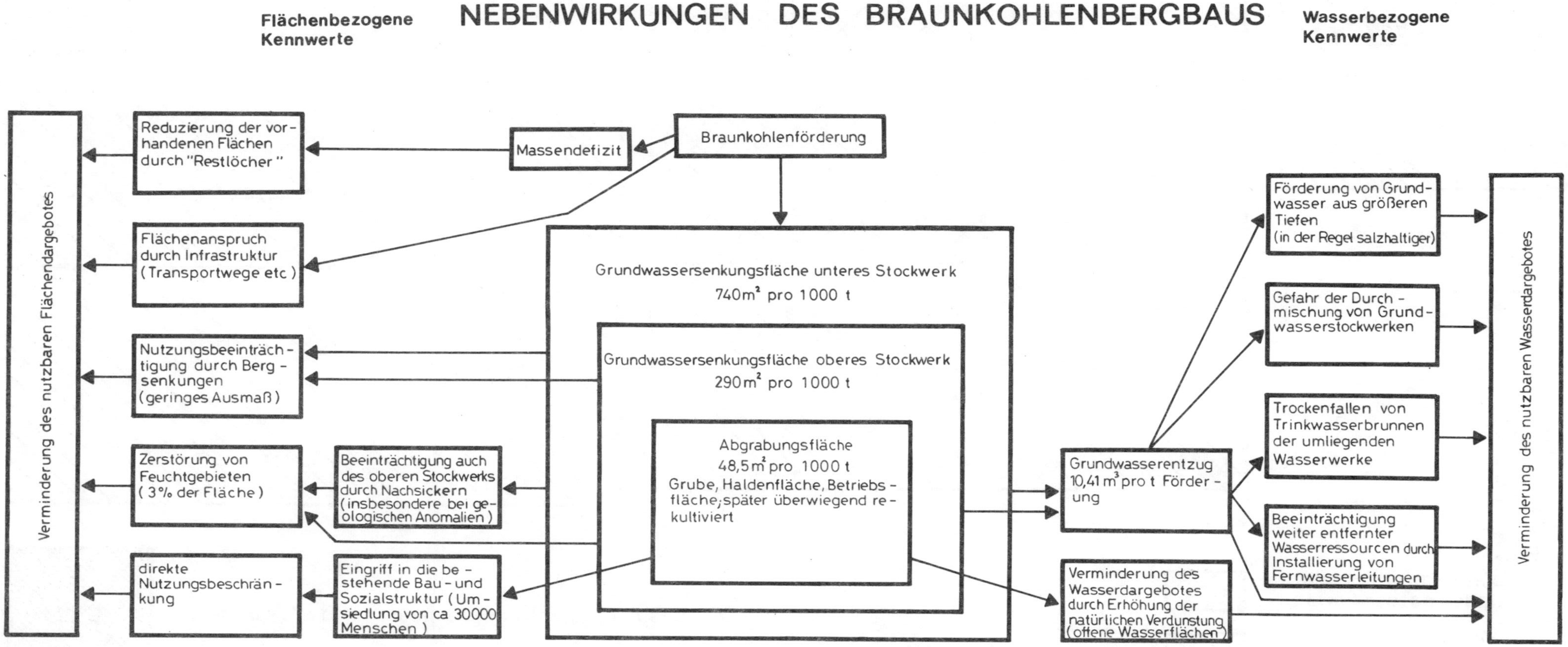

Flächenbezogene Kennwerte — **Wasserbezogene Kennwerte**

Braunkohlenförderung
→ Massendefizit
→ Grundwassersenkungsfläche unteres Stockwerk 740 m² pro 1000 t
→ Grundwassersenkungsfläche oberes Stockwerk 290 m² pro 1000 t
→ Abgrabungsfläche 48,5 m² pro 1000 t Grube, Haldenfläche, Betriebsfläche; später überwiegend rekultiviert

Grundwasserentzug 10,41 m³ pro t Förderung

Auswirkungen (Wasser):
- Förderung von Grundwasser aus größeren Tiefen (in der Regel salzhaltiger)
- Gefahr der Durchmischung von Grundwasserstockwerken
- Trockenfallen von Trinkwasserbrunnen der umliegenden Wasserwerke
- Beeinträchtigung weiter entfernter Wasserressourcen durch Installierung von Fernwasserleitungen
- Verminderung des Wasserdargebotes durch Erhöhung der natürlichen Verdunstung (offene Wasserflächen)

→ **Verminderung des nutzbaren Wasserdargebotes**

Auswirkungen (Fläche):
- Reduzierung der vorhandenen Flächen durch "Restlöcher"
- Flächenanspruch durch Infrastruktur (Transportwege etc.)
- Nutzungsbeeinträchtigung durch Bergsenkungen (geringes Ausmaß)
- Zerstörung von Feuchtgebieten (3% der Fläche)
- Beeinträchtigung auch des oberen Stockwerks durch Nachsickern (insbesondere bei geologischen Anomalien)
- Eingriff in die bestehende Bau- und Sozialstruktur (Umsiedlung von ca. 30000 Menschen)
- direkte Nutzungsbeschränkung

→ **Verminderung des nutzbaren Flächendargebotes**

ABB. 20:
FLÄCHENBEDARF DURCH DEN BRAUNKOHLEBERGBAU IN 20 JAHREN (in m²/20 a)

(6 -FAMILIENHAUS, ALTBAU, OHNE ZUSÄTZLICHE WÄRMEDÄMMUNG)

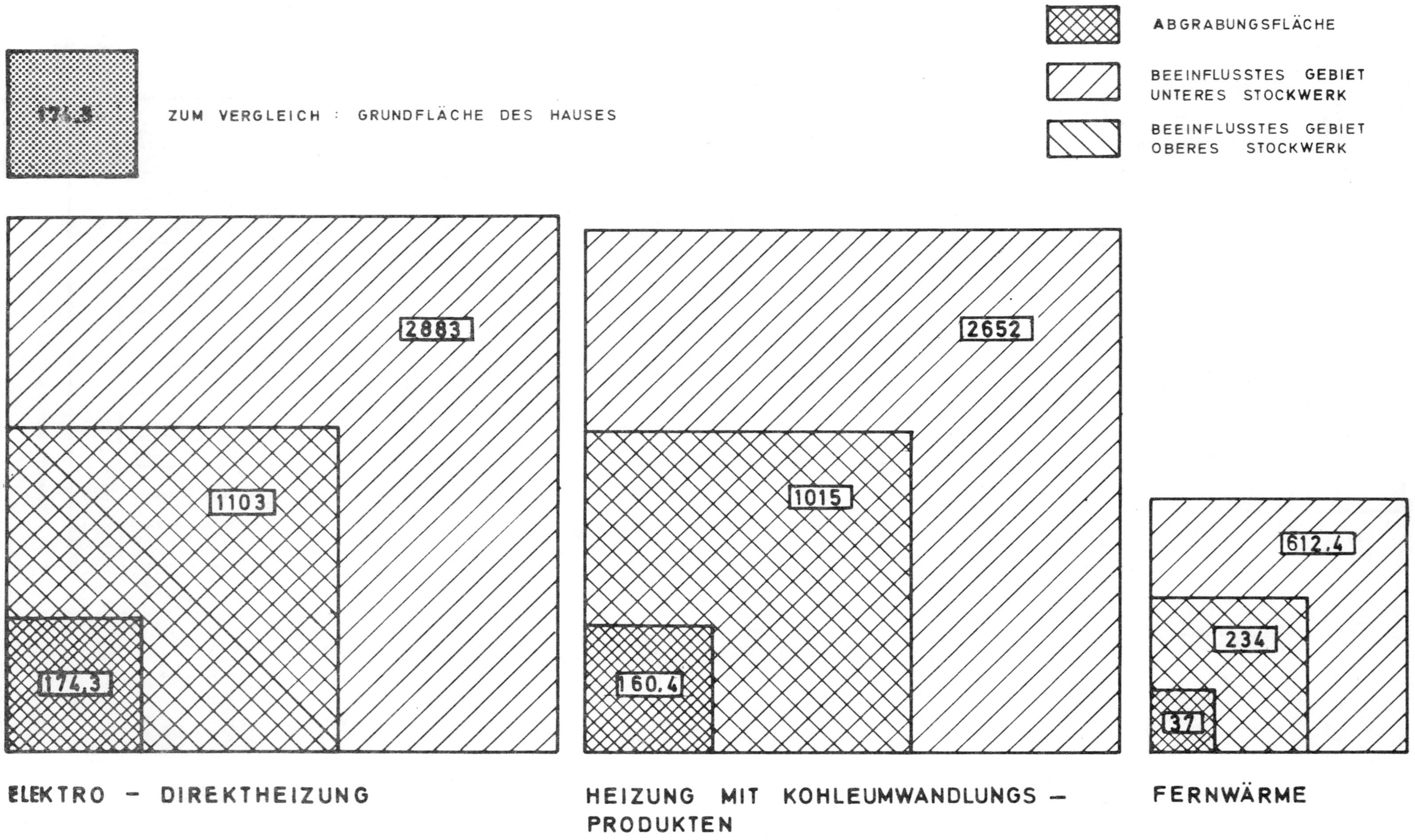

ABGRABUNGSFLÄCHE

BEEINFLUSSTES GEBIET UNTERES STOCKWERK

BEEINFLUSSTES GEBIET OBERES STOCKWERK

ZUM VERGLEICH : GRUNDFLÄCHE DES HAUSES

612,4
234
37

FERNWÄRME

2652
1015
160,4

HEIZUNG MIT KOHLEUMWANDLUNGS - PRODUKTEN

2883
1103
174,3

ELEKTRO - DIREKTHEIZUNG

Eine schematische Übersicht über die flächen- und gewässerbezogenen Auswirkungen des Braunkohlenbergbaus zeigt Abb. 19.

Um die derzeitigen, mit der Wärmeversorgung verbundenen Auswirkungen des Braunkohlenbergbaus zu veranschaulichen, sind sie schematisch, bezogen auf das Referenzhaus, (Kap. 4.2.2) in Abb. 20 dargestellt. Zum Vergleich dient die Grundfläche des Referenzhauses.

Es zeigt sich, daß bei den energetisch ungünstigen Heizungssystemen Elektroheizung und Kohleveredelung der heizungsabhängige direkte Flächenanspruch durch die mehrere huntert Meter tiefe Abgrabung größer ist als der Flächenanspruch des Gebäudes selbst, wenn man von einer 20-jährigen Nutzungsdauer des Versorgungssystems ausgeht. Die vom Grundwasserentzug betroffene Fläche ist etwa 7 (oberes Stockwerk) bis 18-mal größer als die durch das Gebäude beanspruchte Grundfläche. Die Notwendigkeit der Berücksichtigung des Zusammenhangs zwischen Energieverbrauch und Flächenanspruch des Bergbaus im Rahmen der Planung von Versorgungskonzepten ist damit evident.

3.3.1.3 Flächenanspruch durch andere Energieträger

Die Raumbeanspruchung der Erdöl- und Erdgasgewinnung ist wesentlich niedriger als die der Kohleförderung. Der Flächenanspruch für die Erdölgewinnung kann etwa mit dem Platzbedarf der Pumpen gleichgesetzt werden und liegt bei $0,5 \times 10^{-6}$ m^2/kWh. /243/

Bei der für die Zukunft im Ausland geplanten Ölgewinnung aus Ölschiefer und Teer- bzw. Ölsänden ist hingegen mit einer erheblichen Flächenbeanspruchung zu rechnen.

Der Flächenanspruch der Erdgasförderung und -aufbereitung wird mit ca. 1000 m^2 pro Bohrloch angegeben. /244/

Die Flächenbeanspruchung durch den Uranabbau hängt entscheidend davon ab, ob das Erz im Tage- oder Tiefbau gewonnen wird. /245/ Der Flächenbedarf für den Uranabbau wird mit etwa 2,5 m^2 pro t Erz und Jahr angegeben /246/ was etwa $0,013 \times 10^{-3}$ m^2 pro kWh Primärenergie entspricht. Der energiebezogene Flächenanspruch des Uranbergbaus liegt damit etwa in der Größenordnung der Kohleförderung. Der Flächenanspruch des strombeheizten Referenzhauses durch Uranabbau beträgt in 20 Jahren etwa 104 m^2, wenn ausschließlich Atomstromversorgung unterstellt wird.

3.3.2 Ressourcenbeanspruchung durch die Energieumwandlung

3.3.2.1 Gewässerbeanspruchungen durch die Energieumwandlung

a) Beeinträchtigungen durch Wärmekraftwerke

Wärmekraftwerke ohne Kraft-Wärme-Kopplung müssen die am Kondensator anfallenden Energiemengen unter Beanspruchung der Oberflächengewässer abführen.

Aufgrund der ungünstigeren Wirkungszahl ist die spezifische Wasserbeanspruchung von Kernkraftwerken erheblich höher als die der mit Kohle, Erdgas und Öl betriebenen Kraftwerke. Die konventionellen Wärmekraftwerke sind hinsichtlich ihrer Auswirkungen auf den Wasserhaushalt nahezu gleich.

Die Art der Wasserbeanspruchung hängt von dem jeweils eingesetzten Kühlverfahren ab:

Bei der reinen Durchlaufkühlung wird die gesamte Wärmemenge direkt an den Vorfluter abgegeben und führt zu dessen Aufwärmung. Die Aufwärmspanne des vom Kondensator abgegebenen Wassers beträgt etwa 10-13 K. Die erhöhte Wassertemperatur führt zu einer verstärkten Verdunstung an der Gewässeroberfläche der Flüsse und Seen und damit zu einer Verminderung der verfügbaren Wassermenge.

Da die Wärmeaufnahmekapazität in der Bundesrepublik begrenzt und für die meisten Oberflächengewässer bereits erreicht ist, werden bei Kraftwerkzubauten vorrangig Nasskühlverfahren eingesetzt, wobei die Wärme über die Wasserverdunstung im Kühlturm an die Atmosphäre abgegeben wird. Zu unterscheiden ist hierbei zwischen der Ablaufkühlung, bei der je nach Fahrweise noch 70-80% der Wärme dem Gewässer zugeführt wird, und der nassen Rückkühlung, bei der der Wärmeeintrag in die Gewässer auf 0,3-3% reduziert wird. Diese Verfahren sind allerdings mit einer erheblichen Steigerung des Wasserentzugs durch Verdunstung verbunden. Die <u>mengenmäßige Wasserbeanspruchung</u> durch thermische Kraftwerke ist in Tab. 17 zusammengestellt.

Nach Angaben der Abwärmekommission /247/ wurden 1978 in der Bundesrepublik etwa 46% der gesamten Kondensatorabwärme mittels Durchlaufkühlung, 12% mittels Ablaufkühlung (insgesamt 58%) abgeführt; 42% der Wärmeabgabe erfolgte über nasse Rückkühlverfahren.

Tabelle 17: Wasserbeanspruchung durch thermische Kraftwerke (in ltr/kWh Strom) (Mittelwerte in Klammern)					
	Frischwasser Ablaufkühlung		nasse Rückkühlung		
	Entnahme	Verdunstung	Entnahme	Verdunstung	%
konventionelle Kraftwerke	108 - 144 (144)	1,1 - 1,4 (1,3)	1,3 - 2,5 (2,5)	1,3 - 2,2 (1,8)	86%
Kernkraftwerke	144 - 198 (198)	1,4 - 2,0 (1,7)	1,8 - 14,4 (3,6)	1,8 - 2,9 (2,4)	14%
Anteil an d. Stromerzeugung	58%		42%		

Berechnungen nach /248/ /249/ /250/.

Im Durchschnitt werden somit bei konventionellen Kraftwerken (1981: 86% der Erzeugung) /251/ 1,51 ltr/kWh über Kühltürme oder Konvektion verdunstet und 85 ltr/kWh um 10-13 K erwärmt abgegeben; Kernkraftwerke (14% der Erzeugung 1981) verdunsten im Durchschnitt 2,0 ltr/kWh und geben 116 ltr/kWh erwärmt ab. Bezogen auf die gesamte Stromerzeugung ergeben sich folgende Durchschnittswerte:

    Verdunstung   1,6 ltr/kWh Strom

    Gewässererwärmung   90 ltr/kWh Strom

Bei diesen Werten ist die nachträgliche Oberflächenwasserverdunstung im Gewässer eingeschlossen.

Eine Möglichkeit der fast vollständigen Gewässerentlastung bietet der Trockenkühlturm, durch den die gesamte Kondensatorabwärme direkt an die Atmosphäre abgegeben wird. Der verstärkte Einsatz dieses Verfahrens ist allerdings aus folgenden Gründen fraglich:

- Die Größendimension ist mit anderen Bauwerken kaum vergleichbar. Für den in Bau befindlichen 300 MW-Reaktor in Hamm ist ein Kühlturm mit einer Höhe von 180 m und 140 m Basisdurchmesser notwendig. Großkraftwerke des heutigen Standards würden etwa 2,5-5 derartiger Anlagen pro Block benötigen.

- Aufgrund des verminderten Wirkungsgrades sind etwa 7% mehr Kraftwerksleistung zu installieren. /252/

- Die Stromerzeugungskosten liegen etwa 13-20% über denen der Frischwasserkühlung /253/254/.

Insgesamt wurden 1975 durch die Elektrizitätswirtschaft 18,8 Mrd m^3 Wasser entnommen, was einem Anteil an der Gesamtentnahme aller Verbrauchssektoren von 55% entspricht. Die Verdunstungsverluste betrugen mit 500,2 Mill. m^3, etwa 23% der gesamten nicht-natürlichen Verdunstung. /255/

Die Gewässergüte wird durch Wärmeeintrag in folgender Weise beeinflußt:

Die Verminderung des Sauerstoff-Sättigungswertes einerseits und die Beschleunigung des mikrobiellen Abbaus organischer Substanzen im Gewässer andererseits kann insbesondere bei bereits verschmutzten Oberflächengewässern zu einer Senkung des Sauerstoffgehalts im Gewässer führen, die mit einer erhöhten Eutrophierungsgefahr verbunden ist. Dem kann durch technische Maßnahmen des künstlichen Sauerstoffeintrags in Grenzen entgegengewirkt werden.

Die Lebensbedingungen der aquatischen Mikro- und Makroorganismen verändern sich. Dies führt zu Veränderungen der Populationsstruktur und kann unter anderem - bei verstärkter Entwicklung bestimmter Bakterienarten und Algen (insbesondere Blaualgen) - die verstärkte Entwicklung toxischer Stoffwechselprodukte begünstigen /256/. Der Lebens- und Fortpflanzungszyklus der meisten Fische wird durch die Erhöhung der Gewässertemperatur ebenfalls verändert.

Die Erwärmung vermindert auch die Eignung des Gewässers für Trinkwasserzwecke, da bei höheren Temperaturen die Rücklösung von Schadstoffen aus den Sedimenten zunimmt, die Gefahr der Wiederverkeimung in den Wasserleitungen erhöht wird und die temperaturbezogenen Qualitätsanforderungen an das Trinkwasser schwerer einzuhalten sind.

Die Erhöhung der Temperatur von Oberflächengewässern führt überdies zu einer verstärkten Verdunstung an der Oberfläche, was in belasteten Gewässern zu einer Konzentration der Schadstoffe führt /257/. Dieser Effekt wird allerdings dadurch vermindert, daß die Kraftwerke aus betrieblichen Gründen eine mechanische Reinigung des Kühlwassers durchführen. Auf der anderen Seite werden dem Kühlwasser im Kraftwerk Biozide zugefügt, um ein verstärktes Wachstum von Mikroorganismen im Kühlkreislauf zu verhindern, das den Durchfluß bzw. den Wärmeübergang vermindern könnte. Diese Stoffe sowie ihre biologischen und chemischen Folgeprodukte belasten ihrerseits die Gewässergüte.

Ein weiterer Ausbau der Kraftwerkskapazitäten nach dem derzeitigen Stand der Planung führt regional schon heute und mittelfristig auch bezogen auf die gesamte Bundesrepublik zu schwer lösbaren Problemen. Das Beispiel des Lipperaumes zeigt, daß bereits heute die Grenzen der Gewässerbeanspruchung erreicht bzw. überschritten sind. An der Lippe ist derzeit eine Kraftwerksleistung von 5089 MW_{el} installiert. Im Bau bzw. im Genehmigungsverfahren befinden sich weitere 11048 MW_{el}, in Planung noch einmal 6310 MW_{el}.

Nach Berechnungen des Landesamtes für Wasser und Abfall ist die Lippe bereits heute in Engpaßzeiten nicht in der Lage, die von den Kraftwerken anfallende Abwärme unter Einhaltung einer maximalen Gewässertemperatur von 28° C bzw. einer Aufwärmspanne von 5 K aufzunehmen: "Die Grenzwerte der Gewässertemperatur bzw. der Aufwärmspanne werden ... überschritten, wenn ... die vorhandenen Kühlmöglichkeiten voll ausgeschöpft werden." /258/

Bei diesen Ergebnissen ist mitberücksichtigt, daß in die Lippe bei niedriger Wasserführung im Sommer und im Herbst zusätzlich 4,5 m^3/s eingespeist werden, die aus dem westdeutschen Kanalnetz und damit mittelbar aus der Ruhr bzw. dem Rhein stammen.

Aufgrund der begrenzten Kühlkapazität der Oberflächengewässer und der zumindest bei kleineren und mittleren Flüssen begrenzten Wassermenge, die durch Verdunstung entzogen werden kann, macht ein weiterer Ausbau von Kraftwerkskapazitäten umfangreiche wasserwirtschaftliche Maßnahmen erforderlich, um die benötigte Mindestwassermenge auch in Niedrigwasserzeiten zur Verfügung stellen zu können. Ortner/Ritter errechnen für das Jahr 2000 auf Basis der Mitte der siebziger Jahre prognostizierten, erforderlichen Kraftwerkskapazität ein notwendiges Speichervolumen von 560 Mio m^3 Ersatzwasser, das aus neuen Talsperren und aus Speicherseen bereitzustellen wäre. /259/

Der Bau neuer Talsperren allerdings stellt einen Eingriff in die Landschaft dar, der mit erheblichen Flächennutzungskonflikten verbunden sein kann. Entsprechende Konflikte treten bereits bei den derzeit anstehenden Kraftwerksplanungen auf. So werden beispielsweise dem Neckar bereits heute bis zu 25% der gesamten Wasserführung durch Verdunstungsverluste entzogen. /260/ Daher erwägt die Landesregierung Baden-Württemberg den "Bau von Staubecken, z.B. Überstauung des sehr reizvollen Würmtales ... um bei auftretender Niedrigwasserführung des Neckars das durch Kraftwerkskühlung dem Fluß zusätzlich entzogene Wasser ausgleichend zuzuführen". /261/

Ganz erhebliche Nutzungskonflikte wirft auch der Bau neuer Talsperren im Einzugsbereich der Ruhr auf. Die mit den Talsperren geplante Abflußregelung der Ruhr, dessen Wasser über das westdeutsche Kanalnetz in die Lippe übergepumpt werden kann, dient überwiegend dazu, die durch den geplanten Kraftwerkszubau an der Lippe bewirkten Wasserdefizite auszugleichen. Dies wird von führenden Vertretern der Elektrizitätswirtschaft bestätigt: "Daß noch Raum zur Errichtung von Wasserspeichern vorhanden ist, zeigt z.B. der Ruhrverband, der im oberen Einzugsbereich der Ruhr 9 mögliche Standorte für spätere Talsperren bereithält. ... Daß die Möglichkeit der Überleitung aus anderen Flußgebieten realistisch ist, zeigen z.B. Maßnahmen der Niedrigwasseranreicherung der Lippe über Schiffahrtskanäle..." /262/263/.

In vergleichbarer Weise wird dem im Bau befindlichen Rhein-Main-Donau Kanal unter anderem die Funktion zugewiesen, die Überpumpung von Altmühl- und Donauwasser in das Maingebiet zu ermöglichen, um kraftwerksbedingte Defizite auszugleichen. /264/

Eine der am oberen Einzugsgebiet der Ruhr konkret geplanten Talsperren ist die Negertalsperre, für deren Errichtung die Umsiedlung des Dorfes Brunskappel gegen den Willen der Bewohner notwendig ist. Neben dem Verlust von historisch wertvoller Bausubstanz ist dies auch mit erheblichen sozialen Härten für die Dorfbewohner verbunden.

Als weiteres Beispiel für eine direkte, wasserwirtschaftliche Folgemaßnahme der Ansiedlung eines Kraftwerks sei die Errichtung eines ca. 1600 ha großen Speichersees neben dem geplanten Kernkraftwerk Lingen II genannt, die aufgrund der nicht ausreichenden Niedrigwasserführung der Ems notwendig ist. /265/

Winje/Iglhaupt kommen in ihren Berechnungen zu dem Ergebnis, daß die Kühlkapazität der bundesdeutschen Flüsse insgesamt bereits zu Beginn der 80er Jahre überschritten sein dürfte. /266/ Bei verstärktem Einsatz von nassen Rückkühlverfahren dürfte in kürzester Zeit auch die Grenze der tolerierbaren Wasserverdunstungsmenge überschritten sein. Als Restriktion der maximal zulässigen Wasserverdunstung wurden 5% des mittleren inländischen Niedrigwasserabflusses zugrundegelegt. /267/

Auch wenn eine derartige globale Betrachtung ohne regionale und saisonale Differenzierung nur einen begrenzten Aussagewert hat /268/, wird die Bedeutung einer Begrenzung des Stromverbrauchszuwachses aus wasserwirtschaftlichen Gründen deutlich.

Für die hier zur Diskussion stehende Frage ist von Bedeutung, inwieweit durch Veränderung des Einsatzes von elektrischen Heizungen die beschriebenen negativen Auswirkungen auf den Gewässerhaushalt beeinflußt werden können.

Aufgrund der saisonalen und tageszeitlichen Verteilung der Stromnachfrage bei elektrischen Heizungssystemen sind die mit der Stromheizung verbundenen wasserwirtschaftlichen Probleme anders gelagert als die der Stromerzeugung insgesamt. Da der Heizungsbedarf überwiegend im Winter und in der Übergangszeit anfällt, bleibt das Problem der Überschreitung der sommerlichen Maximaltemperatur von der Frage des Ausbaus elektrischer Heizungssysteme unberührt. Lediglich die Warmwassererzeugung spielt hier eine gewisse Rolle. Da die Heizzeit und die Zeit des geringsten Niedrigwasserabflusses (im Herbst) sich jedoch zeitlich überschneiden, kann ein verstärkter Ausbau von elektrischen Heizungssystemen das Wassermengenproblem durchaus erheblich verschärfen und auch zu einer Überschreitung der maximal zulässigen Aufwärmspanne im Herbst und im Winter beitragen. Auch stellt der Rat von Sachverständigen für Umweltfragen am Beispiel des Rheins fest, daß "die kritische Phase weniger im Bereich über 20° C ... liegt, ... als vielmehr bei Wassertemperaturen von 10-15° C im Spätherbst, wenn das Phytoplankton als Quelle der biogenen Belüftung ausfällt, gleichzeitig aber der biochemische Abbau noch intensiv ist und hohe Aufwärmspannen bei dann geringer Wasserführung den Abbau besonders stark beschleunigen." /269/

Weiter ist zu berücksichtigen, daß gerade durch Nachtspeicherheizungen, die die Stromerzeugung speziell während der Dunkelphase beeinflussen, eine überdurchschnittliche Veränderung des biologischen Gleichgewichts in den Gewässern bewirkt wird. Aufgrund des Aussetzens der biologischen Sauerstoffproduktion durch Assimilation und der Atmung der Grünalgen während der Nacht selbst ergeben sich ohnehin starke Tag/Nachtschwankungen des Sauerstoffgehaltes, besonders in vorbelasteten Gewässern, die gerade durch nächtlichen Wärmeeintrag begünstigt werden können /270/. Eine Begrenzung bzw. Reduzierung des Nachtstromverbrauchs kann somit - bezogen auf die gesamte Stromproduktion - zu einer überproportionalen Reduzierung der Gütebeeinträchtigung der Gewässer führen.

b) Raffinerien

Aufgrund der Einführung von Wasser-Kreislaufsystemen bei dem Betrieb moderner Raffinerien hat sich der spezifische Wasserverbrauch dieses Produktionszweiges in den letzten Jahren deutlich verringert. Nach Aussagen des

Mineralölverbandes reduzierte sich der früher höhere spezifische Wasserverbrauch auf 0,5-1 m^3/t (0,04-0,1 ltr/kWh) für Anlagen, die ab 1974 gebaut wurden /271/. Bei Mitberücksichtigung der Altanlagen ergibt sich jedoch mit 4 m^3/t Rohöl (0,34 ltr/kWh Primärenergie) ein etwa viermal so hoher Wasserbedarf.

Raffinerieabwässer enthalten eine große Anzahl verschiedener umweltbelastender Stoffe: insbesondere Kohlenwasserstoffe, Phenole, Stickstoffverbindungen, organische und anorganische Schwefelverbindungen und Cyanide. /272/ Aufgrund ihrer Anzahl, der Verschiedenartigkeit und der sehr unterschiedlichen Wirkungen lassen sich jedoch keine sinnvollen spezifischen Emissionswerte ermitteln. Nach Auffassung des Rates der Sachverständigen für Umweltfragen stellen Raffinerien "hinsichtlich der Wasserreinhaltung ... dank deutlicher Anstrengung der Industrie kein Umweltproblem dar." Der Kohlenwasserstoffgehalt im Abwasser konnte bereits bis 1974 von vormals o,ol53% auf o,oo42% gesenkt werden /273/. Größere Probleme gibt es jedoch bei den bestehenden Altanlagen.

c) Brikettfabriken

Brikettfabriken verbrauchen ebenfalls Wasser und produzieren verunreinigte Abwässer; genaue Daten über die spezifische Emission konnten jedoch nicht in Erfahrung gebracht werden, da sie von Anlage zu Anlage sehr unterschiedlich sind. /274/

d) Kohleveredelungsanlagen

Kohleveredelungsanlagen haben einen hohen Wasserbedarf an Speise-, Brauch- und Kühlwasser, der an manchen Standorten aufwendige wasserwirtschaftliche Vorsorgemaßnahmen notwendig macht. So wird bei der von der Firma Veba-Öl in Dortmund-Ellinghausen geplanten Kohleverflüssigungsanlage von einem Gesamtbedarf von etwa 17 Mio m^3 pro Jahr ausgegangen. (Speisewasser 8 Mio m^3, Brauch- und Kühlwasser 8 Mio m^3, Trinkwasser 1 Mio m^3), die aus dem Verbundnetz der westdeutschen Kanäle stammen sollen. /275/

Die anfallenden Abwässer entstehen bei den verschiedenen Prozeßstufen, daneben auch als Ablauf offener Kohleläger sowie als Dachflächenabläufe. Die insgesamt anfallenden spezifischen Abwassermengen sowie die Verdunstungsmengen über Kühltürme unterscheiden sich je nach Anlagenkonzeption z.T. erheblich und sind in Tab. 18 abzulesen.

Tabelle 18: Wasserbeanspruchung durch Kohleveredelungsanlagen			
	Verdunstungs-verluste	Abgabe an Vorflut	Wasserbeanspruchung
m^3/t Einsatzkohle (waf)	0,92 - 4,22	1,5 - 3,92	2,4 - 6,77
Mittelwert	2,6	2,2	4,8
ltr/kWh Kohleöl/Kohlegas	0,15 - 0,73	0,26 - 0,68	0,43 - 1,17
Mittelwert	0,45	0,38	0,83

Berechnungen nach /276/277/

Zusätzlich sind die kraftwerksbezogenen Gewässerbeanspruchungen in die Betrachtung mit einzubeziehen, die aufgrund des Stromverbrauchs der Kohleveredelungsanlagen entstehen. Bei einem Stromverbrauch von etwa 0,11 kWh pro kWh Endenergie errechnet sich eine zusätzliche Verdunstungsmenge von 0,17 ltr/kWh Kohleöl/Kohlegas und eine Abgabe von erwärmtem Kühlwasser von 9,5 ltr/kWh.

Bei den in der Bundesrepublik geplanten Anlagen sollen alle Abwässer durch Kläranlagen gereinigt an die Vorfluter abgegeben werden.

Ob jedoch die geplante Abwasserbehandlung tatsächlich zu einer ausreichenden wasserwirtschaftlichen Umweltverträglichkeit von Kohleumwandlungsanlagen führt, muß als fraglich gelten. Schott/Teufel belegen anhand amerikanischer Erfahrungen mit Kohleveredelungsanlagen, daß die Prozeßwässer stark mit z.T. toxischen und karzinogenen Stoffen befrachtet sind, die nur schwer durch Kläranlagen abgebaut werden können.
/278/

e) Heizkraftwerke und Blockheizkraftwerke

Anlagen der Wärme-Kraft-Kopplung entlasten die Gewässer hinsichtlich der Faktoren Wärmeeinleitung und Verdunstungsverluste in dem Maße, in dem sie durch die Produktion von elektrischer Energie als Koppelprodukt die Erzeugung von Strom aus Kondensationskraftwerken substituieren. Das Ausmaß der Gewässerentlastung hängt somit von der Art und Fahrweise der Heizkraftanlage ab. Die Entlastungseffekte sind allerdings auf die Heizzeit beschränkt. Im Sommer treten durch den sommerlichen Heizbedarf sowie den durch Fernheiznetze in der Regel mitversorgten Warmwasserbedarf nur geringe Entlastungseffekte auf.

g) Wärmepumpen

Wärmepumpen können dann gewässerentlastend, d.h. für das ökologische Gleichgewicht der Gewässer positiv wirken, wenn als Wärmeentzugsmedium künstlich erwärmte Oberflächengewässer genutzt werden /279/. Dieser Effekt gilt jedoch nur für gas- bzw. dieselbetriebene Wärmepumpen, da bei elektrischen Wärmepumpen die mit der Stromerzeugung verbundene Abwärmemenge in der Regel höher ist als der Abkühlungseffekt. /280/

Wärmepumpen mit Grundwasser als Wärmeentzugsmedium können lokal zu negativen physikalischen Veränderungen des Grundwassers führen und bergen die Gefahr der Grundwasserverunreinigung bei Kältemittelverlusten durch Leckagen in sich. /281/

3.3.2.2 Gesamtbeanspruchung der Gewässerresourcen durch den Betrieb von Wärmeversorgungssystemen

Auf der Grundlage der oben hergeleiteten und ermittelten spezifischen Kennwerte der Gewässerbeanspruchung ist es möglich, die mengenbezogenen Eingriffe in den Wasserhaushalt konkret auf das einzelne Versorgungssystem zu beziehen. In Abb. 21 ist die Wasserressourcenbeanspruchung durch die wasserwirtschaftlich relevanten Versorgungssysteme vergleichend zusammengestellt. Als Bezugsgröße dient das in Kap. 4.2.2 näher beschriebene 6-Familienhaus ohne nachträgliche Wärmeschutzmaßnahmen.

Um die Bedeutung der heizungsbezogenen Gewässerbeanspruchung zu veranschaulichen, kann als Vergleich der Verbrauch der in dem Gebäude lebenden Hausbewohner selbst herangezogen werden. Der durchschnittliche häusliche Wasserbedarf pro Einwohner und Tag wird mit 80-120 ltr /282/283/ angegeben. Bei einer durchschnittlichen Belegungsdichte von 2,46 Einwohnern pro Wohnung /284/ in der Bundesrepublik beträgt der jährliche Wasserbedarf der Hausbewohner 430-640 m^3.

Bei den energetisch ungünstigen Heizungssystemen liegt sowohl die gesamte Gewässerbeanspruchung der Kraftwirtschaft als auch der Wasserentzug durch den Braunkohlenbergbau wesentlich über dem häuslichen Wasserbedarf. Letzteres unter der Voraussetzung, daß die Beheizung ausschließlich mit Braunkohle erfolgt.

Auch der Wasserentzug durch Verdunstung läßt sich durch die Entscheidungsalternative Stromheizung-Fernwärmeheizung steuern. Die Differenz der beiden Alternativen liegt mit 330 m^3/a nur wenig unter dem häuslichen Wasserverbrauch. Wählt man für den Vergleich anstelle des kompakten Mehrfamilienhauses eine energetisch ungünstigere Gebäudeform, so ist aufgrund des relativ höheren Wärmeverbrauchs auch die heizungsabhängige Wasserbeanspruchung gegenüber dem häuslichen Wasserbedarf höher.

Bei der Bilanzierung der mengenbezogenen Gewässerbeanspruchung stellt sich heraus, daß die heizungsabhängigen Eingriffe in den Wasserhaushalt in der Größenordnung der wasserwirtschaftlichen Folgewirkungen der Siedlungsplanung selbst liegen und überdies durch bauliche und versorgungstechnische Maßnahmen nachhaltig zu beeinflussen sind. Die wasserwirtschaftlichen bzw. die ressourcenbezogenen negativen Effekte sollen daher in jedem Fall als Planungsfaktor bei der Aufstellung von Versorgungskonzepten berücksichtigt werden.

ENERGIE-UMWANDLUNG	ELEKTRODIREKT-HEIZUNG	ELEKTROWÄRME-PUMPE (MONOV.)	KOHLE-VEREDELUNG	FERNWÄRME		
	223	86	175	-107	▨	WASSERENTZUG DURCH VERDUNSTUNG
	12537	4847	148	-6037	▨	ERWÄRMTES ABWASSER

ENERGIE-GEWINNUNG									
	116	1852	46	716	108	1704	25	393	▥ GESAMTE ABWÄSSER D. STEINKOHLEBERGBAUS
UNGENUTZTE SÜMPFUNGSWÄSSER		1537		594		1414		327	▯ GESAMTE SÜMPFUNGS-WÄSSER DES BRAUN-KOHLEBERGBAUS
SÜMPFUNGSWASSER AUS BETRIEBENEN BEREICHEN	45		18		42		10		
SÜMPFUNGSWASSER AUS STILLGELEGTEN BEREICHEN	45		18		42		10		
BETRIEBSABWÄSSER	26		10		24		5		
	STEIN-KOHLE	BRAUN-KOHLE	STEIN-KOHLE	BRAUN-KOHLE	STEIN-KOHLE	BRAUN-KOHLE	STEIN-KOHLE	BRAUN-KOHLE	

ZUM VERGLEICH: WASSERVERBRAUCH UND ABWASSERERZEUGUNG DER HAUSBEWOHNER ≈ 430–640 m³/a

ABB. 21: VERGLEICH DER GEWÄSSERBEANSPRUCHUNG KOHLEBETRIEBENER HEIZUNGSSYSTEME
(6-FAMILIENHAUS, ALTBAU, OHNE WÄRMEDÄMMUNG, [m³/a])

3.3.2.3 Flächenbeanspruchung durch Energieumwandlung und -verteilung

3.3.2.3.1 Energieumwandlungsanlagen

Die Ermittlung spezifischer Kennzahlen für die Flächenbeanspruchung durch Energieumwandlungsanlagen ist nur mit erheblichen Einschränkungen möglich: Zum einen schwankt der relative Flächenverbrauch der Anlagen - in Abhängigkeit von der Kapazität und dem Baualter - zum Teil erheblich. Zweitens erfolgt die Erhöhung oder Verminderung des Flächenbedarfs - in Abhängigkeit von der nachgefragten Energiemenge - nicht stetig, sondern in Sprüngen, da die Energiewirtschaft nur auf größere Nachfrageschwankungen und in Erwartung eines langfristigen Anhaltens dieser Veränderung mit Ausbau bzw. Stillegung von Kapazitäten reagiert, kleinere Nachfrageveränderungen jedoch nur eine unterschiedliche Auslastung der gleichen Anlage bewirken.

Drittens ist besonders bei Stromerzeugungsanlagen die zeitliche Struktur der Energienachfrage zu berücksichtigen, da eine erhöhte Nachfrage in lastarmen Zeiten (z.B. Nachtspeicherheizungen) keine oder fast keine Veränderung der Erzeugungskapazität zur Folge hat. Unter Berücksichtigung dieser Einschränkungen ließen sich folgende Anhaltswerte ermitteln:

a) Raffinerien

In der Bundesrepublik waren 1981 32 Raffinerien mit Kapazitäten von 0,4 - 13 Mio t Rohöldurchsatz in Betrieb. /285/ Als Anhaltswert für die Flächenbeanspruchung einer mittleren Raffinerie mit 5 Mio t Jahresdurchsatz ergibt sich ein Wert von 1,2 - 1,5 km^2. /286/ Die gesamte Flächenbelegung in der Bundesrepublik beträgt etwa 40 km^2 ($\hat{=}$ 0,27 m^2/t Rohöl). Hinzu kommen die Flächen für die Rohöllagerung und -bevorratung (etwa 1 m^2/t Rohöl) /287/.

b) Kohleveredelungsanlagen

Die voraussichtliche Flächenbeanspruchung durch Kohleveredelungsanlagen ist vergleichsweise hoch und schwankt je nach Größe der Anlage und Verfahrenstyp, wobei auch hier die spezifische Landinanspruchnahme mit steigender Anlagengröße sinkt.

Der Platzbedarf der bestehenden südafrikanischen Anlage SASOL II beträgt 8,02 km^2 bei einem Ausstoß von etwa 2 Mio t Flüssigprodukten, ($\hat{=}$ 4 $m^2/$ t Kohleöl) ist aber aus verfahrenstechnischen Gründen nicht auf deutsche Verhältnisse übertragbar. /288/ Der Gesamt-Flächenbedarf der von der Veba-Öl in Dortmund oder Rheinberg geplanten Kohleverflüssigungsanlage soll 3-3,5 km^2 bei einem Ausstoß von 1,8 Mio t Flüssigprodukten betragen ($\hat{=}$ 1,9-2 m^2/t Kohleöl) /289/.

Bezogen auf das in Kap. 4.2.2 vorgestellte Referenzhaus würde die anteilige Industriefläche bei der Umstellung von konventionellem Heizöl auf Kohleöl von 4,9 m^2 auf 32,3 m^2 um etwa das sechseinhalbfache steigen. Bei der Umstellung der gegenwärtigen Heizölversorgung auf Kohleverflüssigungsprodukte wäre mit einer entsprechenden Steigerung der Planungs- und Flächennutzungskonflikte im Zuge der hierfür notwendigen Industrieansiedlung zu rechnen.

c) Gas

Der Flächenbedarf für die Erdgaslagerungs-, reinigungs- und Pumpeinrichtungen wurde nicht ermittelt, dürfte jedoch deutlich unter dem der Erdölverarbeitung liegen.

d) Stromerzeugung

Bei der Ermittlung des Flächenbedarfs für die Stromerzeugung ist zu beachten, daß der spezifische Flächenverbrauch sowohl mit steigender Blockgröße, als auch mit der Konzentration mehrerer Blöcke an einem Standort deutlich sinkt, da die Nebenanlagen (Kohleläger, Transportinfrastruktur, Verwaltung, Umspannanlagen etc.) für einen großen Teil des Flächenanspruchs verantwortlich sind.

Der Gesamtflächenanspruch des 750 MW Steinkohlekraftwerks Bergkamen A liegt bei ca. 35 ha (0,47 m^2/kW); bei Installierung eines zweiten Blocks erhöht sich der Flächenanspruch auf etwa 43 ha (0,29 m^2/kW). /290/ Die Braunkohlenkraftwerke in der Bundesrepublik weisen mit Flächenansprüchen von 44-58 ha einen spezifischen Flächenverbrauch von 0,2-0,6 m^2/kW auf. /291/

Öl- und Gaskraftwerke benötigen bei gleicher Leistung aufgrund des geringeren Platzbedarfes für die Brennstofflagerung etwas weniger Fläche; ähnliches gilt für Kernkraftwerke: Der Block Biblis C benötigt beispielsweise bei 1300 MW eine Gesamtfläche von 39,4 ha ($\hat{=}$ 0,3 m^2/kW) /292/.

Auch wenn ein direkter Vergleich mit Wärmekraftwerken und Industrieanlagen nicht möglich ist, soll erwähnt werden, daß die Flächenbeanspruchung durch Wasserkraft und Pumpspeicherwerke naturgemäß wesentlich höher liegt: So hat beispielsweise das Pumpspeicherwerk Waldeck mit einer maximalen Leistung von 140 MW und einer Seefläche von 12 km^2 einen spezifischen Flächenbedarf von 85 m^2/kW. /293/

Leistungs- bzw. energieabhängige Kennziffern für den Flächenverbrauch von Kraftwerken lassen sich pauschal auch deshalb nur unter größten Vorbehalten angeben, weil ein erhöhter Stromverbrauch für Heizzwecke nicht unbedingt eine Kapazitätserhöhung im Kraftwerksbereich nach sich ziehen muß. Ein Zuwachs an Nachtspeicherheizungen zieht in der Regel keine Steigerung der Kapazitäten nach sich, da der Strom vorrangig in Schwachlastzeiten aufgenommen wird; andere elektrische Direktheizungen sowie elektrische Wärmepumpen erfordern hingegen durchaus einen Kapazitätszuwachs im Mittellastbereich.

e) Heizkraftwerke

Geht man als Vergleichsmaßstab von der Stromerzeugung aus, so steigt der spezifische Flächenverbrauch für Heizkraftwerke nach Berechnungen der Elektrizitätswirtschaft mit sinkender Leistung erheblich an. (Tab. 19)

Tabelle 19: Flächenverbrauch für die Erzeugung von 750 MW elektrischer Leistung	
Variante	Flächenverbrauch
1 x 750 MW	100%
5 x 150 MW	273%
25 x 30 MW	340%

Quelle: VdEW /294/

Diese Betrachtungsweise berücksichtigt jedoch nich die Tatsache, daß kleinere Kraftwerkseinheiten aufgrund ihrer größeren Anpassungsfähigkeit an den örtlichen Wärmebedarf besser für die Fernwärmenutzung geeignet sind. Die Einbeziehung der besseren Energieausnutzung in wärme-kraft-gekoppelten Anlagen verschiebt den Vergleich zugunsten von Heizkraftwerken. Andere Heizungssysteme werden substituiert und die direkte wie indirekte Flächenbeanspruchung kann reduziert werden.

Die direkte Substitution von Kraftwerkskapazitäten durch in Kraft-Wärme-Kopplung erzeugten Strom kann allerdings nur bei Heizkraftwerken unterstellt werden, die außerhalb der Heizzeit auf reinen Kondensationsbetrieb umgestellt werden können.

Bei Heizkraftwerken, die nur in Abhängigkeit vom Wärmebedarf betrieben werden, ist die Substitution von Kraftwerkskapazitäten wesentlich geringer als die Substitution von Energie. Aufgrund der Tatsache, daß nicht nur der Wärme- sondern auch der Strombedarf zwar weniger ausgeprägten, aber in der Tendenz gleichgerichteten jahreszeitlichen Schwankungen unterliegt wie der Wärmebedarf, ist ein Kapaziätseffekt dennoch vorhanden. /295/

Insbesondere bei kleinen, motorisch angetriebenen Blockheizkraftwerken und Kraftheizungen kann eine vollständige Substitution von Spitzenlastkraftwerken dann erreicht werden, wenn die Aggregate mittels Rundsteueranlagen durch das Versorgungsunternehmen zentral, in Abhängigkeit vom Strombedarf, ein- und ausgeschaltet werden können. Dies hat Strümpel für das Versorgungsgebiet Berlin beispielhaft ermittelt /296/. Voraussetzung ist jedoch, daß Wärmespeicher in den Gebäuden vorhanden sind, um kurzfristige zeitliche Unterschiede zwischen Wärme- und Strombedarf ausgleichen zu können.

Bei einem Vergleich der Flächenbeanspruchungen ist zu berücksichtigen, daß Heizkraftwerke aufgrund ihrer speziellen Standortanforderungen in der Regel hochwertige Flächen innerhalb städtischer Verdichtungsräume beanspruchen; die potentiellen Nutzungskonflikte also als hoch einzustufen sind. Vielfach existieren - zumindest im Ruhrgebiet und in Gebieten mit ähnlicher Struktur - jedoch auch ehemalige Industrie- und Zechengelände mit hoher Standortgunst (umliegende verdichtete Bebauung) und Infrastrukturvoraussetzungen (Gleisanschluß), die weitgehend ungenutzt sind und für andere Nutzungsarten schwer zu erschließen sind. Auf derartigen Flächen wirft die Ansiedlung von Kraftwerksanlagen geringere Nutzungskonflikte auf, als dies bei Ansiedlungen im Außenbereich zumeist der Fall ist.

f) Einzelheizungen

Für sämtliche Einzelheizungen, die in Gebäuden bzw. Baugebieten integriert sind, sind sinnvolle spezifische Kennwerte für die Flächenbeanspruchung nicht zu bilden. Für Blockheizungen (Heizzentralen, Gemeinschafts- Wärmepumpenanlagen und Blockheizkraftwerke) sind zwar innerhalb des Baugebietes Flächen vorzusehen; diese bewegen sich jedoch weit unterhalb des Flächenanspruchs anderer Infrastruktureinrichtungen. Das Blockheizkraftwerk Heidenheim beispielsweise benötigt für die Versorgung eines Wohngebietes mit 273 Wohneinheiten einen Raum von einer Größe entsprechend zwei Garagen. /297/

g) Regenerative Energiequellen

Die Nutzung der Sonnenenergie zu Heizzwecken mittels Kollektoren ist in der Regel mit keiner zusätzlichen Flächenbelastung verbunden, da lediglich die vorhandenen Dachflächen genutzt werden. Bei einer 100%igen solaren Versorgung, die auch bei extremen Wärmeschutzmaßnahmen nur mit hohem Kollektor- und Speicheraufwand zu realisieren ist, können sich durchaus beachtenswerte Flächenbeanspruchungen ergeben. So wird beispielsweise in Lyckebo bei Uppsala (Schweden) derzeit ein Versuchsprojekt realisiert, bei dem 500 Wohneinheiten (5500 MWH/a) ausschließlich solar versorgt werden sollen. Die Kollektoren werden hier extern errichtet, um zunächst den geplanten 100000 m^3 großen unterirdischen Felsspeicher zu versorgen, durch den die Heizwärmeversorgung im Winter sichergestellt werden soll. Der Grundflächenbedarf für die 20000 m^2 Kollektorfläche wird in Lyckebo rund 60000 m^2 betragen. /297/

Der Flächenbedarf für die Biomassenutzung ist naturgemäß hoch; von einer tatsächlichen Flächenbeanspruchung kann jedoch nur dann gesprochen werden, wenn Flächen eigens mit dem Ziel der Biomassegewinnung umgenutzt werden. Bei den derzeit in Erwägung gezogenen Konzepten ist dies jedoch nicht der Fall, da lediglich Abfallprodukte (Biogas aus Exkrementen, Abfallholz etc. der Land- und Forstwirtschaft) zur Energiegewinnung herangezogen werden sollen.

Die Nutzung von Biogas aus tierischen Exkrementen ist im Gegenteil geeignet, Nutzungskonflikte, die durch Geruchsbelästigung in der Umgebung von Tierhaltungsbetrieben besonders im ländlichen Raum entstehen, /299/ deutlich zu vermindern. Zum einen können die von den Betrieben ausgehenden Belästigungen durch Einschluß der Exkremente in den Biogasanlagen verringert werden, und zum anderen führt der Ersatz der Gülledüngung auf den Feldern durch den fast geruchlosen Dünger aus der Biogasanlage zu einer weiteren Reduzierung von Nutzungskonflikten.

Windkraftanlagen sind in der vergleichenden Betrachtung von Wärmeversorgungssystemen nur begrenzt sinnvoll einzubeziehen, da Windkraftwerke aus wirtschaftlichen Gründen ausschließlich für den ganzjährigen Grundlastbetrieb geeignet sind; ein Zubau von Windkraftkapazitäten zum Zwecke der Deckung des Heizwärmebedarfes ist somit kaum zu erwarten.

3.3.2.3.2 Schutzabstände

Eine zusätzliche Einschränkung der Nutzungsmöglichkeit von Flächen und damit eine indirekte Flächenbeanspruchung ergibt sich daraus, daß die nähere Umgebung von Energieumwandlungsanlagen durch von den Anlagen ausgehende Emissionen beeinträchtigt wird und hierdurch in ihren Nutzungsmöglichkeiten eingeschränkt ist. Der Einwirkungsbereich dieser Beeinträchtigungen kann nicht immer exakt bestimmt werden. Es lassen sich jedoch aus den für Nordrhein-Westfalen entwickelten Abstandsregelungen Schlüsse hinsichtlich der Größe der potentiell beeinträchtigten Flächen ableiten.

Der 1974 vom nordrhein-westfälischen Minister für Arbeit, Gesundheit und Soziales erstmals herausgegebene sog. "Abstandserlaß", der in ähnlicher Form auch in anderen Ländern Anwendung findet /300/, legt Regel-Abstandswerte zwischen emittierenden Betrieben und immissionsempfindlichen Nutzungen (insbesondere reine Wohngebiete und allgemeine Wohngebiete) fest. Die Abstandswerte sind nur für die staatlichen Gewerbeaufsichtsämter bindend. Die Gewerbeaufsichtsämter sollen in ihrer Eigenschaft als Träger öffentlicher Belange im Bauleitplanverfahren darauf hinwirken, daß bei Neuausweisungen von Industrie- und Gewerbegebieten bzw. von Wohngebieten die Abstände im Regelfall eingehalten werden. Für den Planungsträger besteht allerdings ein Abwägungsspielraum.

Die Abstandswerte können als grober Indikator für die Flächen gewertet werden, in denen immissionsempfliche Nutzungen nur im Ausnahmefall zulässig sind bzw. die Nutzungsmöglichkeit beschränkt ist. Die Tatsache, daß der Abstandserlaß auf der Basis einer langen und umfangreichen Fachdiskussion /301/302/ mehrfach modifiziert wurde, /303/ stützt seinen Wert als Indikator.

Für Energieumwandlungsanlagen enthält die Abstandsliste folgende Festsetzungen:

1. Kokereien	1500 m
2. Erdölraffinerien mit chemischer Weiterverarbeitung	1500 m
3. Erdölraffinerien ohne chemische Weiterverarbeitung	1200 m
4. Anlagen zur Kohlevergasung	1000 m
5. Kraftwerke (Kohle, Öl, Gas) ab 2 Tj/h (etwa 210 MW)	800 m
6. Müllverbrennungsanlagen	800 m
7. Kraftwerke bis 2 Tj/h	500 m
8. Umspannwerke über 110 kV Unterspannung	500 m
9. Fernheizwerke ab 800 Gj/h (≙ ca. 84 MW)	300 m
10. Gaserzeugungsanlagen und Gasverdichtungsstationen für Fernleitungen	300 m

Auch hinsichtlich der Abstandsflächen ist grundsätzlich zu vermerken, daß die nutzungsbeschränkte Fläche mit steigendem Energieumsatz größer wird und durch rationelle Energieverwendung das Entstehen von planungsrelevanten Nutzungskonflikten tendenziell sinkt. Die genannten Parameter, die die Größe der nutzungsbeschränkten Abstandsflächen beeinflussen, sind jedoch zu vielschichtig, um eine exakte Zuordnung der Schutzzonen zu den jeweiligen Heizungssystemen zuzulassen. Zur Verdeutlichung der Größenordnung mag folgender Vergleich dienen: Die notwendige, anteilige Schutzzone für das 6-Familien-Beispielhaus (Kap. 4.2.2) würde bei Versorgung der Ölheizung mit Kohleverflüssigungsprodukten von ca. 50 m^2 auf etwa 165 m^2 ansteigen, /304/ was etwa der Grundfläche des versorgten Hauses entspricht.

3.3.2.2.3 Flächenbeanspruchung durch die Energieverteilung

Die Ermittlung energie- bzw. leistungsabhängiger Kennwerte für die Flächenbeanspruchung durch den Energietransport ist nicht generell möglich, da

- der überwiegende Teil der für Energieträgertransporte genutzten Schienen und Straßenwege für den allgemeinen Verkehrsbedarf ohnehin benötigt wird,
- der Flächenbedarf von Versorgungstrassen nicht linear in Abhängigkeit von der Transportleistung steigt und zudem durch Bündelung mehrerer Leitungen auf eine Trasse verändert werden kann,
- insbesondere beim elektrischen Netz die zeitliche Struktur des Verbrauchs von entscheidender Bedeutung ist.

Da dennoch ein Zusammenhang zwischen der Entwicklung des Energieverbrauchs und dem Ausbaubedarf der Transportinfrastruktur besteht, seien die direkten und indirekten Flächenbeanspruchungen durch die Energieverteilung im folgenden kurz aufgelistet:

Die Gesamtlänge der Rohölpipelines betrug in der Bundesrepublik 1972 19587 km und dürfte seitdem nur geringfügig erweitert worden sein. /305/ Der erforderliche Mindestschutzstreifen beträgt je nach dem Durchmesser der Pipeline zwischen 4 und 10 m, woraus sich eine Gesamtschutzfläche von ca. 19,6 m^2 ergibt.

Das Ferngasnetz hatte 1981 eine Gesamtlänge von etwa 20500 km^2 /306/ Aufgrund der vorrangig unterirdischen Verlegungsart und der vergleichweise geringen Umweltbelastung bei Leckagen sind Flächennutzungskonflikte von untergeordneter Bedeutung. Ähnliches gilt auch für das umfangreiche Feinverteilungsnetz.

Auch bei Hochspannungsleitungen des überörtlichen Verbundnetzes ist aus Sicherheitsgründen ein Schutzstreifen von der Bebauung regelmäßig freizuhalten. Als Kennwerte können hierbei folgende Angaben dienen: Für eine 110 kV Leitung kann ein mittlerer Schutzabstand von 25 m nach jeder Seite der Leitungsachse angenommen werden, für 220 kV etwa 30m und für 380 kV ein beidseitiger Schutzstreifen von 35 m. /307/ Die durch Freileitungen somit nutzungsbeschränkte Fläche für die Bundesrepublik gibt Tab. 20 an.

Tabelle 20: Schutzstreifen für Hochspannungsfreileitungen (nach: /308/)			
	Trassenlänge	Schutzstreifenbreite	betroffene Fläche
110 kV	24869 km	50 m	1243 km^2
220 kV	7710 km	60 m	463 km^2
380 kV	7414 km	70 m	519 km^2
Gesamt	39993 km		2225 km^2

Bei einem durchschnittlichen Mastabstand von 250-300 m kann die Anzahl der Hochspannungsmasten (Höhe 35-80 m) /309/ für die Bundesrepublik mit etwa 130000-160000 abgeschätzt werden.

Die Zahl der Umspannwerke ließ sich nicht ermitteln, kann aber anhand der Anzahl der Transformatoren (5618 mit Oberspannung ab 110 kV) abgeschätzt werden. /310/ Der Flächenanspruch für Umspannanlagen beträgt ca. 15 ha. /311/

In diesem Zusammenhang ist darauf hinzuweisen, daß die Flächennutzungskonflikte, die durch eine Bandinfrastruktur wie Verkehrs- und Leitungstrassen hervorgerufen werden, in der Regel wesentlich größer sind, als es die flächenmäßige Bilanzierung ausdrücken kann, da die Wirkung der Zerschneidung zusammenhängender Gebietseinheiten, insbesondere in Naturschutz- und Erholungsbereichen, in der Regel eine gravierende Nutzungsbeeinträchtigung darstellt.

3.4 Exkurs: kernenergiespezifische Umweltprobleme

3.4.1 Bedeutung der Kernenergie für die Wärmeversorgung

Die derzeit zur Marktreife entwickelten Kernkraftanlagen eignen sich zumindest für den Bereich der Bundesrepublik ausschließlich zur Stromproduktion und können daher im Rahmen dieser Untersuchung nur im Zusammenhang mit elektrischen Heizungssystemen betrachtet werden.

Kernkraftwerke als Fernwärmeerzeuger müssen hingegen aus folgenden Gründen bei der vergleichenden Betrachtung unberücksichtigt bleiben.

Leichtwasserreaktoren sind aufgrund ihrer derzeitigen Größe und der aus Sicherheitsgründen erforderlichen siedlungsfernen Standorte als Fernwärmeerzeuger nur in Ausnahmefällen geeignet. Daher wird gegenwärtig ein Konzept verfolgt, Hochtemperaturreaktoren mittlerer Leistung für den siedlungsnahen Einsatz als Fernwärmeerzeugungsanlagen zu entwickeln. /312/313/

Da jedoch zur Zeit für das Konzept eines wärmeerzeugenden Hochtemperaturreaktors noch kein Prototyp existiert und der Einsatz des einzigen im Bau befindlichen, jedoch nur für die Stromerzeugung konzipierten Hochtemperaturreaktors in Hamm-Schmehausen aus technischen und wirtschaftlichen Gründen als fraglich gelten muß, kann mit dem kommerziellen Einsatz von Kernreaktoren als Fernwärmeerzeugungsanlagen in absehbarer Zeit nicht gerechnet werden.

Doch auch der Einsatz von Leichtwasserreaktoren als Stromerzeuger für Elektroheizungen wird durch die Betriebscharakteristika der elektrischen Heizungssysteme eingeschränkt. Folgende Gründe sind hierfür maßgeblich:

Elektrische Wärmepumpensysteme werden während der Übergangszeiten und im Winter gemäß dem Heizbedarf tagsüber, d.h. zu Zeiten einer zumeist hohen Netzbelastung betrieben. Somit fallen sie zum ganz überwiegenden Teil in den Bereich der Mittellast. Da Kernkraftwerke jedoch aus technischen wie aus wirtschaftlichen Gründen ausschließlich für den Grundlastbetrieb geeignet sind, können sie nur zu einem geringen Teil zur Strombedarfsdeckung der elektrischen Wärmepumpen beitragen. Diese Aussage gilt, abgesehen von Nachtspeicherheizungssystemen, auch für alle übrigen elektrischen Direktheizungen. Daher ist Auer der Auffassung, daß auch zukünftig, im Falle des verstärkten Ausbaus der Kernenergie, "die elektrischen Wärmepumpen ihren Strom hauptsächlich aus fossil befeuerten Kraftwerken beziehen werden" (vgl. Abb. 22) /314/.

Abb. 22: Einordnung der elektrischen Wärmepumpen in die Netzbelastung

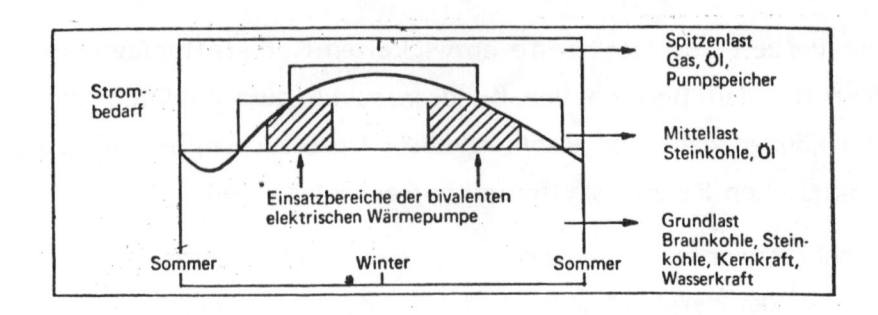

Nachtspeicherheizungen hingegen beziehen ihren Strom zu Schwachlastzeiten, was während der Heizperiode eine Einstufung als Grundlastabnehmer rechtfertigt. Aus diesem Grunde könnte die Kernenergie bei weiterem Ausbau mit einem steigenden Anteil zur Energieversorgung dieses Heizungssystems beitragen. Zu berücksichtigen ist jedoch, daß hochgedämmte Häuser nicht nur den Energiebedarf vermindern, sondern auch die Heizzeit in unseren Breiten bis auf sechs Monate verkürzen können. /315/ Da jedoch aus wirtschaftlichen Gründen auch für die Zukunft von einer Mindestbetriebsstundendauer von 5.000 Stunden /316/ für Kernkraftwerke ausgegangen werden muß, könnte ein verstärkter Ausbau von Wärmeschutzmaßnahmen die Einsatzmöglichkeiten von Kernkraftwerken auch für Nachtspeicherheizungen einschränken.

Bei Berücksichtigung der genannten Einschränkungen wäre die Einbeziehung der mit der Kernenergie verbundenen Umweltprobleme in den Vergleich der Wärmeversorgungsarten notwendig: Daher soll im folgenden die Frage der Vergleichbarkeit der kernenergiebezogenen Umweltrisiken mit denen konventioneller Anlagen erörtert werden.

3.4.2 Vergleichbarkeit der kernenergiespezifischen Umweltprobleme mit denen konventioneller Anlagen

Das mit der vorliegenden Arbeit verfolgte Ziel, die mit den verschiedenen Wärmeversorgungsystemen verbundenen externen Effekte sichtbar und als Entscheidungshilfe verwertbar zu machen, kann für die mit der Kernenergie verbundenen Umweltprobleme nicht in ausreichendem Maße erfüllt werden, da für wesentliche umweltbeeinflussende Faktoren objektivierbare Vergleichsmaßstäbe mit konventionellen Energieerzeugungsarten fehlen.

Die direkt vergleichbaren Einflußfaktoren (Gewässerbeanspruchung, Flächenverbrauch) geben nur ein unvollständiges Bild. Auch die Gegenüberstellung der radioaktiven Emissionen ist aufgrund der z.T. unterschiedlichen Verteilung der Radioisotope wenig aussagefähig, zumal für konventionelle Energieanlagen nach Auffassung des Sachverständigenrates für Umweltfragen "ihr Anteil am gesamten Schadstoffpotential gering ist." /317/

Kernenergieanlagen emittieren praktisch keine konventionellen Schadstoffe und kein Kohlendioxid. Mit ihnen sind jedoch andere Umweltbeeinträchtigungen verbunden, die für andere Energienutzungsarten nicht oder in wesentlich geringerem Maße gelten. Dies sind insbesondere:

- Das nicht auszuschließende Risiko eines großen Unfalls, hervorgerufen durch das Versagen technischer Einrichtungen oder menschliches Versagen sowie durch Sabotage oder Kriegseinwirkung, das mit völlig unakzeptablen, mit konventionellen Energieversorgungsarten unvergleichbaren Folgen für den Menschen und die gesamte Ökosphäre verbunden sein würde.
- Die sehr langfristig bestehende potentielle Gefahr, daß hochgiftige radioaktive Abfälle in die Biosphäre gelangen könnten,
- Die Gefahr der langfristigen Anreicherung der im Normalbetrieb abgegebenen radioaktiven Stoffe in der Biosphäre mit schwer abschätzbaren Effekten.

Es existieren zwar einige Versuche, für die genannten, schwer vergleichbaren Umweltbeeinträchtigungen objektivierbare Vergleichsmaßstäbe zu entwickeln. Die Ergebnisse dieser Ansätze weichen jedoch so stark voneinander ab und weisen zudem so hohe Schwankungsbreiten auf, daß eine sinnvolle Einbeziehung in den hier angestellten Vergleich nicht möglich erscheint.

Die Schwierigkeit, die Wirkungen der Emissionen exakt zu erfassen, besteht zwar nicht nur für radioaktive, sondern auch für konventionelle Emissionen. Bei der Kernenergie kommt jedoch erschwerend hinzu, daß ein hoher Anteil der Umweltbelastung aus der katastrophalen, aber als nicht sehr wahrscheinlich eingestuften Möglichkeit großer Unfälle im Kernkraftwerk oder an anderer Stelle des Brennstoffkreislaufs (Wiederaufarbeitungsanlage) resultiert. Mit der Ermittlung der Unfallwahrscheinlichkeit ist somit eine zusätzliche Variable mit erheblicher Schwankungsbreite mit einzubeziehen.

1978 wurde von Inhaber eine Studie vorgelegt, die das gesamte Gesundheitsrisiko verschiedener Stromerzeugungstechniken auf die Vergleichsgröße "man days lost" (verlorene Lebenstage) pro Megawattjahr" bezog, wobei die Risiken sowohl des Baus als auch des Betriebs der Energieumwandlungssysteme einbezogen wurden. /318/ Das Ergebnis war, daß Kohle und Ölkraftwerke mit dem weitaus höchsten Risiko verbunden sind, während Erdgas- und Kernkraftwerke das geringste Risiko aufweisen. Für regenerative Energiequellen wie Sonnenenergie und Biomasse errechnet Inhaber ein etwa 10 - 100-fach höheres Gesamtrisiko; Kohle- und Ölkraftwerke weisen nach den Berechnungsergebnissen ein etwa 300-fach höheres Gesamtrisiko auf, als Kernkraftwerke.

Eine detaillierte Analyse der Studie, die von Holdren /319/ und später Teufel /320/ durchgeführt wurde, zeigte jedoch eine Vielzahl methodischer Fehler, falscher bzw. mißbräuchlicher Übernahme von Ergebnissen aus der Literatur, arithmetische Fehler sowie unsinnige Grundannahmen hinsichtlich der zu vergleichenden Energiesysteme selbst. Die Korrektur dieser Fehler, bei Anwendung der sonst gleichen Methode, führte zu dem Ergebnis, daß die Kernenergie ein deutlich höheres Gesamtrisiko aufweist als die übrigen Energieumwandlungsarten (bis 10-fach höher als Kohle; 8-50-fach höher als regenerative Energiequellen). /321/

Darüberhinaus ist jedoch die Methode der Risikoermittlung selbst besonders bezüglich kerntechnischer Anlagen mit hohen Unsicherheiten behaftet. Das gebräuchlichste Instrumentarium für die Ermittlung des Risikos durch Unfälle in kerntechnischen Anlagen stellt die sogenannte "Fehlerbaum- Analyse" dar, bei der die Eintrittswahrscheinlichkeit und die Auswirkungen von einer oder mehreren Unfallursachen ermittelt wird. Durch multiplikative Verknüpfung der Eintrittswahrscheinlichkeit mit dem erwarteten Schadensausmaß wird das Gesamtrisiko ermittelt.

Die bekanntesten Beispiele für derartige Untersuchungen sind der Rasmussen-Report /322/ und die deutsche Risikostudie /323/, bei denen das Unfallrisiko amerikanischer bzw. deutscher Leichtwasserreaktoren ermittelt wird. Nach den Ergebnissen der deutschen Risikostudie ist beispielsweise bei 25 Kernkraftwerken ein großer Unfall mit 100.000 Spättoten mit einer Wahrscheinlichkeit von 10^{-5} pro Jahr zu erwarten.

Abgesehen davon, daß auch die Ausfallwahrscheinlichkeit technischer Systeme aufgrund zu kurzzeitiger Betriebserfahrungen mit Kernkraftwerken nur mit hohen Unsicherheiten abgeschätzt werden kann /324/, ist für die Interpretation der Ergebnisse solcher Risikostudien von Bedeutung, daß wesentliche Risikobeiträge nicht erfaßt sind, da sie sich einer zuverlässigen Abschätzung weitgehend entziehen. In der deutschen Risikostudie beispielsweise werden

- militärische Einwirkungen,
- Sabotage und Terrorismus,
- Erdbeben, deren Stärke über die bei der Auslegung berücksichtigte Intensität hinausgehen, sowie
- menschliches Versagen oder gar bewußtes menschliches Fehlverhalten

als nicht ausreichend exakt quantifizierbar bewußt vernachlässigt. /325/

Zur Nicht-Berücksichtigung des Faktors "menschliches Versagen" bei großen Unfällen (z.B. Lecks an Hauptkühlmittelleitungen) wird als Begründung herangezogen, daß dieser Faktor nur eine untergeordnete Rolle spiele, da die Sicherheitssysteme automatisch in Funktion treten würden. /326/

Sowohl der Unfall im Kernkraftwerk Brunsbüttel am 18.6.1978, bei dem von der Bedienungsmannschaft die automatische Notschnellabschaltung entgegen den Vorschriften außer Kraft gesetzt wurde, als auch der Unfall im Kernkraftwerk Three Miles Island bei Harrisburg am 28.3.1979 /224/, bei dem die Bedienungsmannschaft das automatisch angelaufene Notkühlsystem und später auch die Kühlmittelpumpen des Primärkreislaufes von Hand ausschalteten, zeigen jedoch, daß diese Annahme unzutreffend ist. Im Rahmen der Risikoanalyse können somit nur Teilbeiträge des Riskos ermittelt werden ; ein unbekannt hoher, jedoch nicht unbeachtbarer Risikobeitrag entzieht sich der Ermittlung.

Eine ausführlichere Erörterung des Kenntnisstandes über die Umweltauswirkungen kerntechnischer Anlagen würde den Rahmen dieser Arbeit sprengen. Dennoch ergeben sich aus den genannten, exemplarisch herausgegriffenen Einzelaspekten folgende Schlußfolgerungen:

1. Es extieren keine hinreichend exakt quantifizierbaren Maßstäbe zum Vergleich der nuklearspezifischen Auswirkungen von kerntechnischen Anlagen mit den Umweltbeeinflussungen konventioneller Energiesysteme. Der Unsicherheitsbereich ist so groß, daß eine Einbeziehung dieser Faktoren im Rahmen der vorliegenden Untersuchung unterbleiben muß.

2. Bei qualitativer, wertender Betrachtung der umfangreichen, kontroversen Diskussion ist m.E. der Schluß berechtigt, daß die mit der Kernenergie verbundenen Probleme so erheblich sind, daß die mit Nachtspeicherheizungen verbundenen externen Effekte durch Ausbau der Kernenergie nicht vermindert werden können. Insofern werden die Ergebnisse der vergleichenden Betrachtung der Versorgungssysteme durch das Ausklammern der kernenergiespezifischen Umweltprobleme nicht grundlegend verzerrt.

131

4. Verfahren für die Ermittlung und Bewertung von externen Umwelteffekten

4.1 Vorbemerkungen

Im vorangegangenen Kapitel wurden die Umweltbelastungen und sonstigen Ressourcenbeeinträchtigungen, die mit dem Betrieb ausgewählter Wärmeversorgungsarten verbunden sind, ermittelt und, auf die Nutzwärme bezogen, nebeneinandergestellt. Auf die Problematik, die mit der Verwendung von Mittelwerten im Einzelfall verbunden sein kann, sowie auf die Bandbreiten und auf die Veränderungsmöglichkeiten, die durch Einsatz technischer Maßnahmen möglich sind, wurde hingewiesen.

In diesem Kapitel soll die Frage erörtert werden, wie die erfaßten, vielfältigen und komplexen Folgewirkungen so aufbereitet werden können, daß sie in geeigneter Weise in den mit der Aufstellung von Versorgungskonzepten verbundenen Planungs- und Entscheidungsprozeß einbezogen werden können.

Bei der Ermittlung der Nebenwirkungen fand eine Eingrenzung insofern statt, als nur diejenigen einbezogen wurden, die zum einen in materiell- physischen Größen meßbar sind und zum zweiten einen direkten Zusammenhang zum Nutzenergieverbrauch aufweisen. Andere Effekte, die in diesen Kategorien nicht erfaßbar sind (z.B. visuelle Beeinträchtigungen), wurden ausgeklammert. Da jedoch die untersuchten Nebenwirkungen inhaltlich wie formal sehr unterschiedliche Dimensionen aufweisen, sind sie direkt nicht vergleichbar. Ein Vergleich beinhaltet jedenfalls eine Bewertung der Effekte.

Mit jeder Entscheidung über ein Versorgungskonzept, oder, weiter gefaßt, mit jeder raumplanerischen Entscheidung überhaupt, ist eine Entscheidung über die damit verbundenen Nebenwirkungen implizit verbunden. Die Frage ist also nicht, ob man nicht direkt vergleichbare Dinge vergleichend bewerten kann und sollte, sondern vielmehr, wie man die Informationsbasis des Planungs- und Entscheidungssubjektes soweit verbreitern kann, daß die zuvor unbewußt getroffene Entscheidung über die Folgewirkungen zum Entscheidungsgegenstand selbst erhoben wird. Hierfür ist es notwendig, die Kenntnis über die Folgewirkungen möglichst frühzeitig, möglichst vollständig und auf die Verarbeitungskapazität des Entscheidungssubjektes möglichst genau abgestimmt aufzubereiten.

Die planungs- und entscheidungstheoretische Diskussion um die Erfassung, Vermittlung und Bewertung externer Effekte von Planungsentscheidungen bewegt sich zwischen folgenden zwei Extrempunkten:

- Einerseits die unkommentierte, ungeordnete und ungewichtete Vermittlung von Daten, die zwar eine Bewertung nicht vorwegnimmt und somit die "objektivste" Entscheidungsaufbereitung darstellt, auf der anderen Seite aber die Gefahr eines unüberschaubaren "Datenfriedhofs" in sich birgt, dessen Umfang und Ungewichtetheit die Aufnahme und Urteilsfähigkeit des Entscheidungsträgers übersteigen kann. Es ist nicht als selbstverständlich vorauszusetzen, daß eine Erhöhung der Informationsmenge die Entscheidung verbessert; vielmehr kann, wie z.B. Witte nachgewiesen hat, eine Überversorgung mit Informationen die Verunsicherung des Entscheidungsträgers erhöhen und damit die Qualität der Entscheidung vermindern. /328/
- Andererseits bergen alle Versuche, mit Hilfe von formalisierten Bewertungsverfahren inhaltlich nicht direkt vergleichbare Aspekte mittels Hilfsindikatoren miteinander zu verknüpfen, um höher aggregierte und damit leichter überschaubare Beurteilungsparameter zu erhalten, die Gefahr in sich, die eigentlich politische Entscheidung vorwegzunehmen oder zu beeinflussen, da Werturteile bereits in der Art der Aggregation der Daten enthalten sind. /329/

Die bei Planungsverfahren angewandten formalisierten Bewertungsverfahren lassen sich unterteilen in

- stoffliche Bilanzierung ohne Bewertungsvorgabe
- nutzwertanalytische Ansätze und
- Kosten-Nutzen-Analysen.

Bei der Nutzwertanalyse werden Kriterien im nicht monetären Bereich als Nutzengrößen oder Größen des entgangenen Nutzens (Schaden) mit Hilfe von möglichst nachvollziehbaren Bewertungskriterien in numerische Größen umgewandelt, vergleichbar gemacht und schließlich zu einem meßbaren positiven oder negativen Gesamtnutzwert zusammengefaßt. /330/

Die Kosten-Nutzen-Analyse als wohlfahrtsökonomischer, volkswirtschaftlicher Ansatz versucht, externe Effekte in Geldgrößen umzurechnen und in die Gesamtkostenrechnung mit einzubeziehen, wobei die betriebswirtschaftliche Rechnung als Entscheidungsgrundlage für kostenwirksame Planungen durch die Einbeziehung volkswirtschaftlicher Aspekte modiziert werden soll. /331/

Gegenüber noch komplexeren Planungs- und Entscheidungsproblemen (z.B. Stadtentwicklungsplanung) ergeben sich bei der hier untersuchten Fragestellung wesentliche Vereinfachungen, die die Aufstellung vergleichbarer Bewertungskriterien in Teilbereichen erleichtern:

- Der "Nutzen", bzw. das Ziel der Wärmeversorgungskonzepte, die Gewährleistung einer ausreichenden Raumtemperatur und Lüftung, läßt sich - zumindest theoretisch - mathematisch exakt erfassen und vergleichen.

- Die erfaßten externen Effekte, wie auch die ausgeklammerten (Radioaktivität, Lärm, visuelle Beeinträchtigungen) lassen sich, von wenigen Einzelaspekten abgesehen, /338/ ganz überwiegend als negative externe Effekte definieren, deren Verminderung positiv zu bewerten ist.

- Die externen Effekte lassen sich von der stofflichen Seite her quantifizieren.

Die Möglichkeiten der Anwendung der verschiedenen Erfassungs- und Bewertungsverfahren werden im folgenden untersucht.

4.2 Stofflich-Quantitative Prüfung der Umweltfolgen

Um die Möglichkeiten der Berücksichtigung von wärmeversorgungsabhängigen externen Effekten zu verbessern, sind folgende Anforderungen zu berücksichtigen. Die Informationen sollen frühzeitig, möglichst umfassend, auf den konkreten Planungsfall abgestimmt und mit möglichst geringem Aufwand verfügbar gemacht werden.

4.2.1 Das Simulationsprogramm "Kunstwaerg"

Auf Grundlage der genannten Anforderungen wurde das Simulationsmodell "Kunstwaerg" (Kosten und Umweltbezogene Nebenwirkungen von STrategien zur WÄRmeversorgung von Gebäuden) entwickelt. (Rechner: IBM/370 - 158 OS/VS2 des Hochschulrechenzentrums der Universität Dortmund; Programmsprache: Fortran IV)

Die Konzipierung des Programms ermöglicht folgende Anwendungsfälle:

1. Zur Ermittlung der Veränderung der Umweltfolgen, die mit baulichen Maßnahmen oder der Umstellung des Versorgungssystems von Einzelgebäuden verbunden sind, sowie zur Abschätzung der Umweltfolgen neu zu errichtender Gebäude enthält das Programm eine Wärmebedarfsberechnung nach den in der Bundesrepublik gültigen Berechnungsverfahren. Ausgehend von dem so ermittelten Nutzenergiebedarf werden die wichtigsten der mit der Wärmeversorgung verbundenen Umwelt- und Ressourcenbeanspruchungen auf Basis der in Kap. 2 und 3 ermittelten spezifischen Kennwerte errechnet und ausgedruckt.

2. Die Umweltfolgen der Wärmeversorgung von größeren Gebietseinheiten können dann ermittelt werden, wenn der Nutzenergieverbrauch des Gebietes sowie die mengenmäßige Verteilung der einzelnen Versorgungsarten bekannt ist. Entsprechende "Wärmeatlanten" liegen derzeit in vielen Gemeinden vor bzw. werden erarbeitet. Um das Programm für die Planung von zukünftigen Versorgungskonzepten anwenden zu können, ist der zukünftige Nutzenergieverbrauch hinsichtlich der Menge und Struktur in Form einer Szenariorechnung zu ermitteln. Bei der Erarbeitung verschiedener Konzeptalternativen ist ein direkter Vergleich möglich. Das Programm selbst ist auch für den Anwendungsfall der Ermittlung der Umweltfolgen von kommunalen und regionalen Versorgungskonzepten bereits getestet und damit anwendbar. /333/ Im Rahmen dieser Untersuchung blieb die konkrete Anwendung anhand einer Beispielgemeinde jedoch ausgeklammert.

Um die Umwelteffekte, die mit dem Heizungsbetrieb von Gebäuden verbunden sind, sowie die maßnahmenabhängigen Veränderungen abschätzen zu können, wurde zunächst ein Rechenprogramm zur Ermittlung des Jahresnutzwärmeverbrauchs gemäß DIN 4701 bzw. der VDI- Richtlinie 2067 /334/ erstellt.

Zur Erläuterung des Rechenganges sind folgende Bemerkungen erforderlich:

Der Norm-Wärmebedarf nach DIN 4701 wird differenziert nach Transmissionswärmebedarf und Lüftungswärmebedarf ermittelt. Eingabedaten für die Berechnung des Transmissionswärmebedarfs sind die Flächen der Außenbauteile (Dach, Außenwand, Fenster, Außentüren, Kellerdecke), die jeweiligen Wärmedurchgangskoeffizienten für die Außenbauteile und die ortsspezifischen, niedrigsten Auslegungstemperaturen nach Abschnitt 5 (DIN 4701). Aufgrund der Tatsache, daß die Rechenverfahren den tatsächlichen Wärmeverbrauch ohnehin nur annähernd abschätzen können, wurde auf ein detailliertes, raum bzw. stockwerksbezogenes Vorgehen verzichtet und die überschlägige Rechenmethode nach Abschnitt 5.5.2 (DIN 4701, S. 11) gewählt.

Um den Außenwandzuschlag im Programm selbst ermitteln zu können, wurde vereinfachend gemäß der Graphik (DIN 4701, S. 7, Bild 2) ein Zusammenhang zwischen Krischer-Wert D und Außenwandzuschlag z_A von $z_A = 0,125 \times D$ zugrundegelegt.

Der Himmelsrichtungszuschlag z_H wurde nicht in die Rechnung einbezogen, da er in der Hauptsache für die Heizungsauslegung in den einzelnen Räumen, weniger jedoch für die Ermittlung des Gesamt-Wärmebedarfs des Gebäudes von Bedeutung ist.

Gemäß DIN 4108 /335/ wurde für alle Wärmedämmungsvarianten der innere Wärmeübergangswiderstand für Außenwände und Dach mit 0,13, der äußere Wärmeübergangswiderstand mit 0,04 eingerechnet.

Für die Ermittlung des Lüftungswärmebedarfes wurde eine für alle Varianten konstante Luftwechselzahl von 0,9 h^{-1} angenommen. Der Tatsache, daß besser isolierte Fenster in der Regel eine höhere Fugendichtigkeit aufweisen, wird hierbei nicht Rechnung getragen, was tendenziell zu einer Unterschätzung des Einspareffektes durch Wärmeschutzmaßnahmen beiträgt. (Vgl. Kap. 2.3.2)

Die Ermittlung des Jahresnutzenergieverbrauches wird durch Eingabe der jeweiligen meteorologischen Daten standortabhängig variiert. /336/337/ Auch dieses Vorgehen einer nur standortabhängigen Variation der meteorologischen Daten führt tendenziell zu einer Unterschätzung der durch Wärmeschutzmaßnahmen erzielten Nutzenergieeinsparung, da durch Maßnahmen des Wärmeschutzes nicht nur der Energieverbrauch bei konstanter Außentemperatur vermindert, sondern auch die Heizzeit entscheidend verkürzt werden kann. Dies gilt vor allem für die Übergangszeit und den sommerlichen Heizbedarf, der bei gutgedämmten Häusern in der Bundesrepublik entfällt.

Die gebäude-, ausstattungs-, benutzer- und lageabhängigen Korrekturfaktoren f 0 - f 8 /338/ wurden bei allen Varianten einheitlich zugrundegelegt mit Ausnahme des Korrekturfaktors f 5 (Einfluß guter Wärmedämmung), der in Abhängigkeit vom Wärmeschutzstandard von 0,96 bis 1,02 variiert wurde. Mit diesem Faktor wird der Tatsache Rechnung getragen, daß bei guter Wärmedämmung, aufgrund der besseren Temperaturverteilung im Raum, die Temperatur bei gleichem Behaglichkeitseffekt gesenkt werden kann. Als mittlerer Gebäudetemperatur wurde ansonsten einheitlich von 20° C ausgegangen.

Bedeutende Kritikpunkte an der Ermittlung des Jahresnutzenergieverbrauchs nach dem beschriebenen, in der Bundesrepublik obligatorischen Verfahren sind insbesondere folgende:

Die vor allem bei verbessertem Wärmeschutz bedeutenden Einflußfaktoren "passiver Sonnenwärmegewinn" und "interne Wärmequellen" werden in den Berechnungen weitgehend vernachlässigt, was ebenfalls bei gut gedämmten Häusern zu einer Überschätzung des Wärmeverbrauches führt: "Innerhalb des

Gebäudes befindliche, interne Energiequellen sowie die einwirkende Sonnenstrahlung werden in der VDI- Richtlinie entweder überhaupt nicht oder nur unzureichend mit wissenschaftlich nicht fundierten Korrekturfaktoren berücksichtigt." /339/ Die Bedeutung dieser Einflußgrößen ist bei Hörster /340/, Werner /341/ und Steinmüller /342/ zwar aufgeführt, aber vom Berechnungsgang her nicht soweit aufbereitet, als daß sie in die Simulationsrechnung einbezogen werden könnten. Auch diesbezügliche Vorschläge zur Novellierung der DIN 4701 /343/ und der VDI-Richtlinie /344/ wurden in der Berechnung nicht berücksichtigt, da sie zum einen sich nur auf den Sonnenwärmegewinn beziehen, und zum anderen sehr detaillierte, standortabhängige klimatische Daten erfordern. Diese Aspekte können nur bei der Interpretation der Ergebnisse, nicht jedoch im Simulationsmodell selbst berücksichtigt werden.

Auch Praxisvergleiche haben erhebliche Abweichungen zwischen dem errechneten und gemessenen Jahreswärmeverbrauch ergeben, wobei Abweichungen - besonders aufgrund unterschiedlichem Benutzerverhaltens - jedoch sowohl nach oben als auch nach unten feststellbar sind. Bei Messungen an 9 Mehrfamilienhäusern in Wolfsburg stellte sich heraus, daß zwei der Gebäude einen wesentlich niedrigeren als den errechneten Jahreswärmeverbrauch aufwiesen, bei vier Häusern stimmte der Verbrauch etwa mit den Rechenergebnissen überein und bei drei Gebäuden lag der effektive Verbrauch wesentlich höher. /345/ Nach überwiegender Expertenmeinung ist jedoch davon auszugehen, daß die nach dem offiziellen Berechnungsverfahren ermittelten Werte den Jahreswärmeverbrauch um etwa 25% übersteigen.

4.2.2 Referenzhaus

Um die Ergebnisse der stofflich quantitativen Analyse beispielhaft zu ermitteln und zu quantifizieren, wurde ein Referenzhaus ausgewählt, das für den Mehrfamilienhausbau der 50er und 60er Jahre als typisch gelten kann. Kleinere Gebäudeeinheiten wären für den Vergleich ungeeignet gewesen, da einige der untersuchten Heizungsvarianten (Gas-Wärmepumpe und Blockheizkraftwerk) aus technischen und wirtschaftlichen Gründen derzeit nur für größere Versorgungseinheiten geeignet sind. Die technischen Gebäudedaten des Referenzhauses sind in Abb. 23 angegeben.

Für die Ausgangsvariante wurden wärmetechnisch ungünstige, aber für den Altbaubestand durchaus typische Baukonstruktionen angenommen. /346/

Die Veränderungen des Wärmedurchgangskoeffizienten, die sich durch nachträgliche Wärmeschutzmaßnahmen ergeben, sind in Tab. 21 zusammengestellt. Die in der Literatur angegebenen Kosten für Wärmeschutzmaßnahmen schwanken erheblich. Die von Dittert angegebenen Kosten für Wärmeschutzmaßnahmen an festen Bauteilen wurden für die Berechnungen zugrundegelegt, da es sich hier um real abgerechnete Preise handelte, die in einem größeren Versorgungsgebiet angefallen waren. /347/ Der Kostensprung bei der Außenwanddämmung ist darauf zurückzuführen, daß ab einer Dämmstoffdicke von 10 cm eine vorgehängte, hinterlüftete Konstruktion notwendig wird. Bei den Kosten für die Dämmstoffe wie für die Fenster /348/ handelt es sich um Komplettpreise incl. Material, Montagekosten und Mehrwertsteuer (13%).

Die Kosten wurden einheitlich auf die Preisbasis 1982 bezogen, wobei eine durchschnittliche jährliche Preissteigerungsrate von 5% angenommen wurde.

Die zugrundegelegten meteorologischen Daten für die Berechnung des Wärmebedarfs des Referenzhauses beziehen sich auf den Standort Dortmund.

4.2.3 Ergebnisse der stofflich quantiativen Prüfung der Umweltfolgen

Die Ergebnisse der stofflich quantitativen Analyse werden in dem Simulationsprogramm automatisch in Form einer Gesamttabelle ausgedruckt, um den schnellen Zugriff und die Übersichtlichkeit für den Planungs- und Entscheidungsträger zu gewährleisten.

Dargestellt ist der Verbrauch an Energieressourcen, die Emission von Schadstoffen sowie die Kohlendioxidemission, die mengenmäßige Beanspruchung der Wasserressourcen durch die Energiegewinnung und Umwandlung

Tabelle 21: Reduzierung des Wärmedurchgangs und Kosten bei nachträglichen Wärmeschutzmaßnahmen an Altbauten

Dämmung Außenwand[1]			Dämmung ob. Geschoßdecke			Dämmung Steildach zwischen d. Sparren			Dämmung Kellerdecke			Einbau neuer Fenster		
Maßnahme	W/m²K	DM/m²	Maßnahme	W/m²K	DM/m²	Maßnahme	W/m²K	DM/m²	Maßnahme	W/m²K	DM/m²	Maßnahme	W/m²K	DM/m²
Bestand	1,71	-	Bestand	1,49	-	Bestand	2,50	-	Bestand	2,15	-	Bestand	5,20	-
40 mm	0,631	93,-	40 mm	0,598	47,-	40 mm	0,714	58,-	40 mm	0,682	42,-	Zwei Scheiben Isolierg.	2,9	400,-
60 mm	0,480	97,-	60 mm	0,461	50,-	80 mm	0,416	64,-	60 mm	0,509	45,-			
80 mm	0,387	100,-	80 mm	0,374	54,-	120 mm	0,294	70,-	80 mm	0,406	48,-	Drei Scheiben Isolierg.	1,9	500,-
100 mm	0,324	158,-	100 mm	0,315	57,-	160 mm	0,247	79,-	100 mm	0,337	51,-			
120 mm	0,279	169,-	120 mm	0,272	60,-	200 mm	0,185	88,-	120 mm	0,289	55,-	Wärmeschutzgl. beschichtet	1,75	530,-
140 mm	0,245	179,-	140 mm	0,240	63,-				140 mm	0,252	58,-			

[1] spezifischer Wärmedurchgangskoeffizient der Wärmedämmstoffe: 0,04 W/m²K pro Meter
Preisbasis 1982, incl. MWSt, Materialkosten und Arbeitskosten

sowie die bergbaubedingten Flächeninanspruchnahmen. Auf die Einbeziehung der direkten und indirekten (Abstandsflächen) Flächeninanspruchnahmen durch die Energieumwandlung und -verteilung wurde verzichtet, da sie mit zu großen Unsicherheiten und Streubreiten verbunden sind (vgl. Kap. 3.3.2.3).

Die Emissionsdaten für Luftverunreinigungen werden getrennt für Emissionen am Verbrauchsort und Emissionen am Umwandlungsort aufgelistet. Zu beachten ist hierbei, daß die Emissionen der Heizkraftwerke zwar in der Regel im Versorgungsgebiet selbst abgegeben werden, die Verteilung aufgrund der größeren Emissionsquellhöhe jedoch weiträumiger erfolgt als bei Einzelheizungen.

Für die Kraftwerksemissionen bei elektrisch betriebenen Systemen sind jeweils drei Werte angegeben, wobei sich der erste auf die Emissionen eines alten Kohlekraftwerks ohne Emissionsminderungsmaßnahmen, der mittlere auf die gegenwärtige Durchschnittsemission, der untere auf ein modernes Kohlekraftwerk mit Rauchgasentschweflungsanlage das den Anforderungen der 1983 erlassenen Großfeuerungsanlagenverordnung entspricht, bezieht.

Als Gutschrift, die für die Stromproduktion aus Wärme-Kraft-gekoppelten Anlagen auch hinsichtlich der Emissionen einzurechnen ist, wurde die derzeitige Durchschnittsemission der Stromerzeugung zugrundegelegt.

Die Emissionen und Nebenwirkungen, die auf Abgaben unterschiedlicher Umwandlungssysteme zurückzuführen sind, werden unter der Überschrift "Emissionen am Umwandlungsort" automatisch zusammengefaßt, da nur die Gesamtmenge für die Beurteilung entscheidend ist. Dies gilt z.B. für die Raffinerieemissionen und die Kraftwerksemissionen bei der bivalenten Elektrowärmepumpe.

Bei der Darstellung der Ressourcenbeanspruchung durch den Bergbau wurde unterstellt, daß das jeweilige Heizungssystem ausschließlich mit Braunkohle oder mit Steinkohle betrieben wird. Die Flächenbeanspruchungen wurden auf die angenommene durchschnittliche Lebensdauer der Wärmeversorgungssysteme von 20 Jahren bezogen.

Der Tatsache, daß Kohleeinzelöfen aufgrund des hohen Bedienungsaufwandes in der Regel einen geringeren Energieverbrauch aufweisen, wurde mit einer 20%igen Verminderung des Nutzenergieverbrauchs im Programm Rechnung getragen.

ABB. 23 a–f: GEBÄUDEDATEN DES REFERENZHAUSES

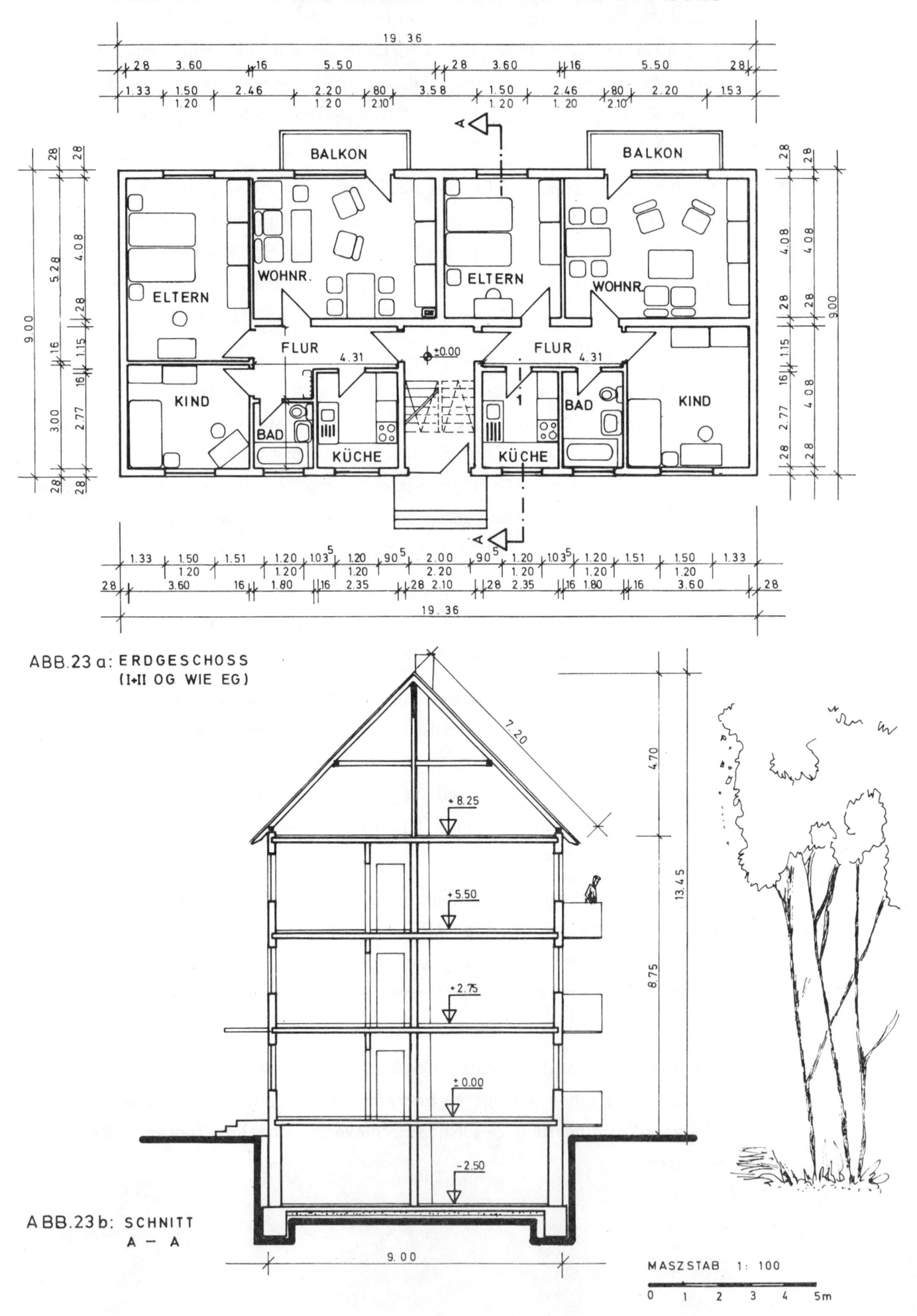

ABB. 23 a: ERDGESCHOSS (I+II OG WIE EG)

ABB. 23 b: SCHNITT A–A

MASZSTAB 1:100

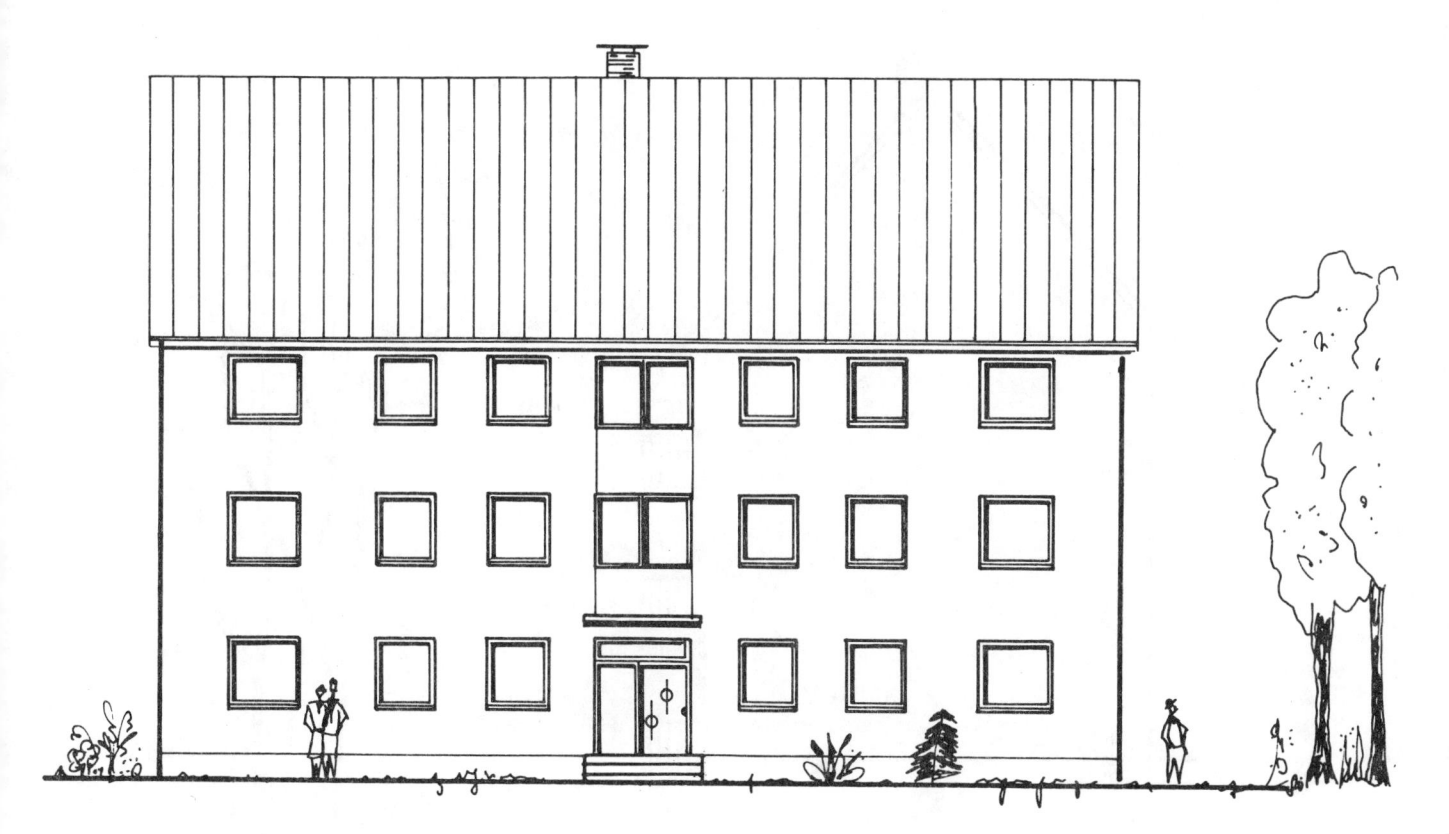

ABB. 23c: STRASSENANSICHT

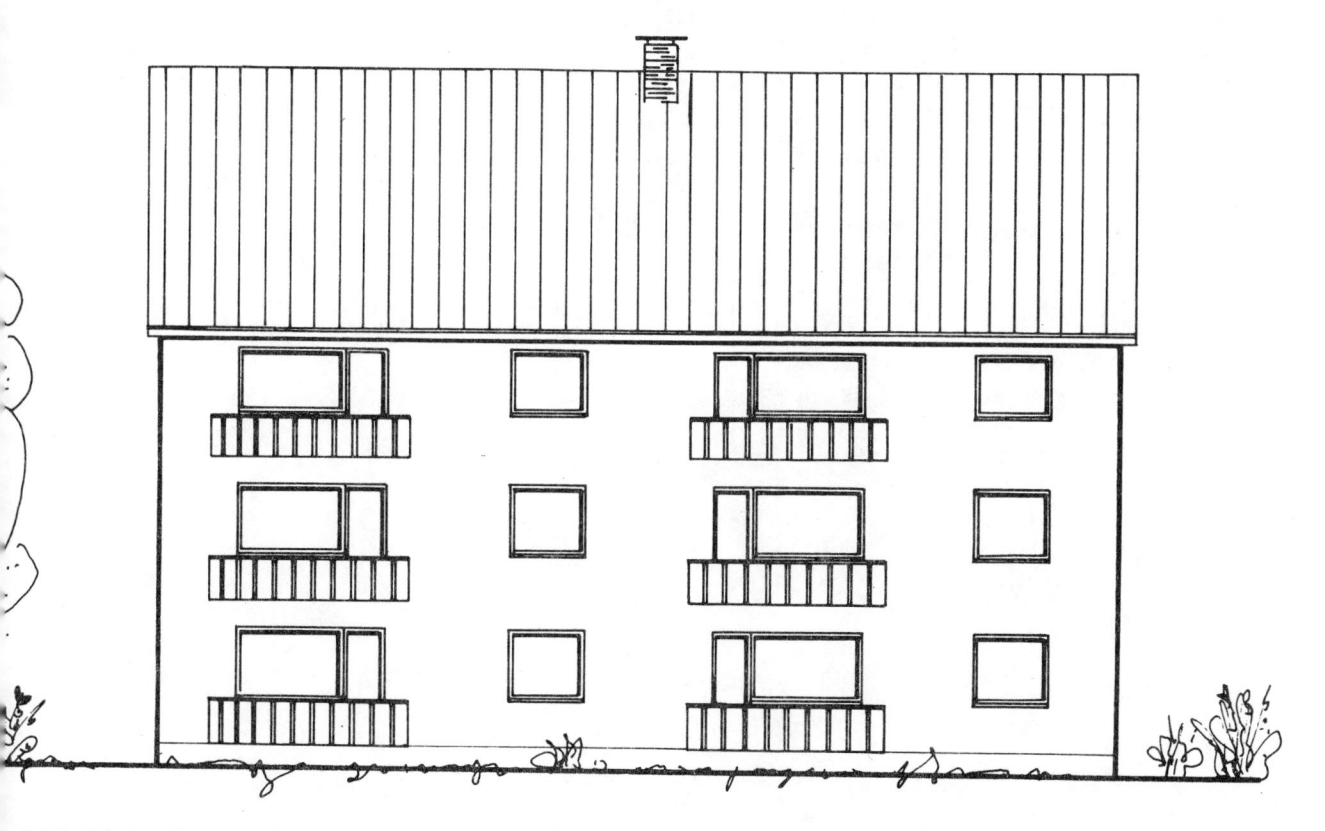

ABB. 23d: RÜCKANSICHT

MASZSTAB 1:100
0 1 2 3 4 5 m

MASZSTAB 1:100
0 1 2 3 4 5m

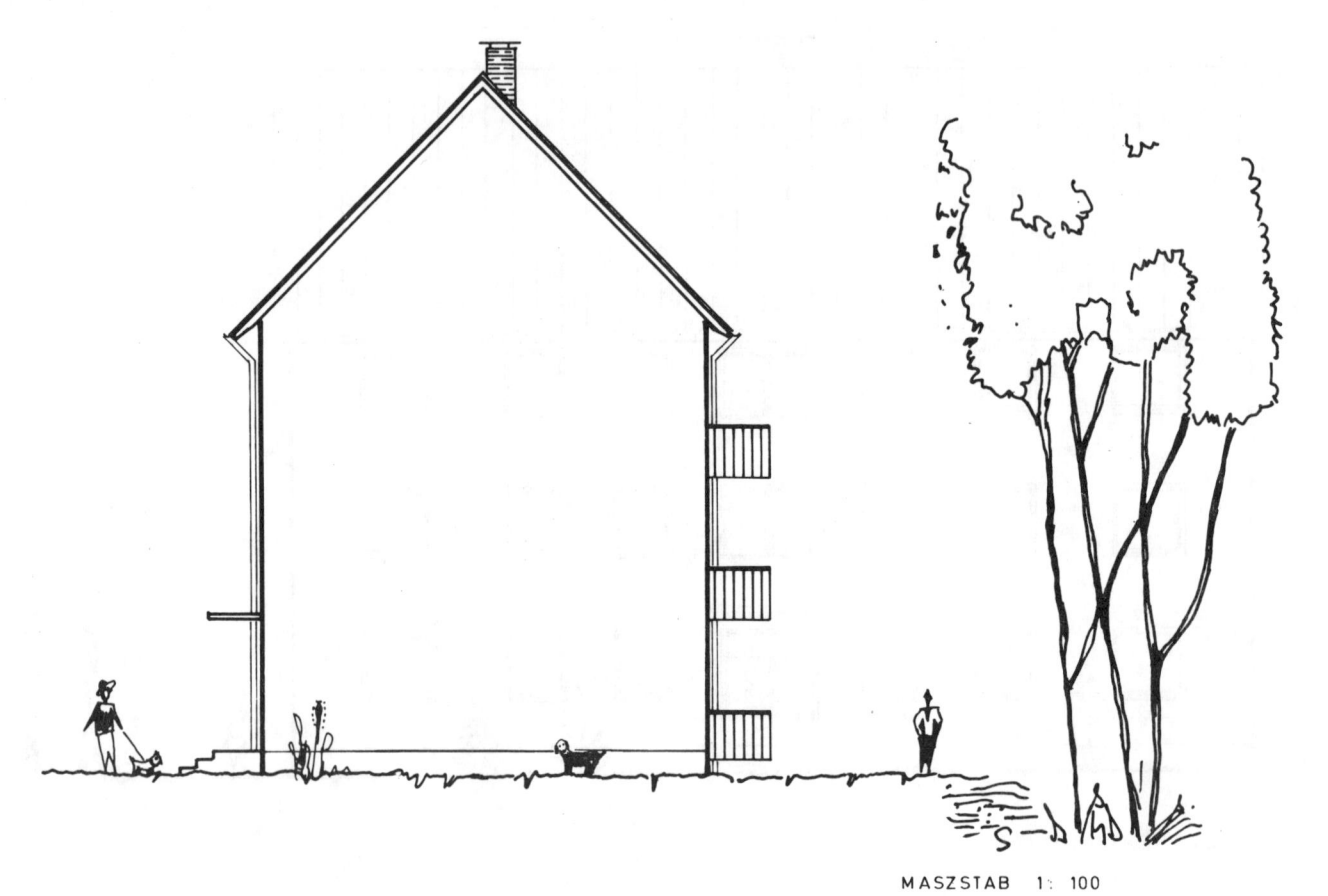

ABB.23e:
TECHNISCHE DATEN DES REFERENZHAUSES

Bauteil	FLÄCHE	k-WERT
Außenwand	414,2 m²	1,71
Fenster	69,3 m²	5,2
Kellerdecke	171,7 m²	2,15
oberste Geschossdecke	171,7 m²	1,49
Dachschräge	255,6 m²	2,78
Giebeldreiecke	42,3 m²	1,71
Dach gesamt	297,9 m²	(2,50)
Umbauter Raum	1585,5 m³	
Begrenzungsfläche	955,7 m²	
F/V - Verhältnis	0,603 m⁻¹	
Luftbehandeltes Volumen	1221,8 m³	
angenommener Luftwechsel	0,9 h⁻¹	
Grundfläche	174,3 m²	

AUSSENWAND I

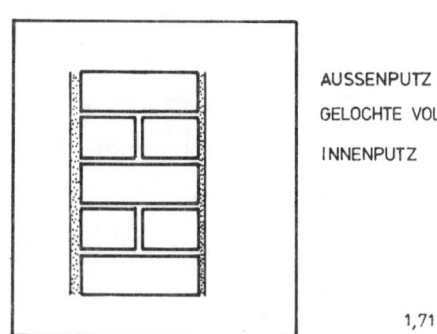

AUSSENPUTZ	2,5 cm
GELOCHTE VOLLZIEGEL	24,0 cm
INNENPUTZ	1,5 cm

1,71 W/m²K

AUSSENWAND II

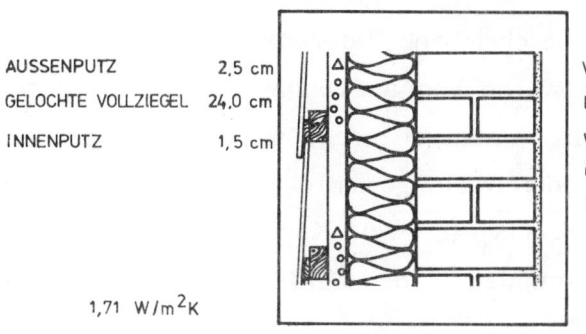

VORHANGFASSADE	
LUFTSCHICHT	
WÄRMEDÄMMUNG	14,0 cm
GEL. VOLLZIEGEL	24,0 cm
INNENPUTZ	1,5 cm

0,245 W/m²K

OBERSTE GESCHOSSDECKE I

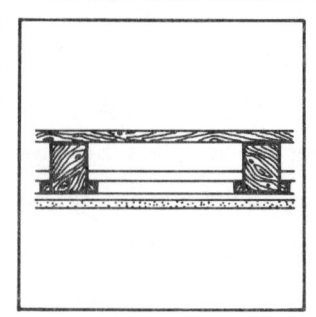

PUTZ	1,5 cm
ROHRGEWEBE	1,0 cm
SCHALUNG	2,4 cm
EINSCHUB	10,0 cm
DIELEN	2,4 cm

1,49 W/m²K

OBERSTE GESCHOSSDECKE II

PUTZ	1,5 cm
ROHRGEWEBE	1,0 cm
SCHALUNG	2,4 cm
EINSCHUB	16,0 cm
WÄRMEDÄMMUNG	14,0 cm
DIELEN	2,4 cm

0,240 W/m²K

STEILDACH

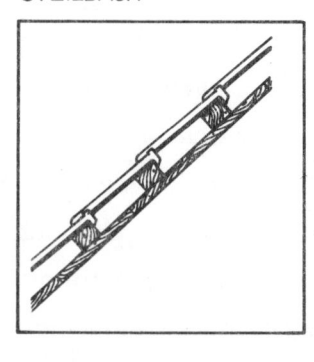

KONVENTIONELLE HOLZKONSTRUKTION, UNGEDÄMMT

DACHZIEGELAUFLAGE

2,50 W/m²K

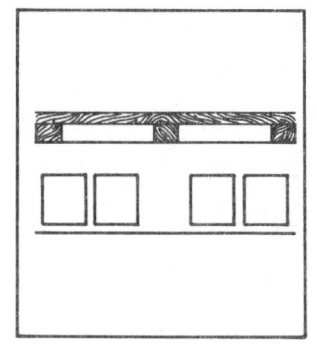

STEILDACH

KEINE MASSNAHME

KELLERDECKE I

HOHLKÖRPERDECKE	18,0 cm
LAGERHÖLZER	5,0 x 3,0 cm
DIELUNG	2,4 cm

2,15 W/m²K

KELLERDECKE II

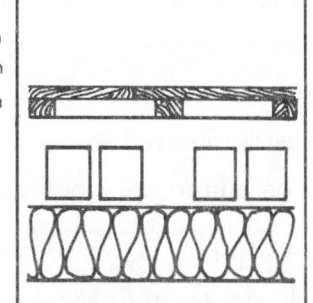

HOHLKÖRPERDECKE	18,0 cm
LAGERHÖLZER	5,0 x 3,0 cm
DIELUNG	2,4 cm
WÄRMEDÄMMUNG	14,0 cm

0,252 W/m²K

FENSTER I

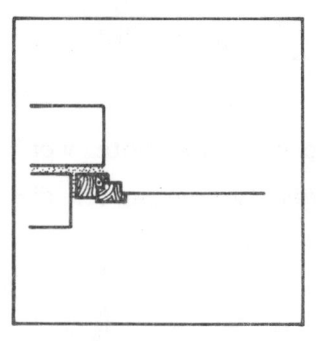

EINFACHFENSTER, HOLZRAHMUNG

FENSTERFLÄCHENANTEIL AN AUSSENWAND 20%

5,2 W/m²K

FENSTER II

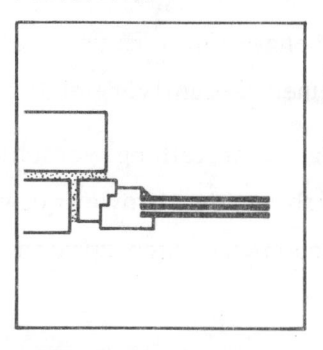

WÄRMESCHUTZGLAS, BESCHICHTET

KUNSTSTOFFRAHMUNG

1,75 W/m²K

ABB. 23 f

Die Ergebnisse der stofflich-quantitativen Analyse sind beispielhaft, bezogen auf das beschriebene Referenzhaus, in den Tabellen 22-25 abzulesen. In der Tab. 24 wurde von aufwendigen, über die gegenwärtige Praxis in der Bundesrepublik hinausgehenden, wärmeschutztechnischen Maßnahmen ausgegangen, wodurch die gesamte Bandbreite der Veränderungsmöglichkeiten sichtbar wird. (Typ E; vgl. Kap. 4.4.3.1.2, Tab. 29) In Tab. 25 ist die erreichte Verminderung der Einflüsse jeweils durch negative Vorzeichen gekennzeichnet.

Das Ergebnis, daß bei Kraft-Wärme-gekoppelten Systemen z.T. die Wärmedämmungsmaßnahmen mit einer Erhöhung der abgegebenen Emissionsmengen verbunden sind, ist zwar paradox, aber dennoch realistisch, da eine Minderproduktion der Fernwärme gleichzeitig mit einer geringeren Stromproduktion verbunden ist, die durch erhöhte Stromproduktion in (z.T.) stärker emittierenden Kondensationskraftwerken ausgeglichen werden muß. Dies gilt jedoch nicht für Heizkraftwerke, die das Verhältnis zwischen Wärme- und Stromerzeugung bis hin zum reinen Kondensationsbetrieb variieren können. /349/

Dieses paradoxe Ergebnis gilt naturgemäß auch nur dann, wenn isolierte Systeme, wie hier das Beispiel des Mehrfamilienhauses, hinsichtlich unterschiedlicher Einzelmaßnahmen verglichen werden. Realistischerweise ist jedoch davon auszugehen, daß die wärmeseitige Kapazitätsauslegung des Heizkraftwerkes auf den zu erwartenmden Wärmebedarf genau abgestimmt ist. Bei Reduzierung des Wärmebedarfs durch Wärmeschutzmaßnahmen würde durch die freiwerdenden Kapazitäten der Anschluß weiterer Gebäude an das Fernwärmenetz ermöglicht. Hierdurch würden aufgrund der Substitution der bestehenden Heizungssysteme in den neu anzuschließenden Gebäuden weitere Umweltentlastungseffekte erreicht werden können. Bei Anwendung des Simulationsmodells auf die Energieversorgung in größeren Gebietseinheiten würde der oben genannte Effekt somit aufgehoben.

Es ist allerdings darauf hinzuweisen, daß die gleichzeitige Durchführung von aufwendigen Wärmeschutzmaßnahmen un dem Anschluß an ein Fernwärmenetz durch wirtschaftliche Aspekte zumeist limitiert wird. /350/

Die zusammengefaßten Emissionen (Verbrauchs- und Umwandlungsort) ermöglichen einen Gesamtvergleich der Systeme.

Für die Gegenüberstellung verschiedener Energieversorgungskonzepte werden zusätzlich zu den Umweltauswirkungen der einzelnen Heizungsarten die gesamten Nebenwirkungen zusammengefaßt.

************ UMWELTBELASTUNGEN UND RESSOURCENVERBRAUCH VERSCHIEDENER WAERMEVERSORGUNGSSYSTEME *********

TABELLE 1 : BERECHNUNG DES NORM-WAERMEBEDARFS NACH DIN 4701 (ENTWURF MAERZ 1978)

SYMBOL	WERT	EINHEIT	BEDEUTUNG
AF	69.30	QM	FLAECHE DER FENSTER
AW	414.20	QM	FLAECHE DER AUSSENWAND
AKD	174.30	QM	FLAECHE DER KELLERDECKE
AD	171.70	QM	FLAECHE DES DACHES
AT	2.20	QM	FLAECHE DER AUSSENTUEREN
TA	32.0	GRAD C	TEMPERATURUNTERSCHIED AUSSEN/INNEN
KAF	5.20	W/QM K	K-WERT DER FENSTER
KAW	1.71	W/QM K	K-WERT DER AUSSENWAND
KAKD	2.15	W/QM K	K-WERT DER KELLERDECKE
KAD	1.49	W/QM K	K-WERT DES DACHES
KAT	1.80	W/QM K	K-WERT DER AUSSENTUEREN
D	2.06	W/QM K	KRISCHER-WERT D
ZA	0.26	W/QM K	AUSSENWANDZUSCHLAG
VR	1222.	CCM	RAUMVOLUMEN
QO	46868.	W	ZUSCHLAGFREIER TRANSMISSIONSWAERMEBEDARF
QT	58950.	W	NORM-TRANSMISSIONSWAERMEBEDARF
QL	11966.	W	NORM-LUEFTUNGSWAERMEBEDARF
QN	70916.	W	NORM-WAERMEBEDARF (QN = QT + QL)

ANGENOMMENE LUFTWECHSELZAHL = 0.9 H**(-1)

TABELLE 2 : BERECHNUNG DES JAHRESWAERMEVERBRAUCHS NACH VDI 2067 (ENTWURF DEZEMBER 1979)

SYMBOL	WERT	EINHEIT	BEDEUTUNG
QH	70.9	KW	WAERMEBEDARF NACH DIN 4701
ZZ	249.6	D	MITTLERE ANZAHL DER HEIZTAGE IN DER HEIZZEIT
ZS	29.9	D	DESGLEICHEN IN DEN SOMMERMONATEN
TZ	6.1	GRAD C	MITTLER AUSSENTEMPERATUR IN DER HEIZZEIT
TS	13.4	GRAD C	DESGLEICHEN IN DEN SOMMERMONATEN
TIM	20.0	GRAD C	MITTLERE GEBAEUDETEMPERATUR
TAIM	-12.0	GRAD C	TIEFSTE RECHNERISCHE AUSSENTEMPERATUR NACH DIN 4701
FH	0.90	-	HEIZZEITFAKTOR
FO	0.78	-	AUSGLEICHSFAKTOR
F1	0.98	-	GLEICHZEITIGKEIT DES LUEFTUNGSWAERMEBEDARFS
F2	1.00	-	EINFLUSS EINER ERHOEHTEN ANHEIZLEISTUNG
F3	0.95	-	EINFLUSS EINER NUR TEILWEISEN BEHEIZUNG
F4	1.00	-	ERHOEHUNG DER RAUMTEMPERATUR
F5	1.02	-	EINFLUSS GUTER WAERMEDAEMMUNG
F6	1.00	-	EINFLUSS D. REGELFAEHIGKEIT D. SYSTEM UND D. AUSSTATTUNG MIT REGELGERAETEN
F7	1.05	-	EINFLUSS DER ABRECHNUNGSART
F8	0.95	-	EINFLUSS D. WAERMEABGABE V. WAERMEERZEUGERN BEI AUFSTLG. IN ZU BEHEIZ. RAEUMEN
F	0.739	-	KORREKTURFAKTOR = PRODUKT DER FAKTOREN FO-F8
BVHZ	1730.	H	VOLLBENUTZUNGSSTUNDEN IN DER HEIZZEIT
BVHS	98.	H	DESGLEICHEN IN DEN SOMMERMONATEN
BVH	1829.	H	VOLLBENUTZUNGSSTUNDEN IM JAHR
QHA	129695.	KWH/A	JAHRESWAERMEVERBRAUCH (QHA=BVH*QH)

TAB. 22 : WÄRMEBEDARFSBERECHNUNG FÜR DAS REFERENZHAUS OHNE WÄRMESCHUTZMASSNAHMEN

*********** UMWELTBELASTUNGEN UND RESSOURCENVERBRAUCH VERSCHIEDENER WAERMEVERSORGUNGSSYSTEME ************

- SEITE 3 -

	EINHEIT	OEL-HEIZUNG	GAS-HEIZUNG	EINZEL-OFEN BRAUN-KOHLE	EINZEL-OFEN STEIN-KOHLE	DIESEL-WAERME-PUMPE	GAS-WAERME-PUMPE	HEIZUNG M KOHLEVER-EDELUNGS-PRODUKTEN	ELEKTRO-HEIZUNG
HEIZUNGSART									
NUTZENERGIE	KWH/A *1000	129.7	129.7	103.7	103.7	129.7	129.7	129.7	129.7
ENDENERGIE	KWH/A *1000	193.6	190.7	159.6	159.6	102.2	102.2	190.7	139.3
PRIMAER-ENERGIE	KWH/A *1000	216.0	205.1	165.6	165.6	114.1	109.9	388.4	422.1
EMISSIONEN AM VERBRAUCHSORT									
SO2	KG/A	132.4	0.7	69.0	252.8	69.9	0.4	0.7	0.0
NOX	KG/A	34.8	20.6	6.9	28.7	239.1	367.9	20.6	0.0
CO	KG/A	69.7	48.1	4022.2	5746.1	73.6	73.6	48.1	0.0
OGD	KG/A	10.5	1.0	86.2	229.8	36.8	55.2	1.0	0.0
F-	KG/A	0.0	0.0	0.2	0.7	0.0	0.0	0.0	0.0
CL-	KG/A	0.0	0.0	2.0	7.3	0.0	0.0	0.0	0.0
STAEUBE	KG/A	1.7	0.0	189.6	201.1	9.2	0.0	0.0	0.0
EMISSIONEN AM UMWANDLUNGSORT									
SO2 A/B/C	KG/A	36.9	0.0	0.0	0.0	19.5	0.0	323.3	1620.9 / 922.3 / 211.1
NOX A/B/C	KG/A	41.0	0.0	0.0	0.0	21.7	0.0	169.7	802.0 / 427.6 / 886.4
CO A/B/C	KG/A	17.3	0.0	0.0	0.0	9.1	0.0	35.1	18.2 / 13.5 / 133.0
OGD A/B/C	KG/A	10.9	0.0	0.0	0.0	5.7	0.0	29.9	5.1 / 6.3 / 5.1
F- A/B/C	KG/A	0.0	0.0	0.0	0.0	0.0	0.0	0.5	4.2 / 2.4 / 0.5
CL- A/B/C	KG/A	0.0	0.0	0.0	0.0	0.0	0.0	6.0	47.3 / 26.6 / 6.2
STAEUBE A/B/C	KG/A	7.3	0.0	0.0	0.0	3.9	0.0	30.5	265.1 / 111.4 / 26.6
SUMME DER EMISSIONEN AM VERBRAUCHS- UND UMWANDLUNGSORT UND DIE EMISSIONEN VON CO2									
SO2 A/B/C	KG/A	169.2	0.7	69.0	252.8	89.4	0.4	324.0	1620.9 / 922.3 / 211.1
NOX A/B/C	KG/A	75.9	20.6	6.9	28.7	260.8	367.9	190.2	802.0 / 427.6 / 886.4
CO A/B/C	KG/A	87.0	48.1	4022.2	5746.1	82.7	73.6	83.2	18.2 / 13.5 / 133.0
OGD A/B/C	KG/A	21.3	1.0	86.2	229.8	42.5	55.2	30.9	5.1 / 6.3 / 5.1
F- A/B/C	KG/A	0.0	0.0	0.2	0.7	0.0	0.0	0.5	4.2 / 2.4 / 0.5
CL- A/B/C	KG/A	0.0	0.0	2.0	7.3	0.0	0.0	6.0	47.3 / 26.6 / 6.2
STAEUBE A/B/C	KG/A	9.1	0.0	189.6	201.1	13.1	0.0	30.5	265.1 / 111.4 / 26.6
CO2	KG/A	58111.3	47370.9	62421.2	62421.2	30681.3	24849.5	146434.0	159136.1
NEBENWIRKUNGEN AM UMWANDLUNGSORT									
WASSERVERDUNSTUNG	LTR/A	0.	0.	0.	0.	0.	0.	85821.	222875.
ABWASSER	LTR/A	73449.	0.	0.	0.	0.	0.	72471.	12536718.
NEBENWIRKUNGEN DURCH STEINKOHLEBERGBAU									
STEINKOHLEN-VERBRAUCH	T/A	0.0	0.0	0.0	20.4	0.0	0.0	47.8	51.9
ABWAESSER BERGBAU	LTR/A	0.	0.	0.	45823.	0.	0.	107496.	116821.
BERGEHALDEN	T/A	0.0	0.0	0.0	12.5	0.0	0.0	29.2	31.8
FLAECHEN-ANSPRUCH BERGBAU D/E	QM/20A	0.0 / 0.0	0.0 / 0.0	0.0 / 0.0	85.5 / 78.6	0.0 / 0.0	0.0 / 0.0	200.7 / 184.4	218.1 / 200.4
FLAECHEN-ANSPRUCH HALDEN	QM/20A	0.0	0.0	0.0	4.0	0.0	0.0	9.4	10.2
NEBENWIRKUNGEN DURCH BRAUNKOHLEBERGBAU									
BRAUNKOHLE-VERBRAUCH	T/A	0.0	0.0	69.8	0.0	0.0	0.0	163.7	177.9
UNGENUTZTE SUEMPFUNGS-WAESSER	LTR/A	0.	0.	726346.	0.	0.	0.	1703937.	1851741.
FLAECHEN-ANSPRUCH BERGBAU F/G/H	QM/20A	0.0 / 0.0 / 0.0	0.0 / 0.0 / 0.0	68.4 / 432.6 / 1130.3	0.0 / 0.0 / 0.0	0.0 / 0.0 / 0.0	0.0 / 0.0 / 0.0	160.4 / 1014.8 / 2651.7	174.3 / 1102.9 / 2881.7

A) = STEINKOHLEKRAFTWERK ALT
B) = KRAFTWERKE DURCHSCHNITT
C) = STEINKOHLEKRAFTWERK NEU (NACH GFVO 1983)

D) = ABBAUFLAECHE UNTER TAGE
E) = POLDERFLAECHE

F) = DIREKTER FLAECHENANSPRUCH
G) = ABSENKUNGSTRICHTER OBERES STOCKWERK
H) = ABSENKUNGSTRICHTER UNTERES STOCKWERK

TAB. 23 a : UMWELTWIRKUNGEN DES REFERENZHAUSES OHNE WÄRMESCHUTZMASSNAHMEN

************** UMWELTBELASTUNGEN UND RESSOURCENVERBRAUCH VERSCHIEDENER WAERMEVERSORGUNGSSYSTEME **************

- SEITE 4 -

		HEIZUNGSART						
		BIVALENTE ELEKTRO-WAERMEPUMPE		FERNWAERME BLOCKHEIZKRAFTWERK		FERNWAERME KONV. HEIZKRAFTWERK		FERNWAERME WIRBELSCHICHTHEIZKW	
	EINHEIT	ANTEIL OEL	ANTL STROM	ANTEIL GAS	ANTL STROM	ANTL KOHLE	ANTL STROM	ANTL KOHLE	ANTL STROM
NUTZENERGIE	KWH/A	42.8	86.9	129.7	0.0	129.7	0.0	129.7	0.0
	*1000		129.7						
ENDENERGIE	KWH/A	63.9	35.9	279.5	-67.1	279.5	-67.1	279.5	-67.1
	*1000		99.8		212.4		212.4		212.4
PRIMAERENERGIE	KWH/A	71.3	108.8	300.2	-203.3	293.0	-203.3	293.0	-203.3
	*1000		180.1		96.9		89.7		89.7
EMISSIONEN AM VERBRAUCHSORT									
SO2	KG/A	43.7	0.0	1.0	0.0	698.7	0.0	89.4	0.0
NOX	KG/A	11.5	0.0	1006.2	0.0	531.0	0.0	144.8	0.0
CO	KG/A	23.0	0.0	201.2	0.0	12.0	0.0	12.0	0.0
OGD	KG/A	3.4	0.0	150.9	0.0	3.4	0.0	24.6	0.0
F-	KG/A	0.0	0.0	0.0	0.0	1.8	0.0	0.2	0.0
CL-	KG/A	0.0	0.0	0.0	0.0	20.4	0.0	2.6	0.0
STAEUBE	KG/A	0.6	0.0	0.0	0.0	73.8	0.0	35.2	0.0
EMISSIONEN AM UMWANDLUNGSORT									
SO2 A / B KG/A / C		12.2	417.8 / 237.7 / 54.4		-444.1		-444.1		-444.1
NOX A / B KG/A / C		13.5	206.7 / 110.2 / 228.5		-205.9		-205.9		-205.9
CO A / B KG/A / C		5.7	4.7 / 3.5 / 34.3		-6.5		-6.5		-6.5
OGD A / B KG/A / C		3.6	1.3 / 1.6 / 1.1		-3.0		-3.0		-3.0
FMIN A / B KG/A / C		0.0	0.6 / 0.1		-1.2		-1.2		-1.2
CLMIN A / B KG/A / C		0.0	12.2 / 6.9 / 1.6		-12.8		-12.8		-12.8
STAEUBE A / B KG/A / C		2.4	69.3 / 29.7 / 6.9		-53.7		-53.7		-53.7
SUMME DER EMISSIONEN AM VERBRAUCHS- UND UMWANDLUNGSORT UND DIE EMISSIONEN VON CO2									
SO2 A / B KG/A / C			473.7 / 293.6 / 110.3		-443.1		254.6		-354.7
NOX A / B KG/A / C			231.8 / 135.3 / 253.5		800.3		325.1		-61.1
CO A / B KG/A / C			33.4 / 32.2 / 63.0		194.7		5.5		5.5
OGD A / B KG/A / C			8.3 / 8.7 / 8.3		147.9		0.3		21.5
F- A / B KG/A / C			1.1 / 0.6 / 0.1		-1.2		0.7		-0.9
CL- A / B KG/A / C			12.2 / 6.9 / 1.6		-12.8		7.6		-10.2
STAEUBE A / B KG/A / C			71.3 / 31.7 / 9.9		-53.7		20.1		-18.4
CO2	KG/A		60195.0		23571.8		33817.8		33817.8
NEBENWIRKUNGEN AM UMWANDLUNGSORT									
WASSERVERDUNSTUNG	LTR/A	0.	57447.	0.	-107326.	0.	-107326.	0.	-107326.
ABWASSER	LTR/A	21717.	3231415.	0.	-6037076.	0.	-6037076.	0.	-6037076.
NEBENWIRKUNGEN DURCH STEINKOHLEBERGBAU (SUMME)									
STEINKOHLENVERBRAUCH	T/A		13.4		-25.0		11.0		11.0
ABWASSER BERGBAU	LTR/A		30111.		-56255.		24825.		24825.
BERGEHALDEN	T/A		8.2		-15.3		6.8		6.8
FLAECHENANSPRUCH BERGBAU D / E	QM/20A		56.2 / 51.7		-105.0 / -96.5		46.3 / 42.6		46.3 / 42.6
FLAECHENANSPRUCH HALDEN	QM/20A		2.6		-4.9		2.2		2.2
NEBENWIRKUNGEN DURCH BRAUNKOHLEBERGBAU (SUMME)									
BRAUNKOHLEVERBRAUCH	T/A		45.8		-85.7		37.8		37.8
UNGENUTZTE SUEMPFUNGSWAESSER	LTR/A		477298.		-891709.		393511.		393511.
FLAECHENANSPRUCH BERGBAU F / G / H	QM/20A		44.9 / 284.3 / 742.8		-83.9 / -531.1 / -1387.7		37.0 / 234.4 / 612.4		37.0 / 234.4 / 612.4

TAB. 23 b

A) = STEINKOHLEKRAFTWERK ALT
B) = KRAFTWERKE DURCHSCHNITT
C) = STEINKOHLEKRAFTWERK NEU (NACH GFVO 1983)

D) = ABBAUFLAECHE UNTER TAGE
E) = POLDERFLAECHE

F) = DIREKTER FLAECHENANSPRUCH
G) = ABSENKUNGSTRICHTER OBERES STOCKWERK
H) = ABSENKUNGSTRICHTER UNTERES STOCKWERK

************ UMWELTBELASTUNGEN UND RESSOURCENVERBRAUCH VERSCHIEDENER WAERMEVERSORGUNGSSYSTEME *********

TABELLE 1 : BERECHNUNG DES NORM-WAERMEBEDARFS NACH DIN 4701 (ENTWURF MAERZ 1978)

SYMBOL	WERT	EINHEIT	BEDEUTUNG
AF	69.30	QM	FLAECHE DER FENSTER
AW	414.20	QM	FLAECHE DER AUSSENWAND
AKD	174.30	QM	FLAECHE DER KELLERDECKE
AD	171.70	QM	FLAECHE DES DACHES
AT	2.20	QM	FLAECHE DER AUSSENTUEREN
TA	32.0	GRAD C	TEMPERATURUNTERSCHIED AUSSEN/INNEN
KAF	1.75	W/QM K	K-WERT DER FENSTER
KAW	0.25	W/QM K	K-WERT DER AUSSENWAND
KAKD	0.25	W/QM K	K-WERT DER KELLERDECKE
KAD	0.24	W/QM K	K-WERT DES DACHES
KAT	1.80	W/QM K	K-WERT DER AUSSENTUEREN
D	0.40	W/QM K	KRISCHER-WERT D
ZA	0.05	W/QM K	AUSSENWANDZUSCHLAG
VR	1222.	CCM	RAUMVOLUMEN
Q0	9013.	W	ZUSCHLAGFREIER TRANSMISSIONSWAERMEBEDARF
QT	9459.	W	NORM-TRANSMISSIONSWAERMEBEDARF
QL	11966.	W	NORM-LUEFTUNGSWAERMEBEDARF
QN	21425.	W	NORM-WAERMEBEDARF (QN = QT + QL)

ANGENOMMENE LUFTWECHSELZAHL =   0.9 H**(-1)

TABELLE 2 : BERECHNUNG DES JAHRESWAERMEVERBRAUCHS NACH VDI 2067 (ENTWURF DEZEMBER 1979)

SYMBOL	WERT	EINHEIT	BEDEUTUNG
QH	21.4	KW	WAERMEBEDARF NACH DIN 4701
ZZ	249.6	D	MITTLERE ANZAHL DER HEIZTAGE IN DER HEIZZEIT
ZS	29.9	D	DESGLEICHEN IN DEN SOMMERMONATEN
TZ	6.1	GRAD C	MITTLER AUSSENTEMPERATUR IN DER HEIZZEIT
TS	13.4	GRAD C	DESGLEICHEN IN DEN SOMMERMONATEN
TIM	20.0	GRAD C	MITTLERE GEBAEUDETEMPERATUR
TATM	-12.0	GRAD C	TIEFSTE RECHNERISCHE AUSSENTEMPERATUR NACH DIN 4701
FH	0.90	-	HEIZZEITFAKTOR
F0	0.78	-	AUSGLEICHSFAKTOR
F1	0.98	-	GLEICHZEITIGKEIT DES LUEFTUNGSWAERMEBEDARFS
F2	1.00	-	EINFLUSS EINER ERHOEHTEN ANHEIZLEISTUNG
F3	0.95	-	EINFLUSS EINER NUR TEILWEISEN BEHEIZUNG
F4	1.00	-	ERHOEHUNG DER RAUMTEMPERATUR
F5	0.96	-	EINFLUSS GUTER WAERMEDAEMMUNG
F6	1.00	-	EINFLUSS D. REGELFAEHIGKEIT D. SYSTEM UND D. AUSSTATTUNG MIT REGELGERAETEN
F7	1.05	-	EINFLUSS DER ABRECHNUNGSART
F8	0.95	-	EINFLUSS D. WAERMEABGABE V. WAERMEERZEUGERN BEI AUFSTLG. IN ZU BEHEIZ. RAEUMEN
F	0.695	-	KORREKTURFAKTOR = PRODUKT DER FAKTOREN F0-F8
BVHZ	1629.	H	VOLLBENUTZUNGSSTUNDEN IN DER HEIZZEIT
BVHS	93.	H	DESGLEICHEN IN DEN SOMMERMONATEN
BVH	1721.	H	VOLLBENUTZUNGSSTUNDEN IM JAHR
QHA	36876.	KWH/A	JAHRESWAERMEVERBRAUCH (QHA=BVH*QH)

TAB. 24 : WÄRMEBEDARFSBERECHNUNG FÜR DAS REFERENZHAUS MIT AUFWENDIGEN WÄRMESCHUTZMASSNAHMEN (TYP E)

********** UMWELTBELASTUNGEN UND RESSOURCENVERBRAUCH VERSCHIEDENER WAERMEVERSORGUNGSSYSTEME ************

- SEITE 1 -

	EINHEIT	OEL-HEIZUNG	GAS-HEIZUNG	EINZEL-OFEN BRAUN-KOHLE	EINZEL-OFEN STEIN-KOHLE	DIESEL-WAERME-PUMPE	GAS-WAERME-PUMPE	HEIZUNG M KOHLEVER-EDELUNGS-PRODUKTEN	ELEKTRO HEIZUNG
NUTZENERGIE	KWH/A *1000	-92.8	-92.8	-74.2	-74.2	-92.8	-92.8	-92.8	-92.8
ENDENERGIE	KWH/A *1000	-138.5	-136.5	-114.2	-114.2	-73.1	-73.1	-136.5	-99.7
PRIMAER-ENERGIE	KWH/A *1000	-154.6	-146.8	-118.5	-118.5	-81.6	-78.6	-278.0	-302.1
EMISSIONEN AM VERBRAUCHSORT									
SO2	KG/A	-94.7	-0.5	-49.3	-180.9	-50.0	-0.3	-0.5	0.0
NOX	KG/A	-24.9	-14.7	-4.9	-20.6	-171.1	-263.3	-14.7	0.0
CO	KG/A	-49.9	-34.4	-2878.5	-4112.1	-52.7	-52.7	-34.4	0.0
OGD	KG/A	-7.5	-0.7	-61.7	-164.5	-26.3	-39.5	-0.7	0.0
F-	KG/A	0.0	0.0	-0.1	-0.5	0.0	0.0	0.0	0.0
CL-	KG/A	0.0	0.0	-1.4	-5.3	0.0	0.0	0.0	0.0
STAEUBE	KG/A	-1.2	0.0	-135.7	-143.9	-6.6	0.0	0.0	0.0
EMISSIONEN AM UMWANDLUNGSORT									
SO2 A/B/C	KG/A	-26.4	0.0	0.0	0.0	-13.9	0.0	-231.3	-1160.0 / -660.1 / -151.0
NOX A/B/C	KG/A	-29.4	0.0	0.0	0.0	-15.5	0.0	-121.4	-574.0 / -306.0 / -634.4
CO A/B/C	KG/A	-12.4	0.0	0.0	0.0	-6.5	0.0	-25.1	-13.0 / -9.7 / -95.2
OGD A/B/C	KG/A	-7.8	0.0	0.0	0.0	-4.1	0.0	-21.4	-3.6 / -4.5 / -3.6
F- A/B/C	KG/A	0.0	0.0	0.0	0.0	0.0	0.0	-0.4	-3.0 / -1.7 / -0.4
CL- A/B/C	KG/A	0.0	0.0	0.0	0.0	0.0	0.0	-4.3	-33.8 / -19.0 / -4.4
STAEUBE A/B/C	KG/A	-5.3	0.0	0.0	0.0	-2.8	0.0	-21.8	-189.7 / -79.7 / -19.0
SUMME DER EMISSIONEN AM VERBRAUCHS- UND UMWANDLUNGSORT UND DIE EMISSIONEN VON CO2									
SO2 A/B/C	KG/A	-121.1	-0.5	-49.3	-180.9	-63.9	-0.3	-231.8	-1160.0 / -660.1 / -151.0
NOX A/B/C	KG/A	-54.3	-14.7	-4.9	-20.6	-186.6	-263.3	-136.2	-574.0 / -306.0 / -634.4
CO A/B/C	KG/A	-62.2	-34.4	-2878.5	-4112.1	-59.2	-52.7	-59.5	-13.0 / -9.7 / -95.2
OGD A/B/C	KG/A	-15.3	-0.7	-61.7	-164.5	-30.4	-39.5	-22.1	-3.6 / -4.5 / -3.6
F- A/B/C	KG/A	0.0	0.0	-0.1	-0.5	0.0	0.0	-0.4	-3.0 / -1.7 / -0.4
CL- A/B/C	KG/A	0.0	0.0	-1.4	-5.3	0.0	0.0	-4.3	-33.8 / -19.0 / -4.4
STAEUBE A/B/C	KG/A	-6.5	0.0	-135.7	-143.9	-9.4	0.0	-21.8	-189.7 / -79.7 / -19.0
CO2	KG/A	-41587.2	-33900.8	-44671.5	-44671.5	-21957.0	-17783.5	-104795.1	-113885.2
NEBENWIRKUNGEN AM UMWANDLUNGSORT									
WASSERVERDUNSTUNG	LTR/A	0.	0.	0.	0.	0.	0.	-61418.	-159500.
ABWASSER	LTR/A	-52564.	0.	0.	0.	0.	0.	-51864.	-8971863.
NEBENWIRKUNGEN DURCH STEINKOHLEBERGBAU									
STEINKOHLEN-VERBRAUCH	T/A	0.0	0.0	0.0	-14.6	0.0	0.0	-34.2	-37.2
ABWAESSER BERGBAU	LTR/A	0.	0.	0.	-32793.	0.	0.	-76929.	-83602.
BERGEHALDEN	T/A	0.0	0.0	0.0	-8.9	0.0	0.0	-20.9	-22.7
FLAECHEN-ANSPRUCH BERGBAU E/F QM/20A		0.0 / 0.0	0.0 / 0.0	0.0 / 0.0	-61.2 / -56.3	0.0 / 0.0	0.0 / 0.0	-143.6 / -132.0	-156.1 / -143.4
FLAECHEN-ANSPRUCH HALDEN	QM/20A	0.0	0.0	0.0	-2.9	0.0	0.0	-6.7	-7.3
NEBENWIRKUNGEN DURCH BRAUNKOHLEBERGBAU									
BRAUNKOHLE-VERBRAUCH	T/A	0.0	0.0	-49.9	0.0	0.0	0.0	-117.1	-127.3
UNGENUTZTE SUEMPFUNGS-WAESSER	LTR/A	0.	0.	-519807.	0.	0.	0.	-1219417.	-1325193.
FLAECHEN-ANSPRUCH BERGBAU F/G/H QM/20A		0.0 / 0.0 / 0.0	0.0 / 0.0 / 0.0	-48.9 / -309.6 / -808.9	0.0 / 0.0 / 0.0	0.0 / 0.0 / 0.0	0.0 / 0.0 / 0.0	-114.8 / -726.3 / -1897.7	-124.8 / -789.3 / -2062.3

A) = STEINKOHLEKRAFTWERK ALT
B) = KRAFTWERKE DURCHSCHNITT
C) = STEINKOHLEKRAFTWERK NEU (NACH GFVO 1983)
D) = ABBAUFLAECHE UNTER TAGE
E) = POLDERFLAECHE
F) = DIREKTER FLAECHENANSPRUCH
G) = ABSENKUNGSTRICHTER OBERES STOCKWERK
H) = ABSENKUNGSTRICHTER UNTERES STOCKWERK

TAB. 25a : REDUZIERUNG DER UMWELT — WIRKUNGEN BEI DÄMMUNG DES REFERENZHAUSES (TYP A → TYP E)

************ UMWELTBELASTUNGEN UND RESSOURCENVERBRAUCH VERSCHIEDENER WAERMEVERSORGUNGSSYSTEME ************

- SEITE 2 -

			HEIZUNGSART						
			BIVALENTE ELEKTRO- WAERMEPUMPE		FERNWAERME BLOCKHEIZKRAFTWERK		FERNWAERME KONV. HEIZKRAFTWERK		FERNWAERME WIRBELSCHICHTHEIZKW	
		EINHEIT	ANTEIL OEL	ANTL STROM	ANTEIL GAS	ANTL STROM	ANTL KOHLE	ANTL STROM	ANTL KOHLE	ANTL STROM
NUTZENERGIE		KWH/A *1000	-30.6	-62.2 -92.8	-92.8	0.0	-92.8	0.0	-92.8	0.0
ENDENERGIE		KWH/A *1000	-45.7	-25.7 -71.4	-200.0	48.0 -152.0	-200.0	48.0 -152.0	-200.0	48.0 -152.0
PRIMAER- ENERGIE		KWH/A *1000	-51.0	-77.9 -128.9	-214.8	145.5 -69.4	-209.7	145.5 -64.2	-209.7	145.5 -64.2
EMISSIONEN AM VER- BRAUCHSORT										
SO2		KG/A	-31.3	0.0	-0.7	0.0	-500.0	0.0	-64.0	0.0
NOX		KG/A	-8.2	0.0	-720.1	0.0	-380.0	0.0	-103.6	0.0
CO		KG/A	-16.5	0.0	-144.0	0.0	-8.6	0.0	-8.6	0.0
OGD		KG/A	-2.0	0.0	-108.0	0.0	-2.4	0.0	-17.6	0.0
F-		KG/A	0.0	0.0	0.0	0.0	-4.3	0.0	-0.2	0.0
CL-		KG/A	0.0	0.0	0.0	0.0	-14.6	0.0	-1.9	0.0
STAEUBE		KG/A	-0.4	0.0	0.0	0.0	-52.8	0.0	-25.2	0.0
EMISSIONEN AM UM- WANDLUNGSORT										
SO2	A B C	KG/A	-8.7	-299.0 -170.1 -39.9		317.8		317.8		317.8
NOX	A B C	KG/A	-9.7	-147.9 -78.9 -163.5		147.4		147.4		147.4
CO	A B C	KG/A	-4.1	-3.3 -2.5 -24.5		4.7		4.7		4.7
OGD	A B C	KG/A	-2.6	-0.9 -1.2 -0.9		2.2		2.2		2.2
FMIN	A B C	KG/A	0.0	-0.8 -0.4 -0.1		0.8		0.8		0.8
CLMIN	A B C	KG/A	0.0	-8.7 -4.9 -1.1		9.2		9.2		9.2
STAEUBE	A B C	KG/A	-1.7	-48.9 -20.6 -4.9		38.4		38.4		38.4
SUMME DER EMISSIONEN AM VERBRAUCHS- UND UMWANDLUNGSORT UND DIE EMISSIONEN VON CO2										
SO2	A B C	KG/A		-339.0 -210.1 -78.9		317.1		-182.2		253.8
NOX	A B C	KG/A		-165.9 -96.8 -181.4		-572.7		-232.7		43.7
CO	A B C	KG/A		-23.3 -23.0 -45.1		-139.4		-3.9		-3.9
OGD	A B C	KG/A		-6.0 -6.2 -6.0		-105.8		-0.2		-15.4
F-	A B C	KG/A		-0.8 -0.4 -0.1		0.8		-0.5		0.7
CL-	A B C	KG/A		-8.7 -4.9 -1.1		9.2		-5.4		7.3
STAEUBE	A B C	KG/A		-51.0 -22.7 -7.1		38.4		-14.4		13.2
CO2		KG/A		-43078.4		-16869.1		-24201.6		-24201.6
NEBENWIRKUNGEN AM UMWANDLUNGSORT										
WASSERVER- DUNSTUNG		LTR/A	0.	-41112.	0.	76807.	0.	76807.	0.	76807.
ABWASSER		LTR/A	-15542.	-2312554.	0.	4320418.	0.	4320418.	0.	4320418.
NEBENWIRKUNGEN DURCH STEINKOHLEBERGBAU (SUMME)										
STEINKOHLEN- VERBRAUCH		T/A		-9.6		17.9		-7.9		-7.9
ABWAESSER BERGBAU		LTR/A		-21549.		40259.		-17766.		-17766.
BERGEHALDEN		T/A		-5.9		11.0		-4.8		-4.8
FLAECHEN- ANSPRUCH BERGBAU	D E	QM/20A QM/20A		-40.2 -37.0		75.1 69.1		-33.2 -30.5		-33.2 -30.5
FLAECHEN- ANSPRUCH HALDEN		QM/20A		-1.9		3.5		-1.5		-1.5
NEBENWIRKUNGEN DURCH BRAUNKOHLEBERGBAU (SUMME)										
BRAUNKOHLE- VERBRAUCH		T/A		-32.8		61.3		-27.1		-27.1
UNGENUTZTE SUEMPFUNGS- WAESSER		LTR/A		-341577.		638149.		-281615.		-281615.
FLAECHEN- ANSPRUCH BERGBAU	F G H	QM/20A QM/20A QM/20A		-32.2 -203.4 -531.6		60.1 380.1 993.1		-26.5 -167.7 -438.2		-26.5 -167.7 -438.2

TAB 25 b

A) = STEINKOHLEKRAFTWERK ALT
B) = KRAFTWERKE DURCHSCHNITT
C) = STEINKOHLEKRAFTWERK NEU (NACH GFVO 1983)

D) = ABBAUFLAECHE UNTER TAGE
E) = POLDERFLAECHE

F) = DIREKTER FLAECHENANSPRUCH
G) = ABSENKUNGSTRICHTER OBERES STOCKWERK
H) = ABSENKUNGSTRICHTER UNTERES STOCKWERK

Um für den Vergleich von verschiedenen alternativen Wärmeversorgungskonzepten nicht nur die Umweltfolgen, sondern auch den zu erwartenden Verbrauch an Energieressourcen für die planerische Beurteilung aufzubereiten, wird zusätzlich der Primärenergieaufwand, unterteilt nach dem Verbrauch an Oel, Gas, Kohle und Kraftwerksbrennstoffen, zusammengefaßt und gesondert ausgedruckt.

Die im Programm enthaltenen Mittelwerte für die spezifischen Umweltbeanspruchungen sind in Dateien zusammengefaßt und können modifiziert werden, um eine genauere Anpassung an die spezifische örtliche Situation sowie die sich verändernde Entwicklung der Technik zu ermöglichen.

4.3 Möglichkeiten der Aggregation der erfaßten Umweltfolgen mit Hilfe nutzwertanalytischer Methoden

Im folgenden soll geprüft werden, ob die Aggregation der verschiedenen Belastungsarten mit Hilfe nutzwertanalytischer Verfahren möglich ist und die Entscheidungsvoraussetzungen bei der Wahl von Wärmeversorgungsstrategien verbessern kann.

Bei einer schrittweisen Vorgehensweise ist zunächst zu fragen, ob bei der relativ homogenen Gruppe der Luftverunreinigungen die Bildung eines sinnvollen, aggregierten Index' möglich ist, bevor die schwerer zu vergleichenden Ressourcenbeanspruchungen einbezogen werden.

Die Bildung eines dimensionslosen Emissionsindex' ist, in Anlehnung an das Verfahren von Kolar /351/, durch additive Verknüpfung der Produkte aus der Emissionsmenge und einem jedem Stoff zugeordneten Gewichtungsfaktor möglich. Als Grundlage für die Bildung der jeweiligen Gewichtungsfaktoren können geltende Immissionsgrenzwerte oder Immissionsrichtwerte verwendet werden, sofern aus ihnen ein Maß für die relative Schädlichkeit der Stoffe abgeleitet werden kann.

Es ergeben sich zwei Möglichkeiten für die Bildung von Gewichtungsfaktoren aus den Grenzwerten: zum einen der Kehrwert des Grenzwertes

$$G_e = \frac{1}{GW_e}$$

oder, bezogen auf einen bestimmten Bezugsstoff wie z.B. SO_2

$$G_e = \frac{GW_b}{GW_e}$$

wobei: G_e = Gewicht des emittierten Stoffes

GW_e = Grenzwert des emittierten Stoffes

GW_b = Grenzwert des Bezugsstoffes.

Bei Anwendung des Verfahrens erhält man für die verschiedenen Wärmeversorgungsvarianten dimensionslose Indizes. Um die Wärmeversorgungsvarianten nicht nur hinsichtlich der Heizungssysteme, sondern auch hinsichtlich der verschiedenen Wärmedämmungsstandards vergleichen zu können, ist es sinnvoll, sie auf eine Wärmeversorgungsvariante und einen Wärmeschutzstandard zu beziehen.

Da es im Rahmen der Politik 'weg vom Öl' vorrangig darum geht, ölbeheizte Altbauten durch andere Versorgungssysteme zu ersetzen, bietet es sich an, als Bezugsgröße das ölbeheizte Referenzhaus ohne Wärmeschutzmaßnahmen zugrundezulegen.

$$I_H = \frac{\Sigma_H G_e \times e}{\Sigma_{\ddot{O}L} G_e \times e}$$

wobei I_H = gewichteter Emissionsindex des Heizungssystems bezogen auf das ölheizungsversorgte Normalhaus

G_e = Gewicht des emittierten Stoffes

e = Emissionsmenge

Das Ergebnis eines derartigen aggregierenden Verfahrens hängt jedoch stark von der Auswahl der gewichtbildenden Grenz- oder Richtwerte ab. Es ergeben sich insbesondere folgende Probleme:

- Die Liste der berücksichtigten Stoffe ist ebensowenig vollständig, wie für alle Stoffe Grenzwerte oder vergleichbare Richtwerte existieren.
- Für mehrere, insbesondere die kanzerogenen Stoffe wird von vielen Fachleuten der Grenzwert 0 gefordert, was die Anwendung des Verfahrens bereits aus mathematischen Gründen unmöglich macht.
- Ein Vergleich verschiedener in- und ausländischer Grenz- und Richtwerte zeigt, daß sie sowohl für die einzelnen Stoffe als auch im Verhältnis der einzelnen Stoffe zueinander erheblich voneinander abweichen.

Zudem ist zu bedenken, daß die im Genehmigungsverfahren rechtlich bindenden Immissionsgrenzwerte der TA-Luft durch einen Abwägungsprozeß zustandegekommen sind, in den neben den naturwissenschaftlichen Erkenntnissen über die Schädlichkeit der Stoffe auch Gesichtspunkte der Realisierbarkeit unter technischen und wirtschaftlichen Aspekten eingeflossen sind. /352/ Hingegen sind die von der VDI-Kommission "Reinhaltung der Luft" entwickelten "Maximalen Immissions-Werte" ausschließlich an der Wirkung am Akzeptor orientiert. Auch gehen die Grenzwerte der TA-Luft von dem "Schutz vor Gesundheitsgefahren" aus, während die MI-Werte, nach Akzeptorgruppen differenziert, bereits Belästigungen und den Schutz besonders empfindlicher Pflanzen in die Richtwertbildung mit einbeziehen.

Da die Neufassung der MI-Werte erst für Ende 1983 zu erwarten ist, sind in Tab. 26 die auf die "Leitsubstanz" SO_2 bezogenen relativen Wirkungszahlen der TA-Luft, der MIK-Werte von 1974 /353/ sowie neuerer, auf den Schutz empfindlicher Pflanzen bezogener Entwürfe für MI-Werte /354/ zusammengestellt. Auch die MI-Werte berücksichtigen allerdings nur die direkte Wirkung auf Pflanzen, nicht jedoch die in Kap. 3.2.2.3 beschriebenen indirekten Wirkungszusammenhänge.

Tabelle 26: Deutsche Grenz- bzw. Richtwerte und relative Wirkungszahlen

Stoff	TA - Luft IW 1		MIK-Werte 1974 Langzeitwerte		MIK-Werte 1978 (Entwurf) empfindliche Pflanzen	
	mg/m^3	G_e	mg/m^3	G_e	mg/m^3	G_e
SO_2	0,14	1,0	0,1	1,0	0,08	1,0
NO_x	0,08	1,75	-	-	0,35	0,23
CO	10,0	0,014	10,0	0,01	-	-
F	0,001	140,0	0,05	2,0	0,0008	100,0
Cl	0,1	1,4	20,0	0,005	0,15	0,53
Staub[1]	0,15	0,93	0,15	0,67	-	-

1) Die Staub-Immissionwerte beziehen sich auf Schwebestaub

Von besonderer Bedeutung für die vergleichende Beurteilung von Wärmeversorgungssystemen sind die erheblichen Unterschiede in der relativen Gewichtung der Schadstoffe Schwefeldioxid und Stickoxid zueinander. Während das in den MI-Wert-Vorschlägen enthaltene Verhältnis der Schadstoffe SO_2 : NO_x von 1:0,23 hinsichtlich der direkten Wirkungen auf empfindliche Pflanzen aufgrund experimenteller Erhebungen größenordnungsmäßig als abgesichert gelten kann /355/, existieren hinsichtlich der Einwirkungen auf die menschliche Gesundheit größere Unsicherheiten. Allerdings gehen auch neuere, ausschließlich an medizinischen Erkenntnissen orientierte Grenzwertvorschläge von Antweiler /356/ und Bruch / Rogge /357/ mit 0,12 mg/m^3 SO_2 und 0,08 mg/m^3 NO_x von einer höheren relativen Schadwirkung der Stickoxide aus (Verhältnis 1:1,5). Die sowjetischen MIK-Werte hingegen (0,05 mg/m^3 SO_2; 0,085 mg/m^3 NO_x Langzeitwert) /358/ unterstellen eine höhere relative Schädlichkeit des Schwefeldioxids (1:0,59).

Das Ergebnis der vergleichenden Beurteilung verändert sich deutlich, wenn die hier nicht getrennt erfaßte Belastung durch kanzerogene Kohlenwasserstoffe und Schwermetalle berücksichtigt wird. In einem von Kolar durchgeführten Vergleich der Einzelheizungen mit Erdgas, Heizöl und Kohle, der ohne Berücksichtigung des kanzerogenen Benz-a-pyren ein Verhältnis von 1:6:30 ergibt, führt die Einbeziehung dieses Stoffes zu einem Verhältnis von 1:7:150, da auf Basis des MIK-Wertes eine relative Wirkungszahl von 5×10^4 ermittelt wurde /359/. Die Einbeziehung kanzerogener Stoffe würde den Vergleich zuungunsten der kohlebeheizten Systeme, insbesondere der Kohle-Einzelheizungen, aber auch der verbrennungsmotorisch betriebenen Systeme verschieben.

Aufgrund der dargestellten Bewertungsproblematik sind in Tab. 27 die Ergebnisse des Vergleichs der Versorgungssysteme sowohl auf Basis der TA-Luft-Werte als auch auf Basis der MIK-Werte für empfindliche Pflanzen zusammengestellt. /360/ Der ebenfalls auf das ölbeheizte Normalhaus bezogene Vergleich des relativen Primärenergieverbrauchs erleichtert die Beurteilung unter ökologischen und energetischen Aspekten.

Das Ergebnis zeigt, daß die Substitution der Ölheizung durch elektrische Direktheizsysteme zu einer etwa 7-fach erhöhten Schadstoffbelastung führt, was auch durch extreme Wärmedämmung nicht zu kompensieren ist. Auch die Umstellung des Kraftwerkparks auf moderne, rauchgasentschwefelte Kohlekraftwerke ändert dieses Ergebnis nur dann, wenn die Stickoxidbelastung - an der Vegetation orientiert - gering gewichtet wird. Die Umstellung auf Elektrowärmepumpen oder auf die Fernwärme aus einem Heizkraftwerk ohne Emissionsminderungstechniken führt zu einer 2-3-fach höheren Gesamtbelastung. Kraft-Wärme-gekoppelte Systeme mit Emissionsminderungstechniken und Wirbelschicht-Heizkraftwerke sind hingegen sogar günstiger zu beurteilen

Tabelle 27: Ökologischer und energetischer Vergleich der verschiedenen Versorgungsvarianten

Heizungssystem	TA-Luft (IW 1)			MI-Werte (empf. Pflanzen)			Primärenergie		
	Typ A	Typ B	Typ E	Typ A	Typ B	Typ E	Typ A	Typ B	Typ E
Ölheizung	1,0	0,7	0,3	1,0	0,7	0,3	1,0	0,72	0,28
Gasheizung	0,1	0,1	0	0	0	0	0,95	0,68	0,27
Gaswärmepumpe	2,1	1,5	0,6	0,5	0,2	0,1	0,51	0,37	0,14
Dieselwärmepumpe	1,8	1,3	0,5	0,8	0,6	0,2	0,53	0,38	0,15
Kohleeinzelofen[1]	2,2	1,6	0,6	1,8	1,3	0,5	0,77	0,55	0,22
Elektroheizg. I[2]	12,6	9,1	3,6	12,1	8,7	3,4	1,95	1,40	0,56
Elektroheig. II[3]	6,9	5,0	2,0	6,8	4,9	1,9	1,95	1,40	0,56
Elektroheizg. III[4]	6,0	4,3	1,7	2,6	1,8	0,7	1,95	1,40	0,56
E-Wärmepumpe, mono	2,7	1,9	0,8	2,6	1,9	0,7	0,76	0,55	0,21
E-Wärmepumpe, biv.	1,9	1,4	0,5	2,1	1,5	0,6	0,83	0,60	0,24
Fernwärme HKW[5]	3,0	2,2	0,9	2,1	1,5	0,6	0,41	0,30	0,12
Wirbelschicht HKW	-2,0	-1,5	-0,6	-2,5	-1,8	-0,7	0,41	0,30	0,12
Blockheizkraftwerk	2,3	1,7	0,7	-2,1	-1,5	-0,7	0,45	0,32	0,13

1) 20% weniger Nutzenergie unterstellt
2) Kohlekraftwerk ohne Rauchgasentschweflung
3) Durchschnitt der Stromerzeugung
4) Kohlekraftwerk nach GFVO
5) ohne Entschweflungstechniken, Verwendung schwefelarmer Kohle (< 1,13%)

als die fast umweltneutrale Gasheizung, da sie bei Einbeziehung der Stromgutschrift eine deutliche Umweltentlastung bewirken.

Die ökologische Beurteilung der motorbetriebenen Heizungssysteme hängt entscheidend von dem relativen Gewicht der hohen Stickoxidemissionen ab. Bei geringer Gewichtung der NO_x-Emissionen führt die Umstellung auf motorbetriebene Wärmepumpen zu einer Verminderung der gewichteten Gesamtbelastung, der Einsatz von Blockheizkraftwerken sogar zu deutlichen Umweltentlastungseffekten; bei Orientierung an den Grenzwerten der TA-Luft führt der Einsatz nur zu einer energetischen, nicht jedoch zu einer ökologischen Entlastung.

Die CO_2-Emission läßt sich in ein schadstoffbezogenes Bewertungssystem nicht sinnvoll eingliedern, da Immissionsgrenzwerte für dieses Verbrennungsprodukt nicht existieren und aufgrund der ausschließlich mittelbaren Wirkung auch nicht sinnvoll zu bilden sind.

Das Ergebnis des schadstoffbezogenen Vergleichs von Heizungssystemen verschiebt sich, wenn auch die Emissionsquellhöhe als Korrekturfaktor einbezogen wird. Huber beispielsweise leitet aus der Tatsache, daß die Kraftwerksemissionen nur zu einem geringen Teil zur örtlichen Immissionskonzentration beitragen, einen Gewichtungsfaktor von 7,2 zugunsten von Kraftwerken und einen Gewichtungsfaktor von 3,4 für andere Umwandlungsstufen gegenüber dem Faktor 1 für dezentrale Heizungsanlagen ab. Abweichend von dem oben dargestellten Verfahren kommt er so beispielsweise zu dem Ergebnis, daß Blockheizkraftwerke ungünstiger zu bewerten sind als elektrische Direktheizungen und somit die "Motor-Generator-Heizung in jedem Falle abzulehnen ist" /361/.

Auch die ausschließliche Bewertung der lokalen, bodennahen Emissionen von Heizungsanlagen und Vernachlässigung der entfernteren Emissionen aus hohen Quellhöhen, wie von Bohn /362/ durchgeführt, führt naturgemäß zu einer erheblichen Verschiebung des Ergebnisses.

Angesichts der Tatsache, daß sich zunehmend nicht die Immissionskonzentration, sondern der Schadstoffeintrag in immissionsempfindliche Umweltmedien als Ursache für gewichtige Umweltprobleme herausstellt, ist die Berechtigung eines quellhöhenabhängigen Korrekturfaktors fraglich. Mit der getrennten, quantitativen Ermittlung der örtlichen und der entfernteren Emission scheint angesichts der bestehenden Unsicherheiten die Grenze der Aggregationsmöglichkeit gegeben.

Obwohl nutzwertanalytische Verfahren mit dem Ziel der formalisierten Einbeziehung von Umweltaspekten in den Planungsprozeß schon mehrfach durchgeführt worden sind /363/364/, soll von der Einbeziehung der weiteren, hier untersuchten Nebenwirkungen mit Hilfe eines formalisierten Bewertungsverfahrens aus folgenden Gründen Abstand genommen werden:

Bei der Nutzwertanalyse müssen zunächst die einzelnen Teilziele definiert und die Zielerfüllungsgrade in einer Skala (zumeist von +1 - -oo) angegeben werden /365/. Dieser Arbeitsschritt ist in dem vorliegenden Fall mit geringen Einschränkungen durchführbar, da es sich bei den Ressourcenverbräuchen fast ausschließlich um negative "Nutzen" handelt, bei denen eine lineare oder fast lineare "Zielerfüllungsfunktion" in Zusammenhang mit den quantifizierbaren Ressourcenbeanspruchungen (m^2 Flächenverbrauch, m^3 Wasserverbrauch) unterstellt werden kann.

Das Problem liegt vielmehr in der Bewertung der einzelnen Teilziele untereinander. Das gebräuchlichste Verfahren, dieses Bewertungsproblem zu objektivieren, liegt in der Einschaltung einer sogenannten Delphi-Runde, einem Kreis ausgewählter Experten, die jeweils die für den Vergleich der Teilziele notwendigen Gewichtungsfaktoren verteilen, wobei der Mittelwert der Gewichteverteilung in das weitere Verfahren eingeht.

Meiner Auffassung nach wird durch ein solches Verfahren beim vorliegenden Sachverhalt nur eine Verlagerung des Entscheidungsproblems auf das Problem der Auswahl der Experten sowie der Fragestellung durchgeführt.

Unklar ist nämlich, unter welchen Gesichtspunkten die Bewertung erfolgen soll:

- Aspekt Betroffenheit: Die lokal auftretenden Beeinträchtigungen (Bergehalden, Grundwassersenkungsbereiche) würden sicherlich aufgrund der unterschiedlichen Betroffenheit von einem im Ruhrgebiet arbeitenden Experten anders beurteilt als von einem weitab vom Bergbau lebenden.

- Aspekt Zeitrahmen: Wie ist ein in der Wirkung extrem langfristiger, aber die akute Flächennutzung geringfügig beeinträchtigender Eingriff (z.B. immerwährendes Sümpfungserfordernis in Poldergebieten) zu bewerten gegenüber einer mittelfristig wirkenden, größeren Restriktion?

- Aspekt Unsicherheit in der Wirkungsabschätzung: Ist ein nicht sicher abschätzbarer, im Falle des Eintretens aber mit einschneidendsten Folgen verbundener Effekt wie die irreversible Klimaverschiebung durch den CO_2-Eintrag in die Atmosphäre mit wesentlich kleinräumigeren, aber konkret feststellbaren Beeinträchtigungen zu vergleichen?

Es kann unterstellt werden, daß bei Beantwortung derartiger Fragen Werthaltungen zugrundegelegt werden müssen, die auch durch fundierte Sachkenntnis nur in engen Grenzen zu objektivieren sind. Es ist daher fraglich, ob die Einschaltung einer Delphi-Runde die Qualität der Bewertung erhöhen könnte. Auf eine weitere Aggregation der Daten wird somit verzichtet.

4.4 Möglichkeiten der Internalisierung der externen Effekte durch Kostenbewertung der Umweltschäden

4.4.1 Vorbemerkung

Eine zusätzliche Bewertungsmöglichkeit der erfaßten externen Effekte ist dann gegeben, wenn es gelingt, die mit den verschiedenen Umwelt- und Ressourcenbelastungen erzeugten volkswirtschaftlichen Kosten zu messen und die von der Gesellschaft getragenen, negativen Auswirkungen in Geldgrößen umzurechnen. Aus volkswirtschaftlicher Sicht kann eine Fehlallokation der Ressourcen nur dann vermieden werden, wenn es gelingt, die mit der Energiegewinnung und -umwandlung verbundenen gesellschaftlichen Kosten, die Verminderung der Umweltqualität und Beeinträchtigung des vorhandenen Schatzes an Naturressourcen kostenmäßig zu bewerten und dem Verursacher anzulasten.

Kapp als Begründer der modernen Umweltökonomie hat die Theorie der Sozialkosten (social costs) /366/367/ insbesondere am Beispiel der mit der Energiegewinnung und -umwandlung verbundenen Beeinträchtigungen der Umweltmedien Luft und Wasser /368/ sowie der durch den Bergbau bewirkten "Unterhöhlung und Bodensenkung" /369/ dargelegt.

Allerdings existieren trotz langjähriger, theoretischer Diskussion dieser Thematik bislang nur wenige, zumeist auf Einzelaspekte bezogene Versuche, Umweltschäden mit Geldgrößen konkret zu messen. Die diesbezüglichen Ansätze erfassen zunächst nur die Mehrkosten oder Verluste, die als Folge der Umweltbeanspruchungen entstehen. Da Nachteile im immateriellen Bereich aus methodischen Gründen in der Regel vernachlässigt werden müssen, sind nur Teile und damit die Untergrenze dessen angebbar, was an gesellschaftlichen Kosten tatsächlich entsteht. Die Einbeziehung dieser Mindestbeträge in die Kostenrechnung bei der Planung von Versorgungskonzepten kann somit nur ein Teilschritt sein, die Entscheidung aus volkswirtschaftlicher Sicht zu verbessern.

In dem folgenden Abschnitt soll anhand des Beispiels der Luftverschmutzung durch SO_2 überprüft werden, inwiefern eine monetäre Schadensbewertung die Entscheidungsgrundlage für die Aufstellung von Versorgungskonzepten verändern kann.

4.4.2 Ansätze zur Monetarisierung von Umweltschäden

Nach Schärer /370/ lassen sich die Methoden zur Monetarisierung von Umweltschäden in drei Hauptgruppen einteilen:

1. Kausale und statistische Schadensfunktionen
2. Individuelle Zahlungsbereitschaftsanalyse
3. Indirekte Marktindikatoren

Die kausale und statistische Schadensfunktion ist zwar die objektivste der genannten Methoden. Sie ist jedoch nur anwendbar, wenn es gelingt, eine Ursachen-Dosis-Wirkungs-Schadensfunktion unter Ausschluß anderer Einflußfaktoren zu ermitteln. Sowohl die exakte Ermittlung einer Dosis-Wirkungs-Beziehung zwischen Schadeinfluß und Wirkungsobjekt als auch das Ausschließen anderer Einflußfaktoren ist in den meisten Fällen nicht zufriedenstellend möglich.

Die Zahlungsbereitschaftsanalyse versucht mit Mitteln der Befragung die Beträge zu ermitteln, die Personen in umweltbelasteten Gebieten ausgeben würden, um die Umweltbelastung zu vermindern oder ihr zu entgehen. /371/ Für die Bundesrepublik liegen diesbezüglich nur wenige Untersuchungen vor. Jordan hat für das Belastungsgebiet Wetzlar-Nord, bezogen auf etwa 5.000 Haushalte, eine Zahlungsbereitschaft in Höhe von über 7 Millionen DM ermittelt. /372/

Die Ergebnisse dieser Methode schwanken jedoch in Abhängigkeit von der Befragungsmethode erheblich und setzen überdies einen - zumeist nicht gegebenen - hohen Informationsstand der Betroffenen voraus, so daß dieses Verfahren als sehr unsicher gelten muß: "Die zweifelhaften Ergebnisse der willingness-to-pay-Analyse täuschen in Wahrheit wissenschaftliche Objektivität nur vor" /373/.

Als gebräuchlichste Methode hat sich die Verwendung von indirekten Marktindikatoren herausgestellt. Indirekte Marktindikatoren können sowohl Wertverluste der geschädigten Güter (z.B. Minderung des Grundstückswertes in belasteten Gebieten, Ertragsverminderung durch Verminderung des Pflanzenwuchses bei Nutzpflanzen) als auch Aufwendungen sein, die zur Behebung von Umweltschäden gezahlt werden müßten. (z.B. Mehraufwendungen für korrosionsschützende Anstriche, Mehraufwendungen im medizinischen Bereich.)

Heinz /374/ kommt bei Anwendung dieser Methode zu luftverunreinigungsabhängigen Schäden in folgender Höhe:

An Gebäuden entstehen Schadenskosten durch zusätzliche Fassadenanstriche, sonstige Instandsetzungsarbeiten und das häufigere Reinigen von Fenstern in Höhe von 1,62 Mrd DM/a. (Kalkulatorische Schadenskosten). Der korrosionsbedingte Mehraufwand vornehmlich an Stahlkonstruktionen wird grob mit 1-2 Mrd DM/a abgeschätzt. Konkret konnten die Mehraufwendungen für Autobahn- und Eisenbahnbrücken, Fahrleitungsmasten der Bundesbahn, Hochspannungsmasten und -leitungen in einer Höhe von 32,5 Mio DM/a ermittelt werden. Private Haushalte haben Mehraufwendungen für Waschen und Reinigen in Höhe von 735 Mio DM/a zu tragen.

Erhebliche, nur in Einzelfällen bestimmte Kosten entstehen an Kunstgütern (Kirchen, Glasgemälde, Skulpturen usw.). Die Mehraufwendungen bei Museen für Klimaanlagen mit Reinigungseinrichtungen betragen etwa 15% der Bausumme. /375/ Die Ertragseinbußen für Getreide-, Obst- und Gemüseanbau werden mit jährlich 125 Mio DM abgeschätzt.

Der Aufwand, der notwendig wäre, um durch Kalkung eine teilweise Kompensation der Bodenversauerung zu erreichen, wird mit etwa 150-200 Mio DM/a abgeschätzt. /376/

Als Grundlage für Überlegungen zur Internalisierung der externen Effekte in die Kostenrechnung von Wärmeversorgungssystemen sind die oben genannten Untersuchungsergebnisse nur begrenzt geeignet, da sie sich nur auf ausgewählte Einzelaspekte beziehen und der Bezug zu einzelnen Schadstoffen fehlt. Bessere Anhaltspunkte bietet eine auf den Schadstoff Schwefeldioxid bezogene Untersuchung der OECD.

Auf der Basis der Methode der indirekten Marktindikatoren hat die OECD die bisher wohl umfassendste Untersuchung der durch die Schadstoffeinwirkung hervorgerufenen ökonomischen Schäden durchgeführt./377/ Auch diese Studie kann zwar nur Größenordnungen angeben und muß ein hohes Maß an Unsicherheiten eingestehen, basiert jedoch auf umfangreichen, länderübergreifenden Untersuchungen, die mit den Mitgliedsstaaten der OECD methodisch und inhaltlich abgestimmt wurden. /378/

Ausgehend von einer Referenzannahme, bei der die voraussichtliche Entwicklung der SO_2-Emission ohne besondere Anstrengungen zur Minderung ermittelt wurde, wurden zwei Szenarien entwickelt, aufgrund der die positiven volkswirtschaftlichen Effekte unterschiedlich starker Anstrengungen zur

SO_2-Emissionsverminderung abgeschätzt wurden. Die ermittelten Umweltkostenersparnisse werden den Kosten für Emissionsminderungsmaßnahmen gegenübergestellt. Die positiven volkswirtschaftlichen Effekte einer Verminderung der SO_2-Emission wurden für die folgenden Wirkungsbereiche untersucht:

- **Auswirkungen auf Materialien**

Die Untersuchung der Auswirkungen auf Materialien wurde auf Korrosionseffekte an Stahlkonstruktionen beschränkt, da hier auf ausreichend exakte empirische und experimentelle Untersuchungsergebnisse hinsichtlich der Dosis-Wirkungs-Beziehung zurückgegriffen werden konnte. Aufgrund quantitativ geringerer Korrosionsempfindlichkeit wurden die schadstoffbedingten Einflüsse auf andere Metalle sowie auf Kunststoffe nicht mit einbezogen. /379/

Die als hoch eingeschätzten Schäden an Bauwerken wurden ebenfalls ausgeklammert, da die vorliegende Datensituation keine hinreichend genaue Abschätzung erlaubt.

Hervorgehoben wird jedoch, daß aufgrund der besonderen Anfälligkeit von Sand- und Kalksteinkonstruktionen historische Baudenkmäler und Stuckfassaden verstärkt betroffen sind. Die durch diese Einschränkung bewirkte deutliche Unterschätzung der realen Schäden wird in der Studie besonders betont. /380/

- **Auswirkungen auf die landwirtschaftliche Produktion**

Hinsichtlich der Einwirkungen auf die Vegetation erfolgte eine Beschränkung auf landwirtschaftliche Nutzpflanzen. Eine weitere Einschränkung ergibt sich daraus, daß nur die Schäden erfaßt wurden, die sich aufgrund der direkten Einwirkungen von SO_2 in bezug auf die Verlangsamung des Pflanzenwachstums ergeben. /381/ Aufgrund einzelner, als gesichert geltender Dosis-Wirkungsbeziehungen für bestimmte Pflanzenarten wurden die Ertragseinbußen der Landwirtschaft hochgerechnet und mit etwa 500 Mio US $ für das OECD-Gebiet beziffert. Nicht einbezogen sind die indirekten Folgen, die sich aus der Veränderung des Chemismus im Boden ergeben sowie die Auswirkungen auf den Wald.

- **Aquatische Ökosysteme**

Schäden an Seen und Flüssen werden - in der Hauptsache aufgrund der dortigen Bodenverhältnisse - bislang überwiegend in Skandinavien festgestellt. Der jährliche SO_2-Eintrag liegt mit 4 g/m^2 wesentlich über dem für empfindliche Seen festgestellten Schwellenwert von 0,3 g/m^2. Die als geschädigt anzusehende Seefläche beträgt in Skandinavien mit etwa 8780 km^2 etwa 5% der gesamten Wasserfläche. 5000 km^2 hiervon weisen einen pH-Wert von unter 5,5 auf, was die Grenze der Lebensfähigkeit für die meisten Fische, Insekten und Algen darstellt. In Ansatz gebracht wurden nur die Ertragsverluste der Fischereiwirtschaft (28,5 Mio US $ für Skandinavien). Dieser Teil der Untersuchung zeigt besonders deutlich, wie weit ökonomisch meßbare Größen und die nicht erfaßbaren "Intangibles", der Verlust natürlicher Ressourcen, die Beeinträchtigung von Erholungsmöglichkeiten etc. auseinanderliegen. /382/

- **Gesundheit**

Die größten Unsicherheiten bestehen in der Untersuchung hinsichtlich der Erfassung der Kosten für gesundheitliche Beeinträchtigungen. Der Grund hierfür ist vor allem die Tatsache, daß im Unterschied zu den anderen erfaßten Bereichen keine experimentellen Dosis-Wirkungs-Analysen durchgeführt werden können, sondern lediglich epidemiologische Untersuchungen zugrundezulegen sind, was das Ausschließen anderer Einflußfaktoren, auch anderer Luftverunreinigungskomponenten, erschwert. Weiterhin bezeichnen die Autoren nach Auswertung der zahlreichen, zugrundegelegten Studien es als unsicher, ob hinsichtlich der Auswirkungen auf die menschliche Gesundheit eine ungefährliche Schwellendosis existiert oder ob vielmehr eine lineare Dosis-Wirkungs-Beziehung unterstellt werden muß. /383/ Hinzu kommt die grundsätzliche Problematik, erhöhte Sterblichkeitsraten in Geldgrößen umzurechnen. Hinsichtlich der Krankheitskosten wurde die Abschätzung auf der Basis der Kosten für das Gesundheitswesen und des Verdienstausfalls vorgenommen. Aufgrund der bestehenden Unsicherheiten beträgt die Bandbreite der Kostenabschätzung etwa eine Größenordnung, wobei davon ausgegangen wird, daß die tatsächlichen Kosten mit einer Wahrscheinlichkeit von 70% über der unteren Grenze der Berechnungsergebnisse liegen. /384/

Obwohl die Abschätzungen der OECD mit erheblichen Unsicherheiten behaftet sind und nur Teile der materiellen Schäden erfassen, die ihrerseits nur Teile des gesamten volkswirtschaftlichen Verlustes darstellen, ergeben sie einen unteren Anhaltswert, um die volkswirtschaftlichen Schäden in die Kostenrechnungen von Wärmeversorgungssystemen einzubeziehen.

Tabelle 28: Positive Effekte einer SO_2-Emissionsverminderung
(Mittelwerte der meteorologischen Bedingungen der Jahre 1974/1975/1976)
Szenario: Stärkere Emissionsminderungsmaßnahmen

	OECD - Bereich		Bundesrepublik Deutschland	
erwartete Emission 1985 (Referenzfall)	$24,39 \times 10^6$ t		$3,56 \times 10^6$ t	
erwartete Emission 1985 (starke Emissionsreduzierung)	$12,68 \times 10^6$ t		$2,35 \times 10^6$ t	
Verminderung in t SO_2	$11,71 \times 10^6$ t		$1,21 \times 10^6$ t	
Verminderung in %	48%		34%	
positive Effekte	10^6 US $	DM/kg	10^6 US $	DM/kg
Gesundheit	648,- / -16193,-	0,15 / -3,62	260,60 / -6509,60	0,54 / -13,45
Materialschäden/ Korrosion	963,-	0,22	232,-	0,48
Ernteausfälle	253,30	0,06	79,30	0,16
Schäden an Skandinavischen Gewässern	33,-	0,01	-	-
Gesamt	1879,30 / -17442,30	0,44 / -3,91	571,90 / -6820,90	1,18 / -14,09

(Währungskurs: 1 US $ ≙ 2,50 DM)

In der OECD-Studie erfolgte eine Differenzierung über die Berücksichtigung unterschiedlicher meteorologischer Bedingungen in drei ausgewählten Jahren (1974-1976). Die absoluten jährlichen Ersparnisse für das gesamte OECD-Gebiet sowie für den Einwirkungsbereich der Bundesrepublik sind in Tab. 28 angegeben. Es handelt sich hierbei um Mittelwerte der drei Jahre. Bei Unterstellung einer linearen Emissions-Wirkungs-Beziehung lassen sich die spezifischen Umweltkostenersparnisse pro verminderter SO_2-Emission auf der Basis der OECD-Abschätzung angeben.

Für die Bundesrepublik ergibt sich nach diesem Verfahren ein spezifischer volkswirtschaftlicher Schaden von 1,18-14,1 DM/kg SO_2, wobei die große Schwankungsbreite ausschließlich durch die Unsicherheiten bei der Ermittlung der gesundheitsbedingten Schäden hervorgerufen wird.

Wie oben erwähnt sind bei der ausschließlich auf landwirtschaftliche Nutzpflanzen und ausschließlich auf die direkte Einwirkung bezogenen Abschätzungen der OECD Waldschäden nicht berücksichtigt worden. Die Bedeutung der in jüngster Zeit bekanntgewordenen Forstschäden machen es jedoch notwendig, auch die Auswirkungen von Luftverunreinigungen auf die Wald-Ökosysteme mit zu betrachten.

Die Waldschäden sind in der Bundesrepublik in den letzten Jahren explosionsartig angestiegen. Nach Aussagen des Bundeslandwirtschaftsministeriums müssen 8% der gesamten Waldfläche, etwa 560.000 ha, zur Zeit als geschädigt angesehen werden. Etwa 60% der Tannenflächen sind betroffen. Jedoch ergeben sich auch deutliche Schäden bei anderen Gehölzen wie Fichte (9% geschädigt), Kiefer (5%), Buche (4%) und sonstigen Baumarten (4%) /385/. Genauere Abschätzungen über das Ausmaß der damit verbundenen volkswirtschaftlichen Schäden liegen derzeit noch nicht vor. /386/ Als Orientierungsgröße können Berechnungen des Verbandes der Waldbesitzer herangezogen werden, die den Schaden mit 1,9 Mrd. DM/a beziffern. /387/

Angesichts des von verschiedenen Wissenschaftlern als möglich angesehenen Absterbens großer Teile des europäischen Waldes ist in diesem Fall besonders offensichtlich, daß der Ertragsverlust der Forstwirtschaft nur einen sehr kleinen Anteil der gesamten Schadenshöhe wiedergibt.

Verwendet man den Wert von 1,9 Mrd DM/a als Orientierungswert für die jährlichen waldschadensbedingten volkswirtschaftlichen Verluste, so kann, wiederum unter der Annahme einer linearen Schadstoffmengen-Wirkungs-Beziehung, ein Wert für die spezifischen Kosten der abgegebenen Emissionsmenge gebildet werden.

Bei einer SO_2-Gesamtemission in der Bundesrepublik von 3,55 Mio t/a ergeben sich volkswirtschaftliche Kosten in Höhe von 0,54 DM/kg SO_2.

Hierbei sind jedoch folgende Aspekte mit zu berücksichtigen:

1. Grenzüberschreitender Schadstofftransport: Nur Teile der in der Bundesrepublik emittierten Schwefelmengen (etwa 54%) /388/ gehen als trockene oder nasse Deposition auf dem Gebiet der Bundesrepublik nieder. Umgekehrt werden große Teile der inländischen Deposition durch ausländische Quellen verursacht. Insgesamt ist die Bundesrepublik jedoch hinsichtlich der Schwefelemissionen ein "Exportüberschußland". /389/ Bei Einbeziehung ausschließlich der inländischen volkswirtschaftlichen Schäden wäre zu berücksichtigen, daß nur Teile einer Emissionsverminderung durch Senkung der Ablagerungsmenge der bundesrepublikanischen Volkswirtschaft zugute käme. Angesichts der internationalen Bedeutung des Umweltproblems bleibt dieser Aspekt jedoch für die weiteren Überlegungen außer Betracht.

2. Die Ursachen des Waldsterbens wurden aufgrund jüngster Untersuchungen intensiv und auch kontrovers diskutiert. Zwar herrscht weitgehend Einigkeit darüber, daß sowohl SO_2 und seine Folgeprodukte als auch Stickoxid und seine Folgeprodukte als maßgebliche Ursache für das gegenwärtige Waldsterben betrachtet werden müssen; die Bedeutung der Anteile der Schadstoffgruppen als Verursacher ist jedoch umstritten. Eine abschließende Klärung dieser Frage ist derzeit nicht möglich. (Vgl. Kap. 3.2.2)

3. Die Waldschäden sind im ersten Halbjahr des Jahres 1983 noch einmal deutlich angestiegen.

Als Basisannahme für die Einbeziehung volkswirtschaftlicher Kosten bei der Beurteilung von Wärmeversorgungsarten wird bei Einbeziehung der Ergebnisse der OECD-Studie sowie der Schäden am Wald ein Betrag von **DM 1,72 bis DM 14,63** zugrundegelegt.

Die für die weiteren Berechnungen unterstellte lineare Beziehung zwischen abgegebener Emissionsmenge und verursachten volkswirtschaftlichen Schäden ist als konservative Annahme einzustufen. Da ursprünglich von einer gewissen, begrenzten Aufnahmefähigkeit der Natur für den Schadstoff SO_2 auszugehen war, ist die Annahme einer überlinearen Beziehung wahrscheinlicher.

4.4.3 Modifikation der Wirtschaftlichkeitsberechnung von Wärmeversorgungsarten durch Einbeziehung der volkswirtschaftlichen Kosten durch Umweltbelastungen

Bewertet man Schadstoffemissionen in der oben angegebenen Weise mit volkswirtschaftlichen Kosten, so läßt sich das Ausmaß der Modifikation der betriebswirtschaftlichen Kostenrechnung für eine Wärmeversorgungsart bestimmen. Aufgrund des unterschiedlichen Berechnungsverfahrens wird zwischen Wärmeschutzmaßnahmen einerseits und Maßnahmen zur Änderung des Heizungssystems andererseits unterschieden.

4.4.3.1 Wärmeschutzmaßnahmen

Die Wirtschaftlichkeit von Wärmeschutzmaßnahmen wird üblicherweise ermittelt, indem man die Investitionskosten für die baulichen Maßnahmen mit den Kosten, die bei Nichtdurchführung der Maßnahme für den Energiemehrverbrauch aufzuwenden wären, vergleicht. Eine Maßnahme ist dann wirtschaftlich, wenn die Kosten für die eingesparte Energie über den Betrachtungszeitraum höher liegen als die verzinsten Investitionskosten. Die wirtschaftlichste Wärmeschutzvariante ist dann gegeben, wenn die Summe aus Energiekosten und Wärmeschutzkosten ein Minimum ergibt, wobei sich das Gesamtkostenminimum aufgrund des flachen Verlaufs der Kurve in der Regel auf einen größeren Bandbreitenbereich erstreckt.

Abb. 24: Betriebswirtschaftliche Optimierung von Wärmeschutz und Wärmezuführung   Quelle: /61/

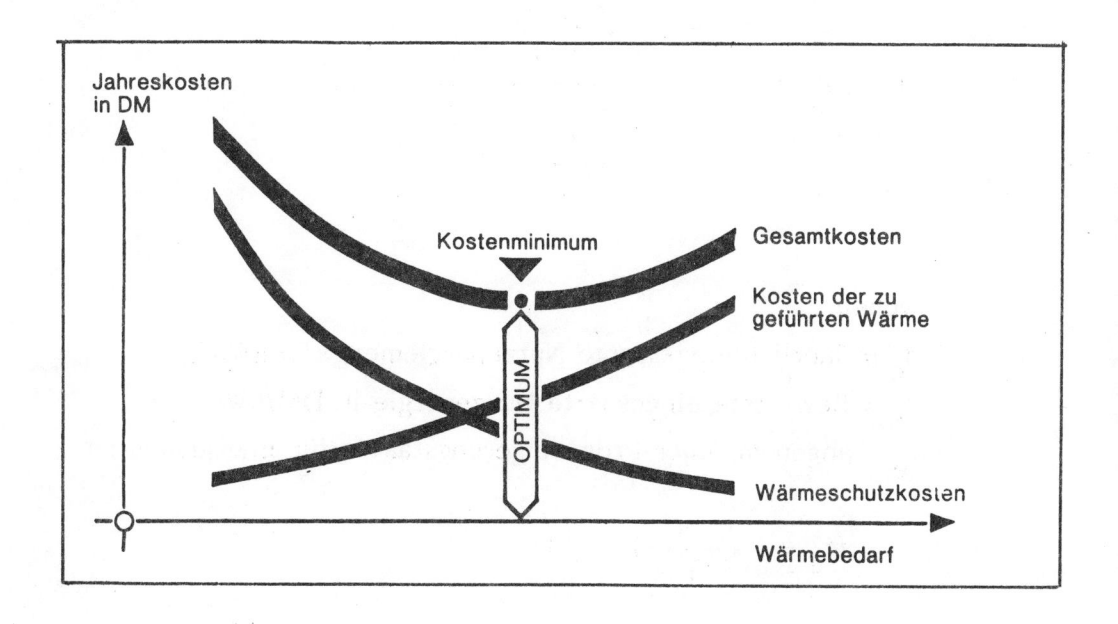

Quelle: /390/

4.4.3.1.1 Berechnungsverfahren

Als geeignetes Berechnungsverfahren zur Ermittlung der Wirtschaftlichkeit von Wärmeschutzmaßnahmen bietet sich die dynamische Investitionsrechnung an. Nach diesem Verfahren vergleicht man den Barwert der Investition mit dem Barwert der Einsparungen, die sich aufgrund der Verminderung des Energieverbrauchs ergeben. Die Differenz zwischen dem Barwert der Investition und der auf dem Gegenwartswert abdiskontierten Summe der jährlichen Einsparungen ergibt den Kapitalwert. /391/ Ist der Kapitalwert positiv, so kann die Wärmeschutzmaßnahme als wirtschaftlich gelten. Im Sinne der Investitionsrechnung gelten hierbei die Investitionen für Wärmeschutzmaßnahmen als "Ausgaben", der Wert der eingesparten Energie als "Einnahmen": /392/

$$-A_o + E_e = K_o$$

wobei:

A_o = Barwert der Investition
E_e = Bar-Kapitalwert der diskontierten Energieeinsparung
K_o = Kapitalwert der Investition

Der Bar-Kapitalwert der diskontierten Energieeinsparung errechnet sich folgendermaßen: /393/394/

$$E_e = d_e * e_e * \frac{\left(\frac{f_e}{q}\right)^n - 1}{\frac{f_e}{q} - 1}$$

wobei:

d_e = Jährlich eingesparte Nutzenergiemenge in kWh/a
e_e = Bewertete eingesparte Nutzenergie in DM/kWh
f_e = angenommener Preissteigerungsfaktor für Energiekosten

$$(f_e = 1 + \frac{i_e}{100})$$

i_e = angenommene Preissteigerungsrate für Energiekosten

q = Zinsfaktor $(1 + \frac{i}{100})$

i = Kapitalzins

n = Berechnungszeitraum in Jahren

Die Investitions- und Wartungskosten der Heizungsanlage bleiben bei dieser Rechnung unberücksichtigt. Eine Einbeziehung dieser Faktoren würde eine etwas günstigere Beurteilung der Wirtschaftlichkeit von Wärmeschutzmaßnahmen ergeben, da auch die damit verbundene Verringerung der Heizleistung und der Dimensionierung der Heizungsanlage Kostenersparnisse mit sich bringt.

Geht man davon aus, daß auch die durch Umweltschäden entstehenden, volkswirtschaftlichen Kosten über den Betrachtungszeitraum kontinuierlich ansteigen, und demnach die Umweltkostenersparnisse auch mit einer jährlichen Steigerungsrate zu dynamisieren sind, so sind diese in analoger Weise ebenfalls über den Betrachtungszeitraum der Investition zu ermitteln und auf den Investitionszeitpunkt hin zu diskontieren.

Da es sich bei den zugrundegelegten Preissteigerungsraten um nominale Größen handelt, ist als Mindestgröße für die Steigerungsrate der Umweltkostenersparnisse die Inflationsrate anzunehmen, da der Wert der nicht gefangenen Fische oder des nicht verkaufbaren Holzes mindestens in der Höhe der allgemeinen Preissteigerungsrate ebenfalls steigt.

Durch den so ermittelten Bar-Kapitalwert der ersparten Kosten für Umweltschäden kann der Anteil an den Investitionskosten angegeben werden, der durch die über den Betrachtungszeitraum entstehenden volkswirtschaftlichen Kostenentlastung abgedeckt wird.

Bezieht man die volkswirtschaftlichen Ersparnisse durch Umweltentlastung am Beispiel der SO_2-Emission in die Investitionsrechnung mit ein, so läßt sich ein volkswirtschaftlicher Kapitalwert (K_u) wie folgt bilden:

$$-A_o + E_e + E_u = K_u$$

Der Bar-Kapitalwert der diskontierten Umweltkostenersparnisse ergibt sich analog der Berechnung für die Energieeinsparung:

$$E_u = d_u * e_u * \frac{\left(\dfrac{f_u}{q}\right)^n - 1}{\dfrac{f_u}{q} - 1}$$

wobei

d_u = Verminderung der Umweltbelastung (z.B. SO_2) in kg/a

e_u = Kostenbewertung der Schadstoffentlastung (z.B. SO_2) in DM/kg

f_u = Preissteigerungsfaktor für Umweltschäden $(1 + \dfrac{i_u}{100})$

i_u = angenommene Kostensteigerungsrate für Umweltschäden

n = Berechnungszeitraum in Jahren

Die Wirtschaftlichkeit einer Wärmeschutzmaßnahme ist dann gegeben, wenn $-A_o + E_e$ einen Wert > 0 ergibt. Unter volkswirtschaftlichen Gesichtspunkten ist die Wirtschaftlichkeit bereits dann gegeben, wenn

$-A_o + E_e + E_u$ einen Wert > 0 ergibt.

Amortisationszeitraum

Von Bedeutung ist auch die Zeitspanne, in der die Wirtschaftlichkeit einer Maßnahme erreicht werden kann. Der Amortisationszeitraum einer Wärmeschutzmaßnahme ist der Zeitraum, in dem die Investition bei Berücksichtigung der zu erbringenden Zins- und Tilgungsleistungen durch die Einsparungen kompensiert wird.

$-A_o + E_e = 0$

Dieser Zeitraum verkürzt sich bei Einbeziehung der volkswirtschaftlichen Vorteile, die mit der Verminderung der Umweltbelastungen verbunden sind.

$-A_o + E_e + E_u = 0$

Die Auflösung der Gleichung nach dem Berechnungszeitraum n ist nur dann elementar lösbar, wenn entweder nur die Energieeinsparungen berücksichtigt werden oder die gleichen Steigerungsraten für Energiekosten und Umweltschutzkosten unterstellt werden. Legt man unterschiedliche Steigerungsraten zugrunde, kann die Amortisationszeit nur iterativ ermittelt werden.

4.4.3.1.2 Ausgangsdaten

a. Wärmeschutzvarianten

Für das in Abschnitt 4.2.2 beschriebene Referenzhaus wurden die in Tab. 29 angegebenen Wärmeschutzvarianten gewählt.

Die Wärmeschutzvarianten entsprechen etwa folgenden Anforderungen für Neubauten:

Typ A: entspricht etwa dem Altbaustandard in der Bundesrepublik,
Typ B: etwa Standard der Wärmeschutzverordnung 1977 bzw. des sog. "Vollwärmeschutzes"
Typ C: liegt etwa im Bereich der für Neubauten ab 1984 gültigen Wärmeschutzverordnung
Typ D: geht über die Wärmeschutzverordnung 1984 hinaus
Typ E: entspricht etwa dem heutigen Standard für Neubauten in Südschweden

b. Kapitalzins

Der anzulegende Kapitalzins hängt von folgenden Faktoren ab:
Die allgemeine Entwicklung des Zinsniveaus spielt eine Rolle sowie die Frage, ob vorrangig Eigenkapital oder Fremdkapital für die Investitionen aufgewendet wird. Auch die Frage, wer die Investitionen tätigt (Eigenheimbesitzer oder große Wohnungsbaugesellschaften), hat auf die Höhe des anzulegenden Kapitalzinses Einfluß. Als Referenzannahme wurde ein Zinssatz von 8,5% zugrundegelegt, der etwa dem Mittelwert der Umlaufrendite für festverzinsliche Wertpapiere im Zeitraum von 1971-1981 entspricht. /395/ Es wird von einem nominalen Zinssatz ebenso wie von nominalen Preissteigerungsraten ausgegangen.

c. Energiepreissteigerungen

Nachdem die Preise für Brennstoffe in den Jahren 1950-1973 real gesunken sind, stiegen sie in den Jahren ab 1973 erheblich an. Bei der Abschätzung der künftigen Preisentwicklung sind folgende Aspekte zu bedenken: Einerseits reicht die technische Lebensdauer von Wärmeschutzmaßnahmen zeitlich weit in den Bereich hinein, in dem von den meisten Experten bereits ein Absinken des Angebots an fossilen Primärenergien (außer Kohle) aufgrund des Erschöpfens der Lagerstätten vorausgeschätzt wird. Infolgedessen ist mittel- bis langfristig mit einer deutlichen Steigerung der Brennstoffpreise zu rechnen.

Auf der anderen Seite führt die seit 1979 festzustellende Verminderung des Energieverbrauchs kurzfristig zu einem Überangebot, das Anfang 1983 ein Sinken des Energiepreisniveaus zur Folge hatte. Da sichere Anhaltspunkte für die Abschätzung der Energiepreisentwicklung fehlen, eine Energiepreissteigerungsrate oberhalb der allgemeinen Preissteigerungsrate aber als wahrscheinlich gelten kann, wurde als Basisannahme eine Steigerungsrate von 6% zugrundegelegt, die unterhalb der Energiepreissteigerungsrate der Jahre 1973-1981 liegt.

Tabelle 29: Kosten verschiedener nachträglicher Wärmeschutzmaßnahmen am Referenzhaus		
Typ Maßnahme	mittlerer k- Wert (k_m)	Kosten
A. keine Maßnahme	1,49	
B. Fenster: Doppelglas Außenwand: -- Kellerdecke: 40 mm ob. Geschoßdecke: 40 mm	0,99	27720,- - 7321,- 8070,- 43119,-
C. Fenster: Doppelglas Außenwand: 40 mm Kellerdecke: 40 mm ob. Geschoßdecke: 40 mm	0,72	27720,- 38521,- 7321,- 8070,- 81632,-
D. Fenster: Doppelglas Außenwand: 80 mm Kellerdecke: 80 mm ob. Geschoßdecke: 80 mm	0,54	27720,- 41420,- 8366,- 9250,- 86756,-
E. Fenster: Wärmeschutzglas (1,75) Außenwand: 140 mm Kellerdecke: 140 mm ob. Geschoßdecke: 140 mm	0,34	36729,- 74142,- 10110,- 10817,- 131798,-

Die durchschnittliche Steigerungsrate für Energiepreise (Endenergie) für den Endverbraucher in den Jahren 1973-1981 betrug /396/ für:

Energieart	1973	1981	durchschnittliche Steigerungsrate
Leichtes Heizöl /397/398/	22,81 Pf/ltr	70,11 Pf/ltr	15,1%
Erdgas /399/	3,5 Pf/kWh	6,55 Pf/kWh	8,2%
Hausbrandkohle /400/	30,7 DM/100 kg	59,42 DM/100 kg	8,6%
Nachtstrom /401/	5,6 Pf/kWh	11,41 Pf/kWh	9,2%
Fernwärme /402/	3,35 Pf/kWh	8,46 Pf/kWh	12,2%

Es wurden von den Preisen für leitungsgebundene Energien nur die Arbeitspreise in die Berechnungen einbezogen, da die Grund- und Bereitstellungspreise bei Energieeinsparungen durch Wärmeschutzmaßnahmen in geringerem Maße sinken als die Energiekosten. Da die Grund- und Bereitstellungspreise ebenso wie die Fixkosten für die Heizungsanlage bei geringem Energieverbrauch zwar unterproportional, aber dennoch ebenfalls sinken, führt die Nichtbetrachtung dieser Faktoren tendenziell zu einer Unterschätzung der durch die Wärmedämmung eingesparten Gesamtheizkosten.

Auf die Einbeziehung der anlagebezogenen Kosten wurde jedoch verzichtet, da sie in Abhängigkeit von siedlungsstrukturellen und raumstrukturellen Parametern (Wärmedichte, Nähe zu vorhandenem Versorgungsnetz) und baulichen Parametern (Vorhandensein einer Zentralheizung, Baualter, Alter der Heizungsanlage etc.) stark schwanken, und nur im konkreten Einzelfall ausreichend verläßlich ermittelt werden können.

d. Kosten für Umweltschäden

Die Steigerungsrate, die für die Entwicklung der Kosten für Umweltschäden anzusetzen ist, kann ebenfalls nur grob abgeschätzt werden. Auch hierbei ist eine höhere Steigerungsrate als die allgemeine Preissteigerungsrate wahrscheinlich, da die in jüngster Zeit erheblich gestiegenen Umweltschäden auch für die Zukunft eine steigende Tendenz vermuten lassen. Für eine über der allgemeinen Preissteigerungsrate anzunehmende Umweltkostensteigerungsrate spricht zum einen, daß die Schäden an der Vegetation mit einer erheblichen zeitlichen Verzögerung auftreten und zum anderen, daß zumindest die Waldschäden in jüngster Zeit sprunghaft angestiegen sind. Für die Berechnungen wurde als Basisannahme eine Steigerungsrate von 6,5% unterstellt.

e. Energiepreise

Die Kosten für die eingesparte Nutzenergie im ersten Jahr errechnen sich als Quotient aus den Kosten der bereitgestellten Endenergie und der Wirkungszahl des Heizungssystems. Bezogen auf das Basisjahr 1982 sind für Dortmund folgende Nutzenergiepreise zugrundegelegt, ebenfalls ohne Anlagen- bzw. Bereitstellungskosten:

Heizöl:	11,0 Pf/kWh
Erdgas:	10,6 Pf/kWh
Kohle:	12,5 Pf/kWh
Nachtstrom:	12,2 Pf/kWh
Fernwärme:	10,1 Pf/kWh

Als Grundlage für die Berechnungen wurde vereinfachend von einem durchschnittlichen Nutzenergiepreis von 11 Pf/kWh ausgegangen.

Für diese vereinfachende Betrachtungsweise sind insbesondere folgende Gründe maßgeblich:

- Die Kosten für die bereitgestellte Energie weisen regional z.T. bedeutende Unterschiede auf und unterliegen überdies starken Schwankungen. So ist beispielsweise der Ölpreis in der ersten Hälfte des Jahres 1983 wieder gefallen und betrug im August 1983 nur noch 0,717 DM/ltr bzw. 0,0995 DM/kWh Nutzenergie. Allgemeingültige Aussagen bezüglich des Energiepreises wie auch bezüglich der Wärmeschutzkosten sind ohnehin nur mit begrenzter Genauigkeit zu treffen.
- Für die hier anstehende Fragestellung ist die Nachvollziehbarkeit der Rechnung, der Vergleich der Heizungssysteme untereinander wie die Fortschreibungsmöglichkeit bei zukünftiger Änderung des Preisgefüges eher gegeben, wenn von einem einheitlichen Nutzenergiepreis ausgegangen wird.

f. Betrachtungszeitraum

Als Betrachtungszeitraum für die Wirtschaftlichkeit von Wärmeschutzmaßnahmen wurde einheitlich ein Zeitraum von 20 Jahren angenommen. Diese Annahme gründet sich auf subjektive Betrachtungszeiten privater Investoren. Als tatsächliche Lebensdauer nachträglicher, zusätzlicher Wärmeschutzmaßnahmen kann demgegenüber von einem Zeitraum von etwa 50 Jahren ausgegangen werden. /403/

4.4.3.1.3 Gegenüberstellung der einzelwirtschaftlichen und gesamtwirtschaftlichen Kostenrechnung für Wärmeschutzmaßnahmen

Die Wirtschaftlichkeitsrechnung für Wärmedämmaßnahmen wird bei Einbeziehung bewerteter Umweltschadenskosten gegenüber der einzelwirtschaftlichen Rechnung dahingehend modifiziert, daß ein Teil der Wärmedämminvestitionen durch den Barwert der Umweltkostenersparnisse abgedeckt wird und die Amortisationszeit entsprechend sinkt. Die Wirtschaftlichkeit wird somit erhöht.

Das Ausmaß der Veränderung der Investitionsrechnung für Wärmedämmaßnahmen durch Einbeziehung der Umweltschadenskosten von Schwefeldioxid ist in Tab. 30 am Beispiel der extremen Wärmedämmung (Typ A → Typ E) dargestellt. Geht man von der Untergrenze der in Kap. 4.4.2 abgeschätzten Bandbreite der SO_2 bedingten Folgekosten aus, so treten relevante Verschiebungen des Kostengefüges überwiegend bei der elektrischen Direktheizung auf. /404/ Der Barwert der Umweltkostenersparnisse beträgt hier etwa 15% der Investitionskosten für den Wärmeschutz; die Wirtschaftlichkeit der Maßnahme wird knapp 2 Jahre früher erreicht.

Geht man von der Obergrenze der Bandbreite aus, so verändert dies die Wirtschaftlichkeitsbetrachtung grundlegend: Der Barwert der durch die Elektrodirektheizung aus einem alten Kohlekraftwerk über den zwanzigjährigen Betrachtungszeitraum verursachten Umweltschäden ist mehr als doppelt so hoch wie die zur Vermeidung aufzuwendenden Wärmeschutzinvestitionen. Auch wenn man realistischerweise die Durchschnittsemission der Stromerzeugung zugrundelegt, werden die Investitionskosten der Wärmedämmung durch die Umweltkostenersparnisse mehr als kompensiert.

Geht man von der Obergrenze der Umweltschäden aus, so ergeben sich auch bei der Elektrowärmepumpe, der Fernwärme aus nicht entschwefelten Heizkraftwerken wie bei der Ölheizung einschneidende Veränderungen der Kostenstruktur.

Diese Ergebnisse werden auch dann nicht entscheidend verändert, wenn aufgrund der Unsicherheiten bei der Wärmebedarfsrechnung der ermittelte Wärmebedarf und die Emissionsmenge bei gleichen Investitionskosten um 20% reduziert werden. (Vgl. Tab. 31) Die Wärmeschutzmaßnahme reicht dann mit 20 Jahren Amortisationszeit bei den üblicherweise zugrundegelegten Betrachtungszeiträumen an die Grenze der Wirtschaftlichkeit. Je nach zugrundegelegter Höhe der Umweltschäden vermindert sich der Amortisationszeitraum z.T. entscheidend.

Tabelle 30: Veränderung der Investitionsrechnung für Wärmedämmung bei Berücksichtigung der Umweltkostenersparnisse

Beispiel: Extreme Wärmedämmung Typ A → Typ E

Nutzenergieverbrauch: 36976 kWh/a   Nutzenergieeinsparung: 92809 kWh/a (71,6%)
Investitionskosten der Wärmeschutzmaßnahmen: DM 131798,-
Zinssatz: 8,5%; Energiepreissteigerung: 6%; Steigerung der Kosten für Umweltschäden: 6,5%
Betrachtungszeitraum der Investition: 20 Jahre
Barwert der Energieeinsparung: DM 165102,-
Kapitalwert der Investition ohne Umweltkostenersparnisse: DM 33313,-
Amortisationszeit ohne Umweltkostenersparnisse: 15,1 Jahre

Heizungssystem	Umweltentlastung SO_2 (kg/a)	Barwert der Umweltkostenersparnis (DM)	Anteil an der Investition	Amortisationszeit mit Umweltkostenersparnis
E-Heizung I[1]	1160	33632,- - 286067,-	25,5% - 217,0%	12,3 - 5,1 Jahre
E-Heizung II[2]	660	19135,- - 162762,-	14,5% - 123,5%	13,4 - 7,1 Jahre
E-Heizungs III[3]	151	4378,- - 37238,-	3,3% - 28,3%	14,7 - 11,9 Jahre
EWP (monov.)	255	7393,- - 62885,-	5,6% - 47,7%	14,4 - 10,5 Jahre
Fernwärme HKW	173	5015,- - 42663,-	3,8% - 32,3%	14,6 - 11,7 Jahre
Ölheizung	121	3508,- - 29840,-	2,6% - 22,6%	14,8 - 12,5 Jahre
Wirbelschicht HKW	-254	-7364,- - -62639,-	-	-
Blockheizkraftwerk	-317	-9190,- - -78175,-	-	-

1) Kohlekraftwerk (alt)
2) Durchschnitt der heutigen Stromerzeugung
3) Kohlekraftwerk nach GFAV

Tabelle 31: Veränderung der Investitionsrechnung für Wärmedämmung bei Berücksichtigung der Umweltkostenersparnisse (korrigierte Werte)[1]

Beispiel: Extreme Wärmedämmung Typ A → Typ E

Nutzenergieverbrauch: 29501 kWh/a   Nutzenergieeinsparung: 74247 kWh/a (71,6%)
Investitionskosten der Wärmeschutzmaßnahmen: DM 131798,-
Betrachtungszeitraum der Investition: 20 Jahre
Barwert der Energieeinsparung: DM 132081,-
Kapitalwert ohne Umweltkostenersparnisse: DM 292,-
Amortisationszeit ohne Umweltkostenersparnisse: 20 Jahre

Heizungssystem	Umweltentlastung SO_2 (kg/a)	Barwert der Umweltkostenersparnis (DM)	Anteil an der Investition	Amortisationszeit mit Umweltkostenersparnis
E-Heizung I	928	26906,- – 228853,-	20,4% – 173,6%	15,9 – 6,4 Jahre
E-Heizung II	528	15308,- – 130209,-	11,6% – 98,9%	17,4 – 9,0 Jahre
E-Heizung III	121	3508,- – 29840,-	2,6% – 22,6%	19,3 – 15,6 Jahre
EWP (monovalent)	204	5915,- – 50308,-	4,5% – 38,2%	18,8 – 13,6 Jahre
Fernwärme HKW	138	4001,- – 34032,-	3,0% – 25,8%	19,2 – 15,2 Jahre
Ölheizung	99	2870,- – 24414,-	2,1% – 18,5%	19,5 – 16,2 Jahre
Wirbelschicht HKW	-203	-5886,- – -50061,-	-	-
Blockheizkraftwerk	-254	-7364,- – -62347,-	-	-

1) errechneter Energieverbrauch und Emissionen um 20% vermindert

Auffällig ist, daß die Wärmedämmung bei einem umweltfreundlich und rationell versorgten Heizungssystem aufgrund der verringerten Stromsubstitution zu einer Erhöhung der Emissionen insgesamt führt. Dies drückt sich in einem negativen Barwert der Umweltkostenersparnisse aus. Bei gas- und dieselbetriebenen Blockheizkraftwerken wird dieser Effekt allerdings durch die, hier nicht einbezogene, Stickoxidemission abgeschwächt. Die Gasheizung ist in dem Vergleich aufgrund der vernachlässigbar geringen SO_2-Emission nicht aufgeführt.

In die Berechnungen nicht einbezogen ist die Erhöhung der Endenergiepreise, die bei Umlegung einer Schwefelabgabe auf die Energiekosten erfolgen würde. Die Energiepreissteigerung würde beim Strom 1,3-10,5 Pfg/kWh, bei der Fernwärme (Kohlekraftwerk ohne Entschweflungsmaßnahmen) 0,3-2,7 Pfg/kWh, beim Heizöl 0,2-1,9 Pfg/kWh Nutzenergie ausmachen ($\hat{=}$ 1,7-13,5 Pfg/ltr Heizöl). /405/ Die Berücksichtigung der Energiepreissteigerung erhöht die Wirtschaftlichkeit von Wärmeschutzinvestitionen besonders bei stark umweltbelastenden Versorgungssystemen weiter. Für das Beispiel der Elektroheizung II und der extremen Wärmedämmung (Typ E) erhöht sich der Gesamtkapitalwert der Investition von DM 15.592,-- (DM 130.493,-) /406/ auf DM 30.462,- (DM 256.973,-), die Amortisationszeit sinkt von 17,4 (9,0) auf 15,5 (5,9) Jahre ab.

Bei dem Vergleich der verschiedenen Wärmedämmtypen erweist sich Typ D unter wirtschaftlichen Aspekten als die günstigste Variante. Gegenüber der weniger intensiven Wärmedämmung ergeben sich wirtschaftliche Vorteile, die durch Berücksichtigung der erreichbaren Umweltkostenersparnisse verstärkt werden (Tab. 32). Typ E ist ungünstiger zu beurteilen, was überwiegend auf den Kostensprung bei der Verwendung von Dämmstoffdicken über 8 cm an der Außenwand zurückzuführen ist. Bei den weniger aufwendigen Wärmedämmvarianten B-D ist der relative Anteil der Umweltkostenersparnis an der Wärmeschutzinvestition höher; die absolute Energieverbrauchs- und Schadstoffverminderung jedoch geringer als bei der Variante E.

Bei einer auf den langfristigen gesellschaftlichen Nutzen einer Investition ausgerichteten gesamtwirtschaftlichen Betrachtungsweise sind zwei der in den bisherigen Berechnungen eingesetzten Parameter zu verändern: Zum einen ist ein "überindividuell gültiger gesamtwirtschaftlicher Diskontsatz bzw. ein "Sozialer Diskontsatz" /407/ einzusetzen, dessen Höhe aus theoretischen und methodischen Gründen zwar schwer exakt festzulegen ist, der jedoch deutlich unter dem bisher zugrundegelegten Kapitalmarktzins

Tabelle 32: Vergleich verschiedener Wärmeschutzmaßnahmen (korrigierte Werte)[1]

Zinssatz: 8,5%; Energiepreissteigerung: 6%
Steigerung der Kosten für Umweltschäden: 6,5%
Betrachtungszeitraum der Investition: 20 Jahre
Beispiel: E-Heizung II (Durchschnittsemissionen der Stromerzeugung)

	Typ A→Typ B	Typ A→Typ C	Typ A→Typ D	Typ A→Typ E
Investitionskosten:	DM 43119,-	DM 81632,-	DM 86756,-	DM 131798,-
Nutzenergieeinsparung (kWh/a)	29180 (28,1%)	55719 (53,7%)	64982 (62,7%)	74247 (71,6%)
SO_2 Verminderung (kg/a)	207,5	396,2	462,2	528,0
Kapitalwert ohne Umweltkosten	DM 8791,-	DM 17489,-	DM 28843,-	DM 283,-
Barwert der Umweltkostenersparnis (DM) (Bandbreite)	6016,- – 51171,-	11487,- –97706,-	13104,- –113982,-	15308,- –130209,-
Anteil an den Investitionskosten (Bandbreite)	13,9% – 118,7%	14,1% –119,6%	15,4% –131,4%	11,6% – 98,8%
Kapitalwert mit Umweltkostenersparnis (Bandbreite)	14807,- – 59962,-	28976,- –115196,-	42244,- –142826,-	15592,- –130493,-
Amortisationszeit ohne Umweltkosten (Jahre)	15,9	15,8	14,1	20,0
Amortisationszeit Umweltkostenersparnis (Bandbreite)	14,0 – 7,4	13,8 – 7,3	12,4 – 6,6	17,4 – 9,0

1) errechneter Energieverbrauch und Emissionen um 20% vermindert

liegt. Mildner geht davon aus, daß die Ermittlung eines "für kollektive Planungen adäquaten Zinssatzes" auf Grundlage einer politisch festzulegenden "sozialen Zeitpräferenzrate" erfolgen muß, die aus der angestrebten Wachstumsrate des Sozialprodukts abzuleiten ist. /408/

Zum anderen ist der für die einzelwirtschaftliche Berechnung individuell festzulegende Betrachtungszeitraum durch die technische Lebensdauer der Maßnahme zu ersetzen, die den volkswirtschaftlichen Gesamtnutzen der Investition besser widerspiegelt.

Wird auf Grundlage dieser Überlegungen ein Zinssatz von 6,5% und ein Betrachtungszeitraum für die Wärmeschutzinvestition von 50 Jahren eingesetzt, so erhöht sich bei Zugrundelegung von DM 1,72 pro kg SO_2 der Barwert der Umweltkostenersparnis bei Dämmung des elektrisch beheizten Hauses (Elektroheizung II; Typ A → Typ E) auf DM 56.761,- ($\hat{=}$ 43,1% der Investition). Geht man von der Obergrenze der volkswirtschaftlichen Schäden aus, so erhöht sich der Betrag auf DM 482.800,- ($\hat{=}$ 366% der Investition).

Aufschlußreich für die Wirtschaftlichkeitsbetrachtung ist auch der Vergleich von Wärmeschutzkosten mit den Kosten für technische Maßnahmen zur Emissionsverminderung, im Falle des SO_2 mit Kosten für Rauchgasentschweflungsanlagen.

Die Kosten für die Rauchgasentschweflung schwanken ebenfalls stark und hängen außer von der Art und Größe des Kraftwerks vor allem von der Auslastung der Anlage ab. Esche/Iglbüscher geben auf der Preisbasis 1979 für 5780 Volllaststunden Durchschnittskosten von 0,45-0,50 cents/kWh an /409/ (Entschweflung 90%, 3,5% S), was bezogen auf die Preisbasis 1982 Kosten von 1,3-1,45 Pf/kWh oder 1,45-1,6 DM/kg SO_2 ergibt. Dieser Betrag liegt etwas unter der hier angenommenen Untergrenze der volkswirtschaftlichen Schäden.

Nach Rechnungen des Umweltbundesamtes für ein Steinkohlenkraftwerk mit einer thermischen Leistung von 2100 MW, dem Einsatz von Steinkohle mit 1% Schwefelgehalt ergeben sich bei zugrundegelegten 5000 Betriebsstunden Vermeidungskosten von 1,814 DM/kg SO_2. /410/ Dieser Wert bezieht sich auf die Preisbasis 1980, für 1982 ergibt sich hieraus ein Wert von etwa 2,- DM/kg SO_2. Hierbei ist zu beachten, daß die Fixkosten der Rauchgasentschweflungsanlage für Kapitaldienst, Personal, Verwaltung, Steuern und Versicherung mit etwa 25 Mio DM/a höher liegen als die Betriebskosten für Energie, Wasser, Rohstoffe für Filter etc. mit ca. 15 Mio DM/a. Bei

Altanlagen treten zumeist kostensteigernde Sonderprobleme auf, so daß hier mit höheren Gesamtkosten zu rechnen ist.

Bei gleichem Umweltentlastungseffekt entsprechen die anteiligen Investitionen in einer Rauchgasentschweflungsanlage (Vermeidungskosten von 1,4-2,0 DM/kg SO_2) der Subventionierung der Wärmedämmung (Typ A→Typ E) eines elektrisch beheizten Hauses (Strom aus einem Kohlekraftwerk) in Höhe von ca. 21-30%.

Es muß jedoch beachtet werden, daß der hier angestellte Vergleich mit technischen Emissionsminderungsmaßnahmen in verschiedener Hinsicht problematisch ist und der Erläuterung bedarf:

a. energetische Aspekte

Unter energetischen Gesichtspunkten ist nicht nur die durch die Wärmeschutzmaßnahmen einzusparende Energie zu betrachten, sondern darüberhinaus die Tatsache, daß der Einbau einer Rauchgasentschweflungsanlage aufgrund des Eigenbedarfs der Anlage zu einem nicht unbeträchtlichen Energiemehrverbrauch im Kraftwerk führt. /411/

b. umweltbezogene Aspekte

Bei der Wärmedämmung werden alle umweltbezogenen Nebeneffekte annähernd entsprechend der erreichten Energieersparnis reduziert. Die Rauchgasentschweflung führt neben der Reduzierung der Schwefeldioxidemission auch zur Reduktion einiger anderer Schadstoffe (insbesondere Stäube und Halogenverbindungen), die übrigen Nebenwirkungen werden durch den Eigenverbrauch der Anlage erhöht. Auch ist zu bedenken, daß die durch technische Emissionsminderungsmaßnahmen zurückgehaltenen Schadstoffe z.T. in anderen Umweltbereichen Probleme erzeugen (Gewässerbelastung, Entsorgungsprobleme der Filterrückstände), die ebenfalls bei verringertem Energieumsatz vermindert werden. Andererseits wird durch Reduzierung des Stromverbrauchs durch Wärmeschutzmaßnahmen nur ein Teil der stromabhängigen Emissionen reduziert, da der überwiegende Teil des Stroms in anderen Verbrauchsbereichen Verwendung findet.

c. wirtschaftliche Aspekte

Unter dem Gesichtspunkt der SO_2-Verminderung ergibt sich aus den angestellten Berechnungen, daß die Kosten für den Betrieb einer Rauchgasentschweflung wesentlich niedriger liegen als die Kosten für die Wärmedämmung elektrisch beheizter Gebäude. Hierbei ist jedoch zu bedenken, daß bei den Wärmedämmkosten die anteiligen Umweltkostenersparnisse die auf lange Sicht zumeist ohnehin bestehende Wirtschaftlichkeit lediglich unterstützen bzw. den Amortisationszeitraum verkürzen, während es sich bei den Kosten für Rauchgasentschwefelungsanlagen um reine Zusatzkosten handelt. Auf der anderen Seite ist folgendes zu beachten:

Geht man davon aus, daß der überwiegende Anteil der elektrisch beheizten Gebäude mit Nachtspeicherheizungen ausgestattet ist, so führt eine Reduzierung des Heizstroms zu einer verstärkten Ausprägung von Nachttälern, so daß auch die erhöhten Kosten für das morgendliche Anfahren der Kraftwerke in die Rechnung mit einzubeziehen wären.

Aufgrund der genannten unterschiedlichen Kostenstrukturen und zu beachtenden energieressourcen- und umweltbezogenen Nebeneffekte wäre ein Vergleich von technischen Emissionsminderungen und Maßnahmen der rationellen Energieverwendung nur im konkreten Einzelfall möglich. Insbesondere hinsichtlich der Kosten für nachträgliche Entschwefelungsmaßnahmen an alten Kohlekraftwerken liegen hierzu derzeit nur lückenhafte Daten vor. Allein aufgrund der Tatsache, daß nur durch technische Emissionsminderungsmaßnmahmen die Emissionen der gesamten Stromerzeugung entscheidend beeinflußt werden können, kann jedoch qualitativ gesagt werden, daß der Nachrüstung des bestehenden Kraftwerksparks mit Rauchgasentschwefelungsanlagen Priorität einzuräumen ist. Auch der Zeitrahmen, in dem eine wesentliche Emissionsverminderung durch derartige Maßnahmen erreichbar ist (maximal 10 Jahre), stützt diese Aussage.

Eine direkte Gegenüberstellung dieser Maßnahmen erscheint jedoch auch nur begrenzt sinnvoll, da Maßnahmen der rationellen Energieverwendung keinesfalls als Ersatz, sondern als sinnvolle Ergänzung technischer Maßnahmen der Emissionsreduzierung angesehen werden sollten.

4.4.3.2 Umstellung des Heizungssystems

Die Absolutbeträge der Änderungen der Umwelteinflüsse, die mit Umstellungen von Heizungssystemen verbunden sind, können mit Hilfe der stofflich-quantitativen Analyse ermittelt werden. Die ökonomische Bewertung dieser Umweltveränderungen im Rahmen einer Gesamtkostenrechnung für verschiedene Wärmeversorgungsarten ist nur im Einzelfall, nicht jedoch in allgemeingültiger Form möglich, da die Kostenstruktur der Wärmeversorgung in Abhängigkeit von standortspezifischen Parametern in weitem Maße variiert. Dies gilt insbesondere für die Fernwärme.

Bei Zugrundelegung von spezifischen Schadenskosten für Schadstoffe oder andere Umwelteinflüsse läßt sich jedoch der Betrag angeben, um den die ortsspezifisch ermittelten Kosten für das Versorgungssystem zu modifizieren sind, wenn Umweltaspekte berücksichtigt werden. Entsprechend den Berechnungen über die Kostenentlastung durch Wärmeschutzmaßnahmen sind auch hierbei die über die Lebensdauer des Versorgungssystems kumulierten, auf den Investitionszeitpunkt diskontierten Barwerte der Umweltschäden bzw. der Umweltkostenersparnisse zu ermitteln. Die errechneten Barwerte sind gleichzusetzen mit den Beträgen, um die sich die Investitionen für umweltbelastende Versorgungssysteme verteuern bzw. die Investitionen für umweltentlastende Versorgungssysteme verbilligen würden, wenn die Umweltkosten internalisiert wären.

Die Investitionen für Versorgungssysteme, insbesondere in die Verlegung von Netzen für leitungsgebundene Energien, sind langfristig angelegt. Auf der Basis der Abschätzungen von Fichtner/Prognos /412/ wird eine Systemlebensdauer von 30 Jahren zugrundegelegt /413/.

In Tab. 33 sind die Barwerte der über den Betrachtungszeitraum entstehenden volkswirtschaftlichen Kosten für die verschiedenen Heizungssysteme zusammengestellt. Der Differenzbetrag zwischen den Heizungssystemen gibt den Betrag an, um den die betriebswirtschaftliche Kostenrechnung bei der Aufstellung von Versorgungskonzepten zu modifizieren wäre, wenn die Kosten für die auftretenden Umweltschäden internalisiert würden. Der Ausgleich kann entweder durch Abgaben oder Subventionen beim Anschluß oder durch Umlage auf den Energiepreis erfolgen.

Steht man vor der Alternative, ob die Substitution anderer Energieträger in einem bestehenden Gebiet durch Ausbau der Fernwärme oder durch elektrische Direktheizungen erfolgen soll, so wäre bei Berücksichtigung der Umweltkosten die Investitionskostenrechnung für das ungedämmte Referenzhaus um DM 26.650,- bis DM 226.674,- (DM 376,- bis DM 3196,- pro kW Anschlußleistung) zugunsten der Fernwärme zu verändern.

Wählt man als Fernwärmeerzeuger ein Wirbelschicht-Heizkraftwerk, so kann die Anlage zusätzlich mit einem Betrag von DM 24.317,- bis DM 206.848,-, bezogen auf das Beispielhaus, (DM 343,- bis DM 2917,- pro kW Anschlußleistung) subventioniert werden. Der Negativbetrag bzw. der Barwert der Umweltentlastung ergibt sich daraus, daß der in der Wirbelschichtanlage erzeugte Strom die Stromerzeugung aus konventionellen Anlagen mit höherer spezifischer Emission verdrängt und dadurch in der

Tabelle 33: Veränderung der Investitionsrechnung für verschiedene Versorgungsarten bei Berücksichtigung der Umweltkosten

Referenzhaus: 129,7 MWh Jahreswärmeverbrauch, 70,9 KW Anschlußleistung[1]
Nutzungsdauer des Versorgungssystems: 30 Jahre
Kostenbewertung für Umweltschäden SO_2 : 1,72 - 14,63 DM/kg SO_2
Zinssatz: 8,5%
angenommene Steigerungsrate der Kosten für Umweltschäden: 6,5%

Heizungssystem	SO_2 - Emissionen (kg/a)	Barwert der Umweltbelastung (DM)	Barwert pro kW Anschlußleistung (DM)
Elektroheizung I[2]	1620,9	64694,- - 550271,-	912,30 - 7759,50
Elektroheizung II[3]	922,3	36811,- - 313107,-	519,10 - 4415,20
Elektroheizung III[4]	211,1	8425,- - 71665,-	118,80 - 1010,60
Elektrowärmepumpe (mono)	359,4	14344,- - 122011,-	202,30 - 1720,50[1]
Elektrowärmepumpe (bivalent)	293,6	11718,- - 99672,-	165,20 - 1405,50[1]
Ölheizung	169,2	6753,- - 57440,-	95,20 - 810,00
Dieselwärmepumpe	89,4	3568,- - 30350,-	50,30 - 428,00
Fernwärme HKW[5]	254,6	10161,- - 86433,-	143,30 - 1218,80
Fernwärme Wirbelschicht HKW	-354,7	-14156,- - -120415,-	-199,60 - -1698,00
Fernwärme Blockheizkraftwerk	-443,1	-17658,- - -150426,-	-249,40 - -2121,20

1) Bezieht sich auf den Nutzwärmebedarf des Hauses, nicht auf die Anschlußleistung der Wärmepumpe
2) Kohlekraftwerk ohne Rauchgasentschweflung
3) Durchschnitt der Stromerzeugung
4) Kohlekraftwerk nach GFVO
5) ohne Rauchgasentschweflung, Verwendung schwefelarmer Kohle (< 1,13% S)

Gesamtbilanz eine Verminderung der Schadstoffemission bewirkt. Dieser Effekt würde allerdings dann reduziert werden, wenn es gelingt, die spezifische Emissionsmenge der Stromerzeugung insgesamt durch technische Emissionsminderungsmaßnahmen nachhaltig zu reduzieren.

Der Gesamtdifferenzbetrag zwischen dem ungünstigsten Versorgungssystem auf Kohlebasis, der Elektroheizung aus einem alten Kohlekraftwerk, und der günstigsten Variante, der Fernwärmeversorgung aus einem Wirbelschicht-Heizkraftwerk, beträgt, bezogen auf das Mehrfamilienhaus, DM 78.850,- bis DM 433.522,- bezogen auf die Anschlußleistung DM 1112,- bis DM 9457,- pro kW.

In Abb. 25 kann abgelesen werden, welchen Einfluß veränderte Annahmen hinsichtlich des zugrundegelegten Zinssatzes bzw. der angenommenen Umweltkostensteigerungsrate (Abb. 26) auf den Barwert der Umweltkostenersparnisse bzw. der Umweltkosten haben.

Auch wenn der Einfluß dieser Kostenverschiebung auf die Investitionsrechnung der Wärmeversorgung nur im konkreten Einzelfall hinreichend genau zu ermitteln ist, läßt sich doch die Größenordnung dieses Einflusses anhand folgender, pauschaler Vergleichszahlen verdeutlichen: Im Rahmen der Erfolgskontrolle über die Vergabe der Mittel aus dem "Zukunftsinvestitionsprogramm", Programmteil Fernwärme /414/, rechnet die Landesregierung Nordrhein-Westfalen mit durchschnittlich aufzuwendenden Investitionsmitteln für die Fernwärmeverteilung und die Hausanschlüsse in Höhe von DM 330.000,- pro MW Anschlußleistung. /415/ Bezogen auf die Preisbasis 1982 errechnen sich spezifische Investitionskosten von etwa DM 420,- pro kW.

Es kann überschlägig davon ausgegangen werden, daß das Investitionsvolumen im Fernwärmebereich zu 35% auf die Erzeugungsanlagen und zu 65% auf den Verteilbereich entfällt. /416/ Somit ergeben sich derzeit durchschnittliche Gesamtinvestitionen in Höhe von ca. DM 650,-/kW. Bezogen auf das ungedämmte Referenzhaus errechnet sich ein anteiliges Gesamtinvestitionsvolumen von ca. DM 46.000,-. /417/

Wird die Untergrenze der SO_2-bedingten volkswirtschaftlichen Kosten zugrundegelegt, so liegt der Barwert der Umweltkostenersparnisse, der durch den Fernwärmeausbau in den ersten dreißig Jahren gegenüber der Elektroheizung erreicht wird, in der Größenordnung der Gesamtinvestitionskosten für den Ausbau der Fernwärme. Geht man von der Obergrenze

ABB. 25: EINFLUSS DES ZINSSATZES AUF DEN BARWERT DER UMWELTKOSTEN (BEISPIEL: ELEKTROHEIZUNG II)

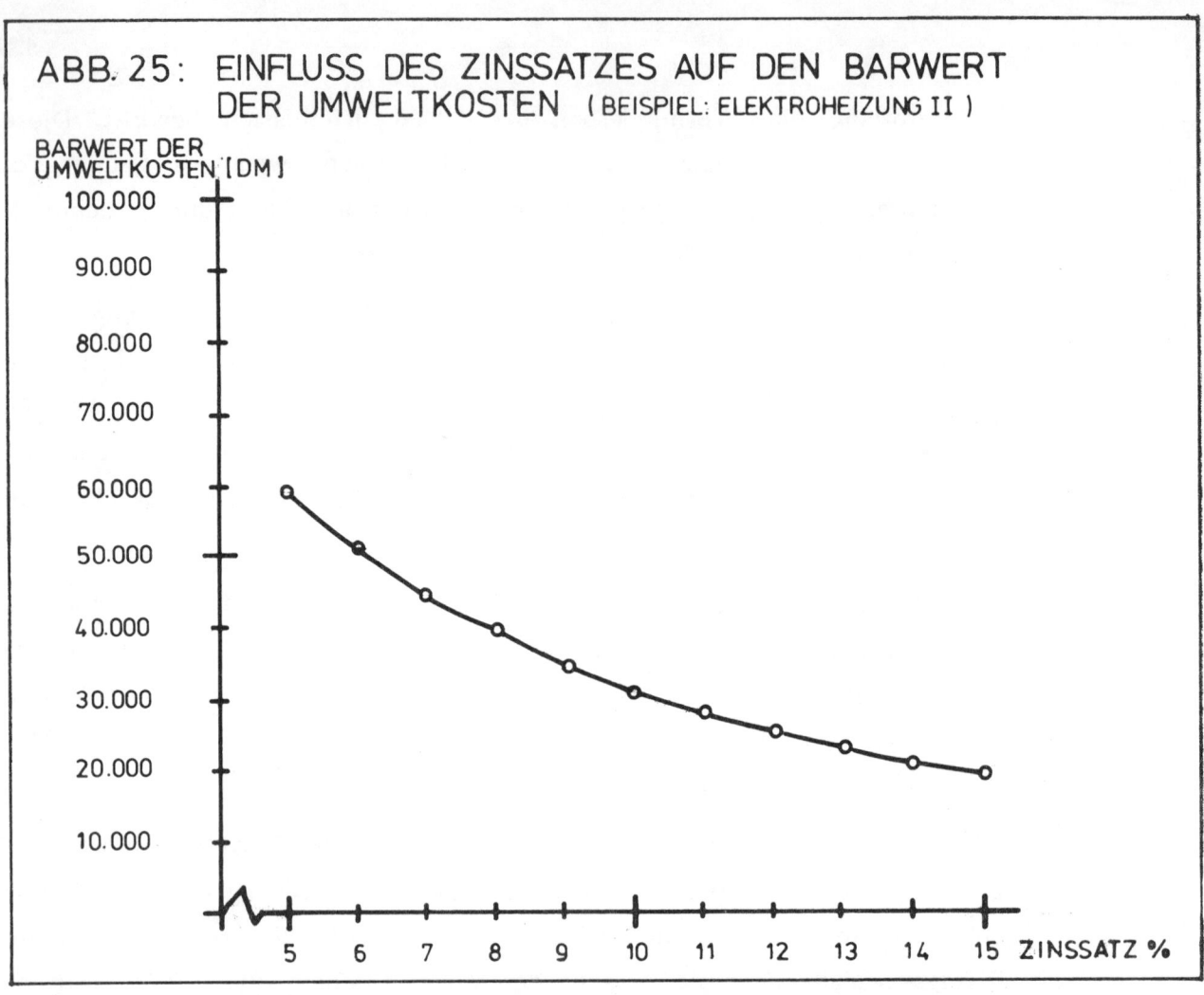

ABB. 26: EINFLUSS DER UMWELTKOSTENSTEIGERUNGSRATE AUF DEN BARWERT DER UMWELTKOSTEN (BEISPIEL: ELEKTROHEIZUNG II)

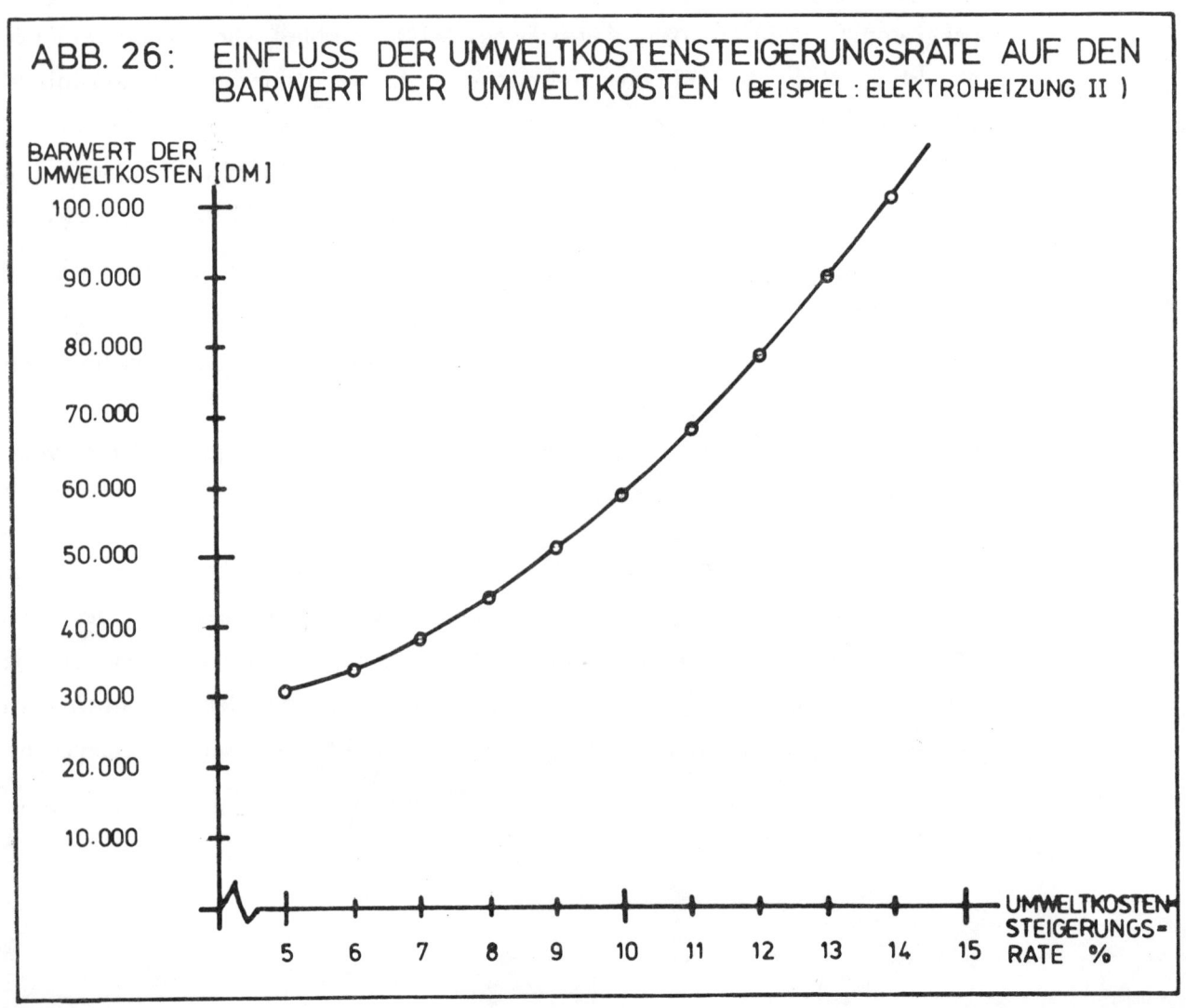

der Bandbreite der SO_2-bedingten Umweltschadenskosten aus, so übersteigen die durch die bessere Energienutzung über den Betrachtungszeitraum vermiedenen Umweltschäden die Investitionskosten für den Fernwärmeausbau um ein Mehrfaches.

Dieses Ergebnis verändert die Rahmendaten für die Aufstellung von Versorgungskonzepten insofern entscheidend, als vor allem Wirtschaftlichkeitsaspekte den Ausbau der Fernwärme aus Wärme-Kraft-Kopplungsanlagen limitieren.

Bei mit vergleichbaren Energieträgern betriebenen Systemen, wie kohlebetriebene Strom- bzw. Fernwärmeheizungen, würde eine Internalisierung der Umweltschäden tendenziell zu folgenden Effekten führen: Die Einsatzmöglichkeiten der Fernwärme würden verbessert, und es würden Gebäude und Siedlungsbereiche unter wirtschaftlichen Gesichtspunkten angeschlossen werden können, die derzeit aufgrund ihrer raum- und siedlungsstrukturellen Charakteristika als nicht oder noch nicht anschlußwürdig gelten.

Auch könnten die Einsatzmöglichkeiten der Braunkohle rationeller gestaltet werden, die derzeit aufgrund ihres geringen spezifischen Energiegehaltes als kaum transportwürdig gilt und daher vorrangig in Großkraftwerken nahe der Abbaugruben eingesetzt wird. Eine Korrektur der Kostenparameter, die Umwelteffekte miteinbezieht, könnte dazu führen, daß auch die Braunkohle für den Einsatz in Heizkraftwerken in den nahegelegenen Ballungsräumen wirtschaftlich einzusetzen wäre.

Sowohl bei der Betrachtung der Auswirkungen des Wärmeschutzes als auch bei der oben angestellten Versorgungsalternative Strom-Fernwärme ist eine Gegenüberstellung vergleichsweise unproblematisch, weil

- die Ziele der Energieeinsparung und der Verminderung der Umweltbelastung gleichgerichtet sind, und
- keine Substitution von Energieträgern unterstellt wurde. /418/

Dies gilt jedoch für andere Versorgungsalternativen nicht unbedingt:

Bei der Umstellung von Gasheizungen auf Gaswärmepumpen, ebenso wie bei der Umstellung von Ölheizungen auf Dieselwärmepumpen, ergibt sich ein Zielkonflikt zwischen Energieeinsparung und Umweltschutz. Bei der Gaswärmepumpe steht der Energieeinsparung ein erhebliches Mehr an Stickoxidemissionen gegenüber; bei der Dieselwärmepumpe ist die Energieeinsparung sowie die Verminderung der SO_2-Emission ebenfalls einer erhöhten Stickoxidemission gegenüberzustellen.

Ebenfalls ausgeprägt ist der Zielkonflikt bei gas- oder dieselbetriebenen Blockheizkraftwerken: bezogen auf die Energieressourcen steht einem geringen Mehrverbrauch an Gas oder Öl eine deutliche Gesamtenergieersparnis gegenüber. Der bei Berücksichtigung der Stromgutschrift erheblich verminderten SO_2-Emission muß eine deutliche Erhöhung der Stickoxidemission gegenübergestellt werden, die sich in der Größenordnung des ungünstigsten Heizungssystems, der Elektroheizung, bewegt. Dies gilt jedoch nur dann, wenn keine Abgaskatalysatoren eingesetzt werden (Vgl. Kap. 3.2.1)

Die Bewertung der Substitution von Energieträgern untereinander, insbesondere die aus den vielfältigsten Gründen politisch gewünschte Substitution des Energieträgers Erdöl, kann im Rahmen dieser umweltorientierten Beurteilung keine Berücksichtigung finden, sondern muß bei der Aufstellung von Versorgungskonzepten als explizit ressourcenpolitisch begründeter Faktor in die Gesamtbewertung eingehen. Ebenso muß bei Zielkonflikten zwischen Einsparungen an Energieressourcen und Erhöhung der Emissionen eine politische Abwägung erfolgen, deren Bewertungsgrundlage durch stoffliche wie monetäre Quantifizierung zwar verbessert, jedoch nicht ersetzt werden kann.

4.4.4 Für die Wirtschaftlichkeitsrechnung relevante förderungspolitische und fiskalische Randbedingungen

Nicht unerheblichen Einfluß auf die Wirtschaftlichkeitsberechnungen haben die förderungsinstrumentellen Rahmenbedingungen und die steuerlichen Abschreibungsmöglichkeiten für energierelevante Investitionen. Darüberhinaus ist die Frage, ob bauliche oder heizungstechnische Investitionen durch einen Eigenheimbesitzer selbst getragen oder aber auf die Miete abgewälzt werden, für den unter Wirtschaftlichkeitsaspekten zugrundezulegenden Betrachtungszeitraum von Bedeutung. Auch wenn die Einbeziehung dieser Faktoren in die Berechnungen aufgrund der Vielschichtigkeit und Komplexität des Förderinstrumentariums unterbleiben muß, sollen einige Aspekte genannt werden, die für die Interpretation der Ergebnisse bedeutsam sind.

Die direkte Förderung von baulichen Maßnahmen des Wärmeschutzes, die durch Mittel des Modernisierungs- und Energieeinspargesetzes /419/ (Gesamtvolumen 4,35 Mrd. DM) gewährt wurde, ist seit dem 1.1.1983 nicht mehr möglich. Wärmedämmende Maßnahmen können seitdem nur noch als

"Abfallprodukt" der allgemeinen Modernisierungsförderung, z.B. in Form wärme- und schalldämmender Fenster, durch verschiedene Programme und Gesetze des Bundes /420/ und der Länder /421/ gefördert werden. Die Verbesserung der Wirtschaftlichkeit von Wärmeschutzmaßnahmen durch direkte staatliche Förderung ist somit kaum noch gegeben.

Eine indirekte Förderung ist jedoch neben der allgemeinen Abschreibungsmöglichkeit nach § 7 und 7b des Einkommensteuergesetzes /422/ dadurch gegeben, daß nach § 82g Einkommensteuerdurchführungsverordnung /423/ energierelevante Modernisierungsmaßnahmen über 10 Jahre mit jeweils 10% abgeschrieben werden können. Das Ausmaß der dadurch erreichten Kostensenkung hängt von der Einkommenshöhe des Hauseigentümers ab und vergrößert sich mit steigendem Einkommen.

Die Umstellung des Heizungssystems auf Fernwärme, Wärmepumpen und Solarheizung sowie der Einbau von Wärmerückgewinnungsanlagen kann weiterhin mit Mitteln des ModEnG gefördert werden. Bezuschußt werden darüberhinaus Anlagen und Netze für die rationelle Energieerzeugung und -verteilung durch verschiedene Programme des Bundes und der Länder. /424/

Derartige Förderungsmaßnahmen verbilligen die Investition bzw. verkürzen den Amortisationszeitraum. Dies gilt jedoch für Hausbesitzer und Mieter in unterschiedlichem Maße. Während der Hausbesitzer den Betrachtungszeitraum der Investition nach eigener Einschätzung festlegen kann, ist für den Mieter dieser Zeitraum durch die Höhe der jährlichen Umlage der Investitionskosten bestimmt. Nach § 3 Abs. 1 des Miethöhegesetzes /425/ kann der Vermieter für Investitionen, die nachhaltig die Einsparung von Heizenergie bewirken, eine Erhöhung der Miete um 11% der aufgewendeten Kosten verlangen. /426/ Für den Mieter ist eine energiesparende Investition nur dann wirtschaftlich, wenn der Amortisationszeitraum 10-15 Jahre nicht übersteigt, wobei die Zeitspanne vom zugrundegelegten Kapitalzins abhängt.

Besonders unter Umweltgesichtspunkten ist es bedenklich, daß seit 1983 die direkte staatliche Förderung für Wärmeschutzmaßnahmen weggefallen ist und lediglich Technologien zur rationellen Energieverwendung weitergefördert werden, wie ein auf SO_2 bezogener, beispielhafter Vergleich zwischen extremer Wärmedämmung (Typ A → Typ E) und der Installierung einer bivalenten Wärmepumpe zeigt. Führt die Wärmedämmung bei einer Öleinsparung von ca. 70% gleichzeitig zu einer Verminderung der SO_2-Gesamtemission von etwa 120 kg/a, so bewirkt die Umstellung auf die bivalente Elektrowärmepumpe bei etwa gleich hoher Öleinsparung, jedoch einem nur um ca. 17% verminderten Gesamtenergieverbrauch, eine Erhöhung der SO_2-Gesamtemission um etwa 120 kg/a (Vgl. Tab. 23 u. 25).

Von Regierungsvertretern wird die Nicht-Fortführung des 4,35 Mrd-Programms u.a. mit dem Hinweis begründet, "daß hier im wesentlichen Wärmedämm-Maßnahmen gefördert..." wurden, die "... sich auch ohne Subventionen gerechnet ..." hätten. /427/ Dem ist entgegenzuhalten, daß dies nur für wenig aufwendige Wärmeschutzmaßnahmen und überdies nur für die Hausbesitzer, nicht unbedingt jedoch für die Mieter gilt.

Bei gleichzeitiger Orientierung der Förderungsrichtlinien an energiepolitischen und umweltpolitischen Zielen wäre gerade auch die aufwendigere Wärmedämmung als uneingeschränkt und nachhaltig umweltentlastende Maßnahme weiterhin zu fördern.

5. Handlungsmöglichkeiten zur Aufstellung und Durchsetzung umweltorientierter Versorgungskonzepte

5.1 Vorbemerkungen

In dem vorangegangenen Kapitel wurden die Möglichkeiten untersucht, Umweltauswirkungen von Wärmeversorgungsarten sowie von Wärmeversorgungskonzepten deutlich zu machen und, soweit möglich, Ansatzpunkte für die Bewertung zu entwickeln. Es ergaben sich gewichtige Unterschiede zwischen den einzelnen Versorgungsarten, die es gilt, bei Maßnahmen zur Veränderung der Wärmeversorgungsstruktur zu berücksichtigen.

Hieraus lassen sich zunächst einige Planungshinweise ableiten, die darauf abzielen, unter der Restriktion begrenzter Planungskapazitäten und begrenzter Investitionsmittel in möglichst effektiver Weise zur Umweltentlastung und Ressourcenschonung beizutragen.

Darüberhinaus soll die Frage untersucht werden, inwieweit das bestehende planungs- und umweltrechtliche Instrumentarium ausreicht, um die Berücksichtigung von Umweltfolgen bei der Planung von Wärmeversorgungssystemen rechtlich, organisatorisch und institutionell abzusichern.

Dies wird unter drei Aspekten beleuchtet:

- Da im geltenden Immissionsschutzrecht die Möglichkeiten, die Schadstoffabgabe durch die Art der Energienutzung zu verändern, nur ansatzweise berücksichtigt werden, wird ein Vorschlag zur diesbezüglichen Weiterentwicklung des Immissionsschutzrechts diskutiert.
- Die Möglichkeiten und Implikationen einer Abgaberegelung zur stärkeren Bindung der Energieversorgung an volkswirtschaftliche Kriterien werden erörtert.
- Schließlich wird geprüft, wie eine verstärkte Einbindung von Umweltgesichtspunkten in die Planung von Wärmeversorgungskonzepten erfolgen kann. Hierbei wird von der bestehenden planungsrechtlichen Situation sowie den gegebenen institutionellen und organisatorischen Voraussetzungen ausgegangen.

5.2 Planungshinweise für die Aufstellung umweltorientierter Versorgungskonzepte

In ähnlicher Weise wie bei der Energieeinsparung selbst, läßt sich auch hinsichtlich der Minimierung der Umweltbelastung die Tendenz feststellen, daß bei kombiniertem Einsatz von verschiedenen Maßnahmen zur besseren Energienutzung der umweltentlastende Effekt bei gleichem Mitteleinsatz tendenziell sinkt. Da bei gleichem Einsatz an Investitionsmitteln der umweltentlastende Effekt dann besonders hoch ist, wenn ungünstige Ausgangsbedingungen vorliegen, ist beispielsweise der gleichzeitige Einsatz von intensiven Wärmeschutzmaßnahmen und die Umstellung auf eine rationelle Heizungsart an einem Wärmeversorgungsobjekt in der Gesamtbilanz weniger entlastend als ein getrennter Einsatz der Maßnahmen an verschiedenen Gebäuden. Diesen Sachverhalt veranschaulicht Abb. 27.

Durch nachträgliche Isolierung von Typ A → Typ E (Fall I) bei einem Gebäude mit Elektroheizung kann eine Schadstoffentlastung beispielsweise für SO_2 von 660 kg/a erreicht werden. Die Einsparung sinkt bei gleichem Mitteleinsatz bei dem Referenzhaus auf 182,2 kg/a, wenn das Gebäude bereits durch eine rationelle Heizungsart (Fernwärme) versorgt wird. (Fall IV)

Umgekehrt sinkt auch der umweltentlastende Effekt der Fernwärme bei gleichem Aufwand für den Anschluß, wenn ein hochgedämmtes Haus (Typ E) versorgt wird (Einsparung 189,9 kg SO_2/a) (Fall III), gegenüber dem Anschluß eines schlecht isolierten Altbauhauses. (667,7 kg/a). (Fall II) (Vgl. Kap. 4.2.3, Tab. 23 u. 25)

Diese Erkenntnis gilt es damit zu verbinden, daß viele rationelle Versorgungsarten, insbesondere die Fernwärme, auf eine hohe Wärmedichte, d.h. relativ hohe Bebauungsdichte bei mäßigem Wärmeschutzstandard angewiesen sind, um eine wirtschaftliche Anschlußmöglichkeit zu geben. Somit wäre es ein Ziel der kommunalen Versorgungsplanung, die verschiedenen Maßnahmen der rationellen Energieverwendung möglichst räumlich zu trennen, um Mehrfachinvestitionen zu vermeiden. Konkret hieße dies, daß anschlußwürdige Fernwärmebereiche vorab definiert werden sollten, und die planerische Unterstützung von kostenaufwendigen, intensiven Maßnahmen des Wärmeschutzes zunächst in Gebieten außerhalb dieser Fernwärmebereiche konzentriert werden sollten. /428/

Erst nach einer möglichst weitgehenden Ausschöpfung dieser hohen Umweltentlastungsmöglichkeiten bei vergleichsweise niedrigem Mitteleinsatz sollten in einem zweiten Schritt auch rationell versorgte Gebiete wärmetechnisch verbessert werden und umgekehrt. Durch nachträgliche Isolierung auch der dann fernwärmeversorgten Gebiete kann der Wärmebedarf in diesen Bereichen weiter gesenkt werden, wodurch bei gleicher Kapazität zusätzliche, bisher mit weniger rationellen Heizungsarten

ABB. 27: UMWELTEFFEKTE BEI DER KOMBINATION VON MASSNAHMEN DER RATIONELLEN ENERGIEVERWENDUNG (BEISPIEL: SCHWEFELDIOXID-EMISSIONEN IN kg/a)

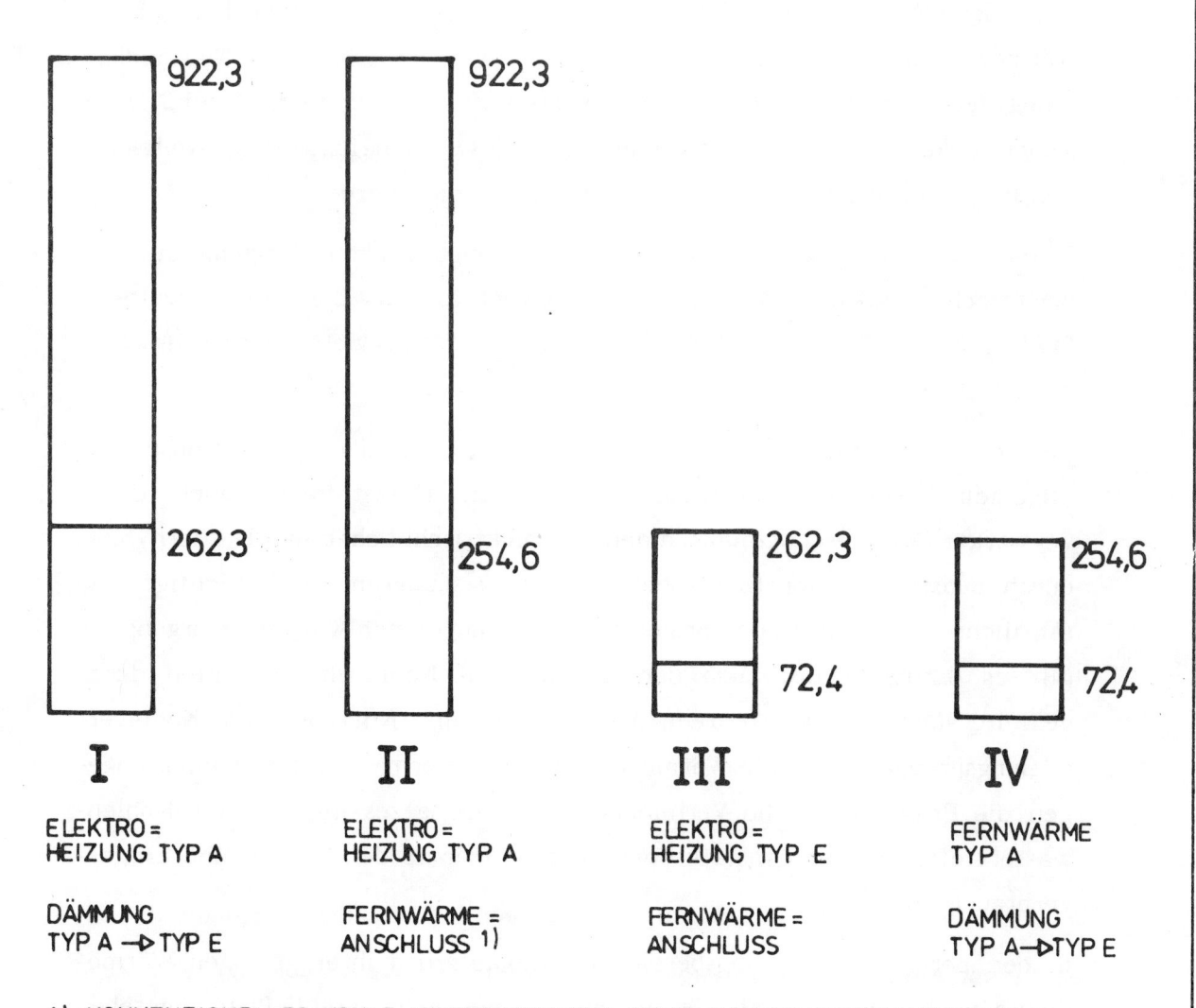

	I	II	III	IV
oberer Wert	922,3	922,3	262,3	254,6
unterer Wert	262,3	254,6	72,4	72,4

I ELEKTRO= HEIZUNG TYP A; DÄMMUNG TYP A → TYP E

II ELEKTRO= HEIZUNG TYP A; FERNWÄRME= ANSCHLUSS [1]

III ELEKTRO= HEIZUNG TYP E; FERNWÄRME= ANSCHLUSS

IV FERNWÄRME TYP A; DÄMMUNG TYP A → TYP E

[1] KONVENTIONELLES KOHLE-HEIZKRAFTWERK OHNE RAUCHGASENTSCHWEFELUNG ODER WIRBELSCHICHT

versorgte Bereiche angeschlossen werden können. /429/ Die Umweltbelastung kann dann weiter gesenkt werden. (Dieses Prinzip veranschaulicht Abb. 28). Die Voraussetzungen für einen späteren Anschluß auch der Gebiete mittlerer Dichte an die Fernwärme können durch die Errichtung von "Nahwärmeinseln", die mit Blockheizkraftwerken versorgt werden, wesentlich erleichtert werden. /430/

Da davon auszugehen ist, daß weiterhin die Preise für Energieressourcen schneller steigen als die Investitionskosten für bauliche und versorgungstechnische Maßnahmen, wird zu einem späteren Zeitpunkt auch der Fernwärmeanschluß hochgedämmter Gebäude sowie die verstärkte Wärmedämmung fernwärmeversorgter Gebiete wirtschaftlich durchführbar sein. Diese Tendenz kann durch Einbeziehung von volkswirtschaftlichen Umweltschadenskosten in die Investitionsrechnung beschleunigt werden.

Das Prinzip der gezielten, an der jeweils ungünstigsten Ausgangssituation orientierten Maßnahmenbündelung ist sowohl für das Ziel der Umweltentlastung als auch für das Ziel der Schonung der Energieressourcen anwendbar.

Bei der Priorität der Umweltentlastung sowie der Energieeinsparung allgemein geht es vorrangig darum, den Heizstromverbrauch durch verstärkte Wärmeschutzmaßnahmen an elektrisch beheizten Häusern bzw. durch Substitution von Elektroheizungen zu reduzieren. Berücksichtigt man sämtliche Schadstoffe und übrigen Nebenwirkungen der Wärmeversorgung, so gilt es darüberhinaus, auch den Einsatz von Kohle in Einzelöfen durch gezielte Maßnahmen zu reduzieren sowie die Nutzung von Kohleveredelungsprodukten für die Wärmeversorgung zu vermeiden. Setzt man hingegen die Priorität auf die Verminderung des Einsatzes importierter Kohlenwasserstoffe, so gilt es, nach dem gleichen Prinzip den Heizöl- und Erdgasverbrauch zu vermindern.

In den peripheren Siedlungsbereichen, die aufgrund ihrer geringen Wärmedichte auch langfristig als für die Fernwärme nicht anschließbar angesehen werden müssen, wären zusätzlich zu starken Wärmedämmaßnahmen weitere Einsparmöglichkeiten auszunutzen. (Insbesondere Solarenergie, motorische Wärmepumpen etc..)

ABB. 28: STRATEGIE ZUR EFFIZIENTEN UMWELTENTLASTUNG UND ENERGIEEINSPARUNG (SCHEMADARSTELLUNG)

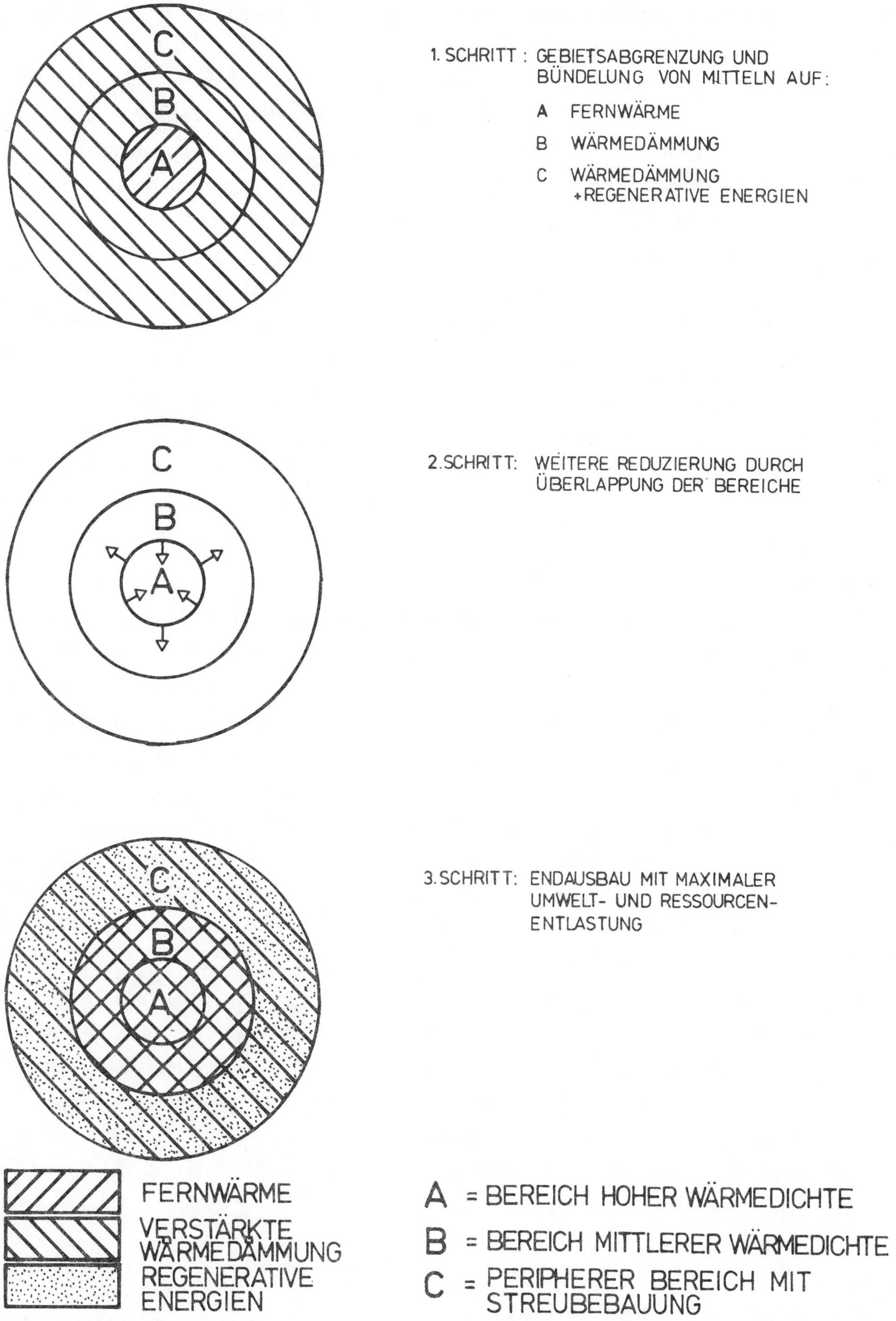

1. SCHRITT: GEBIETSABGRENZUNG UND BÜNDELUNG VON MITTELN AUF:
   - A FERNWÄRME
   - B WÄRMEDÄMMUNG
   - C WÄRMEDÄMMUNG + REGENERATIVE ENERGIEN

2. SCHRITT: WEITERE REDUZIERUNG DURCH ÜBERLAPPUNG DER BEREICHE

3. SCHRITT: ENDAUSBAU MIT MAXIMALER UMWELT- UND RESSOURCENENTLASTUNG

- FERNWÄRME
- VERSTÄRKTE WÄRMEDÄMMUNG
- REGENERATIVE ENERGIEN

- A = BEREICH HOHER WÄRMEDICHTE
- B = BEREICH MITTLERER WÄRMEDICHTE
- C = PERIPHERER BEREICH MIT STREUBEBAUUNG

5.3 Ansatzpunkte zur Durchsetzung umweltorientierter Versorgungskonzepte im immissonsschutzrechtlichen Bereich

5.3.1 Bestehende immissionsschutzrechtliche Rahmenbedingungen

Wie in Kap. 3 dargelegt, unterscheiden sich die Emissionsmengen von Schadstoffen, die mit der Beheizung der gleichen Wohnfläche verbunden sind, selbst bei gleicher umwelttechnischer Ausstattung der Feuerungsanlage und gleicher Brennstoffart erheblich. Der Unterschied ist hierbei nicht auf umwelttechnische Parameter, sondern lediglich auf die unterschiedliche Wirkungszahl der Heizungsanlage und die unterschiedliche wärmetechnische Ausstattung des Gebäudes zurückzuführen. Beide Sachverhalte werden jedoch von dem gegenwärtigen Immissionsschutzrecht nicht oder nur unzureichend erfaßt.

Das gegenwärtige Immissionsschutzrecht nach dem Bundesimmissionsschutzgesetz /431/ und seiner ersten Verwaltungsvorschrift, der technischen Anleitung zur Reinhaltung der Luft, /432/ zielt vielmehr auf folgende Sachverhalte ab: Die Begrenzung der Immission an der Einwirkungsstelle sowie die Begrenzung der Emissionen von Anlagen ohne Berücksichtigung der Effizienz.

Der Schutz vor schädlichen Umwelteinwirkungen, definiert als Schadstoffmasse pro Volumen der verunreinigten Luft, und nur für Staubniederschlag definiert als "zeitbezogene Massenbedeckung" des Bodens (Abs. 2.1.3 TA-Luft), wird durch die Festlegung von Immissionswerten (Abs. 2.5) geregelt. Hierbei gilt der Schutz vor schädlichen Umwelteinwirkungen als gesichert, wenn die festgelegten Schadstoffkonzentrationen nicht überschritten werden: /433/ "Der Schutz vor Gesundheitsgefahren" ... sowie "der Schutz vor erheblichen Nachteilen und Belästigungen durch Schadstoffe, für die Immissionswerte ... festgelegt sind, ist ... sichergestellt, wenn die Kenngrößen für die Gesamtbelastung die Immissionswerte auf keiner Beurteilungsfläche ... überschreiten". (Abs. 2.2.1.2 TA-Luft). Beträgt die durch eine Anlage bewirkte Zusatzbelastung nur 1% des Immissionswertes, soll sie auch bei Überschreitung des Immissionsgrenzwertes genehmigt werden. (Abs. 2.2.1.1 b). Ergänzt wird die Orientierung am Immissionswert durch die Möglichkeit einer Einzelprüfung in Hinblick auf "besonders empfindliche Tiere, Pflanzen und Sachgüter" (Abs. 2.2.1.3.) und die Möglichkeit, in "Reinluftgebieten" die Massenkonzentration für Schwefeldioxid im Jahresmittel auf einen niedrigeren Wert (0,05 bzw. 0,06 mg/m^3) zu begrenzen, wenn dieser Wert vorher bereits eingehalten worden ist.

Diese Regelung, trotz der Differenzierung nach Gebiet und Einwirkungsobjekt, läßt die Möglichkeit offen, durch Verbesserung der Ableitbedingungen und durch weiträumigere Verteilung der Emissionen die Genehmigungsvoraussetzungen für eine Anlage zu erreichen, ohne daß die Emissionsmenge verändert wird. An diesem statischen Ansatz, der davon ausgeht, daß eine gleichbleibende Konzentration von Schadstoffen auch nur gleichbleibende (tolerierbar geringe) Schäden für die Umwelt nach sich zieht, ist wie in Kap. 3.2.2 bereits ausgeführt, vor allem zu kritisieren, daß langfristig kumulative Effekte aufgrund des Massenerhaltungsgesetzes nicht berücksichtigt werden, und daß erhebliche Schäden der Vegetation durch Festlegung der Immissionswerte offensichtlich nicht verhindert werden können.

Die Emissionsbegrenzung für Kraftwerke und Heizkraftwerke wird in der Großfeuerungsanlagenverordnung durch Festlegung des maximal zulässigen Schadstoffgehaltes in der Abluft geregelt. Darüberhinaus wirkt die Festlegung des Schwefelgehaltes im Brennstoff ebenfalls emissionsbegrenzend.

Es bleibt jedoch sowohl bei der Immissionsbegrenzung wie bei der Festlegung von Emissionsgrenzwerten die Frage nahezu unberührt, was mit der Inkaufnahme der zugelassenen Schadstoffemission an Gütern und Dienstleistungen produziert wird, bzw. für den Fall der Wärmeversorgung, ein wie großer Anteil des Wärmebedarfs tatsächlich gedeckt wird.

Die in der GFVO festgesetzte Möglichkeit, kleine Kraftwerke mit Wärmeauskopplung von der Pflicht zur Installierung einer Rauchgasentschweflungsanlage zu entbinden, berücksichtigt zwar die Energieausnutzung der Umwandlungsanlage, geht hierbei jedoch aus wirtschaftlichen Gründen hinter die technischen Möglichkeiten der Emissionsminderung zurück.

5.3.2 Vorschlag zur Ergänzung des Immissionsschutzrechts: der energiedienstleistungsabhängige Emissionsgrenzwert

Um der Tatsache Rechnung zu tragen, daß die heizungsabhängigen Schadstoffemissionen nicht nur vom Brennstoff und der technischen Ausgestaltung der Feuerungsanlage, sondern in hohem Maße auch von dem Energieausnutzungsgrad und der bautechnischen Gestaltung des zu beheizenden Objektes abhängen, wird die Einführung eines energiedienstleistungsabhängigen Emissionsgrenzwertes für Heizungsanlagen vorgeschlagen. Beurteilungsgrundlagen müßten hierbei die Emissionen des gesamten Wärmeversorgungssystems incl. aller Umwandlungsstufen sein und der Emissionsgrenzwert wäre in einer Einheit "Schadstoffmenge pro m^2 beheizte Fläche und Jahr" anzugeben.

Vom Prinzip her würde sich eine solche Regelung in das System des gegenwärtigen Immissionsschutzrechts einfügen, nur wäre der Begriff der "Anlage" für den Fall der Wärmeversorgung so zu definieren, daß das Gesamtsystem, das zur Bereitstellung der erforderlichen Raumwärme notwendig ist, erfaßt wird. Eine solche produktbezogene Betrachtungsweise würde dem nach Abs. 2.1.2 c der TA-Luft möglichen produktbezogenen Emissionsfaktor (z.B. kg/Schadstoff pro t erzeugten Materials) entsprechen, wenn man als "Produkt" der Wärmeversorgung die Energiedienstleistung "warmer Raum" definiert.

Die Wirkung eines solchen, an die Versorgungsqualität gebundenen Emissionsgrenzwertes wäre die, daß bei Systemen mit hohen spezifischen Emissionsmengen größere Anstrengungen zur Verminderung des Nutzenergieverbrauchs geleistet werden müßten. Dies bedeutet, daß also bei stark emittierenden Systemen beispielsweise besondere Anstrengungen zur Erhöhung des Wärmeschutzes notwendig wären, um die gleiche Emissionsmenge zu erreichen, wie sie bei den Standardanforderungen an den Wärmeschutz und emissionsmäßig günstigeren Systemen abgegeben wird. Hierdurch würde unter Umweltgesichtspunkten dem Gleichbehandlungsprinzip eher entsprochen. Um eine Verbesserung der Umweltsituation zu erreichen, wären die Grenzwerte an derzeit technisch möglichen, günstigen Systemkombinationen zu orientieren und entsprechend der Weiterentwicklung der technischen Möglichkeiten fortzuschreiben.

Eine brennstoffbezogene Differenzierung der Grenzwerte, wie sie in der Großfeuerungsanlagenverordnung bereits enthalten ist /434/, würde der grundsätzlichen Benachteiligung der Kohle als Energieträger entgegenwirken.

Ein energiedienstleistungsabhängiger Emissionsgrenzwert könnte in folgenden Anwendungsfällen wirksam werden:

a. Einhaltung des Emissionsgrenzwertes als Genehmigungsvoraussetzung für Neubauten

Die Überwachung und Einhaltung des energiedienstleistungsbezogenen Emissionsgrenzwertes könnte bei der Genehmigung von Neubauten im Rahmen des Baugenehmigungsverfahrens erfolgen, da hier die Überprüfung auch bautechnischer Parameter durchgeführt wird. Die rechnerisch für die Wärmeversorgung des Gebäudes erforderliche Nutzenergiemenge ist im Rahmen des Baugenehmigungsverfahrens ohnehin zu ermitteln. Die emissionsbezogenen Kennwerte könnten bei Einzelheizungen anhand der zugelassenen Brennstoffe sowie der technischen Charakteristika des vorgesehenen Heizungssystems ermittelt werden, bei leitungsgebundenen Energien müßten die Versorger die nutzenergiespezifischen Emissionen für ihren Versorgungsbereich ermitteln und angeben.

Ist der vorgegebene Emissionsgrenzwert überschritten, so kann der Versorger bzw. der Bauherr eine Genehmigung dennoch erreichen, indem

- die Emissionsmenge durch technische Maßnahmen gesenkt wird (z.B. Einbau einer Rauchgasentschweflungsanlage),
- der Gesamtwirkungsgrad der Heizungsanlage verbessert wird (z.B. Einsatz von Wärmepumpen/Wahl des Kraftwerksstandortes oder der -auslegung so, daß eine Fernwärmeversorgung ermöglicht wird),
- der Wärmeschutzstandard über die vorgegebenen Anforderungen hinaus erhöht wird (z.B. Verbesserung des Wärmedurchgangswertes/Einsatz einer Wärmerückgewinnungsanlage).

Eine solche Anforderung hätte zur Folge, daß gegenüber der starren Begrenzung einer Systemkomponente sich die technisch und wirtschaftlich günstigste Systemkombination bei gleichen, niedrigen Umweltauswirkungen herausbilden könnte. Die bereits erwähnte schwedische Regelung, nach der Elektrodirektheizungen nur bei einer gegenüber dem normalen schwedischen Standard um 40% verbesserten wärmetechnischen Ausstattung des Gebäudes zugelassen werden dürfen, kann als Ansatz für ein solches Konzept gewertet werden.

b. Regelungsmöglichkeiten für bestehende Gebäude

Bei bestehenden Gebäuden wäre die Einführung eines wohnflächenbezogenen Emissionsstandards aus technischen wie aus wirtschaftlichen Gründen nur schrittweise möglich. Dennoch sollten die Umweltbeeinträchtigungen auch hier ganzheitlich, d.h. unter Berücksichtigung der umwelttechnischen, energietechnischen und gebäudetechnischen Gesichtspunkte betrachtet werden. Ansatzpunkte zu einer möglichen rechtlichen Regelung bestehen bei der Änderung von Heizungssystemen, deren Genehmigung davon abhängig gemacht werden könnte, daß entweder ein umweltfreundliches Heizungssystem installiert wird, oder gleichzeitig Wärmeschutzmaßnahmen eines vorzugebenden Standards am Gebäude durchgeführt würden.

Ein energiedienstleistungsbezogener Grenzwert als nutzungsabhängiger Grenzwert hat gegenüber einem anlagenbezogenen Grenzwert zudem den Vorteil, daß er sich auf die tatsächlich zu erwartende Emissionsmenge bezieht, während bei einem anlagenbezogenen Grenzwert die effektive Emissionsmenge durch die unterschiedliche Auslastung der Anlage stark schwanken kann. So kann beispielsweise durch Nichtgenehmigung eines Nachtspeicherheizungsanschlusses oder durch Reduzierung des benötigten Heizstroms durch bautechnische Maßnahmen die Emissionsmenge am Kraftwerk reduziert werden, ein Aspekt, der für die anlagenbezogene Beurteilung bei der Genehmigung des Kraftwerks selbst keine Rolle spielt.

In vergleichbarer Weise erhebt sich die Frage, ob der Begriff des "Standes der Technik", der als Orientierungsgröße für die Festlegung von Emissionsstandards und die Beurteilung der Genehmigungsfähigkeit von Anlagen im Bundesimmissionsschutzgesetz verankert ist, nicht ebenfalls zu erweitern ist. Die Frage, ob der definierte "Stand der Technik" - wie bisher üblich - lediglich auf das Feuerungssystem beschränkt bleiben oder auf das Heizungssystem bzw. auf das gesamte Wärmeversorgungssystem ausgeweitet wird, hat erhebliche praktische Bedeutung, wie am folgenden Beispiel gezeigt werden kann:

Die anteilige Emissionsmenge, die einem hochgedämmten, mit Fernwärme aus einem Wirbelschichtkraftwerk versorgten Gebäude zuzuordnen ist, ist um ein vielfaches geringer, als die anteilige Emissionsmenge eines Normalhauses mit Elektroheizung, dessen Feuerungsanlage den Anforderungen der Großfeuerungsanlagenverordnung und damit dem derzeitigen "Stand der Technik" entspricht. Auch wenn es aus verschiedenen Gründen nicht möglich sein dürfte, die o.g., umweltfreundlichste Systemkombination kurzfristig zum allgemeinen Standard zu erheben, zeigt dieses Beispiel doch, daß es sinnvoll ist, den Begriff des "Standes der Technik" über die anlagenbezogene Betrachtungsweise hinaus zu erweitern.

Da die Raumwärmeversorgung jedoch nur einen Teil des Energieverbrauchs bzw. der Umweltbeanspruchung verursacht, kann das hier vorgeschlagene Verfahren nur als Ergänzung, keinesfalls aber als Ersatz bestehender immissionsschutzrechtlicher Regelung eingesetzt werden.

5.4 Rechtliche und organisatorische Aspekte bei der Einführung einer Emissionsabgaberegelung

5.4.1 Ansatzpunkte für eine Emissionsabgaberegelung

Die Einführung einer Emissionsabgabe bzw. einer Emissionssteuer, deren ökonomische Auswirkungen in Kap. 4.4 am Beispiel Schwefeldioxid für den Betrieb von verschiedenen Wärmeversorgungssystemen untersucht wurde, soll im folgenden auf ihre Umsetzbarkeit hin untersucht werden.

Im Idealfall sollen bei einer solchen Regelung die volkswirtschaftlichen Verluste durch Kostenzuweisung an die Verursacher abgewälzt werden, damit sie ihren Gewinn nur unter Berücksichtigung der anfallenden volkswirtschaftlichen Kosten maximieren können /435/, bzw. der Verbraucher in seinen Bestrebungen zur Minimierung der Kosten für die Raumheizung die volkswirtschaftlichen Kosten mitberücksichtigen muß. Gelänge es, die volkswirtschaftlichen Kosten hinreichend exakt zu messen, so würde durch ein solches Instrument "die Fehlallokation aufgehoben und die künstliche Protektion beseitigt, die umweltintensiv produzierende Wirtschaftszweige bei einem Nulltarif der Umweltnutzung erhalten" /436/.

Eine vergleichbare Regelung liegt für die Bundesrepublik im Ansatz nur für den Bereich der Wasserwirtschaft vor, wo durch das Abwasserabgabengesetz /437/ die Verschmutzung von Oberflächengewässern mit einer Abgabe belegt ist, die durch den Verursacher getragen werden muß. Für den Bereich des Lärmschutzes wird die im Prinzip vergleichbare Einführung einer Lärmabgabe durch verschiedene detaillierte Vorschläge angeregt. /438/439/

Für den Bereich der Luftschadstoffe wird die erstmals von Pigou bereits 1912 vorgeschlagene, /440/ auch "Pigou-Steuer" genannte Emissionsabgabe insbesondere von Siebert /441/442/ gefordert, ohne jedoch bisher in der Bundesrepublik in praktische Politik umgesetzt worden zu sein.

In Norwegen existiert jedoch bereits eine SO_2-Emissionsabgabe, eine entsprechende Regelung für die USA liegt als Gesetzentwurf vor. /443/

Für die Bundesrepublik wurde erstmals durch das Land Hessen im Januar 1983 eine Gesetzesinitiative für ein Schwefelabgabengesetz in den Bundesrat eingebracht. /444/

Wie in Kap. 4.4.2 ausgeführt, ist das vollständige Erreichen der "theoretischen Fiktion eines paretianischen Marktoptimums" /445/ im Pigou'schen

Sinne vor allem deshalb nicht möglich, weil eine vollständige ökonomische Meßbarkeit von Umweltschäden aus erhebungstechnischen und methodischen Gründen derzeit nicht möglich ist und auch voraussichtlich in Zukunft nicht erreicht werden kann.

Dennoch kann durch Einbeziehung derjenigen volkswirtschaftlichen Schäden, die mit einer gewissen Wahrscheinlichkeit eine Mindestgröße der durch Umwelteinwirkung entstehenden Verluste widerspiegeln, wenigstens eine Verminderung der Fehlleitung der Faktorallokation erreicht werden. Eine Internalisierung ist also als wichtiger Schritt in die richtige Richtung zu werten; sie ist jedoch in jedem Fall nur als Teillösung des Problems zu betrachten.

Zu prüfen ist allerdings, ob das Festmachen der Abgaberegelung an einem umweltrelevanten Faktor nicht Anpassungsprozesse nach sich zieht, die zwar zur Verminderung dieses einen Faktors führen, bezüglich nicht erfaßter Umweltfaktoren jedoch eine Erhöhung bewirken.

Vor diesem Hintergrund sind die möglichen Regelungen für die Einführung einer Emissionsabgabe zu diskutieren. /446/

Für die praktische Einführung einer Emissionsabgabe für Schwefeldioxid sind folgende Regelungen denkbar:

a. Belegung aller Emissionen mit einer Abgabe

Sämtliche Emissionen werden in Abhängigkeit von der abgegebenen Schadstoffmenge in einer Abgabe erfaßt. Eine solche Regelung hätte den Vorteil, daß die Verbesserung der Faktorallokation nicht nur für bestimmte, stark emittierende Systeme gelten würde, sondern auch bei geringeren Emissionsmengen noch ein Anreiz besteht, die Schadstoffabgabe weiter zu vermindern. Da die Abgabe auf den Endenergiepreis umzulegen wäre, würde der Nutzer, der ein stark emittierendes Heizungssystem installiert, durch hohe Gesamtkosten für die Heizung belastet; die Einsatzbedingungen für umweltbelastende Heizungssysteme würden sich somit verschlechtern.

Die eingenommene Abgabe kann zweckgebunden dazu verwendet werden, Investitionen mit emissionsmindernder Wirkung zu subventionieren, um die Wirtschaftlichkeit derartiger Maßnahmen zu erhöhen. Die Subventionshöhe wäre ebenfalls an der Menge der Schadstoffverminderung zu orientieren. Eine finanzielle Unterstützung wäre dann sowohl für technische Emissionsminderungsmaßnahmen wie für Maßnahmen der rationellen Energieverwendung vorzusehen.

b. Festlegung einer abgabefreien "Sockelemission"

Analog dem Abwasserabgabegesetz wird ein "Mindestfreibetrag" an Verschmutzungsrechten zugebilligt. Nur wer höhere Emissionen abgibt, muß die Emissionsabgabe zahlen, wobei eine lineare Schadstoff-Kosten- Zuordnung oder auch eine überlineare, progressive Regelung möglich ist. Vorteil einer solchen Regelung wäre vor allem, daß der Verwaltungsaufwand für die Einziehung der Emissionssteuer dadurch minimiert würde, daß nur die stark emittierenden Systeme erfaßt werden müßten.

Allerdings wäre bei einer solchen Regelung sicherzustellen, daß die Mindestabgabegrenze, gemessen an den Möglichkeiten der Emissionsvermeidung, niedrig liegen müßte und die Abgabe höher als die Kosten der Emissionsverminderung angesiedelt wären, um den Effekt einer lizensierten "Emissionserlaubnis" zu vermeiden, der als Kritik am Abwasserabgabengesetz vielfach geäußert worden ist. /447/

c. Abgabe nur für bestimmte Großfeuerungsanlagen (Gesetzentwurf des Landes Hessen)

Ähnlich konzipiert ist der Gesetzentwurf des Landes Hessen zum Emissionsabgabegesetz. /448/

Die Emission wird nur von einigen, stark emittierenden Großanlagen erhoben, sofern sie über eine bestimmte, festgelegte Mindestemission hinaus Schadstoffe abgeben. Nach § 1 des Entwurfs zum Schwefelabgabengesetz sollen nur Anlagen mit einer Feuerungswärmeleistung von mehr als 50 MW und einer Gesamtemission von mehr als 10 t SO_2 pro Jahr mit einer Abgabe belastet werden.

Die Höhe der Abgabe beträgt nach dem hessischen Vorschlag 2000 DM/t SO_2 (§ 2 Abs. 1), wobei nur diejenigen Emissionen mit der Abgabe belegt werden sollen, die bei maximal 1,2% Schwefel im Brennstoff mehr als 300 mg/m^3 Abgas betragen. 500 mg/m^3 bleiben nach der Vorlage bei festen Brennstoffen mit mehr als 1,2% Schwefel abgabenfrei, bei gasförmigen Brennstoffen soll der Wert 35 mg/m^3 betragen. (§3)

Gegen diesen Vorschlag werden folgende Einwände vorgebracht:

Bei nicht vollständiger meßtechnischer Erfassung aller Emittenten könnte das Ziel des vorgeschlagenen Instrumentes verfehlt oder gar ins Gegenteil verkehrt werden. So wird durch das Land Baden-Württemberg gegen die vorgeschlagene Gesetzesinitiative vorgebracht, daß nicht alle Anlagen über die technischen Voraussetzungen zur Messung der abgegebenen Schwefelmengen verfügen, was die Betreiber dazu veranlassen könnte, gerade in den "nicht-meßbaren Anlagen" besonders schwefelreiche Brennstoffe zu verfeuern, was dem ökonomischen wie dem umweltpolitischen Ziel des Gesetzes zuwiderlaufen würde. /449/ Eine ähnliche Befürchtung hegt auch das Land Rheinland-Pfalz aufgrund der Begrenzung auf 50 MW, da auch diese Regelung dazu führen könnte, daß schwefelreiche Brennstoffe gerade in kleinen Anlagen eingesetzt werden könnten.

Die Befürchtungen sind insofern berechtigt, als nach § 27 Abs. 1 BImSchG nur die Betreiber der in den festgelegten Belastungsgebieten gelegenen genehmigungsbedürftigen Anlagen verpflichtet sind, die Emissionsmenge nach "Art, Menge, räumlicher und zeitlicher Verteilung" zu erheben und im Rahmen einer Emissionserklärung /450/ der zuständigen Behörde mitzuteilen. Außerhalb der Belastungsgebiete beschränkt sich die Abgabepflicht der Emissionserklärung hinsichtlich heizungsrelevanter Anlagen auf "Feuerungsanlagen mit einer Feuerungswärmeleistung von mehr als 1000 MW" und "Anlagen zur Destillation oder sonstigen Weiterverarbeitung von Erdöl mit einem Rohöldurchsatz von mehr als 2,5 Millionen Tonnen je Jahr". /451/ Bei kleineren Anlagen außerhalb der Belastungsgebiete ist demgegenüber nur eine "vereinfachte" Emissionserklärung notwendig, die lediglich "Basisdaten über die Anlage enthält". /452/

In der Großfeuerungsanlagenverordnung von 1983 wird allerdings festgelegt, daß auch Altanlagen generell mit Meßeinrichtungen ausgerüstet werden müssen und auch Betreiber von kleineren Anlagen zu regelmäßigen Messungen verpflichtet werden. Der genannte Einwand hat somit nur für eine Übergangszeit eine gewisse Gültigkeit, da Anlagen mit einer Restnutzungsdauer von höchstens 15.000 Stunden von der Nachrüstungspflicht entbunden sind. /453/

Durch Verkürzung dieses Zeitraums kann die Lücke in der Gesetzesvorlage geschlossen werden.

Die Emissionsabgabe soll zweckgebunden für Beihilfen zur Durchführung von technischen Emissionsminderungsmaßnahmen wie für diesbezügliche Forschungs- und Entwicklungsvorhaben verwendet werden. (§8 des Entwurfs)

Dem Verursacherprinzip wird durch die unter a. vorgeschlagene vollständige Erfassung aller Emissionen am ehesten entsprochen; unter Allokationsgesichtspunkten erscheint diese Regelung als die günstigste. Für die Ansätze, die von einer abgabefreien "Sockelemission" ausgehen, sprechen vor allem pragmatische Gründe wie die Möglichkeit des unproblematischen, unbürokratischen Vollzugs. /454/

Dennoch erscheint für den Schadstoff Schwefeldioxid sowie für andere, durch Inhaltsstoffe im Brennstoff verursachte Emissionen (Halogenverbindungen, Schwermetalle) eine vollständige Erfassung aus folgenden Gründen mit vertretbarem Aufwand durchführbar:

- Die bei großtechnischen Energieumwandlungsprozessen entstehenden Emissionen werden ohnehin überwacht und angegeben. Die angegebenen Emissionen, die bei einer Abgaberegelung allerdings möglicherweise genauer kontrolliert werden müßten, dienen als Grundlage für die Bemessung der Abgabe. Sie müßten anteilig auf den Endenergiepreis umgelegt werden.

- Bei Einzelfeuerungsanlagen müßte der in der Endenergie enthaltene Schwefel Grundlage für die Erhebung der Emissionsabgabe sein. Der im Heizöl enthaltene Schwefel muß nach Bundesverordnung /455/ ohnehin ermittelt werden, was eine Abgabe entsprechend dem Schwefelgehalt durch den Raffineriebetreiber oder den Importeur möglich macht. Für andere, dezentral verfeuerte Energieträger wären entsprechende Regelungen zu schaffen. Durch Umlage der Abgabe auf den Preis für die Endenergie wäre so eine Internalisierung der Effekte auch der Hausbrandemission möglich.

Für die Emissionsarten, die überwiegend durch den Verbrennungsprozeß selbst entstehen (NO_x, CO, C_nH_m), erscheint eine vergleichbare Regelung aus organisatorischen Gründen jedoch zu aufwendig, da entweder Bauart und Betriebszustand jeder Feuerungsanlage ermittelt werden müßten oder Messungen auch an den dezentralen Versorgungsanlagen die Voraussetzung wären.

Hinsichtlich der Vergabe der über die Emissionsabgabe eingenommenen Mittel ist die Gesetzesvorlage insofern zu kritisieren, als die Internalisierung nur auf dem Wege der Unterstützung technischer Emissionsminderungsmaßnahmen erfolgt; die Möglichkeiten der Entlastung durch rationelle Energieverwendung werden nicht erfaßt. Um auch diesen Aspekt zu berücksichtigten, wären Zuschüsse zu baulichen und versorgungstechnischen Maßnahmen zu vergeben, deren Bemessungsgrundlage die vom Antragsteller zu quantifizierende Schadstoffreduzierung wäre. Der für die Vergabe und Prüfung erforderliche Verwaltungsaufwand ist allerdings schwer abschätzbar.

5.4.2 Nebeneffekte einer Abgabenregelung

Die Einführung einer schadstoffbezogenen Emissionsabgabe hat neben der wirtschaftlichen Unterstützung von Systemen zur rationellen Energieanwendung oder von emissionsmindernden Techniken, auch zur Folge, daß Brennstoffe mit geringem Schadstoffgehalt (insbesondere Erdgas, aber auch Erdöl) gegenüber der schadstoffreicheren Kohle einen Preisvorteil erhalten und dadurch ihre Einsatzmöglichkeiten verbessern. Auch wenn eine solche Tendenz unter Umweltgesichtspunkten wünschenswert ist, stehen doch gewichtige ressourcenpolitische und außenhandelspolitische Gesichtspunkte einer verstärkten Substituierung von Kohle durch überwiegend importierte Kohlenwasserstoffe entgegen.

Dennoch sollte dieser Effekt nicht als Argument gegen eine Emissionsabgabe gewertet werden, da die durch die Abgabe bewirkte Energiepreiserhöhung nur die tatsächlich entstehenden volkswirtschaftlichen Belastungen widerspiegelt und notwendig ist, um Preisverzerrungen im Vergleich mit Maßnahmen der rationellen Energieverwendung zu vermindern. Um die entstehende Preisdifferenz zwischen den Energieträgern auszugleichen, wäre es sachgerechter, das ressourcenpolitische Interesse an einer Zurückdrängung der Importenergieträger Öl und Gas dadurch explizit politisch auszudrücken, daß auf die Brennstoffe eine Ressourcenabgabe erhoben wird, die ebenfalls gezielt zur Unterstützung von Maßnahmen der rationellen Energieverwendung einzusetzen ist.

Damit bleibt die Verbesserung der Faktorallokation im Vergleich mit Maßnahmen der rationellen Energieverwendung erhalten. Durch Einführung der ebenfalls volkswirtschaftlich zu begründenden Ressourcenabgabe können weitere Impulse zur Verbesserung der Energienutzung gegeben werden, ohne daß dies mit energiepolitisch bedenklichen Substitutionsprozessen verbunden sein müßte.

Gewichtige Bedenken bestehen dann, wenn die Orientierung der Emissionssteuer an bestimmten Verunreinigungskomponenten nur zur Senkung der Emission bestimmter Schadstoffe, nicht jedoch zur Senkung der Umweltbelastung insgesamt führt. Allgemein ausgedrückt: Die Anknüpfung eines ökonomischen Ausgleichsmechanismus an eine bestimmte Indikatorvariable kann nur dann zu einer Verbesserung der Faktorallokation führen, wenn der Indikator den volkswirtschaftlichen Nachteil umfassend beschreibt. /456/

So ist beispielsweise der Effekt der wirtschaftlichen Begünstigung der Kernenergie durch eine nur auf konventionelle Schadstoffe bezogene Emissionsabgabe problematisch. Die Tatsache, daß die mit der Kernenergie verbundenen Probleme nur mit größten Vorbehalten mit denen konventioneller Energieumwandlungsanlagen verglichen werden können, bedeutet nicht, daß sie in einer ökologischen Gesamtbewertung geringer wären. Der Vorteil, den die Kernenergie aus einer auf konventionelle Schadstoffe bezogenen Emissionsabgabe ziehen würde, weil sie keine konventionellen Schadstoffe abgibt, sondern andersgeartete Probleme verursacht, wäre durch entsprechende Ausgleichsmaßnahmen zu korrigieren.

Insgesamt ist ein ökonomisches Anreizsystem in Form einer Emissionssteuer aus ökonomischen, energiepolitischen und umweltpolitischen Gründen vorteilhaft, sofern

- es nur als Ergänzung des bestehenden und fortzuschreibenden ordnungspolitischen Instrumentariums (Grenzwerte) eingesetzt wird,
- die Abgaben zweckgebunden für emissionsmindernde Maßnahmen der rationellen Energieverwendung, technische Maßnahmen der Emissionsreduzierung und schließlich auch für Maßnahmen der Schadensreduzierung verwendet werden,
- die Höhe der Emissionsabgabe den fortschreitenden Erkenntnissen über das Ausmaß der ökonomischen Schäden fortlaufend angepaßt wird und
- unerwünschte Nebeneffekte durch flankierende Maßnahmen verhindert werden.

Daß sich eine Abgaberegelung ohne besondere Probleme in das gegenwärtige Immissionsschutzrecht eingliedern lassen würde, ergaben auch diesbezügliche Untersuchungen von Benkert. Es "zeigt sich, daß die Erhebung einer Abgabe mit ..." den gegenwärtig eingesetzten "... umweltpolitischen Strategien kompatibel ist". /457/

5.4.3 Durch die vorgeschlagene Abgaberegelung nicht erfaßte, ökonomisch bedeutsame Effekte der Ressourcenbeanspruchung

Viele der in Kap. 3.3 ermittelten boden- und gewässerressourcenbezogenen Nebenwirkungen verursachen volkswirtschaftlich bedeutende Kosten, die nicht oder nicht vollständig von den Energieumwandlungs- und -gewinnungsunternehmen getragen und über die Abwälzung auf den Energiepreis in die Kosten für die Wärmeversorgung einbezogen werden.

Da jedoch eine ausführliche Erörterung der Möglichkeiten, auch diese externen Effekte kostenmäßig zu erfassen und durch die Emissionsabgabe vergleichbare wirtschaftspolitische Steuerungsinstrumente zu internalisieren, den Rahmen und die Zielrichtung dieser Untersuchung sprengen würde, sollen hier lediglich einzelne Aspekte exemplarisch aufgezeigt werden.

Für nicht oder nicht vollständig internalisierte volkswirtschaftliche und einzelwirtschaftliche Kosten mögen folgende Beispiele gelten:

- Die Abwärme von Kraftwerken und anderen Energieumwandlungsanlagen wird durch das Abwasserabgabengesetz nicht erfaßt, /458/ obwohl die Abwärme nach den Kriterien der LAWA als Belastungsfaktor einzustufen ist. Die Einführung einer Abwärmeabgabe als Instrument zur Umwelt- und Ressourcenschonung wird allerdings diskutiert. /459/460/

- Die Flächen, die durch die Aufhaldung von Bergematerial in Anspruch genommen werden, werden durch die bergbautreibenden Unternehmen zwar käuflich erworben - nicht einbezogen sind jedoch die Opportunitätskosten, die bei Nutzung der Fläche durch andere Nutzungsarten (z.B. Bauland) anzulegen wären. Dies ist insofern bedeutsam, als gerade im Norden des Ruhrgebiets viele Gemeinden durch den zunehmenden Flächenanspruch für Halden erheblich in ihren Entwicklungsmöglichkeiten eingeschränkt sind und die Nutzungskonkurrenz zu hochwertigen Nutzungen hier durchaus existiert.

- Auch durch die Schutzzonen, die aus Immissionsschutzgründen in NW für Wohngebiete in der Regel nicht genutzt werden können, entstehen zusätzlich zu den Nachteilen materieller und immaterieller Art, die durch die Immissionen verursacht werden, weitere Aufwendungen, die von der öffentlichen Hand bzw. von der betroffenen Bevölkerung getragen werden müssen. /461/

  a. Bei nicht wirtschaftlich genutzten Abstandsflächen entstehen Opportunitätskosten in Form von entgangenen Gewinnen sowie sinkenden Grundstückspreisen.

  b. Die Unterhaltung der aufgrund der Belastungen nicht anders nutzbarer Schutzzonen (z.B. keine Naherholungsmöglichkeiten) selbst muß finanziert werden. /462/

- Die Ersatzwasserlieferungen der Braunkohlenbetriebe an Wasserwerke, deren verfügbare Wasserressourcen durch die bergbaulichen Tätigkeiten zurückgehen, werden durch das bergbautreibende Unternehmen abgegolten.

Ebenso erfolgen finanzielle Beteiligungen an den Investitions- und Betriebskosten für Brunnenvertiefungen als direkter Folge des Wasserentzugs durch die Grundwassersümpfungen. Zusätzlich entstehen jedoch dadurch volkswirtschaftliche Kosten, daß durch quantitative Verminderung des Wasserdargebots (z.B. durch Sümpfungsmaßnahmen beim Braunkohletagebau bzw. bei starkem Entzug von Oberflächenwasser durch die Verdunstung der Kraftwerke) oder durch qualitative Verschlechterung der Gewässer (z.B. Versalzung der Lippe) weiträumige wasserwirtschaftliche Ausgleichsmaßnahmen erforderlich werden. So weist Zwintscher auf die Tatsache hin, daß die Verschlechterung der Gewässergüte zu Mehrkosten führt, die entweder in einem erhöhten Aufwand für die Aufbereitung oder in zusätzlichen Gewinnungs- und Zuleitungskosten (Talsperren, Fernleitungen, Schaffung zusätzlicher wasserwirtschaftlicher Vorranggebiete) bestehen. /463/

Zur Abschätzung der Größenordnung der diesbezüglichen Zusatzkosten können Angaben herangezogen werden, die Michel am Beispiel des Hamburger Raumes macht: Die Kosten der Grundwassergewinnung und -aufbereitung in Wasserwerken, die über größere und mittlere Entfernungen Hamburg versorgen, betrugen 1974 etwa 0,39 DM/m^3. Wäre die Elbe, von der sich die Stadt Hamburg seit 1964 aufgrund schlechter Gewässergüte unabhängig gemacht hat, annährend im Zustand der Güteklasse II, könnten mit der Verwendung von Elbewasser 0,18 DM/m^3 eingespart werden. Unterstellt man die Versorgung mit Talsperrenwasser, bei dem mit einem Investitionsumfang von 3 DM/m^3 Stauraum gerechnet werden kann, entfielen allein auf die Jahreskosten für die Talsperren 0,5 DM/m^3 Fördermenge. Mit Aufbereitung und Zuleitung ergäben sich etwa 0,85 DM/m^3. /464/465/

Noch schwerer zu quantifizieren, jedoch erheblich größer dürften die Kosten sein, die zu berücksichtigen sind, wenn die zukünftige zeitliche Entwicklung mitbetrachtet wird. Dies gilt sowohl für die mit der Energieverwendung verbundenen Nebenwirkungen als auch für die Energieressourcen selbst. Einige der Folgewirkungen kumulieren und steigen damit im Zeitverlauf stark an. Als Beispiele hierfür mögen die Anreicherung des Bodens und der Atmosphäre mit schwer oder nicht abbaubaren Schadstoffen (stabile Kohlewasserstoffe, Schwermetalle, langlebige radioaktive Substanzen) und die ständig sich vergrößernde Masse des radioaktiven Abfalls gelten.

Auch dürften die Eingriffe in die Landschaft, die mit dem Abbau von Energieträgern verbunden sind, tendenziell steigen, wenn auch schwerer zu erschließende bzw. weniger ergiebige Lagerstätten für die Gewinnung von Energierohstoffen genutzt werden.

So sind die erheblichen Eingriffe in den Naturhaushalt, die mit dem für die Zukunft geplanten großtechnischen Abbau von Ölsänden und Ölschiefer im Ausland verbunden sind, und deren Abbauerfordernis hinsichtlich Zeitpunkt und Umfang durch die Verbrauchsmenge der derzeit genutzten Energieträger wesentlich mitbestimmt wird, bei einer vollständigen Bilanzierung ebenfalls dem derzeitigen Energieverbrauch mit zuzuordnen.

Falls es aufgrund der Erschöpfung der Erdölvorräte notwendig werden sollte, in größerem Umfang Erdöl durch Kohleverflüssigungsprodukte zu ersetzen, so sind auch die zukünftigen, mit der Kohlegewinnung und -umwandlung verbundenen Umwelt- und Ressourcenbeanspruchungen bei einer zeitlich weiter gefaßten Betrachtungsweise dem derzeitigen Erdölverbrauch anzurechnen.

Ebenso steigt der Wert der Energieressourcen selbst mit knapper werdendem Rohstoffangebot in Zukunft an. Bei Einbeziehung dieser Effekte ergäbe sich eine "richtige" Faktorallokation erst dann, wenn die volkswirtschaftlichen Folgekosten der zukünftigen Energiegewinnung und Energieumwandlung sowie die zukünftigen Kosten für Energieressourcen sich bereits heute in den Energiepreisen widerspiegeln würden.

Zusammenfassend kann festgestellt werden, daß die exemplarisch durchgeführte Einbeziehung von Umweltschäden am Beispiel von Teilen der Luftverunreinigungen für stark emittierende Heizungssysteme eine deutliche Veränderung der betriebswirtschaftlichen Kostenstruktur bewirkt. Bei mit gleichem Energieträger betriebenen Heizungssystemen wird die Wirtschaftlichkeit von rationellen Versorgungssystemen wie von baulichen Maßnahmen zur rationellen Energienutzung verbessert. Die Effekte der übrigen, qualitativ beschriebenen, aber monetär nicht quantifizierten Nebenwirkungen, sind überwiegend gleichgerichtet und würden diese Wirkung verstärken, wenn es möglich wäre, Verfahren zur monetären Bewertung dieser Nebenwirkungen zu entwickeln und umzusetzen.

5.5 Einbeziehung der umwelt- und ressourcenbezogenen Auswirkungen in energierelevante Planungsvorhaben

5.5.1 Erfordernis der Prüfung von Umweltfolgen bei Planungsvorhaben

In den vorangegangenen Kapiteln wurden die umwelt- und ressourcenbezogenen Nebenwirkungen sowie die Möglichkeiten ihrer Veränderung durch Modifikation der Wärmeversorgung ermittelt. Damit ist die Frage der Planung angesprochen und es gilt im folgenden zu prüfen, inwieweit hier bei allen energierelevanten Planungsvorhaben planungsrechtliche und planungsinstrumentelle Möglichkeiten bestehen, Aspekten der Umwelt- und Ressourcenbelastung bzw. -entlastung bei der Aufstellung von Versorgungskonzepten Rechnung zu tragen.

Prinzipiell gibt es sowohl im allgemeinen Planungsrecht wie auch in den meisten fachplanungsbezogenen Gesetzen Vorschriften, die implizit oder explizit die Prüfung und Berücksichtigung von Umweltfolgen als unerläßliche Voraussetzung sachgerechten Planungshandelns vorschreiben. Aus dem rechtlich vorgeschriebenen Abwägungsgebot /466/ ergibt sich "die Forderung, die Auswirkungen der Planung auf die Umweltsituation und die natürlichen Lebensgrundlagen ebenso wie die wirtschaftlichen, sozialen und sonstigen Folgen möglichst zuverlässig und rechtzeitig zu ermitteln". /467/ Henneke geht unter Berufung auf das Urteil des Bundesverwaltungsgerichts im sog. "Flachglasfall" /468/ davon aus, daß Planungsentscheidungen, die ohne die möglichst vollständige Kenntnis über die Tragweite und die Auswirkungen eines Planungsbeschlusses gefällt werden, als grundsätzlich rechtswidrig einzustufen sind. /469/

Die nicht ausreichende Sammlung und Verarbeitung umweltbezogener Informationen im planerischen Entscheidungsprozeß kann als Abwägungsdefizit, als Abwägungsfehleinschätzung oder gar als Abwägungsausfall gewertet werden, /470/ was zur Rechtswidrigkeit der Planungsentscheidung führen kann.

Die Erfordernisse, Umweltgesichtspunkte im planerischen Abwägungsprozeß zu berücksichtigen sowie die Schonung der Naturressourcen zu beachten, sind explizit in den einschlägigen gesetzlichen Bestimmungen, insbesondere im § 2 Abs. 1 Nr. 7 des Bundesraumordnungsgesetzes, /471/, § 1 Abs. 6 Bundesbaugesetz /472/, in den Zielen der Raumordnung und Landesplanung /473/ sowie in den meisten fachplanungsbezogenen Gesetzen enthalten.

Aus der genannten, allgemeinen Bindung der räumlichen Planung an den Umweltschutz kann das Erfordernis abgeleitet werden, die mittelbar und unmittelbar mit der Wärmeversorgung verbundenen Umwelteffekte im Planungsprozeß zu erheben und als Abwägungsfaktor zu berücksichtigen.

5.5.2 Die stofflich-quantiative Analyse als Teil einer umfassenderen Umweltverträglichkeitsprüfung

Da das gesetzlich verankerte Erfordernis, Umweltfolgen im Zuge der planerischen Abwägung zu prüfen, vielfach als zu "weich" eingeschätzt wird, als das den Umwelterfordernissen mit diesem Instrument ausreichend Rechnung getragen würde, /474/ wird seit langem die Einführung einer Umweltverträglichkeitsprüfung mit festgelegten Verfahrensschritten diskutiert. /475/476/477/478/

Bislang sind allerdings die in der Bundesrepublik bestehenden Regelungen für eine UVP vom Anwendungsbereich her stark beschränkt und nur mit einer geringen rechtlichen Bindungswirkung ausgestattet. Aufgrund der Tatsache, daß die im Kabinettsbeschluß von 1975 enthaltenen Grundsätze der UVP nur informell zur Bewertung der Umweltauswirkungen von Maßnahmen des Bundes, jedoch "ausdrücklich nicht für die Länder, Kommunen und Bürger gelten" /479/ und überdies durch spezielle Regelungen in den Fachgesetzen außer Kraft gesetzt werden können, somit nur "subsidiären" /480/ Charakter haben, kommt auch Hoppe zu dem Schluß, daß die Umweltverträglichkeitsprüfung "nicht sonderlich wirksam geworden ist" /482/.

Insbesondere aufgrund der Beschränkung der UVP auf Maßnahmen des Bundes läßt sich eine formale Notwendigkeit zur Prüfung und Quantifizierung von Umweltfolgen im Sinne des hier entwickelten Verfahrens nicht ableiten. Informell läßt sich die Erfassung auch indirekter Folgewirkungen aber durchaus als notwendiger Teil einer UVP begründen, insbesondere, wenn man sich dem sehr weitgehenden und umfassenden Definitionsansatz von Finke und Spindler anschließt: "Die Umweltverträglichkeitsprüfung ist ein Instrument des präventiven Umweltschutzes, das dazu dient, alle denkbaren Umweltauswirkungen einer Planung aufzuzeigen und transparent zu machen und ökologisch abgesicherte Alternativen ins Entscheidungskalkül zu rücken. Mit Hilfe der Umweltverträglichkeitsprüfung sollen alle von bestimmten Maßnahmen und Vorhaben ausgehende Umwelteffekte in ihrer planerischen

Bedeutung umfassend bewertet werden" /482/. Bei einer so verstandenen UVP ist die Ermittlung auch von indirekten Folgewirkungen der Wärmeversorgung im Planungsprozeß unbedingt notwendig, zumal die Wärmeversorgung, wie gezeigt wurde, mit ihren "Einwirkungen" ... auf die ... "Naturgüter Boden, Wasser, Luft und Klima" /483/ alle Bereiche tangiert, die definitionsgemäß durch die Umweltverträglichkeitsprüfung erfaßt werden sollen.

Anknüpfungspunkte für die Umweltverträglichkeitsprüfung in der räumlichen Planung sind jedoch zumeist konkrete, mit erkennbar hohen Umweltauswirkungen verbundene Planungsprojekte (Neubau von Fernstraßen, Industrieansiedlungsprojekte, Kraftwerksneubauten u.ä.). Ziel derartiger, projektorientierter UVP's ist es, die für die Beurteilung eines solchen Projektes notwendigen, umweltbezogenen Daten in möglichst vollständiger Form zu erfassen, um die mit den wenigsten Umweltbeeinträchtigungen verbundene Standortalternative herauszufinden bzw. um die Umweltverträglichkeit bzw. Umweltunverträglichkeit eines Standortes /484/ bzw. einer Trasse /485/ festzustellen. Eine solche Umweltverträglichkeitsprüfung ist dann unvollständig, wenn die Möglichkeiten, durch andere Maßnahmen die Notwendigkeit der Ansiedlung überhaupt zur Disposition zu stellen, als Alternative nicht mit ins Kalkül gezogen werden. /486/

Bei der Frage der Ansiedlung von Energieumwandlungsanlagen kann die Prüfung der Umweltverträglichkeit eines Standortes dann keine vollständige Entscheidungsgrundlage sein, wenn die Frage der Beeinflußbarkeit der Ansiedlungsnotwendigkeit durch versorgungsplanerische und konzeptionelle Alternativen am Verbrauchsort nicht gleichzeitig mit aufbereitet und auf ihre Konsequenzen hin untersucht wird.

Auch die vor allem bei Verkehrsprojekten geforderte Thematisierung und Überprüfung der "Null-Variante" ist bei der Beurteilung energiewirtschaftlicher Planungen im Bereich der Energieumwandlung wie der -gewinnung nicht ausreichend, wenn sie nicht in ein fachplanerisches Gesamtkonzept eingebunden ist und die Frage der Versorgungsalternativen ungeprüft bleibt. So wird bei Auslastung oder Überlastung der bestehenden Stromerzeugungs- und Verteilungskapazitäten die Feststellung, daß innerhalb des Untersuchungsraumes keine geeigneten Flächen für die Erstellung von Großkraftwerken zur Verfügung stehen, entweder dazu führen, daß ein anderer Standort gewählt wird. Dies würde die standortspezifischen Umweltprobleme möglicherweise vermindern, die kraftwerks- und energiespezifischen Umweltprobleme jedoch nur verlagern. Oder der Sachzwang drohender Unterversorgung würde so groß, daß auch ein umweltbewußter Planungsträger im Zuge einer umfassenden Abwägung die umweltbezogenen Bedenken zurückstellen muß.

Aufgrund der direkten Abhängigkeit von Wärmeversorgung, Energieumwandlung und Energiegewinnung ergibt sich die Notwendigkeit einer Prüfung der Umweltfolgen bei

- Planungsmaßnahmen zur Veränderung der Wärmeverbrauchsstruktur am Ort der Nutzung,
- Planungsmaßnahmen zur Errichtung, Veränderung oder Erweiterung von Energieumwandlungsanlagen sowie Energietransportanlagen,
- Planungsverfahren zur Sicherung und Regelung der Energiegewinnung.

Hierbei ist ein möglichst hoher Grad an Integration der Untersuchungsebenen im Sinne einer genauen Prüfung der gegenseitigen Abhängigkeiten erforderlich.

Um die Prüfung der Umweltfolgen im Planungsprozeß wirksam werden zu lassen, sind folgende Anforderungen zu erfüllen:

a. Kriterium "Frühzeitigkeit":

Geht man von dem vereinfachten Ablauf Bestandserhebung - Konzeptentwurf - Detailplanung - Umsetzung aus, so sollte eine Prüfung der Umweltverträglichkeit möglichst frühzeitig, d.h. begleitend zu den ersten Konzeptentwürfen durchgeführt werden. Eine frühzeitige Einbeziehung ist notwendig, um zum einen zu verhindern, daß durch materielle Veränderungen Sachzwänge geschaffen werden, die den Entscheidungsspielraum einengen, und zum anderen, um zu vermeiden, daß Vorentscheidungen getroffen werden bzw. die Planungsüberlegungen sich bereits so stark verfestigt haben, daß sie später nur mit größerem Aufwand revidierbar sind. /487/ Von der notwendigen Offenheit der Planungsträger kann regelmäßig nur in einem sehr frühen Stadium der Planungsarbeit ausgegangen werden. /488/

b. Kriterium "Alternativen"

Eine Durchrechnung von verschiedenen Varianten ist notwendig, um eine Alternativdiskussion durchführen und die Entscheidungsbasis verbreitern zu können. Hierbei sollten die Alternativen in Form von Szenarios mit zeitlich und räumlich definiertem Bezug erarbeitet werden und die Veränderung der

Umweltbelastungen im Zeitverlauf angegeben werden. Zumindest eine der Alternativen sollte sich, zunächst ohne Berücksichtigung von Wirtschaftlichkeitsüberlegungen, an der technisch möglichen Verminderung des Energieumsatzes orientieren, um die Bandbreite der Entscheidungsmöglichkeiten für den Entscheidungsträger sichtbar zu machen.

c. Kriterium "Vergleichbarkeit"

Die Alternativen müssen direkt vergleichbar sein. Für die Planung von Versorgungskonzepten ist es unbedingt notwendig, die Alternativen für den jeweiligen zeitlichen Bezugspunkt auf die gleiche Versorgungsqualität, d.h. auf eine einheitliche Energiedienstleistung zu beziehen, für deren Ermittlung entwicklungsplanerische, strukturelle und demographische Faktoren zu berücksichtigen sind.

d. Kriterium "Vollständigkeit"

Die relevanten Umweltbeeinträchtigungen sollten qualitativ und quantitativ möglichst vollständig dargelegt werden. Hierauf ist an anderer Stelle jedoch bereits ausführlich eingegangen worden.

Mit dem unter Berücksichtigung dieser Kriterien entwickelten Simulationsprogramm ist, zumindest für den quantifizierbaren Teil der Umweltfolgen, eine operationale Möglichkeit gegeben, das aus dem allgemeinen Planungsrecht abzuleitende Erfordernis der Prüfung der Umweltfolgen im Bereich der Wärmeversorgung durchzuführen. Aufgrund der Unvollständigkeit der bereitgestellten Daten kann das Verfahren jedoch nur einen Teilbereich einer notwendigen Umweltverträglichkeitsprüfung darstellen und ist durch genauere Daten über ortsspezifische Umwelteinwirkungen und Wirkungszuammenhänge zu ergänzen.

Gegenüber anderen sektoralen Planungen besteht zudem hinsichtlich der Nebenwirkungen ein Kenntnisdefizit, das die Prüfungsnotwendigkeit gerade im Bereich der Wärmeversorgung bzw. der Energieversorgung allgemein unterstreicht. Bei anderen sektoralen Planungen ist davon auszugehen, daß die Informationsqualität und Planungstransparenz hinsichtlich der damit verbundenen Nebenwirkungen höher liegt.

Als Beispiel hierfür mag die Siedlungsplanung oder die Verkehrsplanung angeführt werden. Bei der Siedlungs- wie bei der Verkehrsplanung sind die direkt benötigten und in ihrer Nutzung umzuwandelnden Flächen sowie -

zumindest im Rahmen der vorbereitenden Bauleitplanung - auch die Flächen für zugehörige Infrastrukturmaßnahmen (z.B. Wohnfolgeeinrichtungen) dem Planungsträger wie auch dem Betroffenen vorab bekannt und werden im Rahmen des Abwägungs- und Entscheidungsprozesses erfaßt.

Der überwiegende Anteil der mit derartigen Planungsmaßnahmen verbundenen Probleme wie visuelle Beeinträchtigungen, Reduzierung von Flächen für Konkurrenznutzungen wie Naturpotentiale und Erholungsgebiete, auch große Teile der entstehenden Umweltauswirkungen (z.B. Verkehrslärm), können aus dem Plan selbst in der Regel entnommen und abgeschätzt werden, so daß eher davon ausgegangen werden kann, daß alle Entscheidungsträger in Kenntnis dieser Auswirkungen handeln.

Die Nebenwirkungen von Heizungssystemen hingegen sind für den Planer wie für den Nutzer überwiegend unsichtbar, treten räumlich entfernt auf und werden mit der Wärmeversorgung nur teilweise in einen direkten Zusammenhang gebracht.

Aus diesen Gründen ist die Institutionalisierung der Prüfung der Umweltfolgen im Planungsprozeß im Sinne der oben dargelegten Anforderungen anzustreben.

5.5.3 Umsetzungsmöglichkeiten einer umweltorientierten Planung von Wärmeversorgungskonzepten

Die Möglichkeit der Umsetzung umweltorientierter Wärmeversorgungskonzepte wird durch den begrenzten Einfluß der Planungs- und Entscheidungsträger der Gebietskörperschaften auf die Ausgestaltung der Wärmeversorgung restringiert. Die Aufstellung von Versorgungskonzepten ist derzeit vorrangig eine Koordinationsaufgabe zwischen den beteiligten Aktoren, insbesondere den Hauseigentümern, Mietern, der örtlichen und regionalen Versorgungswirtschaft und der kommunalen und regionalen Entwicklungsplanung. Der Einfluß der Gebietskörperschaften auf die Versorgung hängt in starkem Maße von den unterschiedlichen Organisationsformen der Versorgungswirtschaft ab, die im folgenden kurz skizziert werden sollen.

5.5.3.1 Organisation der Energieversorgung

Allgemein ist die Energieversorgung als Teil der kommunalen Daseinsvorsorge im Rahmen der Selbstverwaltungsgarantie nach Art. 28 Abs. 2 des Grundgesetzes hoheitliche Aufgabe der Gemeinden. /489/ Die Wahrnehmung dieses Hoheitsrechts wird über zeitlich befristete Konzessionsverträge an Versorgungsunternehmen delegiert oder durch gemeindeeigene Unternehmen durchgeführt.

Diesbezüglich wird üblicherweise zwischen A-Gemeinden und B-Gemeinden unterschieden. Unter A-Gemeinden werden solche Städte verstanden, die den Verkauf und die Verteilung der Energieträger mit Hilfe kommunaler Querverbundunternehmen in eigener Regie betreiben; als B-Gemeinden werden allgemein solche Städte bezeichnet, in denen ein oder mehrere überörtliche Unternehmen die Verteilung und den Verkauf organisieren. /490/

Vielfach existieren auch Mischformen, wenn die verschiedenen Energieträger von kommunalen und überregionalen Unternehmen vertrieben werden, oder wenn durch Zusammenlegung von mehreren Gemeinden im Rahmen der Gebietsreform das Gemeindegebiet in unterschiedlicher Weise versorgt wird.

Der Einfluß der Gebietskörperschaften auf die Versorgungsunternehmen in Hinblick auf eine rationelle und umweltentlastende Versorgung ist bei den B-Gemeinden aus zwei Gründen in der Regel schwächer:

- Der politische Einfluß über Aufsichtsrat und Eigentumsbeteiligung ist vergleichsweise gering, da die jeweiligen Einzelgemeinden nur einen kleinen Teil des Aktienkapitals der überregionalen Versorger besitzen.
- Die Spartenunternehmen stehen untereinander in Konkurrenz, was eine Orientierung der Energieversorgungsplanung auch an außerbetriebswirtschaftlichen Gesichtspunkten erschwert.

Über die Gestaltung des Konzessionsvertrages ist ein gewisser Einfluß auf die Versorgungsunternehmen möglich. Dies wird jedoch über die sehr langen Laufzeiten der Konzessionsverträge, die früher nicht selten bis zu fünfzig Jahren betrugen /491/, erschwert. Hier hat allerdings die 4. Novelle des Kartellgesetzes eine Verbesserung der Position der Gemeinden gebracht, indem nach § 103a Abs. 1 GWB Konzessionsverträge nur noch für einen Zeitraum von 20 Jahren abgeschlossen werden dürfen. /492/

Auch bei A-Gemeinden, die über eigene Querverbund-Versorgungsunternehmen verfügen, unterscheiden sich die Einflußmöglichkeiten der Gebietskörperschaften je nach Rechtsform der Unternehmen erheblich. Generell kann man zwischen folgenden Unternehmensformen unterscheiden:

- der kommunale Eigenbetrieb ist rechtlich unselbständig und unterliegt dem öffentlichen Recht,

- der Zweckverband ist rechtlich selbständig und unterliegt dem öffentlichen Recht,
- die Eigengesellschaft ist rechtlich selbständig und unterliegt dem Privatrecht. /493/

Am weitesten geht der kommunale Einfluß bei den Eigenbetrieben. Beim Eigenbetrieb ist der Werkleiter durch das öffentliche Dienstrecht an die Kommunalverwaltung gebunden und unterliegt überdies einer ständigen Aufsicht durch den Werksausschuß. Unter anderem sind "Grundsatzentscheidungen der laufenden Wirtschaftsführung" dem Gemeinderat und dem Bürgermeister bzw. Stadtdirektor durch das Gemeinderecht ausdrücklich zugewiesen. /494/

Bei den rechtlich selbständigen Unternehmensformen sind Anweisungen vom Gemeinderat oder Bürgermeister ausgeschlossen; lediglich über den Aufsichtsrat und dadurch, daß im Rahmen des Konzessionsvertrages bestimmte Ziele festgelegt werden können, ist ein gewisser, indirekter Einfluß möglich. /495/

Obwohl der Gesetzgeber bei der Verabschiedung der 4. Kartellgesetznovelle die genannte Fristenregelung hinsichtlich der Konzessionsverträge explizit damit begründet hat, der Gemeinde die Möglichkeit zu geben, die Versorgung nach Ablauf des Vertrages gegebenenfalls selbst zu übernehmen /496/, ist dies in der Praxis, zumindest bei kleineren Gemeinden, mit finanziellen und organisatorischen, auch rechtlichen Schwierigkeiten verbunden. So darf nach der Gemeindeordnung die Gemeinde wirtschaftliche Unternehmen nur dann errichten oder übernehmen, wenn "ein dringender öffentlicher Zweck das Unternehmen erfordert und dieser Zweck durch andere Unternehmen nicht besser und wirtschaftlicher erfüllt werden kann" /497/. Das explizite Herausstellen von Umweltbelangen als "öffentlicher Zweck" im Sinne dieses Passus könnte jedoch einer Rückführung der Versorgungswirtschaft in die öffentliche Kontrolle auch dann Vorschub leisten, wenn die wirtschaftlichen Vorteile nicht direkt nachweisbar sind.

Die Bindung der Versorgungsunternehmen an den Umweltschutz ist in rechtlicher Hinsicht über die immissionsschutzrechtlichen Rahmenbedingungen, die die Errichtung und den Betrieb von Anlagen betreffen, hinaus nicht gegeben. Insbesondere besteht keine Vorschrift, die hier aufgezeigten Möglichkeiten der Umweltentlastung durch rationelle Energieverwendung aktiv zu nutzen. Vielmehr ist das für die Energieträger Strom und Gas bindende Energiewirtschaftsgesetz /498/ ausschließlich auf die Ziele der sicheren und billigen Energieversorgung ausgerichtet und wird durch die Aufsichtsbehörden, die Wirtschaftsminister der Länder /499/ überwiegend hinsichtlich der Preis- und Tarifgestaltung kontrolliert. Die fehlende Bindung des Gesetzes an Ziele der Umwelt- und Ressourcenschonung wird auch von Hartkopf kritisiert: "Eine Beschränkung auf die Maximen 'sichere' und 'billige' Energieversorgung mag für das Rüstungsgesetz von 1935 angemessen gewesen sein, in die heutige energie- und umweltpolitische Landschaft paßt diese restaurative Haltung nicht mehr." /500/

Zu beachten ist auch, daß bei den Versorgungsunternehmen ein Zielkonflikt zwischen der rationellen Energieverwendung und der durch betriebswirtschaftliche Aspekte vorgegebenen Zielsetzung besteht, die ein Interesse an der Absatzsteigerung der Ware Energie mit einschließt.

Auch hinsichtlich der gebäudebezogenen Maßnahmen des Wärmeschutzes ist ein direkter Einfluß des Planungsträgers auf die Hauseigentümer nicht gegeben; über die allgemeingültigen baurechtlichen Wärmeschutzbestimmungen hinausgehende Anforderungen an den Wärmeschutz sind nicht festlegbar.

Vor dem Hintergrund dieser Restriktionen soll der verbleibende Handlungsspielraum der Kommunen und Kreise ausgeleuchtet werden.

5.5.3.2 Handlungsmöglichkeiten der Planungs- und Entscheidungsträger

5.5.3.2.1 Formelle Umsetzungsmöglichkeiten

Direkte Einflußmöglichkeiten auf die Ausgestaltung der Energieversorgung hat die Gemeinde lediglich in folgenden Bereichen:

- Bei der Neuausweisung von Baugebieten kann mit Hilfe der Bauleitplanung die Berücksichtigung klimatischer Parameter (Wind, Beschattung, usw.) und die passive und aktive Nutzungsmöglichkeit der Sonnenenergie durch die Gebäudeausrichtung sowie die Gebäudeform vorgegeben werden.
- Die Bereitstellung von Flächen für rationelle Energieversorgungssysteme (z.B. für Heizkraftwerke und die zugehörige Infrastruktur) kann als Angebotsplanung ebenfalls im Rahmen der Bauleitplanung abgesichert werden,
- in umweltbelasteten Bereichen können Gebiete festgelegt werden, in denen bestimmte, die Luft erheblich verunreinigende Stoffe nicht verwendet werden dürfen, wobei hier nur die direkte, vom Gebiet selbst ausgehende

Emission einbezogen ist (§ 9 BBauG) /501/, nicht jedoch die z.T. sehr viel höheren Emissionen am Umwandlungsort.

- Bei der Erneuerungsplanung können durch die Festlegung von Erneuerungs- und Modernisierungsschwerpunkten Ziele der Energieversorgung mittelbar dadurch umgesetzt werden, daß Investitionsmittel für unrentierliche Kosten gezielt hierfür eingesetzt werden, auch wenn das Städtebauförderungsgesetz die Energieplanung explizit nicht anspricht.
- Planungen und Projekte der öffentlichen Hand selbst (z.B.: Verwaltungsgebäude, Schulen etc.) können direkt energetisch optimiert werden und beispielsweise durch Einrichtung einer Nahwärmeversorgung möglicherweise als "Keimzellen" der rationellen Energieverwendung auf die Umgebung ausstrahlen.

Darüberhinausgehende Möglichkeiten der konkreten rechtlichen Verankerung der rationellen Energieverwendung sind jedoch kaum gegeben. Zwar ist in den meisten Bundesländern - länderweise verschieden - in den Gemeindeordnungen die Möglichkeit festgelegt, einen Anschluß- und Benutzungszwang zugunsten der Fernwärme, in einigen Ländern auch zugunsten der Fernwärme und des Gases durch Ortssatzung anzusprechen. Diese Möglichkeiten werden jedoch derzeit aus verschiedenen, insbesondere politischen Gründen kaum genutzt. /502/

Möglichkeiten der Umsetzung einer umweltorientierten Energieversorgungsplanung sind daher eher im informellen Bereich gegeben.

5.5.3.2.2 Handlungsmöglichkeiten im informellen Bereich

a. gebäudebezogene Ebene

Auf der Ebene der Einzelgebäude ist von besonderer Bedeutung, die Hausbesitzer als potentielle Investoren sowie die Mieter als Betroffene und Wärmeverbraucher in den Entscheidungsprozeß mit einzubeziehen. Insbesondere bei Kleineigentümern (Einzelhausbesitzern) kann zumeist nicht davon ausgegangen werden, daß die Energieversorgung immer nach ökonomisch rationalen Gesichtspunkten durchgeführt wird, da die Informationen über die potentiellen Veränderungsmöglichkeiten und deren wirtschaftliche Folgen in der Regel nicht überall vorliegen.

Insbesondere in Skandinavien, aber auch in verschiedenen Orten der Bundesrepublik hat es sich daher bewährt, einen Beratungsservice durch Einrichtung von kommunalen Energieberatungsbüros einzuführen, der die einzelnen Hausbesitzer über die wirtschaftlichen Möglichkeiten zur Veränderung der Versorgungsstruktur berät, konkrete Informationen über technische Veränderungsmöglichkeiten bereitstellt sowie Kostenrechnungen für einzelne Versorgungsvarianten aufstellt. /503/ Informationen über die Einsatzmöglichkeiten öffentlicher Mittel und - in einigen Gemeinden - zusätzliche städtische Förderungen von Maßnahmen der rationellen Energieverwendung durch Zinssubventionen haben sich als wirksame Instrumente erwiesen, Anreize zu privaten Investitionen zu geben. /504/

Eine Erweiterung dieses Beratungsservices um umweltbezogene Informationen könnte bei wirtschaftlich gleichwertigen oder weniger unterschiedlichen Alternativen eine Forcierung umweltfreundlicher Versorgungsarten auch dann unterstützen, wenn direkte ökonomische Instrumente wie die Schadstoffabgabe nicht zum Einsatz kommen sollten. Angesichts des mittlerweile weit verbreiteten Umweltbewußtseins der Bevölkerung ist zu vermuten, daß die konkrete Information darüber, welche Umwelt- und Ressourcenprobleme mit der Benutzung des Heizungssystems derzeit verbunden sind und durch welche Maßnahmern eine Veränderung der Umweltfolgen erreichbar ist, den Anstoß zu baulichen oder heizungstechnischen Investitionen geben oder bereits eine Änderung im Investitionsverhalten bewirken könnte, die zur Umweltentlastung beiträgt. Auch die Akzeptanz der Mieter für mietwirksame Maßnahmen der rationellen Energieverwendung kann erhöht werden, wenn das Maß der Umweltentlastung, die mit einer Maßnahme verbunden ist, neben der Heizkostenersparnis konkret mit quantifiziert wird.

Da die Vorschläge, die von den Energieberatungsdiensten dem einzelnen Bürger zur wärmetechnischen Veränderung bzw. Gestaltung der Gebäude gemacht werden, in der Regel eine Wärmebedarfsberechnung sowie eine Wirtschaftlichkeitsbetrachtung mit einschließen sollten, ist das Vorhandensein von Datenverarbeitungsanlagen auch in Energieberatungsbüros aus Gründen der Aufwandsminimierung anzustreben. Unter dieser Voraussetzung wäre die zusätzliche Erstellung einer Umweltbilanz nur mit geringem Mehraufwand verbunden.

b. quartierbezogene, örtliche und regionale Ebene

Bei der Aufstellung von Versorgungskonzepten durch kommunale und regionale Planungsträger sollte die Erstellung einer möglichst genauen und vollständigen Umweltbilanz obligatorisch werden. Auch unter der Restriktion der begrenzten Einflußnahmemöglichkeit auf die Versorgung kann die Schaffung einer um Umweltaspekte vervollständigten Abwägungsgrundlage dazu dienen, einer umweltorientierten Versorgungskonzeption Vorschub zu leisten.

Dies sollte im einvernehmlichen Zusammenwirken zwischen den Beteiligten geschehen. Bei Interessenkollisionen kann eine solche Umweltbilanz eine Grundlage dafür sein, die aus überbetrieblichen, gesamtplanerischen Erwägungen präferierte Alternative durch Aktivitäten im politischen Raum zu stützen.

Eine wichtige Rolle spielt hierbei der Aspekt der Partizipation. Die Erstellung einer Umweltbilanz bietet die Möglichkeit, die Transparenz der Planung zu erhöhen und auch den Bürger umfassender an der Planung zu beteiligen.

Die Partizipation des Bürgers durch Offenlegung auch der Umweltbeeinträchtigungen in einem frühen Stadium der Planung kann angesichts des vorhandenen Umweltbewußtseins zusätzlich dazu beitragen, daß umweltentlastende Konzepte eine höhere Realisierungschance erhalten. /505/ Projekte, die nur bei der kollektiven Einwilligung vieler Bürger wirtschaftlich realisiert werden können (z.B. Ansiedlung von stadtnahen Heizkraftwerken) und gleichzeitig die Umwelt entlasten, können eher umgesetzt werden, wenn die ökologischen Vorteile konkret für den Einzelnen ablesbar sind.

Bei Belastungen, die zwar durch die Wärmeversorgung hervorgerufen werden, jedoch an anderer Stelle, am Umwandlungs- oder Gewinnungsort entstehen, ist allerdings ein über die Grenzen des Planungsraumes hinausgehendes Umweltbewußtsein erforderlich, um eine Minimierung der Belastungen erreichen zu können: Die Folgen der Schadstoffemission und Ressourcenbeanspruchung treten, von den Folgen der Emissionen am Verbrauchsort abgesehen, vorwiegend an anderer Stelle auf. Umgekehrt können die Gemeinden, die beispielsweise durch die Nebenwirkungen des Bergbaus am stärksten betroffen sind, durch Änderung der Wärmeversorgungsstruktur in ihrem Planungsraum selbst nur eine geringe Modifizierung der damit verbundenen Beeinträchtigungen erreichen.

6. Überlegungen und Empfehlungen zu einer umweltorientierten Wärmeversorgungsplanung

Wie gezeigt wurde, können durch die Ausgestaltung der Wärmeversorgung sehr weitreichende und vielfältige Beeinträchtigungen der Umwelt und der vorhandenen Naturressourcen beeinflußt werden, wobei, abgesehen von wenigen Zielkonflikten zwischen Energieeinsparung und Umweltschutz, energetisch effiziente Versorgungssysteme in der Regel zu einer Verminderung der Belastung führen.

So wird die Schadstoffbelastung durch Einsatz energetisch und umwelttechnisch ungünstiger Systeme, insbesondere der Elektroheizung, deutlich erhöht. Der mit der Wärmeversorgung indirekt verbundene Flächenanspruch der Energiegewinnung wie der Energieumwandlung übersteigt bei energetisch ungünstigen Systemen z.T. den Flächenanspruch der Siedlungsplanung selbst und führt zu entsprechend hohen Flächennutzungskonflikten. Auch übersteigen die heizungsabhängigen Einwirkungen auf den Wasserhaushalt z.T. die entsprechenden Einwirkungen der Siedlungswasserwirtschaft sowohl in quantitativer wie in qualitativer Hinsicht.

Aus diesen Gründen ist der Einsatz von energetisch ineffizienten Sekundärenergieträgern, insbesondere von Strom, bei der Aufstellung von Wärmeversorgungskonzepten möglichst weitgehend zurückzudrängen. Ebenso ist der Einsatz von Kohleveredelungsprodukten für Heizzwecke möglichst zu vermeiden, zumal wesentlich effizientere und umweltfreundlichere Versorgungssysteme auch auf Kohlebasis zur Verfügung stehen.

Unter Gesichtspunkten des Umweltschutzes sind die bestehenden Förderungsrichtlinien zur Vergabe öffentlicher Mittel nicht optimal. Zu kritisieren ist insbesondere, daß die direkte Förderungsmöglichkeit für bauliche Maßnahmen des Wärmeschutzes gestrichen worden ist. Wärmeschutzmaßnahmen, insbesondere fortgeschrittene, über die gegenwärtig angewendeten Techniken hinausgehende Maßnahmen, reduzieren die Umweltbelastung uneingeschränkt und in nachhaltiger Weise. Demgegenüber führt die weiterhin geförderte Elektrowärmepumpe bei vergleichbaren Ölverdrängungseffekten, jedoch wesentlich geringerer Energieeinsparung zu einer deutlichen Erhöhung der umweltbezogenen Folgewirkungen.

Durch gleichzeitige Orientierung der Förderungsrichtlinien an energiepolitischen und umweltpolitischen Zielen ist eine Bündelung öffentlicher Investitionsmittel und damit eine effizientere Zielerfüllung möglich.

Die folgenden, aus der vorliegenden Untersuchung abgeleiteten Überlegungen und Empfehlungen zu einer umweltorientierten Wärmeversorgungsplanung gehen z.T. deutlich über den bestehenden rechtlichen und institutionellen Rahmen hinaus und bedürfen überdies weiterer Konkretisierung. Da nicht alle rechtlichen, technischen und organisatorischen Implikationen übersehen werden können, verstehen sie sich als Anstoß zur weiteren Diskussion.

6.1 Maßnahmen am Verbrauchsort

Die mit der Wärmeversorgung verbundenen Umweltfolgen lassen sich durch Veränderung der Beheizungsstruktur, sowohl durch Maßnahmen an einzelnen Gebäuden, wie auch durch die Aufstellung und Umsetzung von kommunalen und regionalen Wärmeversorgungskonzepten innerhalb einer großen Bandbreite verändern.

Da durch die Umwelteinwirkungen nicht nur außerökonomische (Intangibles), sondern auch konkret feststellbare volkswirtschaftliche Schäden erheblichen Ausmaßes verursacht werden, führt die herkömmliche, betriebswirtschaftliche Kostenrechnung nicht zur optimalen Allokation der ökonomischen Faktoren. Zwar sind nur Teile der negativen Umwelteinwirkungen und Ressourcenbeanspruchungen in monetären Größen faßbar. Dennoch verändert auch eine vorsichtige Einbeziehung der durch Umweltschäden verursachten volkswirtschaftlichen Kosten die einzelwirtschaftliche Kostenrechnung nachhaltig zugunsten energetisch effizienter Versorgungssysteme, wie exemplarisch anhand des Schadstoffs Schwefeldioxid gezeigt wird. Allerdings ist auch mit der Internalisierung dieser Effekte durch eine Schadstoffabgabe nur eine begrenzte Verminderung der Fehlallokation der ökonomischen Faktoren erreichbar.

Eine überwiegend an betriebswirtschaftlichen Parametern orientierte Betrachtungsweise sollte daher abgelöst werden durch eine Versorgungsplanung, die nach den Anforderungen des allgemeinen Planungsrechts alle relevanten Belange sorgfältig gegeneinander abwägt, wobei betriebswirtschaftliche Aspekte nur als einen Abwägungsfaktor angesehen werden sollten.

Durch die dargestellten direkten und indirekten Auswirkungen auf die Umwelt und die natürlichen Ressourcen wird eine Vielzahl öffentlicher Belange in gewichtiger Weise tangiert. Es ergibt sich somit die grundsätzliche Frage, ob die Energieversorgungsplanung in wesentlich stärkerem Maße als bislang als öffentliche Aufgabe zu betrachten ist, die nicht nur durch staatliche Stellen kontrolliert, sondern auch unter Mitwirkung der Betroffenen von den legitimierten Entscheidungsgremien der Gebietskörperschaften gestaltet werden sollte.

Um dies umzusetzen, sollte die unter dem Stichwort "Rekommunalisierung" zusammenzufassende Rückführung der Energieversorgung in den öffentlichen Entscheidungsbereich durch rechtliche und finanzpolitische Maßnahmen unterstützt werden.

Kann durch derartige Maßnahmen der öffentliche Einfluß auf die Ausgestaltung der Energieversorgung erhöht werden, so sollten für die Aufstellung von Versorgungskonzepten wie auch für energierelevante Maßnahmen auf kleinräumigerer Ebene folgende Anforderungen erfüllt werden:

- Für jede Planung sind Alternativen auf der Basis der technisch möglichen Minimierung des Energieeinsatzes zu entwickeln. Solches könnte in Form von örtlichen Energie"pfaden" geschehen, nach dem Vorbild der durch die Enquête-Kommission entwickelten "Pfade" für die Bundesrepublik.

- Für jede dieser Alternativen ist der Verbrauch an Energieressourcen wie die direkten und indirekten Umweltfolgen stofflich-quantitativ und qualitativ zu ermitteln und so aufzubereiten, daß die Planungsvarianten direkt miteinander verglichen werden können.

- Auf der Basis einer solchen Umwelt- und Ressourcenbilanz kann eine sachgerechte Abwägung mit wirtschaftlichen, sozialen, stadtgestalterischen, arbeitsmarktpolitischen und anderen Belangen erfolgen.

Bei derartig vorgegebenen Anforderungen könnte die Wahl der unter Umwelt- und Ressourcenaspekten günstigsten Variante dann nur im Zuge der Abwägung begründet zurückgewiesen werden, wenn andere öffentliche Belange überwiegen. Zumindest wäre durch ein solches Vorgehen die Thematisierung dieser Alternative und eine intensive - anzustrebenderweise öffentliche - Diskussion hierüber gewährleistet.

Ein solcher Abwägungsvorgang sollte dann, wenn auch nicht inhaltlich, so doch formal überprüft werden.

Weiterhin sollten für den Bereich Luftverunreinigungen Rahmenanforderungen an die Umweltverträglichkeit von Wärmeversorgungskonzepten gestellt werden. Auch hierbei ist die Entlastungsmöglichkeit durch Maßnahmen der rationellen Energieverwendung mit zu berücksichtigen. Ein energiedienstleistungsabhängiger Emissionskennwert, angegeben in Gesamtemissionsmenge pro zu beheizender Flächen, kann auch für größere Gebietseinheiten ermittelt werden.

Auf der Basis eines solchen Wertes sind Rahmenanforderungen in folgender Weise formulierbar:

Als Mindestanforderung wäre ein Verschlechterungsverbot festzulegen. Günstiger wäre jedoch ein schrittweises, zeitlich definiertes Verbesserungsgebot bezüglich des Verhältnisses Energiedienstleistung - Emissionen, das ein wirksames Instrument darstellen würde, die heizungsabhängigen Luftverunreinigungen nicht nur punktuell, sondern insgesamt zu vermindern. Darüberhinaus würde ein solchermaßen definiertes Gebot den Spielraum lassen, je nach örtlichen Bedingungen die technisch und wirtschaftlich günstigste Kombination von technischen Maßnahmen der Emissionsminderung und Maßnahmen der rationellen Energieverwendung zu wählen.

Allerdings wäre es erforderlich, aus energiepolitischen Gründen eine Differenzierung zwischen den Energieträgern vorzunehmen, um die ungünstigen Ausgangsbedingungen bei der Kohle angemessen zu berücksichtigen.

Mit der zusätzlichen Einführung einer Emissionsabgabe besteht überdies die Möglichkeit, die Umsetzung umweltverträglicher Wärmeversorgungskonzepte auch ökonomisch zu unterstützen.

6.2 Vorhaben im Energiegewinnungs- und Energieumwandlungsbereich

Wie aus dem oben Ausgeführten hervorgeht, kann durch die Ausgestaltung von Wärmeversorgungskonzepten der Energiebedarf hinsichtlich der Menge und der Energieträgerstruktur erheblich verändert werden. Aufgrund des hohen Anteils des Verbrauchssektors Raumwärme am Gesamtenergieverbrauch hat dies bedeutende Rückwirkungen auf den Energieumwandlungs- und -gewinnungsbereich. Dies gilt es, in angemessener Weise auch bei Standortplanungen für Energieumwandlungs- und Verteilanlagen, Betriebsplanverfahren im Bereich der Energiegewinnung sowie bei wasserwirtschaftlichen Planungen zu berücksichtigen.

Es würde jedoch den Rahmen dieser Arbeit sprengen, die Einbeziehung von Belangen des Umweltschutzes bei diesen Planungen im einzelnen darzustellen.

Allgemein gilt es jedoch zu berücksichtigen, daß bei Einbeziehung versorgungskonzeptioneller Alternativen die Notwendigkeit der Realisierung solcher

Vorhaben überhaupt in Frage gestellt bzw. das Ausmaß der Umweltfolgen in hohem Maße vermindert werden kann. Bei der Prüfung der Umweltfolgen derartiger Vorhaben sind nicht nur Standortalternativen und die Möglichkeit der Begrenzung der Umweltfolgen durch technische Maßnahmen zu untersuchen. Es ist zusätzlich erforderlich, die Interdependenzen zwischen Planungen im Verbrauchsbereich und Vorhaben im Umwandlungs- und Gewinnungsbereich zu ermitteln, um den gesamten Planungs- und Entscheidungsspielraum auszuloten.

Konkret bedeutet dies beispielsweise, daß im Rahmen der Standortplanung für große Kondensationskraftwerke zusätzlich geprüft werden sollte, ob und wie die gleiche Versorgungsqualität durch Ausbau stadtnaher, dem örtlichen Wärmebedarf angepaßter Heizkraftwerke zu decken ist. Erst wenn die technischen Möglichkeiten, wirtschaftlichen Konsequenzen und sonstigen Folgewirkungen der so ermittelten Alternativen einschließlich einer möglichst vollständigen Umweltbilanz vorliegen, ist eine, für die umfassende Beurteilung des Vorhabens ausreichende Entscheidungsgrundlage gegeben. Ähnliches gilt für die planerische Beurteilung von Vorhaben im Energiegewinnungsbereich wie bei wasserwirtschaftlichen Planungen, die durch die Energiegewinnung oder -umwandlung beeinflußt sind.

Dies setzt allerdings ein hohes Maß an Integration und Kooperation zwischen den verschiedenen Planungsebenen wie auch den betroffenen sektoralen Fachplanungen voraus.

Aus der Tatsache, daß die Kohlegewinnung und -umwandlung mit vergleichsweise hohen umwelt- und ressourcenbezogenen Folgewirkungen verbunden ist, ist nicht notwendigerweise zu folgern, daß die Kohleverwendung bzw. die Kohlegewinnung reduziert werden sollte. Vielmehr macht die genaue Bestimmung und konkrete Zuordnung der Umweltauswirkungen der Kohle zu der jeweils bereitgestellten Versorgungsleistung es möglich, das Ziel des Schutzes der Umwelt und energiepolitische Ziele einander gegenüberzustellen: Da die Umweltbelastung durch die Kohle hoch ist, sollte entweder der Kohleeinsatz reduziert oder aber bei gleichem oder höherem Kohleeinsatz ein möglichst hoher Verdrängungseffekt bezüglich anderer, importierter Energieträger erreicht werden, das energiepolitische Ziel somit möglichst weitgehend erfüllt werden. Nur wenn bei sonst gleichen Rahmenbedingungen hinsichtlich des Versorgungsgrades die Umweltfolgen einerseits und der Verdrängungseffekt andererseits quantitativ genau bilanziert ist, ist diese, nur politisch zu treffende Entscheidung, sachgerecht möglich.

ANMERKUNGEN

Anmerkungen zu Kapitel 1

/1/ Der Rat von Sachverständigen für Umweltfragen, Sondergutachten "Energie und Umwelt", Stuttgart 1981, S. 105

/2/ Meyer-Abich, K.M.: Energieeinsparung als neue Energiequelle, München (1979), S. 40

/3/ Bundesministerium für Wirtschaft (Hrsg.): Energieprogramm der Bundesregierung, Dritte Fortschreibung v. 4.11.1981, Bonn 1981, S. 52

/4/ Landesregierung NW: Landeskabinett beschließt Handlungsrahmen für den Ausbau der Fernwärme in NRW, Düsseldorf 1981 (Die Landesregierung informiert, Nr. 142/4/81), S. 8

/5/ Deutscher Städtetag: Die Städte in der Energiepolitik, Entschließung des Hauptausschusses des deutschen Städtetages v. 10.3.1978 in Berlin

/6/ Verband kommunaler Unternehmen (VKU): Stellungnahme zur Dritten Fortschreibung des Energieprogramms der Bundesregierung (Protokoll der Sitzung vom 15.12.1981)

/7/ Arbeitsgemeinschaft Fernwärme e.V., Bundesverband der Gas- und Wasserwirtschaft e.V., Vereinigung deutscher Elektrizitätswerke e.V.: gemeinsame Erklärung der leitungsgebundenen Energiewirtschaft, 1980

/8/ Energieprogramm der Bundesregierung..., a.a.O., S. 52

/9/ Gesetz zum Schutz vor schädlichen Umwelteinwirkungen durch Luftverunreinigungen, Geräusche und Erschütterungen und ähnliche Vorgänge (Bundesimmissionsschutzgesetz - BImSchG) v. 15. März 1975, (BGBl.I S. 721) i.d.F. v. 4. März 1982 (BGBl.I S. 281)

/10/ Abstände zwischen Industrie- und Gewerbegebieten und Wohngebieten im Rahmen der Bauleitplanung, RdErl. d. Ministers für Arbeit, Gesundheit und Soziales NW vom 25.7.1974, (Ministerialblatt NW 1974, S. 992) zul. geändert 1982 (Ministerialblatt NW, Nr. 67, v. 20.8.1982)

/11/ d'Alleux, H.-J. u.a.: Abstandsregelungen in der Bauleitplanung, Schriftenreihe Landes- und Stadtentwicklungsforschung des Landes NW Bd. 2027, (1981), S. 45 ff.

/12/ Meyer-Abich, K.M.: Energieeinsparung... a.a.O., S. 42

Anmerkungen zu Kapitel 2

/13/ Grundlinien und Eckwerte für die Fortschreibung des Energieprogramms, Beschluß des Bundeskabinetts v. 23.3.1977, Bulletin der Bundesregierung Nr. 30, S. 265 ff

/14/ Bundesministerium für Wirtschaft (Hrsg.), Energieprogramm der Bundesregierung, zweite Fortschreibung vom 14.12.1977

/15/ Bundesministerium für Forschung und Technologie: Künftiger Bedarf an elektrischer Energie in Abhängigkeit von wirtschafts- und gesellschaftspolitischen Entwicklungen und dessen Deckung, insbesondere mit Hilfe der Kernenergie, Bericht K 76 - 03, Eggenstein-Leopoldshafen, (1976)

/16/ Voß, A.: Energiewirtschaftliche Gesamtsituation, in: Brennstoff-Wärme-Kraft, April 1983, S. 133

/17/ Lovins, A.B.: Sanfte Energie - Das Programm für die energie- und industriepolitische Umrüstung unserer Gesellschaft, Reinbek, (1978)

/18/ Leach, G., u.a.: A Low Energy Strategy for the United Kingdom, International Institute for Environment and Development, Science Rewiews, London, (1979)

/19/ Lönnroth, H., u.a.: Energy in Transition - A Report on Energy Policy and Future Options, Secretariat for Future Studies, Udevalla, Schweden, (1977)

/20/ Krause, F., u.a.: Energiewende - Wachstum und Wohlstand ohne Erdöl und Uran, Frankfurt/M., (1980)

/21/ Mellon Institute (R. Sant): The Least-Cost Energy Strategy, Mellon Institute, Boston, (1981)

/22/ Winter, C.-J., u.a.: Sonnenenergie - ihr Beitrag zur künftigen Energieversorgung der Bundesrepublik Deutschland, in: Brennstoff-Wärme-Kraft, Nr. 5, Mai 1983, S. 243 ff

/23/ Deutscher Bundestag, Bericht der Enquête-Kommission 'Zukünftige Kernenergie-Politik', Teil 1, in: Zur Sache, Themen Parlamentarischer Beratung, (1980), S. 76

/24/ Schäfer, H.: Kumulierter Energieverbrauch von Produkten, Methoden der Ermittlung - Probleme der Bewertung, in: Brennstoff-Wärme-Kraft, Nr. 7, (1982), S. 337

/25/ Schott, T., u.a.: Entwicklung der leitungsgebundenen Energieversorgung bis zum Jahr 2000, in: Brennstoff-Wärme-Kraft, Nr. 5, (1982), S. 281

/26/ Vgl. Rouvel, L.: Raumkonditionierung, Wege zum energetisch optimierten Gebäude, Berlin, (1978)

/27/ Vgl. Roth, U.: Wechselwirkungen zwischen der Siedlungsstruktur und Wärmeversorgunggsystemen, Bundesminister für Raumordnung, Bauwesen und Städtebau, Bonn, (1980)

/28/ Bossel, Energiesparkonzepte für Gebäude, Tagungsbericht Solentec '81, Kassel, (1981)

/29/ Esdorn,H./Wentzlaff, G.: Neuvorschläge zum Entwurf der DIN 4701, "Regeln für die Berechnung des Wärmebedarfs von Gebäuden", in: Heizung, Lüftung, Haustechnik (HLH), H 9 (1981), S. 356

/30/ Roth, U.: Wechselwirkungen ... a.a.O., S. 130

/31/ Brunner, C.: Das Fenster, Wärmeloch oder Sonnenkollektor? in: Schweizerische Bauzeitung Nr. 45, (1977)

/32/ Roth, U.: Energie- und Klimabewußtes Planen und Bauen, in: Örtliche und regionale Energieversorgungskonzepte, Bundesforschungsanstalt für Landeskunde und Raumordnung, Bonn, (1981)

/33/ Weidlich, B., u.a.: Rationelle Energieverwendung im Planungsgebiet Erlangen - West, Köln, (1980), S. 150 f

/34/ Geiger, Der künstliche Windschutz, zit. nach Faskel, Praxisinformation Energieeinsparung, Bundesarchitektenkammer, Jan. 1982

/35/ Frommes, Wissensgrundlagen der Stadt- und Bauklimatologie, Luxemburg, (1980)

/36/ Weidlich, ... a.a.O., S. 158 ff.

/37/ Franke, E. (Hrsg.), Stadtklima, Ergebnisse und Aspekte für die Stadtplanung, Stuttgart, (1977)

/38/ Vgl. Ohlwein, K.: Energiebewußte Eigenheimplanung, Planungs- und Konstruktionshilfen, Wiesbaden, (1979)

/39/ Gertis, K.: Energieverbrauch und Wärmeschutz im Hochbau, in: HLH 26, (1975), Nr. 3, S. 105-114

/40/ Verordnung über einen energiesparenden Wärmeschutz bei Gebäuden (Wärmeschutzverordnung) v. 11.8.1977, (BGBl I, S. 1554)

/41/ Verordnung über einen energiesparenden Wärmeschutz bei Gebäuden (Wärmeschutzverordnung - WärmeschutzV) v. 24.2.1982, (BGBl I, S. 209 ff)

/42/ Ehm, H.: Energieeinspargesetz mit Wärmeschutzverordnung, Wiesbaden, (1978), S. 66 ff.

/43/ Vgl. Euler, H.: Energiepolitik in Schweden, in: Der Städtetag, Nr. 12, (1981), S. 861 ff.

/44/ The National Swedish Board of Physical Planning and Building "Regulations of Energy Conservations in New Buildings", v. 1.1.1977, Stockholm (1977)

/45/ Hagstedt, J.: Stand und Tendenzen des baulichen Wärmeschutzes in Schweden, Referat im Rahmen des schwedisch-deutschen Kolloquiums "Rationelle Energieverwendung im Wohnungsbau und in der Stadtentwicklung, Bundesminister für Raumordnung, Bauwesen und Städtebau, Bonn, Sept 1982

/46/ Finney, P.: Heizwärmeverbrauchsanalysen und Einflußgrößen auf den Heizwärmeverbrauch, Referat im Rahmen des schwedisch-deutschen Kolloquiums, ...a.a.O.

/47/ VDI - 2067: Blatt 2, Berechnung der Kosten von Wärmeversorgungsanlagen Raumheizung, Entwurf Dezember 1979

/48/ Künzel, H.: Repräsentativumfrage über die Heiz- und Lüftungsverhältnisse in Wohnungen, in: Gesundheits-Ingenieur 100, (1979), H 9, S. 261 ff

/49/ Gertis, K.: Wie muß Heizenergie-Einsparung in Wohnungen künftig vor sich gehen? in: Bundesbaublatt 30, (1981), H 17, S. 461 ff

/50/ Ehm, H.: Stand und Tendenzen des baulichen Wärmeschutzes in Deutschland, Referat im Rahmen des schwedisch-deutschen Kolloquiums, a.a.O.

/51/ Hörster, H.: Wege zum energiesparenden Wohnhaus, Philips, Hamburg, (1980), S. 123 ff

/52/ Gertis, K.: Superdämmung oder Wärmerückgewinnung ? Wo liegen die Grenzen des energiesparenden Wärmeschutzes ? in: Bauphysik, H 2, (1981), S. 50 ff

/53/ Hörster, H.: ... a.a.O., S. 21; das sog. "Vollwärmeschutzhaus" entspricht etwa den Anforderungen der Wärmeschutzverordnung von 1977

/54/ Aggen, K.: Zur Diskussion gestellt: Moderne Isolierwandkonstruktionen verschleudern Energie, in: DAB 11, (1981), S. 1621 f

/55/ Hauser, G.: Der k-Wert im Kreuzverhör, in: Bauphysik 1/1981, S. 3

/56/ Ehm, H.: Stand und Tendenz des baulichen Wärmeschutzes, a.a.O.

/57/ Rouvel, L.: Heizwärmeverbrauchsanalysen und Einflußgrößen auf den Heizwärmeverbrauch; Referat im Rahmen des schwedisch-deutschen Kolloquiums, a.a.O.

/58/ ebenda

/59/ Vgl. Michaeli, W., u.a.: Erhaltung und Erneuerung überalterter Stadtgebiete aus der Zeit zwischen den Gründerjahren und 1919 in NRW, Schriftenreihe des Instituts für Landes- und Stadtentwicklungsforschung des Landes NW, Wohnungsbau-Kommunaler Hochbau, Bd. 3.016, Dortmund, (1977), S. 160 f

/60/ Steimle, E.: Die Bedeutung der Wärmepumpe für Energiewirtschaft und Technik sowie ihr Einfluß auf die Umwelt, in: Statusseminar "Wärmepumpen und Gewässerschutz", Bericht 79-1 der Abwärmekommission, Berlin, (1979)

/61/ Vgl. Baehr, H.D.: Zur Thermodynamik des Heizens, in: Brennstoff-Wärme- Kraft, Nr. 1, (1980), S. 14

/62/ DIN 5481: Wortverbindungen mit den Wörtern Konstante, Koeffizient, Zahl, Faktor, Grad und Maß, Deutscher Normenausschuß, Köln/Berlin, Juli 1971

/63/ Rudolph, R., Purper, G.: Technikfolgeabschätzung Wärmepumpen; Elektrowärme im technischen Ausbau, Nr. 4/5, (1979 A)

/64/ Kappmeyer, E.: Stand und Tendenz der Anforderungen und der technischen Entwicklung in der Heizungstechnik. Referat anläßlich des schwedisch-deutschen Kolloquiums, a.a.O

/65/ 1980 verbrauchten in NRW die Raffinerien 4127 tsd t SKE (9%) Erdöl + 895 tsd t SKE (2,2%) Primärenergie für Strom und erzeugten dabei Produkte mit einem Energiegehalt von 45.643 tsd t SKE. Nach: Energiebericht 1982, Minister für Wirtschaft, Mittelstand und Verkehr NW, Düsseldorf, (1982) S. 43

/66/ Der Energieverbrauch für die Aufbereitung und die Verluste für Energiegewinnung und Transport betrugen 1979 4,4%, Vgl. Arbeitsgemeinschaft Energiebilanzen, Frankfurt, (1980)

/67/ Schiffer, H.W.: Kostenfunktionen der Energieträger, Schriftenreihe des Energiewirtschaftlichen Instituts, Bd. 23, München, (1978), S. 159

/68/ Vgl. z.B. Volwahsen, A.: Stadterneuerung und Energiemodernisierung in Berlin, unveröff. Manuskript, (1982)

/69/ Recknagel, Sprenger: Taschenbuch für Heizungs- und Klimatechnik, Ffm, (1977), S. 462

/70/ Bei der Steinkohlengewinnung stand 1980 einer Gesamtfördermenge von 72425 tsd t SKE ein Zecheneigenverbrauch von 684 tsd t SKE Kohle und 1838 tsd t SKE Primärenergie für Strom gegenüber (Eigenverbrauch 3,5%) Die Braunkohlentagebaue verbrauchten 1161 tsd t SKE Primärenergie für Strom bei einer Gesamtförderung von 31934 tsd t SKE (Eigenverbrauch 3,7%), Energiebericht 1982, a.a.O., S. 43

/71/ Kernforschungsanlage Jülich, Angewandte Systemanalyse Nr. 1, Bd. II, Jülich, (1977), S. 13-76ff.

/72/ Interne Statistik der Vereinigung deutscher Elektrizitätswerke (VdEW), Frankfurt, (1982)

/73/ Bund, K.: Energieversorgung, Essen, (1980), S. 17

/74/ Vgl. z.B. Bußmann, W.: Monovalente Gaswärmepumpe für 64 Wohneinheiten in Dortmund Brackel, in: Kommunale Energieversorgungskonzepte, Materialien zum 6. Kontaktseminar des Informationskreises für Raumplanung, Dortmund, (1981)

/75/ Bayer, H.: Rationelle Energieverwendung durch den Einsatz von Wärmepumpen als Teil eines kommunalen Energieversorgungskonzepts im Rahmen der kommunalen Entwicklungsplanung, Institut für Umweltschutz, Dortmund, (1981)

/76/ Rudolph, R., Purper, G.: Technikfolgeabschätzung Wärmepumpen; Elektrowärme im technischen Ausbau, Nr. 4/5, (1979 A)

/77/ Vgl. z.B.: Prinz, W.: Das Flensburger Energiekonzept, Stadtwerke Flensburg, Flensburg 1979

/78/ Nur dieses bei Fichtner als 4. bzw. 5. Vergleich genannte Verfahren wird von den Autoren als "thermodynamisch befriedigend" bezeichnet. Vgl. hierzu ausführlich: Fichtner/Prognos, Parameterstudie örtliche und regionale Versorgungskonzepte für Niedertemperaturwärme; Bundesministerium für Forschung und Technologie, Forschungsvorhaben 03 E - 53 A/B, S. 470-4 - 470-17, (noch nicht veröffentlicht)

/79/ Vgl. hierzu auch Büchler/Traube, u.a.: Raumwärme 2000, Forschungsvorhaben "Auswirkungen verschiedener Auswahlmechanismen für Energietechniken auf Energiebedarf und gesamtgesellschaftliche Kosten, Phase I (ET 4434/A8)" TU Berlin, 1982, S. 233f sowie: Raulefs, W.: Brennstoffeinsparung bei der Wärme-Kraft-Kopplung in: Fernwärme International (FWI) 10, (1981), S. 238 ff

/80/ Vgl. auch: Euler, H.: Handlungsmöglichkeiten der kommunalen Planung zur Beeinflussung des Energieverbrauchs, in: Kommunale Energieversorgungskonzepte, a.a.O., S. 4 f.

/81/ Rudolph, R. u.a.: Fernwärme, Technik und Wirtschaftlichkeit, Batelle Schriftenreihe Energie, Köln, (1982), S. 3 ff.

/82/ Gesamtstudie über die Möglichkeiten der Fernwärmeversorgung aus Heizkraftwerken in der Bundesrepublik Deutschland, Bundesminister für Forschung und Technologie, Bonn, (1977)

/83/ Bohn, T.: Ausgewählte Technologien zur rationellen Energieversorgung und ihre Bewertung, in: Rationelle Energieverwendung im Ruhrgebiet, Kommunalverband Ruhrgebiet, Essen, (1981)

/84/ Prinz, W.: Das Flensburger Energiekonzept, ... a.a.O.

/85/ Hein, K.: Blockheizkraftwerk Iglauer Str. Heidenheim, 283 Wohneinheiten, Vortrag gehalten auf der Energie TEC 1980, Berlin, (1980)

/86/ Gunkel, J., u.a.: Technisches und energetisches Betriebsverhalten von BHKW-Kleinaggregaten, in: Brennstoff-Wärme-Kraft, Nr. 8/9, (1982), S. 404 ff

/87/ Sealock, L.J. and Mudge, L.K.: Environmental Control Assessment of Entrained Flow Gasifiers-Commercial Control Systems, in: Proceedings ..., Washington D.C., (1979)

/88/ Teufel, D.: Kohleveredelung, Institut für Energie- und Umweltforschung, Heidelberg, (1981), S. 7

/89/ Vgl. Kap. 3.2.1 und Tab. 13 der vorliegenden Arbeit

/90/ Bundesministerium des Innern, "Umwelt" vom 22.2.1981, S. 12, Bonn, (1981)

/91/ Hörster, Wege zum ...a.a.O., S. 145

/92/ INFRAS: "Abschätzung der Umwelteinwirkungen energierelevanter Gesetzesvorhaben im Bereich der Raumwärme", Forschungs- und Entwicklungsvorhaben Nr. 101 05 006, im Auftrag des Umweltbundesamtes, Berlin, (1981)

/93/ Bohn, T.: Die Entwicklungsmöglichkeiten der Energiewirtschaft, in der Bundesrepublik Deutschland - Untersuchungen mit Hilfe eines dynamischen Simulationsmodells, Kernforschungsanlage Jülich, Jülich, (1977), S. 15

/94/ Wagner, H.G.: Der Energieaufwand zum Bau ausgewählter Energieversorgungstechnologien, Dissertation, Aachen, (1982), S. 132

/95/ Sperling, D.: Die Stadt in ihrem energetisch-ökologischen Umfeld, Referat anläßlich der "EnergieTec '80'" in Berlin, Institut für Städtebau, Berlin, (1980), S. 5

/96/ Riksdagen, regeringens proposition 1977/78 : 76, med energispar plan för befintlig bebyggelse; Stockholm, (1977)

/97/ So kam die Vereinigung deutscher Elektriztätwerke 1976 in einer internen Studie aufgrund erwarteter Marktsättigungstendenzen im Haushaltsgerätebereich zu dem Ergebnis, "daß die Stromnachfrage der Haushalte für Nichtheizzwecke in den kommenden Jahren deutlich langsamer, mit Beginn des nächsten Jahrzehnts kaum noch expandieren wird", und leitete hieraus die Notwendigkeit einer

Absatzsteigerung im Bereich des Heizstroms ab: "Es scheint uns das wesentliche Ergebnis dieser Prognose zu sein, daß quantifizierbar geworden ist, in welchem Maße in den kommenden Jahren eine Umschichtung des jährlichen Zuwachses von Haushaltsstrom ohne Heizung auf Haushaltsstrom mit Heizung zu erfolgen hat, damit die langfristig eingeplante Zuwachsrate des gesamten Haushaltsstromverbrauchs Marktresultat ist." Vereinigung deutscher Elektrizitätswerke, (VdEW): Überlegungen zur künftigen Entwicklung des Stromverbrauchs privater Haushalte in der Bundesrepublik Deutschland bis 1985, Frankfurt, (1976)

/98/ Bundesminister für Forschung und Technologie, Bericht K 76-03, Eggenstein-Leopoldshafen, (1976), a.a.O., S. C 62

/99/ Vereinigung deutscher Elektrizitätswerke: Die volkswirtschaftliche Bedeutung der elektrischen Energie auf dem Wärmemarkt, Frankfurt, (1980), S. 14

Anmerkungen zu Kapitel 3

/100/ Kacsoh, L./Heger, C.: Freisetzung von Luftschadstoffen bei der Nutzung fossiler Energieträger, in: Materialien zu Energie und Umwelt, Rat von Sachverständigen für Umweltfragen, Worms, (1982), S. 38

/101/ Schmitz, K.: Langfristplanung in der Energiewirtschaft, Basel, (1979), S. 45

/102/ Schärer, B.: Luftverschmutzung durch Schwefeldioxid, Texte des Umweltbundesamtes, Berlin, (1981)

/103/ Dritte Verordnung zur Durchführung des Bundes-Immissionsschutz-Gesetzes (Verordnung über den Schwefelgehalt von leichtem Heizöl und Dieselkraftstoff) 3. BImSchV 15.1.1975, Bundesgesetzblatt I, (1975), S. 264, § 3 Abs. (1)

/104/ Technische Richtlinie zur Luftreinhaltung in Mineralölraffinerien und petrochemischen Anlagen zur Kohlenwasserstoffherstellung - Raffinerierichtlinie, in: Ministerialblatt für das Land Nordrhein-Westfalen, (1975), S. 966 ff

/105/ Dreyhaupt/Ecke: Environmental Protection Policy and Measures to Reduce Hydrocarbon Emissions from Oil Refineries, Welt-Erdöl-Konferenz, Panel Discussion 24, (1977), S. 229 f

/106/ Ngiaru, J.O.: Sulphur in the Environment. Part 1: The Atmospheric Circle. Wiley, (1978)

/107/ Für die in der Tabelle 12 in Form von Bandbreiten angegebenen spezifischen Emissionsfaktoren wurden überwiegend die von Kacsoh/Heger zusammengestellten Daten zugrundegelegt. (Vgl.: Kacsoh/Heger: Freisetzung von Luftschadstoffen ... a.a.O., und die dort angegebene Literatur). Die Quellen für die dort nicht erfaßten Energieumwandlungssysteme werden gesondert angegeben. Für die zur Charakterisierung der gegenwärtigen Situation bedeutsamen und als Grundlage für die weiteren Berechnungen verwendeten Mittelwerte wurden zusätzlich Angaben des Umweltbundesamtes (Umweltbundesamt: Forschungs- und Entwicklungsvorhaben Nr. 10105006, "Abschätzung der Umweltauswirkungen energierelevanter Gesetzesvorhaben im Bereich der Raumwärme", erarbeitet von Infras, 1981) sowie Angaben der Landesanstalt für Immissionsschutz Nordrhein-Westfalen (Luftreinhalteplan Ruhrgebiet - Ost, Ministerium für Arbeit, Gesundheit und Soziales NW, Düsseldorf, (1979), S. 226) zugrundegelegt.

/108/ Die in Tab. 12 angegebenen Emissionsfaktoren wurden überwiegend durch Umrechnung aus in anderen Energieeinheiten angegebenen Quellen ermittelt und täuschen z.T. eine Genauigkeit vor, die angesichts der bestehenden Schwankungsbreiten und der teilweise lückenhaften Erfassung der Gesamtemission nicht gerechtfertigt ist. Um jedoch die Fehlerfortpflanzung durch mehrfaches Runden möglichst weitgehend zu begrenzen, wurden die Emissionsfaktoren in der angegebenen Genauigkeit als Grundlage für das in Kap. 4.2.1 beschriebene Simulationsprogramm verwendet.

/109/ Umweltbundesamt, Luftreinhaltung 81 Entwicklung-Stand-Tendenzen, Berlin, (1981), S. 17

/110/ Bundesministerium für Wirtschaft, Referat Elektrizitätswirtschaft. Die Elektrizitätswirtschaft in der Bundesrepublik Deutschland im Jahre 1980, in: Elektrizitätswirtschaft, H 21, (1981), S. 755

/111/ Dreizehnte Verordnung zur Durchführung des Bundes-Immissionsschutzgesetzes (Verordnung über Großfeuerungsanlagen), Kabinettsvorlage v. Februar 1983, Drucksache 95/83

/112/ Bei der Umrechnung dieser abgasbezogenen Werte in energiebezogene Emissionsfaktoren sind der Rest-Sauerstoffgehalt der Abluft, die Art der Feuerung (Schmelz- oder Trockenfeuerung), die Brennstoffart und andere technische Parameter zu berücksichtigen. (Vgl.: Recknagel/Sprenger, Handbuch der Klima- und Heizungstechnik, a.a.O., / Vereinigung der Großkesselbesitzer (VGB) Wissenschaftliche Berichte Wärmekraftwerke Nr. 8.: Minderungstechnologien für NO_x-Emissionen steinkohlenbefeuerter Großkraftwerke, VGB-TW 301, S. 325 / Zusammenstellung von Dr. Oels, Umweltbundesamt (unveröff.)). Vereinfachend wurde von folgender Beziehung ausgegangen: 1000 mg SO_2/m^3 ≙ 350 kg SO_2/Tj.

/113/ GFAV, a.a.O., S. 47

/114/ Vgl. Möller, K.-P., u.a.: Wirbelschichtfeuerung in Heizkraftwerken: zwei Fallstudien, in: Elektrizitätswirtschaft, (1980), H 18, S. 642 ff.

/115/ Schilling, H.D.: Die Wirbelschichtverbrennung und ihre Bedeutung für den Wärmemarkt, in: Erdöl und Kohle, H 9, (1981)

/116/ Krischke, H.E.: Umweltfreundliche Kohleverbrennung in der Wirbelschicht, Statusseminar umweltfreundliche Kraftwerkstechnologie, Kernforschungsanlage Jülich, Oktober 1980

/117/ Schärer, B.: Luftverschmutzung durch Schwefeldioxid, ... a.a.O., S. 74

/118/ Hoede, u.a.: Quantifizierung der Umweltbeeinträchtigung durch moderne Verfahren der Kohlevergasung und Kohleverflüssigung, Fluor GmbH, im Auftrag des Bundesministers des Innern, Düsseldorf, (1981)

/119/ VEBA OEL AG: Vorstudie zum Bau einer großtechnischen Kohlehydrieranlage, Essen, Dezember 1981

/120/ Für die von der VEBA OEL in Dortmund geplanten Kohleverflüssigungsanlage wird von einer benötigten elektrischen Leistung von 250-300 MW ausgegangen. (Dortmund als Standort einer Kohleverflüssigungsanlage, Ratsvorlage für den Rat der Stadt Dortmund v. 11.11.1981, S. 17). Für die hier angestellten Berechnungen wird ein Stromverbrauch von 2,4 Mrd kWh Strom, (300 MW x 8000 Betriebsstunden) bezogen auf einen jährlichen Ausstoß von 1,8 Mio t Flüssigprodukten zugrundegelegt.

/121/ Vgl. auch: Beck, P./Glatzel, W.-P.: Umweltschutz als Entscheidungskriterium bei der Erstellung von Energieversorgungskonzepten, in: VDI-Berichte, Nr. 491, Düsseldorf, September 1983, S. 120 f

/122/ Kacsoh/Heger: Freisetzung von ... a.a.O., S. 50

/123/ Pott, J.: Zweifelhafte Opfer für den Wald, in: Zeitung für kommunale Wirtschaft, Nr. 4, (1983), S. 1

/124/ Die Berechnungsgrundlage für Steinkohlenkraftwerke ist: 3,4 mg NO_x/m^3 ≙ 1 kg NO_x/Tj, nach: VGB, Minderungstechnologien für NO_x ...a.a.O., S. 325

/125/ Vgl. Mittelbach u.a.: Der Einfluß moderner Steinkohlekraftwerke auf die Immission, in: VGB - Kraftwerkstechnik, H 12, (1978), S. 870. Allerdings existieren bereits erprobte Verfahren für die zusätzliche Abscheidung von Stickoxiden; vgl.: Bröker, G.: Zusammenfassende Darstellung der Emissionssituation in Nordrhein-Westfalen und der Bundesrepublik Deutschland für Stickoxide, Landesanstalt für Immissionsschutz Nordrhein-Westfalen, LIS-Bericht Nr. 34, Essen 1983; sowie: Richter, E. u.a.: Simultane Entfernung von SO_2 und NO_x unter den Bedingungen der Rauchgasreinigung von Kraftwerken. in: Chem.-Ingenieur-Technik 52 (1980) Nr. 5, S. 456 f

/126/ Gas- und dieselbetriebene Blockheizkraftwerke weisen etwa die gleiche spezifische NO_x Emission auf, wie die entsprechenden motorbetriebenen Kompressionswärmepumpen. Vgl. Jahresbericht 1979 des Umweltbundesamtes, Berlin, (1980), S. 41

/127/ Mitteilung von Dr. Glatzel, Umweltbundesamt Berlin, v. 3.11.1983

/128/ Wenzel, Davids: Die Kohlenmonoxidemission in der Bundesrepublik Deutschland, Materialien zur Umweltforschung, Stuttgart, (1978)

/129/ Umweltbundesamt: Materialien zum Immissionsschutzbericht 1977, Berlin, (1977)

/130/ Mittelbach, u.a.: Der Einfluß... a.a.O., S. 871

/131/ Vgl. Der Rat von Sachverständigen für Umweltfragen: Sondergutachten "Energie und Umwelt", a.a.O., S. 29

/132/ Der Rat von Sachverständigen für Umweltfragen: Sondergutachten "Energie und Umwelt", a.a.O., S. 67

/133/ Flohn, H.: Possible Climatic Consequences of Man-Made Global Warming, IIASA-Report, RR 80-30, Laxenburg, (1980)

/134/ Fortak, H.: Auswirkungen und Risiken von Primärenergienutzung und Energietransformationen auf das lokale, regionale und globale Klima, in: Materialien zu Energie und Umwelt, Worms, (1982), S. 22 ff

/135/ Kellog, W.: What If Mankind Warmth the Earth ? Vortrag ENVITEC '77, 9. Februar 1977 in Düsseldorf

/136/ Erste öffentliche Verwaltungsvorschrift zum Bundesimmissionsschutzgesetz Technische Anleitung zur Reinhaltung der Luft (TA-Luft), vom 23.2.1983 (GMBL, S. 94), Ziff. 5.2.1

/137/ Luftreinhaltung '81, Stand, Entwicklung, Tendenzen, Umweltbundesamt, Berlin, (1981), S. 313

/138/ ebenda, S. 296

/139/ ebenda, S. 296

/140/ ebenda, S. 314

/141/ ebenda, S. 297

/142/ ebenda, S. 314

/143/ ebenda, S. 316

/144/ Vgl. Rat von Sachverständigen für Umweltfragen, Umweltgutachten 1978, Mainz, (1978), S. 216 ff

/145/ Guicherit, R., et.al.: Conversion Rate of Nitrogen Oxides in a Polluted Atmosphere, Proceedings of the 11th NATO-CCMS, International Technical Meeting on Air Pollution Modelling and its Applications, Amsterdam, (1980)

/146/ Georgii, H.W.: Luftchemische Umsetzung und Verweildauer von Luftverunreinigungen beim regionalen und globalen Transport, in: Hohe Schornsteine als Element der Luftreinhaltepolitik in NW, Kolloquium von 11.12.1980, Ministerium für Arbeit, Gesundheit und Soziales NW, Düsseldorf, (1981)

/147/ Vgl. Wohlrab, B.: Luftverunreinigungen, Entstehen und Wirkungen, in: Berichte zur Landeskultur, Gießen, (1981), S. 61 ff

/148/ Bartels, U.: Wie sauer ist der Regen in Nordrhein-Westfalen? in: LÖLF-Mitteilungen, Landesanstalt für Ökologie, Landschaftsentwicklung und Forstplanung Nordrhein-Westfalen, H 2, (1983), S. 35

/149/ Bölsche, J., u.a.: Das Stille Sterben, in: Natur ohne Schutz, Hamburg, (1982), S. 140 ff

/150/ Ulrich, B.: Gefahren für das Wald-Ökosystem durch saure Niederschläge, in: Immissionsbelastungen von Wald-Ökosystemen, Landesanstalt für Ökologie, Landschaftsentwicklung und Forstplanung NW, Recklinghausen, (1982), S. 9

/151/ Ulrich, B. et.al.: Deposition von Luftverunreinigungen und ihre Auswirkungen in Waldökosystemen im Solling, Schriftenreihe der Forstlichen Fakultät der Universität Göttingen, Nr. 58, Frankfurt, (1979)

/152/ Ulrich B.: Gefahren... a.a.O., S. 17

/153/ Prinz, B., u.a.: Waldschäden in der Bundesrepublik Deutschland, Landesanstalt für Immissionsschutz des Landes Nordrhein-Westfalen, Bericht Nr. 28, Essen, (1982)

/154/ Sondergutachten März 1983 des Rates von Sachverständigen für Umweltfragen: Waldschäden und Luftverunreinigungen, Bundestagsdrucksache 10/113 v. 8.6.83, Bonn, (1983), S. 109

/155/ Ulrich, B.: Gefahren... a.a.O., S. 17

/156/ Erasmus F.G./Lenhartz, R.: Strategie zur Nutzung der Steinkohlenlagerstätten in der Bundesrepublik Deutschland, in: Brennstoff-Wärme-Kraft, Heft 9, (1980), S. 349 ff

/157/ Kugler, U.: Der Abbau der Steinkohlenlagerstätte an der Ruhr in großer Teufe, in: Glückauf 118, (1982), Nr. 17, S. 873

/158/ Rürup, H.: Exploration am Nordrand des Ruhrreviers, Essen, (1982), S. 4

/159/ Sauer, A.: Der Ruhrbergbau in der Landes- und Regionalplanung, in: Das Markscheidewesen, Nr. 1, (1982), S. 21

/160/ Rürup, H.: Steinkohlenbergbau und Wasserwirtschaft im Ruhrkohlenbezirk in: Wasserwirtschaft und Gewinnung fossiler Energieträger. Deutscher Verband für Wasserwirtschaft, Düsseldorf, (1976), Abschitt 22

/161/ Adler, F.: Entwicklung der Bergewirtschaft an der Ruhr, Vortrag vor dem Ausschuß für kommunale Technologien des Kommunalverbandes Ruhrgebiet, Sept. 1980 in Oberhausen

/162/ Kundel, H.: Die Strebtechnik im deutschen Steinkohlenbergbau, in: Glückauf 118, (1982), S. 940

/163/ Kundel, H. Die Strebtechnik... a.a.O., S. 943

/164/ Fünfzig Jahre Lippeverband, Dortmund/Essen, (1975), S. 37

/165/ Budde, B.: Der Wirkungszusammenhang zwischen Bergbau und empfindlichen Nutzungen, unveröff. Manuskript, Universität Dortmund, (1983), S. 12 f

/166/ Wohlrab, B.: Auswirkungen wasser- und bergbaulicher Eingriffe auf die Landeskultur. Untersuchungen zu ihrer Klärung und für ihren Ausgleich. Landesausschuß für landwirtschaftliche Forschung und Beratung, Reihe C, Wissenschaftliche Berichte und Diskussionsbeiträge, Heft 9, Hiltrup, (1965), S. 171

/167/ Hilden, H.D., Suchau, K.-H.: Neue Untersuchungen über Verbreitung, Mächtigkeit und Grundwasserführung der Halterner Sand-Facies. in: Fortschritte der Geologie von Rheinland und Westfalen, Bd. 20., Beiträge zur Hydrogeologie, Krefeld, (1974), S. 79-90

/168/ Vgl.: Der Rat von Sachverständigen für Umweltfragen, Sondergutachten Umweltprobleme des Rheins, Stuttgart (1976), S. 187 ff

/169/ Schmidt, R.: Bergmännische Wasserwirtschaft im Steinkohlenbergbau. in: Bergbau 3, (1979), S. 124

/170/ Rottmann, D.: Untersuchungen zu Wasseraufkommen, Wasserverwendung und Wasserableitung der Betriebe des Steinkohlenbergbaus in der Bundesrepublik Deutschland. Dissertation, Aachen, (1969)

/171/ Michel, G., u.a.: Betrachtungen über die Tiefenwässer im Ruhrgebiet, in: Fortschritte in der Geologie von Rheinland und Westfalen, Bd. 20, (1974), S. 215 ff

/172/ Vgl. Budde, B.: Der Wirkungszusammenhang ... a.a.O., S. 18

/173/ Rottmann, D.: Untersuchungen zu Wasseraufkommen, ... a.a.O., Anhang 3

/174/ Kunzmann, K./Winter, U.: Zur Bewätigung der Folgewirkungen zukünftiger Bergbautätigkeit in der Lippezone, Institut für Raumplanung, Universität Dortmund, (1982)

/175/ Schmidt, R.: Bergmännische... a.a.O., S. 123

/176/ Rottmann, D.: Untersuchungen... a.a.O., Anhänge 2, 5, 8, 11.

/177/ Schmidt, R.: Bergmännische Wasserwirtschaft und die Gewinnung fossiler Energieträger, a.a.O., Abschn. 25

/178/ Semmler, W.: Die Halden als hydrogeologisches Problem, in: Schlägel und Eisen, (1958), Nr. 9, S. 695

/179/ ebenda, S, 696

/180/ Davis, E.C., / Boegley, W.F.: A Rewiew of water Quality Issues Associated with Coal Storage, in: Journal of Environmental Quality, Vol. 10, April/June 1981, No 2, S. 127 ff

/181/ Siebert, G./Werner, H.: Bergeverkippung und Grundwasserbeeinflussung am Niederrhein in: Fortschritte der Geologie Rheinland und Westfalen, Krefeld, April 1969, S. 265 ff

/182/ Pers. Mitteilung von Dr. Burwick, Staatliches Amt für Wasser- und Abfallwirtschaft, Düsseldorf 9.5.1983

/183/ Aktennotiz: Gespräch mit Dr. Hansel, Ruhrkohle AG, Essen, 11.1.1983

/184/ Rürup, H.: Explorationen am Nordrand des Reviers. Ruhrkohle AG, Essen, (1982)

/185/ Jakob, K.-H.: Lage und Entwicklungstendenzen der Wirtschaft des deutschen Steinkohlebergbaus in: Glückauf 118, (1982), Nr. 24, S. 1223

/186/ Ramshorn: Die Wasserwirtschaft im Rheinisch-Westfälischen Industriegebiet. in Glückauf 88, (1952), Heft 7/8, S. 6

/187/ eig. Berechnungen auf der Grundlage verschiedener interner Statistiken der Emschergenossenschaft, des Lippeverbandes und der linksniederrheinischen Entwässerungsgenossenschaft (LINEG), (unveröff.)

/188/ Bericht über die Tätigkeit der Bergbehörden, Jahrgänge 1956-1981, a.a.O.

/189/ Hinsichtlich der Eingrenzung der Poldergebiete wurde auf Kartengrundlagen zurückgegriffen, die im Rahmen des Forschungsprojektes "Budde, B./Nolte, J.: Wirkungsanalyse der räumlich strukturellen Entwicklung des Ruhrgebietes auf die Wasserversorgung, im Auftrag des Ministers für Wissenschaft und Forschung NW (Az IV B 3-9029; noch nicht veröffentlicht)" erarbeitet wurden.

/190/ Mitteilung der linksrheinischen Entwässerungsgenossenschaft (LINEG), Kamp Lintfort, v. 12.8.1982, (unveröff.)

/191/ Interne Statistiken des Lippeverbandes und der Emschergenossenschaft, (unveröffent.). Die geförderte Gesamtwassermenge enthält Mehrfachpumpungen, deren Anteil nicht ermittelt werden konnte.

/192/ Sauer, A.: Der Ruhrbergbau in der Landes- und Regionalplanung. in: Das Markscheidewesen, 89 (1982), Nr. 1, S. 25

/193/ Ruhrkohle AG, "Fragen zur Bergewirtschaft"! Essen, (1982), S. 87 f

/194/ v.d. Gathen, R.: Entwicklungen in der Bergewirtschaft des Steinkohlenbergbaus. Vortrag im Rahmen des bergmännischen Kolloquium der Universität Clausthal. Clausthal, (1980), Manuskript S. 26

/195/ Pers. Mitteilung von Herrn Krebs, Berbau AG Lippe v. 6.7.1983

/196/ Rawert, H.: Probleme der Entwicklungspolitik im Ruhrgebiet aus der Sicht der langfristigen Energieversorgung. in: Schutzgemeinschaft deutscher Wald, Probleme der Entwicklungspolitik im Ruhrgebiet. Referate der Herbsttagung 1979, Koblenz, (1980), S. 67 ff

/197/ Bethe, W.S.: Zentrale Tagesanlagen, Konzipierung des Zuschnitts der Übertageanlagen, Teilprojekt des Forschungsvorhabens "Steinkohlenbergwerk der Zukunft", Essen, (1976), Anl. 11

/198/ Kunzmann, K. u.a.: Forschungsprojekt "Lippezone", Universität Dortmund, (1982), (unveröffentlicht) Abschnitt 6.1

/199/ Treptow, O.: Bodenwirtschaft für den Steinkohlenbergbau. in: Glückauf, H. 2, (1959), S. 108-114

/200/ Mitteilung von Herrn Stender, Abteilung Liegenschaften der Ruhrkohle AG

/201/ Briechle, D./Voigt, R.: Deep open Pit Mining and Groundwater Problems in the Rhexnisch Lignite District. in: Casebook of Methods of Computation of Quantitative Changes in the Hydrological Regime of River Basins Due to Human Activities, UNESCO, Paris, (1980), S. 274

/202/ Kennzahlen für den Kohlenbergbau für die Jahre 1981/1982, in: Glückauf 119, (1983), Nr. 6, S. 295

/203/ Bericht über die Tätigkeit der Bergebehörden, versch. Jahrgänge, a.a.O.

/204/ Presseinformation der Rheinbraun AG

/205/ Rödel, E.: Der Braunkohlentagebau als Problem der Raumordnung, in: Das Markscheidewesen 89, (1982), Nr. 4, S. 146

/206/ Henning, D.: Braunkohlentagebau Hambach, in: Bergbau 10, (1982), S. 540

/207/ Gärtner, E.: Die technische Entwicklung des rheinischen Braunkohlenbergbaus sowie der Braunkohlenverwendung, in: Glückauf 111, (1975), Nr. 7, S. 321

/208/ Engels/Lauten, H.: Landinanspruchnahme durch den Braunkohlenbergbau bis zum Jahre 2000, in: Landwirtschaftliche Zeitschrift, 49, (1977), S. 2669 f.; Vgl. auch: Reiners, H.: Braunkohle 2 Deutscher Planungsatlas, 1, Lieferung 11, Hannover 1977; sowie Flecke, B. u.a.: Jülicher Börde und Braunkohlenbergbau; Berlin/Hannover 1981

/209/ Knepper: Umweltschutzmaßnahmen der Tagebaue im Rheinischen Braunkohlenrevier, in: Der leitende Angestellte, Nr. 3, (1982), S. 16

/210/ Pieper, H.: Ökologisches Gutachten Hambach, Landesoberbergamt Nordrheinwestfalen, Dortmund, (1974), S. 8

/211/ Stein: Ökologisches Gutachten über die Auswirkungen eines Tagebaues Hambach auf die Umwelt, Teilgebiet Wasserwirtschaft, Bergheim, (1975), S. 37 ff

/212/ Aust, H., u.a.: Grundwasservorkommen in der Bundesrepublik Deutschland, Schriftenreihe "Raumordnung" des Bundesministers für Raumordnung, Bauwesen und Städtebau, Bonn, (1979), S. 29

/213/ Staatliches Amt für Wasser- und Abfallwirtschaft (STAWA), Düsseldorf: Wasserwirtschaft und Braunkohle, Düsseldorf, (1980), S. 10

/214/ Blank, R.: Tagebauentwässerung im Rheinischen Braunkohlenrevier, in: Der leitende Angestellte, 28 (1979), Nr. 2 Beilage "Verband der Führungskräfte", 43, (1978), Nr. 2, S. 6

/215/ Pieper, H.: Ökologisches Gutachten Hambach, a.a.O., S. 16 f

/216/ Wasserwirtschaft und Braunkohle, a.a.O., S. 10

/217/ Siemon, H./Paul, R.: Entwässerung der Braunkohlentagebaue im Rheinischen Braunkohlenrevier, in: Braunkohle, Wärme und Energie, Jahrgang 1967, Heft 2, S. 43 f

/218/ Persönliche Mitteilung von Herrn Dr. Burwick, Staatliches Amt für Wasser- und Abfallwirtschaft, Düsseldorf v. 9.5.1983

/219/ Persönliche Mitteilung von Dr. Schenk, Großer Erftverband, vom 6.5.1983

/220/ Persönliche Mitteilung von Herrn Schröter, Staatliches Amt für Wasser- und Abfallwirtschaft, Aachen, v. 6.5.1983

/221/ Staatliches Amt für Wasser- und Abfallwirtschaft, Düsseldorf: Wasserwirtschaft und Braunkohle, ... a.a.O., Anhang 2

/222/ Staatliches Amt für Wasser- und Abfallwirtschaft Düsseldorf: Wasserversorgungsbilanz für den Wirtschaftsraum Mönchengladbach-Viersen, Düsseldorf, (1979), S. 20 f

/223/ Aust, H., Grundwasservorkommen... a.a.O., S. 31

/224/ Balke, K.-D./Siebert, G.: Grundwasserlandschaft Niederrhein in: Geologie am Niederrhein 31-34. Geologisches Landesamt Nordrhein-Westfalen, Krefeld, (1978)

/225/ Staatliches Amt für Wasser- und Abfallwirtschaft, Düsseldorf: Wasserwirtschaft und Braunkohle, ... a.a.O., S. 9

/226/ Regierungspräsident Düsseldorf: Fragenkatalog zu Wasserfragen im Norden des Braunkohlenreviers, Düsseldorf, (1982), (unveröff.) S. 8

/227/ Staatliches Amt für Wasser- und Abfallwirtschaft, Düsseldorf: Wasserwirtschaft und Braunkohle, ... a.a.O., S. 14

/228/ Persönliche Mitteilung von Dr. Burwick, Staatliches Amt für Wasser- und Abfallwirtschaft, Düsseldorf

/229/ Kratzsch, H.: Bergschadenkunde, Berlin/Heidelberg, (1974), S. 393 f

/230/ Heitkämper, F.: Wasserwirtschaft im rheinischen Braunkohlenrevier in: DAI-Deutsche Architekten- und Ingenieurs-Zeitschrift H.5, (1971), S. 91

/231/ Stein, A.: Gedanken zur Sicherung der Wasserversorgung im Gebiet des großen Erftverbandes in: Neue Deliwa-Zeitschrift, (1969), S. 87 f

/232/ Stein: Ökologisches Gutachten... a.a.O., S. 16

/233/ Staatliches Amt für Wasser- und Abfallwirtschaft, Düsseldorf: Wasserversorgungsbilanz, ... a.a.O.

/234/ Emrich, D.: Die Entwässerung der Tagebaue im Rheinischen Braunkohlenrevier, in: Bergbau 30, (1979), Nr. 3, S. 127

/235/ Bericht über die Tätigkeit der Bergebehörden, a.a.O., Jahrgänge 1963-1982, Anlagen Nr. 71

/236/ Berechnungen nach: Bericht über die Tätigkeit..., a.a.O., verschiedene Jahrgänge

/237/ Knopp: Aspekte der langfristigen Braunkohlenplanung. Drucksache Nr. 13 K 17 0050 Regierungspräsident Köln, (1981), (unveröff.), S. 9

/238/ Großer Erftverband, Jahresbericht 1981, Bergheim, (1982), S. 10

/239/ Bericht über die Tätigkeit der Bergebehörden des Landes Nordrhein-Westfalen für das Jahr 1962, Düsseldorf, (1963), S. 100

/240/ Schriftliche Mitteilung von Dr. Böhm, Rheinische Braunkohlewerke AG, Köln, v. 9.2.1983

/241/ Geförderte Braunkohlemenge 1962-1981: 1990 Mio tvF Braunkohle, Bericht über die Tätigkeit ... a.a.O., Jahrgänge 1963-1982

/242/ Der Rahmenbetriebsplan für den Tagebau Frimmersdorf-West liegt dem Regierungspräsidenten Düsseldorf zur Genehmigung vor.

/243/ Infras, Abschätzung der ... a.a.O., Abschnitt "Erdölförderung", S. 12

/244/ ebenda, Absch. "Erdgasförderung"

/245/ in USA liegt der Anteil des Tagebaus am gesamten Uranbergbau bei ca. 50%, Quelle: ebenda, Abschnitt "Uranbergbau"

/246/ Department of Energy, Preliminary Safety and Environmental Information Document, Vol. VII, Fuel Cycle Facilities, January, (1980), S. 2 ff.

/247/ Zit. nach: Umweltbundesamt, Bericht über die Wasserversorgung in der Bundesrepublik Deutschland, Berlin, (1982), S. 150

/248/ Bassler: Umwelteinflüsse der thermischen Energiequellen auf die mengenorientierte Wasserwirtschaft, Darmstadt, (1980)

/249/ Länderarbeitsgemeinschaft Wasser. Grundlagen für die Beurteilung der Wärmebelastung von Gewässern, 2. Auflage, Teil 1, (1977), S. 24, 47, 58

/250/ Krolewski, H.: Technische und wirtschaftliche Probleme zur Frage der Abwärme von thermischen Kraftwerken. in "Die Wasserwirtschaft", (1973), H. 11/12, S. 363

/251/ Schnug, A.: Elektrizitätswirtschaft, in: Brennstoff-Wärme-Kraft, (1982), H 4, S. 95

/252/ Krolewski, H.: Technische und wirtschaftliche..., a.a.O.,

/253/ Miller, C.: Allgemeine Übersicht über die Trockenkühltürme unter besonderer Berücksichtigung der Stromgestehungskosten. in: Elektrizitätswirtschaft, (1973), H. 10, S. 300 ff

/254/ Krolewski, H.: Wärmeeinleitung in die Gewässer aus der Sicht der Energiewirtschaft, in: Elektrizitätswirtschaft, (1979), H 24, S. 982 ff

/255/ Winje, D./Iglhaupt: Der Wasserbedarf in der Bundesrepublik Deutschland bis zum Jahre 2010, im Auftrag des Umweltbundesamtes, Berlin, (1980), S. 4

/256/ Länderarbeitsgemeinschft Wasser: Grundlagen für... a.a.O., S. 37/43

/257/ ebenda, S. 70 ff

/258/ Landesamt für Wasser und Abfall Nordrhein-Westfalen: Wärmelastrechnung Lippe, Düsseldorf, (1980), Abschnitt 6

/259/ Ortner, G./Ritter, K.: Die Verdunstungsverluste als begrenzender Faktor für Standorte thermischer Kraftwerke an mittleren Flüssen, in: Energie, (1976), Nr. 8, S. 229

/260/ Wörner, D.: Diskussionsbeitrag in: Kühlregie bei Wärmekraftwerken, Abwärmekommission beim Umweltbundesamt, Berlin, (1981), S. 35

/261/ Bernard, U./Friedrich, R.: Prüfung der Umweltverträglichkeit bei der Standortfindung von thermischen Großkraftwerken, in: Schriftenreihe des Fachbereichs Landschaftsentwicklung der TU Berlin, Nr. 9, Berlin, (1982), S. 203

/262/ Ortner/Ritter: Die Verdunstungsverluste ... a.a.O., S. 228

/263/ Vgl. Annen: Niedrigwasseranreicherung als Mittel der Güteverbesserung am Beispiel der Lippe, Die Wasserwirtschaft, (1974), H 9, S. 259

/264/ Eisel, H.: Die Nutzung der Bayrischen Gewässer für die Stromerzeugung, in: Wasser + Abwasser / Bau Intern, Nr. 2, Feb. 1974

/265/ Kernkraftwerke Lippe-Ems GmbH, "Das Kernkraftwerk Emsland", Lingen, 1983, S. 12

/266/ Winje, D./Iglhaupt: Der Wasserbedarf ... a.a.O., S. 98

/267/ ebenda, S. 94 ff

/268/ Zwischen den Gewässern existieren erhebliche Unterschiede, die nur durch ökologische Untersuchungen und Wärmelastrechnungen im Einzelfall genau erfaßt werden können, vgl. hierzu: Rinke, G./Kaltenbrunner, H.F.: Gewässerbezogene Auswahlkriterien für Kühlverfahren thermischer Kraftwerke als Beitrag zur Bewertung von Wärmeinleitungen in Vorfluter, Studie im Auftrag des Umweltbundesamtes, Darmstadt, (1980), S. 140 ff

/269/ Der Rat von Sachverständigen für Umweltfragen: Umweltprobleme des Rheins, ...a.a.O., S. 188

/270/ Vgl. Länderarbeitsgemeinschaft Wasser: Grundlagen für die Beurteilung ... a.a.O., S. 35 u. 36

/271/ Schriftliche Stellungnahme des Mineralölwirtschaftsverbandes v. 22.3.1973, zit. nach: Haury, G., u.a.: Zusammenstellung der in der Bundesrepublik Deutschland durch die Erzeugung und den Verbrauch von Energie bedingten Auswirkungen auf die Umwelt und der legislativen und technischen Maßnahmen zu ihrer Verminderung, Kernforschungszentrum Karlsruhe, KFK 2103 uf, Karlsruhe, (1974), S. 38

/272/ Vgl. Huber, L.: Ökologische Wirkungen von Raffinerieabwässern auf Süßwasser, Deutsche Gesellschaft für Mineralölwirtschaft und Kohlechemie, Projekt Nr. 206, (1979), S. 121

/273/ Concawe: Survey on Quality of Refinery Effluents in Europe, Concawe Report No 4, zit. nach: Sondergutachten "Energie und Umwelt", a.a.O., S. 26

/274/ Vgl. Sondergutachten "Energie und Umwelt", a.a.O., S. 27

/275/ Dortmund als Standort einer Kohleveredelungsanlage, Beschlußvorlage des Rates der Stadt Dortmund vom 11.11.1981, S. 19

/276/ Abel, O./Oelert, H.: Erfassung und Abschätzung der Emissionen aus Anlagen der Kohleverflüssigung und Kohlevergasung in der Bundesrepublik Deutschland: Studie im Auftrag des Ministers für Wirtschaft, Mittelstand und Verkehr des Landes Nordrhein-Westfalen, Claustahl-Zellerfeld, August 1981, S. 12 ff

/277/ Dortmund als Standort einer Kohleveredelungsanlage, a.a.O.

/278/ Vgl. Schott/Teufel: Kohleveredelung, Institut für Energie- und Umweltforschung, Heidelberg, Juni 1981, S. 13 ff und die dort angegebene Literatur

/279/ Wunderlich, U.: Auswirkungen des Wärmeentzugs auf die Güte von Oberflächengewässern, in: Wärmepumpen und Gewässerschutz, Berlin, (1979), S. 191

/280/ Sutter, K.H.: Rückwirkungen von Neuerungen in der Energieversorgung auf die Heizkraftwirtschaft, Fernwärme International, (1979), H 3, S. 106 f

/281/ Kobus, H.: "Ausbreitung von abgekühltem Wasser in Grundwasserleitern", in: Wärmepumpen und Gewässerschutz, Berlin, (1979), S. 35 ff

/282/ Pöpel, F.: Lehrbuch für Abwassertechnik und Gewässerschutz, Wiesbaden, (1975), Loseblattsammlung, Abschnitt I.1.2

/283/ BGW-Statistik 1976, zit. nach: Umweltbundesamt (1982): Bericht über die Wasserversorgung ...a.a.O., S. 140. Die Angaben beziehen sich auf den Verbrauch für trinken, spülen, waschen, Körperpflege, baden/duschen, Raumreinigung und WC, ohne Gartenbewässerung und Autopflege

/284/ Presse- und Informationsamt der Bundesregierung: Gesellschaftliche Daten 1982, Bonn, (1983), S. 257

/285/ Jahrbuch für Bergbau und Energie, Mineralöl und Chemie, Essen, (1982), a.a.O.

/286/ Schriftliche Stellungnahme des Mineralölwirtschaftsverbandes e.V. v. 22.3.1974, zit. nach: Haury, u.a., (1974), a.a.O., S. 39

/287/ Haury, G. u.a., Zusammenstellung ... a.a.O., S. 39

/288/ Handbuch Kohlevergasung und -hydrierung zur Bereitstellung von Sekundärenergien, Treibstoffen und Chemierohstoffen, VDI-Gesellschaft Energietechnik, Essen, (1980)

/289/ Dortmund als Standort einer Kohleveredelungsanlage, a.a.O., S. 19

/290/ STEAG/VEW, Gemeinschaftskraftwerk Bergkamen, Essen (1981), Lageplan, S. 4

/291/ Schriftliche Mitteilung von Herrn Wissemann, Rheinisch-Westfälische Elektrizitätswerke AG, Essen, v. 26.1.1983

/292/ Vgl. auch: Guck, R.: Standorte für Kernkraftwerke, in: Atomwirtschaft, Aug/Sep, (1972)

/293/ Haury, G. u.a.: Zusammenstellung ... a.a.O., S. 55

/294/ Stellungnahme der VdEW zu dezentralen Stromerzeugungsanlagen, in: Elektrizitätswirtschaft, (1980), S. 762; Bei diesem Vergleich ist lediglich der Flächenverbrauch der Gebäude ausschließlich der Nebenanlagen berücksichtigt worden. Schriftliche Mitteilung von Herrn Wagner, Vereinigung deutscher Elektrizitätswerke, Frankfurt v. 20.1.1983

/295/ Vgl.: Büchler, E., u.a.: Kompatibilität der Stromerzeugung in Wärme-Kraft-Kopplung gemäß Raumwärmeszenario 2000 mit Netzanforderungen, TU Berlin, Schriftenreihe Energie und Gesellschaft, H 21, Berlin (1983), S 14 ff

/296/ Strümpel, B.: Energieeinsatz alternativ, München, (1979), S. 19 ff

/297/ Hein, K.: Gasbetriebene Blockheizkraftwerke und Heizzentralen in: Gwf - Gas/Erdgas, (1978), H 3, S. 121

/298/ Persönliche Mitteilung von Herrn S. Granath, Leiter der Uppsala Kraftwerk AG, Uppsala (Schweden), v. 3.6.1981

/299/ Die Abstandsliste des "Abstandserlasses" in NW (vgl. Kap. 3.3.2.2.2) fordert aufgrund der Geruchsbelästigungen bei Massentierhaltungen von 2000 Schweinen bzw. 100000 Stück Geflügel 1000m, ab 300 Schweinen bzw. 5000 Stück Geflügel 500m Schutzabstand zu Wohngebieten.

/300/ Abstände zwischen Industrie- und Gewerbegebieten und Wohngebieten im Rahmen der Bauleitplanung, RdErl. des Ministers für Arbeit, Gesundheit und Soziales, vom 25.7.1974 (Ministerialblatt NW 1974, S. 992) zul. geändert 1982, (Ministerialblatt NW, Nr. 67, vom 20.8.1982)

/301/ Dreyhaupt, F.-J.: Methoden zur Ermittlung von Schutzabständen zwischen Industrie- und Gewerbegebieten zur Berücksichtigung des Faktors Immissionsschutz in der Planung, in: Luftverunreinigung, (1972), S. 12 ff

/302/ Dreyhaupt, F.-J.: Schutzabstände in der Bauleitplanung, in: Luftreinhaltung, (1974), S. 2 ff

/303/ d'Alleux, et. al.: Abstandsregelungen in der Bauleitplanung, a.a.O.

/304/ Bei Zugrundelegung der in Kap. 3.3.2.2.1 genannten Anlagetypen für Raffinerien und Kohleveredelungsanlagen.

/305/ Haury, G. u.a.: Zusammenstellung ... a.a.O., S. 26

/306/ Jahrbuch für Bergbau, Energie, Mineralöl und Chemie, Essen, (1981)

/307/ Müller, W.: Städtebau, technische Grundlagen, Stuttgart (1979), S. 486

/308/ Statistik der VdEW, Frankfurt, (1982), S. 51

/309/ Jansen, J.: Einige Grundsätze zur Projektierung von Hochspannungsfreileitungen, in: Veröffentlichungen des Instituts für Energierecht an der Universität zu Köln, Nr. 36/37 Köln, (1974), S. 28 u. 33

/310/ Statistik der VdEW, Frankfurt, (1982), S. 48

/311/ Schriftliche Mitteilung von Herrn Wissemann, RWE, V. 24.1.1983

/312/ Kraftwerks-Union: Überlegungen der KWU-Gruppe zu einem alternativen HTR-Konzept, Erlangen, Bergisch-Gladbach, (1980)

/313/ Kugeler: Bedeutung neuer Energieumwandlungsprozesse für die kommunale Energieversorgung. in: 2. ITZ-Workshop "Energieversorgungskonzept Ruhr" Innovationsförderungs- und Technologietransfer-Zentrum der Hochschulen des Ruhrgebietes, Duisburg, Juni 1981, S. 133 ff

/314/ Auer, F.: Nicht jede Wärmepumpe spart Energie ein, in: VDI-Nachrichten H 16/1980

/315/ Vgl. Hörster, u.a.: Wege zum energiesparenden Wohnhaus, a.a.O., S. 20 f

/316/ Stromkosten Kohle-Kernenergie, Batelle Untersuchung im Auftrag des Ministers für Wirtschaft des Landes NW, Düsseldorf (1979), S. 85 ff

/317/ Der Rat von Sachverständigen für Umweltfragen, Sondergutachten Energie und Umwelt, a.a.O., S. 52

/318/ Inhaber, H.: Risks with Energy Production, Report AECB-1119, Atomic Energy Control Board of Canada, Ottawa, 2. revidierte Fassung, Nov. 78 3. revidierte Fassung, Nov. 1979

/319/ Holdren, J.P., u.a.: Risks of Renewable Energy Sources: A Critique of the Inhaber Report, Energy Ressources Group, University of California, Berkeley, June 1979

/320/ Teufel, D.: Analyse der Inhaber Studie, Forschungsbericht St. Sch. 706. Im Auftrag des Bundesministers des Innern, Vorstudie, Heidelberg, (1981)

/321/ ebenda, S. 241

/322/ Rasmussen: Reactor Safety Study: An Assessment of Accident Risks in US Commercial Nuclear Plants, Nuclear Regulatory Commission, Washington D.C. WASH-1400, (1975)

/323/ Bundesministerium für Forschung und Technologie (Hrsg.): Deutsche Risikostudie Kernkraftwerke, eine Untersuchung zu dem durch Störfälle in Kernkraftwerken verursachten Risiko, Köln (1980)

/324/ Vgl. Teufel, D.: Risikovergleich Kernenergie, Kohle und natürliche Radioaktivität, Institut für Energie- und Umweltforschung, Heidelberg, (1983) S. 23 ff; Kurzfassung des Forschungsberichts "Analysen der Grundlagen für Risikovergleiche zwischen dem natürlichen Strahlenrisiko, dem mit der Kernenergie verbundenen und dem mit der Stromerzeugung aus Steinkohle verbundenen Gesamtrisiko", im Auftrag des Bundesministeriums für Forschung und Technologie.

/325/ Zur Kritik der methodischen Vorgehensweise der "Deutschen Risikostudie", vgl. auch: Institut für angewandte Ökologie: "Analytische Weiterentwicklung zur Deutschen Risikostudie Kernkraftwerke" im Auftrag des Bundesministeriums für Forschung und Technologie, Projekt RS 482, (noch nicht veröffentlicht)

/326/ Vgl. Münch, E.: Tatsachen über Kernenergie, Essen 1980, S. 57

/327/ Harrisburg-Bericht, Umweltbrief Nr. 18, Bundesministerium des Innern, Bonn, 1979

Anmerkungen zu Kapitel 4

/328/ Vgl. Witte, E.: Das Informationsverhalten im Entscheidungsprozeß, Tübingen 1972, S. 15 ff

/329/ Vgl. Klein, R.: Nutzenbewertung in der Raumplanung, Dissertation, Dortmund, (1976), S. 41 ff

/330/ Vgl. Zangemeister, C.: Nutzwertanalyse in der Systemtechnik, 4. Aufl., München, (1976)

/331/ Vgl. Eggeling, G.: Die Kosten-Nutzen-Analyse, Theoretische Grundlagen und praktische Anwendbarkeit, Dissertation, Göttingen, (1969), S. 10 ff

/332/ Daß die untersuchten Auswirkungen z.T. durchaus mit positiven Effekten verbunden sind, kann anhand einiger Einzelbeispiele gezeigt werden. So haben Bergsenkungen teilweise zu einer Herausbildung ökologisch hochwertiger Feuchtbiotope an der Oberfläche geführt, ein Effekt, der durch Sümpfungsmaßnahmen jedoch wieder eingeschränkt oder aufgehoben wird (pers. Mitt: v. Herrn Grote; Untere Landschaftsbehörde Stadt Dortmund); bei Rekultivierungsmaßnahmen im Rheinischen Braunkohlenrevier entstanden z.T. Oberflächengewässer mit hohem Erholungswert.

/333/ Euler, H.: Modellrechnung zur Abschätzung der Umweltauswirkungen verschiedener Varianten der Wärmeversorgung in Wuppertal. Im Auftrag des Amtes für Stadtentwicklung und Stadtforschung der Stadt Wuppertal, (unveröffentlicht)

/334/ VDI-Richtlinie 2067, Berechnung der Kosten von Wärmversorgungsanlagen, Entwurf, Dezember 1979; DIN 4701, Regeln für die Berechnung des Wärmebedarfs in Gebäuden, Entwurf, März 1978

/335/ DIN 4108, Wärmeschutz im Hochbau, Teil 4, "Wärme- und feuchteschutztechnische Kennwerte", (August 1981), S. 16

/336/ VDI 2067, Blatt 1, Tafel 21 + 22

/337/ VDI-Richtlinien 2077, Heizkosten, Januar 1971, Tafel 3

/338/ Die zugrundegelegten Korrekturfaktoren sind in Tab. 22 + 24 abzulesen

/339/ Werner, G.: Bauphysikalische Einflüsse auf den Heizenergieverbrauch, Berlin, (1980), S. 24

/340/ vgl. Kap. 2.3 dieser Arbeit

/341/ Werner, G.: Bauphysikalische... a.a.O., S. 43 ff und Anhang

/342/ Steinmüller, B.: Zum Energiehaushalt von Gebäuden, Systemanalytische Betrachtungen anhand vereinfachter, dynamischer Modelle, Dissertation, Aachen, (1982), S. 132 ff

/343/ Esdorn, H./Wentzlaff, G.: Zur Berücksichtigung der Sonnenstrahlung bei der Berechnung des Jahreswärmeverbrauchs, in: Heizung-Lüftung-Haustechnik (HLH), (1981), Nr. 9, S. 358 ff

/344/ Esdorn, H./Wentzlaff, G.: Neuvorschläge zum Entwurf DIN 4701, a.a.O., S. 355

/345/ Dittert, G. u.a.: Rationelle Energieverwendung im Fernwärmeversorgungsgebiet der Stadtwerke Wolfsburg AG, Batelle, im Auftrag des Bundesministerium für Forschung und Technologie, Frankfurt, April 1981, S. 220 ff

/346/ Vgl. Dittert, u.a.: Möglichkeiten der Energieeinsparung im Gebäudebestand, Stufe B, Teil I, Batelle, Frankfurt, (1979), S. 124 f

/347/ Dittert, G., u.a.: Rationelle Energieverwendung ...a.a.O.,

/348/ Deutscher Bundestag, Enquête-Kommission zukünftige Kernenergie-Politik, Arbeitsgruppe "Modelle": Volkswirtschaftliche Konsequenzen verschiedener Energieversorgungsstrukturen, Anlagenband III, S. 605, 609, Bonn, März 1983

/349/ Rudolph, R/Purper, G.: Fernwärme... a.a.O., S. 4 ff

/350/ Durch Einsatz von Wärmeschutzmaßnahmen kann beim derzeitigen Energiepreisniveau ein Gebiet durchaus aus der Fernwärmewürdigkeit "herausgedämmt" werden. Umgekehrt sinkt auch die Wirtschaftlichkeit von Wärmeschutzmaßnahmen in fernwärmeversorgten Gebieten, da aufgrund des hohen Fixkostenanteils bei der Fernwärme der Anteil der durch bauliche Maßnahmen eingesparten variablen Kosten geringer ist als bei anderen Versorgungsarten (Vgl. auch Kap. 5.2).

/351/ Kolar, J.: Indizes zur summarischen Beurteilung der Emission mehrerer luftverunreinigender Stoffe, in: Gwf/Gas-Erdgas 120, (1979), H 2, S. 90 ff

/352/ Vgl. VDI-Richtlinie 2309, Blatt 1 v. März 1983, S. 2

/353/ VDI-Richtlinie 2310, Sept. 1974

/354/ VDI-Richtlinie 2310, Entwurf Sept. 1978; Für sehr empfindliche Pflanzen sind darüberhinaus deutlich niedrigere Richtwerte vorgeschlagen

/355/ van Haut, H./Stratmann, H.: Experimentelle Untersuchungen über die Wirkung von Stickstoffdioxid auf Pflanzen, Schriftenreihe der Landesanstalt für Immissionsschutz des Landes Nordrhein-Westfalen, H 7, (1967), S. 20/70

/356/ Antweiler, H.: Grenzwertvorschlag für Schwefeldioxid, in: Forschungsberichte - Lufthygiene. Medizinisches Institut für Lufthygiene und Silikoseforschung, Jahresbericht 1977, Bd. 10, S. 108

/357/ Bruch, J./Rogge, H.-D.: Grenzwertvorschlag für Stickstoffdioxid, in: Forschungsberichte - Lufthygiene, Medizinisches Institut... a.a.O., S. 154

/358/ Izmerov, N.F.: Control of Air Pollution in the USSR, Public Health Papers No. 54, World Health Organisation, Genf, (1973)

/359/ Kolar, J.: Indizes ... a.a.O., S. 95

/360/ Die Ausgangsdaten für den bewerteten Systemvergleich entstammen den Ergebnissen des Simulationsprogramms "Kunstwaerg" (Vgl. Tab. 22 und 23).

/361/ Huber.: Umweltgefährdung durch Heizungssysteme in: Wissenschaft und Umwelt, H 3, (1982), S. 155

/362/ Bohn, T.: Ausgewählte Technologien zur rationellen Energieverwendung und ihre Bewertung, in: Rationelle Energieverwendung im Ruhrgebiet, Kommunalverband Ruhrgebiet, Oberhausen, (1981), S. 103 ff

/363/ Vgl. Kamm, K.: Umweltverträglichkeitsprüfung unterschiedlicher Energieträgersysteme für neue Baugebiete, in: wlb-Wasser-Luft-Betrieb, H 12, (1980), S. 29 ff

/364/ Vgl. Werner, G.: Umweltbelastungsmodell einer Großstadtregion, Beitrag zur Umweltgestaltung, B 11, Berlin, (1977)

/365/ Vgl. Klein, R.: Nutzenbewertung ... a.a.O., S. 41

/366/ Kapp, K.W.: Volkswirtschaftliche Kosten der Privatwirtschaft, Tübingen, (1958), S. 23 ff

/367/ Vgl. Jöhr, W.A.: Bedrohte Umwelt. Die Nationalökonomie vor neuen Aufgaben, in: Walterskirchen, M.P.V. (Hrsg.): Umweltschutz und Wirtschaftswachstum, München, (1979), S. 41 ff

/368/ Kapp, K.W.: The Socal Costs of Business Enterprise, 3. erweiterte Auflage, Nottingham, (1978), S. 47 ff, 74 ff, 122 ff

/369/ Kapp, K.W.: Volkswirtschaftliche Kosten... a.a.O., S. 108 f

/370/ Schärer, B.: "Luftverschmutzung durch Schwefeldioxid", a.a.O., S. 41

/371/ Bohm, P.: "Estimating Demand for Public Goods: an Experiment", in: European Economic Review, 3, (1972), S. 111 ff

/372/ Jordan, E.: Empirische Aspekte der Messung und Bewertung von Umweltschäden aus ökonomischer Sicht, Dissertation, Dortmund, (1976), S. 139 f

/373/ Heinz, I.: Volkswirtschaftliche Ersparnisse durch rückläufige Luft- und Gewässerverunreinigung, in: Umweltschutz der achziger Jahre, Institut für Umweltschutz der Universität Dortmund, Berlin, (1981), S. 149

/374/ Heinz, I.: Ökonomische Bewertung der Wirkungen von Luftverunreinigungen, Institut für Umweltschutz der Universität Dortmund, im Auftrag des Umweltbundesamtes, (1979), S. 19 ff

/375/ Schärer, B.: Luftverschmutzung...a.a.O., S. 40

/376/ Medizinische, biologische, und ökologische Grundlagen zur Bewertung schädlicher Luftverunreinigungen, Sachverständigenanhörung Berlin, (1978), S. 19 ff

/377/ Organisation for Economic Co-Operation and Devellopment (OECD): The Costs and Benefits of Sulphus Oxide Control, Paris, (1981), S. 11

/378/ ebenda, S. 8

/379/ ebenda, S. 73 f

/380/ ebenda, S. 16

/381/ ebenda, S. 17

/382/ ebenda, S. 106 ff

/383/ ebenda, S. 96 f

/384/ ebenda, S. 97

/385/ Der Bundesminister für Ernährung, Landwirtschaft und Forsten: Zum Stand der Waldschäden in der Bundesrepublik Deutschland, Bonn, 26.1.1983, S. 1

/386/ Die Bundesregierung beabsichtigt derzeit, ein entsprechendes Forschungsvorhaben in Auftrag zu geben, Vgl.: Luftverunreinigungen, Saurer Regen und Waldsterben, Bundestagsdrucksache 9/1955, v. 7.9.1982, S. 87

/387/ Bundesministerium des Innern, Umwelt Nr. 91, Sept. 1982, S. 4

/388/ Schärer, Luftverschmutzung, a.a.O., S. 16

/389/ Bundesministerium des Innern: Umwelt Nr. 93, Dez. 1982, S. 14

/390/ Roth, u.a.: Wechselwirkungen ... a.a.o., S. 39

/391/ Küsgen, H.: Planungsökonomie - was kosten Planungsentscheidungen ? Arbeitsberichte zur Planungsmethode, 3, Stuttgart, (1970), S. 45 ff

/392/ Vgl. ter Horst, K.: Investitionsplanung, Stuttgart, (1980), S. 60 ff

/393/ vgl. Dittert, B.: Möglichkeiten der Energieeinsparung... a.a.O., S. 76 ff

/394/ Vgl. Küsgen, H.: Wirtschaftlicher Energieeinsatz, in: Arbeitsberichte 38, Städtebauliches Institut der Universität Stuttgart, Stuttgart, (1981), S. 69 ff.

/395/ Quelle: Deutsche Bundesbank, zit. nach: Vereinigung deutscher Elektrizitätswerke: "Prämissen und Grunddaten der Parameterstudie 'örtliche und regionale Energieversorgungskonzepte für Niedertemperaturwärme", Frankfurt, (1982), unveröffentlichtes Manuskript, S. 4

/396/ Da nicht für alle Energiearten Durchschnittswerte für das Bundesgebiet ermittelt wurden, bleiben regionale Preisdifferenzen außer Betracht.

/397/ Bundesministerium für Wirtschaft: Daten zur Entwicklung der Energiewirtschaft in der Bundesrepublik Deutschland im Jahre 1979, Bonn (1980), S. 36

/398/ bei 5000 ltr frei Haus

/399/ Stadtwerke Dortmund: Allgemeine Tarife zur Versorgung mit Gas, verschiedene Jahrgänge, Arbeitspreis für Raumwärme.

/400/ Bundesministerium für Wirtschaft: Daten zur ... a.a.O. S. 17, (bei Abnahme von 100 Zentnern)

/401/ Quelle, VEW, Dortmund

/402/ Arbeitspreis bei 1700 Benutzungsstunden pro Jahr

/403/ Vgl.: VDI-Richtlinien 2967, a.a.O., Anhang, Tafel 5, Nr. 8

/404/ In den sechziger und siebziger Jahren wurde bei der Installierung von Nachtspeicherheizungen in Neubauten aus wirtschaftlichen Gründen darauf geachtet, daß das Gebäude mit einem erhöhten Wärmeschutz, dem sog. "Vollwärmeschutz", ausgestattet wurde. Dennoch ist die Variante 'Nachtspeicherheizung im ungedämmten Altbau' realistisch, da, insbesondere bei Umrüstungsmaßnahmen in zuvor ofenbeheizten Altbauten, Nachtspeichergeräte auch in wärmetechnisch schlecht ausgestatteten Gebäuden installiert werden.

/405/ Die Internalisierung der Umweltschäden führt insgesamt naturgemäß zu höheren einzelwirtschaftlichen Kosten, was insbesondere bei sozial schwachen Bevölkerungsgruppen zu erheblichen Problemen führen kann (Verstärkung von Verdrängungseffekten etc.). Dieser, für die gesamtplanerische Beurteilung wesentliche Aspekt kann im Rahmen der vorliegenden Untersuchung jedoch nicht weiter vertieft werden.

/406/ Angaben in Klammern: Obergrenze der Schadensbewertung und Energiepreiserhöhung

/407/ Zur Diskussion und Ableitung dieser Begriffe vgl. ausführlich: Mildner, R.: Die Nutzen-Kosten-Analyse als Entscheidungshilfe für die Stadtentwicklungsplanung, Schwarzenbeck, (1980), S. 94 ff; siehe auch: Ludwig, G.: Möglichkeiten und Probleme der Anwendung von Nutzen-Kosten-Analysen bei Projekten der Wohngebietssanierung, Institut für Siedlungs- und Wohnungswesen der Universität Münster, Sonderdruck 52, Münster, (1972), S. 46 ff

/408/ Mildner, R.: Die Nutzen-Kosten-Analyse... a.a.O., S. 98

/409/ Esche/Iglbüscher: Das wirtschaftliche Rauchgasentschweflungsverfahren nach dem Saarberg-Hölter-Verfahren, Vortragsmanuskript des 3. Seminars der Economic Commission for Europe zur Entschweflung von Brennstoffen und Rauchgasen, Salzburg, (1981), S. 14

/410/ zit. nach: Anlage zur Drucksache 43/83 des Bundesrates vom 26.1.1983. Begründung zum Entwurf des Schwefelabgabengesetzes, S. 10

/411/ Der Eigenverbrauch von Rauchgasentschweflungsanlagen weist je nach Bauart Unterschiede auf und kann für ein 750 MW Kohlekraftwerk bei 100%iger Erfassung der Rauchgase mit etwa 10-12 MW angenommen werden; Information von Herrn Tschackert, Saarbergwerke AG Saarbrücken, vom 22.6.1983

/412/ Fichtner/Prognos rechnen für Fernwärmenetze mit einer Nutzungsdauer von 25-33 Jahren, für Gas- und Stromnetze mit einer Nutzungsdauer von 40 Jahren. Fichtner/Prognos: Eckdaten der Parameterstudie "örtliche und regionale Energieversorgungskonzepte", unveröff. Stuttgart, 27.5.1982, S. 16

/413/ Diese Annahme bezieht sich nicht auf die Lebensdauer von Einzelkomponenten des Versorgungssystems (z.B. Gasbrenner), sondern unter Umweltgesichtspunkten ist nur von Bedeutung, wie lange die umweltrelevante Veränderung des Versorgungssystems insgesamt voraussichtlich Bestand haben wird.

/414/ Investitionsprogramm zur wachstums- und umweltpolitischen Vorsorge (BGBl I, 1977, S. 209)

/415/ Minister für Wirtschaft, Mittelstand und Verkehr NW, Energiebericht '82, a.a.O., S. 207

/416/ ebenda, S. 206

/417/ Die o.g. Vergleichszahl muß mit deutlichen Unsicherheiten behaftet angesehen werden und liegt möglicherweise zu niedrig. Da jedoch auch die Arbeitsgemeinschaft Fernwärme (AGFW) über keine entsprechend aufbereiteten, leistungsbezogenen Kostendaten verfügt, (Telefonnotiz Dr. Czaja, AGFW, Frankfurt, 13.6.1983) konnten genauere, für die Bundesrepublik Deutschland repräsentative durchschnittliche Investitionskosten für den Fernwärmebereich nicht ermittelt werden.

/418/ Die Tatsache, daß bei der Substitution von Strom nicht nur Kohle, sondern die ganze Palette der zur Stromerzeugung verwendeten Primärenergieträger substituiert wird, bleibt hier unberücksichtigt.

/419/ Gesetz zur Förderung der Modernisierung von Wohnungen und von Maßnahmen zur Einsparung von Heizenergie.(Modernisierungs- und Energieeinsparungsgesetz - ModEng) v. 12. Juli 1978, (BGBl I, S. 993)

/420/ Gesetz zur Förderung der Modernisierung von Wohnungen (Wohnungsmodernisierungsgesetz-WoModG) v. 23. August 1978, (BGBl I, S. 2429)

/421/ Vgl. z.B.: Bestimmungen über die Förderung der Modernisierung und des Aus- und Umbaus von Wohnungen im Ruhrgebiet (Ruhrbauprogramm - Ruhr BauP), Runderlaß des Innenministers NW vom 13.2.1980 (-VI S - 4.031 - 210/82) als Bestandteil des Aktionsprogramms Ruhr, Maßnahmenprogramm der Landesregierung in NRW zur Verbesserung der Wirtschaftsstruktur und der Lebensbedingungen im Ruhrgebiet, Düsseldorf, (1979)

/422/ Einkommensteuergesetz (EStG) v. 6.12.1981 (BGBl I, S. 2429)

/423/ Einkommensteuer-Durchführungsverordnung (EStDV) v. 24.9.1980 (BGBl I, S. 1801)

/424/ Vgl. insbesondere Investitionszulagengesetz (InvZulG) v. 25.6.1980 (BGBl. I, S. 737), nach dem Heizkraftwerke, Laufwasserkraftwerke, Müllheiz(kraft-)werke, Wärmepumpenanlagen und die dazugehörigen Fernwärmenetze mit 7,5% der Investitionssumme gefördert werden.

/425/ Gesetz zur Regelung der Miethöhe (Miethöhegesetz - MHG) v. 18.12.1974 (BGBl I, S. 3604)

/426/ Zuvor waren 14% umlagefähig; eine Erhöhung des umlagefähigen Anteils wird derzeit wieder diskutiert.

/427/ So Bundesforschungsminister Riesenhuber in einem Spiegel-Interview, in: Der Spiegel, Nr. 18, (Mai 1983), S. 112

Anmerkungen zu Kapitel 5

/428/ Dies gilt jedoch nicht für vergleichsweise kostengünstige Maßnahmen des Wärmeschutzes (z.B. Fugendichtung, Dämmung des Daches, Verkleidung von Heizkörpernischen) ebenso nicht für regelungstechnische Maßnahmen am bestehenden Heizungssystem

/429/ Vgl.: Euler, H.: Zielfindungs- und Methodenprobleme bei der Stadtentwicklungsplanung und Energieversorgungsplanung, in: Rationelle Energieverwendung im Ruhrgebiet, Kommunalverband Ruhrgebiet Oberhausen, Okt. 1981, S. 73 ff

/430/ Vgl. Spreer, F.: Grundsatzfragen örtlicher und regionaler Energieversorgungskonzepte, in: Bundesforschungsanstalt für Landeskunde und Raumordnung, "Mannheim-Seminar", a.a.O., S. 18

/431/ BImSchG, a.a.O.

/432/ Technische Anleitung zur Reinhaltung der Luft, i.d.F.v. 23.2.1983, Bonn, (1983)

/433/ Ludwig, H., u.a.: TA-Luft als Instrument der Luftreinhaltung in: Wlb, Wasser, Luft, Betrieb, 1/2 1983, S. 72

/434/ Die Großfeuerungsanlagenverordnung differenziert nach Feuerungsanlagen für feste Brennstoffe (§§ 3-7) für flüssige Brennstoffe (§§ 8-12) und für gasförmige Brennstoffe (§§ 13-16), für die jeweils unterschiedliche Emissionsbegrenzungen gelten.

/435/ Vgl. Solow, R.M.: The Exonomist's Approach to Pollution and its Control, in: Science, Vol. 173, (1971), S. 489 ff

/436/ Siebert, H.: Instrumente der Umweltpolitik, die ökonomische Perspektive, in: Umweltökonomik, Gäfgen, G. (Hrsg.), Königstein, (1982), S. 289

/437/ Gesetz über Abgaben für das Einleiten von Abwasser in Gewässer (Abwasserabgabengesetz) vom 13. Sept. 1976, (BGBl I, S. 2721)

/438/ Vgl. Schärer, B.: Kfz-Lärmabgabe - Anreiz für leise Kraftfahrzeuge? in: Kampf dem Lärm, Bd. 26, (1979), H. 3

/439/ Wicke, L.: Die Bedeutung der Lärmabgabe als Instrument der Lärmpolitik, in: Zeitschrift für Umweltpolitik, 2. Jg. (1979)

/440/ zit. nach Oesterkamp/Schneider: Zur Umweltökonomik, in: Umweltökonomik, a.a.O., S. 16 ff

/441/ Vgl. Siebert, H.: Ökonomische Theorie der Umwelt, Tübingen, (1978), S. 98

/442/ Siebert, H.: Neuere Entwicklungen in der ökonomischen Analyse der Umweltschutzes, in: Umweltökonomik, a.a.O., S. 267

/443/ Anderson, F.R. et.al.: Environmental Improvent Through Economic Incentives, Baltimore, London, (1977) zit. nach.: Siebert, H.: Instrumente der Umweltpolitik, a.a.O., S. 290

/444/ Entwurf eines Gesetzes über die Erhebung einer Abgabe auf Schwefeldioxidemissionen (Schwefelabgabengesetz), Gesetzantrag des Landes Hessen, Bundesrat, Drucksache 43/83 v. 26.1.1983, Bonn, (1983)

/445/ Heinz, I.: Volkswirtschaftliche Ersparnisse..., a.a.O., S. 146

/446/ Von den beiden im Rahmen der Umweltökonomie diskutierten, mit öffentlichen Einnahmen operierenden Instrumenten der Emissionsabgabe und der Emissionslizenz, wird hier nur die Abgabe betrachtet. Auf die insbesonders von Bonus vorgeschlagene Vergabe von "fungiblen Emissionsrechten", die vom Staat für eine bestimmte Region vergeben und über eine Emissionsbörse oder Emissionsmakler zu Knappheitspreisen gehandelt würde (Bonus, H.: Emissionsrechte als Mittel zur Privatisierung öffentlicher Ressourcen aus der Umwelt, in: Umweltökonomik, a.a.O., S. 295 ff) wird nicht eingegangen, da hiermit eine Reihe theoretischer und praktischer Probleme verbunden sind, die genauer zu erörtern hier zu weit führen würde. (Vgl. Wicke, L.: Umweltökonomie, München 1982, S. 210 ff)

/447/ Vgl. Ewringmann, D.: Wirtschaftliche Auswirkungen der Abwasserabgabe - theoretische und praktische Überlegungen, in: Umweltschutz der achziger Jahre ... a.a.O., S. 111 ff

/448/ Schwefelabgabengesetz, a.a.O.

/449/ So geäußert von Weiser: Plenarprotokoll der 519. Sitzung des Bundesrates vom 4.2.1983, S. 39

/450/ Emissionserklärungs-Verordnung, 11. Verordnung zum Bundesimmissionsschutzgesetz vom 24.12.1978

/451/ ebenda, §1

/452/ Dreyhaupt, F.-J.: Handbuch zur Aufstellung von Luftreinhalteplänen, Köln (1979), S. 36 ff

/453/ Großfeuerungsanlagenverordnung, a.a.O., § 25, Abs. 7

/454/ So Rüdiger in der Begründung zur Gesetzesvorlage. Vgl. Plenarprotokoll der 519. Sitzung des Bundesrates v. 4.2.1983, S. 35

/455/ Dritte Verordnung zur Durchführung des Bundesimmissionsschutzgesetzes (Verordnung über den Schwefelgehalt von leichtem Heizöl und Dieselkraftstoff) v. 15.1.1975 (BGBl I, 1975, S. 264 ff)

/456/ Siebert, H.: Instrumente der Umweltpolitik..., a.a.O., S. 290

/457/ Benkert, W.: Die raumwirtschaftliche Dimension des Umweltschutzes. Finanzwissenschaftliche Forschungsarbeiten, Berlin, (1981), S. 147

/458/ Abwasserabgabengesetz, a.a.O., Anlage zu § 3

/459/ Vgl. Winje, D.: Die Abwärmeabgabe, ein wirtschaftspolitisches Instrument zur Ressourcenschonung ? in: Brennstoff-Wärme-Kraft, (1980), H 7, S. 269 ff

/460/ Vgl. Wicke, L.: Löst eine Abgabe das Abwärmeproblem? in: Wirtschaftsdienst, 60. Jg. (1980), S. 280 ff

/461/ Euler, H.: Auswirkungen der Anwendung von Schutzabständen auf die kommunale Bauleitplanung in stark industrialisierten und verdichteten Räumen, Dortmund, (1976), S. 129 ff

/462/ Nach Bünermann erforderte 1972 die Unterhaltung von 1 ha Schutzzone für Maschinen und Arbeitsstunden einen jährlichen Aufwand von rd. 1200 DM: Bünermann, Immissionsschutz unter der Berücksichtigung der Standorte störender Gewerbebetriebe, in: Städte und Gemeinderat, 8/1972, S. 208

/463/ Zwintscher, K.: Social Costs der öffentlichen Wasserversorgung, Veröffentlichung des Instituts für Wasserforschung, Dortmund, (1973)

/464/ Michel, B.: Funktion der technischen Infrastruktur in der regionalen Entwicklung, Dissertation, Darmstadt, (1978), S. 178 f

/465/ Zu dem Beispiel sei noch angemerkt, daß die Stadt Hamburg z.Zt. eine Fernwasserversorgung aus der Lüneburger Heide plant, die nicht nur mit erheblichen Zusatzkosten, sondern auch mit einschneidenden ökologischen Veränderungen im Bereich des betroffenen Naturschutzgebietes verbunden sein dürfte.

/466/ Vgl. Urteil des Bundesverwaltungsgerichts zum Abwägungsgebot vom 12.12.1969, (DVBl. 1970), S. 415 ff

/467/ Henneke, J.: Raumplanerische Verfahren und Umweltschutz unter besonderer Berücksichtigung der planerischen Umweltverträglichkeitsprüfung, Münster, (1977), S. 34

/468/ Bundesverwaltungsgericht, Urteil vom 5.7.1974, (Flachglasfall) in: BauR 1974, S. 311 ff

/469/ Henneke, J.: Raumplanerische Verfahren..., a.a.O., S. 35

/470/ Vgl. Hoppe, W.: Die Schranken der planerischen Gestaltungsfreiheit, in: Baurecht, (1970), S. 15 ff

/471/ Bundesraumordnungsgesetz, v. 8.4.1965, BGBl I, (1965), S. 306 i.d.F.v. 1.6.1980, BGBl I, (1980), S. 649 ff

/472/ Bundesbaugesetz (BBauG) i.d.F.v. 18.8.1976 (BGBl I, S. 2256)

/473/ Vgl.: Kuhl, G.: Umweltschutz im materiellen Raumordnungsrecht, Münster, (1977), S. 48 ff

/474/ Vgl. Bechmann, A.: Die Umweltverträglichkeitsprüfung in der räumlichen Planung: Zielsetzung, Rechtsgrundlagen, Praxis in: Schriftenreihe des Fachbereichs Landschaftsentwicklung der TU Berlin, (1982), S. 20 ff

/475/ Bundesminister des Innern (Hrsg.), Grundsätze für die Prüfung der Umweltverträglichkeit öffentlicher Maßnahmen des Bundes, in: Bekanntmachung des BMI v. 12.9.1975, GMBl, (1975), S. 717

/476/ Ministerkonferenz für Raumordnung, Ergebnisniederschrift über die 8. Sitzung der MRKO v. 28.2.1974 in Bonn: Raumordnung und Umweltverträglichkeitsprüfung.

/477/ Bundesminister des Innern: Verfahrensmuster zur Umweltverträglichkeitsprüfung, Umweltbrief Nr. 11, Bonn, (1974)

/478/ Vgl. auch den Vorschlag einer EG Richtlinie über die UVP bei bestimmten öffentlichen und privaten Vorhaben, in: Amtsblatt der europäischen Gemeinschaften v. 9.7.1980, S. 14 ff

/479/ Stich, R. et.al.: Vorschriften zur Umweltverträglichkeitsprüfung in den Fachplanungen, Gutachten im Auftrag des Umweltbundesamtes, Kaiserslautern, (1980), S. 43

/480/ Kölble, J.: Staatsaufgabe Umweltschutz, Rechtsformen und Umrisse eines Politikbereichs, in: Die öffentliche Verwaltung, H. 13-14, (1979), S. 479

/481/ Hoppe, W.: Staatsaufgabe Umweltschutz, in: Veröffentlichungen der Vereinigung der deutschen Staatsrechtslehrer, H 38, (1980), S. 261

/482/ Finke, L./Spindler, E.: Umweltgüteplanung im Rahmen der kommunalen Bauleitplanung, in: Schriftenreihe des Fachbereichs Landschaftsentwicklung der TU Berlin, Nr. 9, Berlin, (1982), S. 195

/483/ Bundesminister des Innern: "Grundsätze für die Prüfung... a.a.O., Art II Abs. 2

/484/ Bernard/Friedrich: "Prüfung der Umweltverträglichkeit..., a.a.O., S. 204

/485/ Vgl. z.B. Kiemstedt, H.: Gutachten zur Umweltverträglichkeit der Bundesautobahn A 4, Rothaargebirge, -Kurzfassung -, Minister für Ernährung Landwirtschaft und Forsten des Landes NW, (1980)

/486/ Spindler unterscheidet diesbezüglich sinnvollerweise zwischen projektorientierten UVP's und einer darüberhinausgehenden prozessorientierten UVP, Spindler, E.: Umweltverträglichkeitsprüfung in der Raumplanung, Dortmunder Beiträge zur Raumplanung, Bd. 28, Dortmund, (1983), S. 22 und S. 34 ff

/487/ Vgl. Obenhaus, W.: Praktikable Entscheidungshilfe - Überlegungen für eine Konzeption der Prüfung der Umweltverträglichkeit öffentlicher Maßnahmen, in: Umwelt, (1973), S. 59

/488/ Vgl. Henneke, J.: Raumplanerische Verfahren, a.a.O., S. 50

/489/ Vgl. dazu ausführlich: Emmerich, V.: Die kommunalen Versorgungsunternehmen zwischen Wirtschaft und Verwaltung, Frankfurt/M., (1970)

/490/ Vgl. Gröner, H.: Die Ordnung der deutschen Elektrizitätswirtschaft, Baden-Baden, (1975), S. 320 ff

/491/ Riechmann, V.: Kommunale Energiepolitik, in: Archiv für Kommunalwissenschaften, (1982), S. 73

/492/ Gesetz gegen Wettbewerbsbeschränkungen (GWB) vom 27. Juli 1957 (BGBl I, S. 1081), in der Fassung vom 24. September 1980, BGBl I, S. 1761

/493/ Vgl.: Nesselmüller, G.: Rechtliche Einwirkungsmöglichkeiten der Gemeinden auf ihre Eigengesellschaften, Schriften zum deutschen Kommunalrecht, Bd. 14, Siegburg, (1977), S. 18 ff

/494/ Püttner, G.: Das Recht der kommunalen Energieversorgung, Schriftenreihe des Vereins für Kommunalwissenschaften e.V. Berlin, Bd. 19, (1964), S. 64

/495/ ebenda, S. 84-86

/496/ Vgl. Bericht des Ausschusses für Wirtschaft des deutschen Bundestages vom 21. Feb. 1980, Bundestagsdrucksache 8/3690

/497/ § 88 Abs. 1 Gemeindeordnung Nordrhein-Westfalen vom 19. Dez. 1974 (GV NW 1975, S. 91); Ähnliche oder gleichlautende Vorschriften finden sich in den Gemeindeordnungen der anderen Bundesländer

/498/ Gesetz zur Förderung der Energiewirtschaft vom 13. Dez. 1935, (RGBl I, S. 1451), in der Fassung vom 19. Dez. 1977, (BGBl I, S. 2750)

/499/ In Niedersachsen und Rheinland-Pfalz wird die Preisaufsicht zunächst durch die Bezirksregierungen übernommen.

/500/ Hartkopf, G.: "Siedlungsentwicklung unter dem Diktat knapper werdender Energie - Bedrohung und Chance der Gesellschaft und Umwelt", Vortrag anläßlich der Fachtagung für Wohnungswesen, Städtebau und Raumplanung im Rahmen der DEUBAU am 5.2.1982 in Essen, Manuskript, S. 23 f

/501/ Vgl. Alberding, J.: Administrative und rechtliche Aspekte der Daseinsvorsorge durch örtliche und regionale Energieversorgungskonzepte, Bundesforschungsanstalt für Landeskunde und Raumordnung, Mannheim - Seminar, a.a.O.

/502/ Eine nach Bundesländern differenzierte Aufstellung über die Möglichkeiten der Festlegung eines Anschluß- und Benutzungszwanges findet sich in Volwahsen, A., u.a.: Rationelle..., a.a.O., S. 75

/503/ Ein besonders gutes Beispiel für ein kommunales Energieberatungsbüro, das durch eine ständige Ausstellung und eine konkrete, einzelgebäudebezogene Beratung incl. der Durchführung einer Wirtschaftlichkeitsberechnung für die vorgeschlagenen Maßnahmen die Möglichkeiten der rationellen Energieverwendung dem einzelnen Bürger nahebringt, bietet die Stadt Boras in Mittelschweden. Persönliche Information durch Herrn G. Nordfeld, Stadtentwicklungsamt Boras, v. 5.6.1981

/504/ Vgl. z.B. "Das örtliche Versorgungskonzept Saarbrücken, 1980-1985", Stadtwerke Saarbrücken, (1981)

/505/ Spindler mißt gerade der Partizipation im Rahmen der Umweltverträglichkeitsprüfung eine besonders große Bedeutung bei. Vgl. Spindler, E.: Umweltverträglichkeitsprüfung..., a.a.O., S. 24 f und die dort angegebene Literatur

LITERATURVERZEICHNIS

LITERATURVERZEICHNIS

Abel, O./Oelert, H.: Erfassung und Abschätzung der Emissionen aus Anlagen der Kohleverflüssigung und Kohlevergasung in der Bundesrepublik Deutschland: Studie im Auftrag des Ministers für Wirtschaft, Mittelstand und Verkehr des Landes Nordrhein-Westfalen, Clausthal-Zellerfeld, August 1981

Adler, F.: Entwicklung der Bergewirtschaft an der Ruhr, Vortrag vor dem Ausschuß für kommunale Technologien des Kommunalverbandes Ruhrgebiet, Sept. 1980, in Oberhausen

Aggen, K.: Zur Diskussion gestellt: Moderne Isolierwandkonstruktionen verschleudern Energie, in: DAB, 11 (1981) S. 1621 - 1622

Alberding, J.: Administrative und rechtliche Aspekte der Daseinsvorsorge durch örtliche und regionale Energieversorgungskonzepte, in: Örtliche und regionale Energieversorgungskonzepte, Bundesforschungsanstalt für Landeskunde und Raumordnung, Mannheim-Seminar, Bonn 1981

d'Alleux, H.-J., u.a.: Abstandsregelungen in der Bauleitplanung, Schriftenreihe Landes- und Stadtentwicklungsforschung des Landes NW, Bd. 2.027, Dortmund 1981

Anderson, F.R. et.al.: Environmental Improvement Through Economic Incentives, Baltimore, London, (1977)

Annen: Niedrigwasseranreicherung als Mittel der Güteverbesserung am Beispiel Lippe, Die Wasserwirtschaft, (1974), H 9

Antweiler, H.: Grenzwertvorschlag für Schwefeldioxid, in: Forschungsberichte - Lufthygiene; Medizinisches Institut für Lufthygiene und Silikoseforschung, Jahresbericht 1977, Bd. 10, S. 97-104

Arbeitsgemeinschaft Energiebilanzen, Jahresbericht 1979, Frankfurt/M. 1980

Arbeitsgemeinschaft Fernwärme e.V., Bundesverband der Gas- und Wasserwirtschaft e.V., Vereinigung deutscher Elektrizitätswerke e.V.: gemeinsame Erklärung der leitungsgebundenen Energiewirtschaft, 1980

Auer, F.: Nicht jede Wärmepumpe spart Energie ein, in: VDI-Nachrichten H 16/1980

Aust, H., u.a.: Grundwasservorkommen in der Bundesrepublik Deutschland, Schriftenreihe "Raumordnung" des Bundesministers für Raumordnung, Bauwesen und Städtebau, Bonn 1979

Baehr, H.D.: Zur Thermodynamik des Heizens, in: Brennstoff-Wärme-Kraft Nr. 1/1980, S. 9-15

Balke, K.-D./Siebert, G.: Grundwasserlandschaft Niederrhein in: Geologie am Niederrhein 31-34. Geologisches Landesamt Nordrhein-Westfalen, Krefeld 1978

Bartels, U.: Wie sauer ist der Regen in Nordrhein-Westfalen ? in: LÖLF-Mitteilungen, Landesamt für Ökologie, Landschaftsentwicklung und Forstplanung Nordrhein-Westfalen, H 2, 1983

Bassler, F.: Umwelteinflüsse der thermischen Energiequellen auf die mengenorientierte Wasserwirtschft, Darmstadt 1980

Batelle Institut: Stromkosten Kohle-Kernenergie, Untersuchung im Auftrag des Ministers für Wirtschaft des Landes NW, Düsseldorf 1979

Bayer, H.: Rationelle Energieverwendung durch den Einsatz von Wärmepumpen als Teil eines kommunalen Energieversorgungskonzepts im Rahmen der kommunalen Entwicklungsplanung, Institut für Umweltschutz, Universität Dortmund, Dortmund 1981

Bechmann, A.: Die Umweltverträglichkeitsprüfung in der räumlichen Planung: Zielsetzung, Rechtsgrundlagen, Praxis in: Schriftenreihe des Fachbereichs Landschaftsentwicklung der TU Berlin, Berlin 1982

Beck, P./Glatzel, W.-P.: Umweltschutz als Entscheidungskriterium bei der Erstellung von Energieversorgungskonzepten, in: "Örtliche und Regionale Energieversorgungskonzepte," VDI-Berichte, Nr. 491, Düsseldorf, September 1983

Benkert, W.: Die raumwirtschaftliche Dimension des Umweltschutzes, Finanzwissenschaftliche Forschungsarbeiten, Berlin 1981

Bernard, U./Friedrich, R.: Prüfung der Umweltverträglichkeit bei der Standortfindung von thermischen Großkraftwerken, in: Schriftenreihe des Fachbereichs Landschaftsentwicklung der TU Berlin, Nr. 9, Berlin 1982

Bethe, W.S.: Zentrale Tagesanlagen, Konzipierung des Zuschnitts der Übertageanlagen, Teilprojekt des Forschungsvorhabens "Steinkohlenbergwerk der Zukunft", Essen 1976, Anl. 11

Blank, R.: Tagebauentwässerung im Rheinischen Braunkohlenrevier, in: Der leitende Angestellte, 28 (1979), Nr. 2, Beilage: Verband der Führungskräfte 43 (1978), Nr. 2, S. V-XV

Böhm: Rheinische Braunkohlenwerke AG (Rheinbraun), Schriftliche Mitteilung vom 9.2.1983

Bölsche, J./Höfl, H./Mettke, J.: Das stille Sterben, in: Natur ohne Schutz, Hamburg 1982, S. 129-190

Bohm, P.: Estimating Demand for Public Goods: An Experiment, in: European Review, 3, (1972), S. 111-180

Bohn, T.: Die Entwicklungsmöglichkeiten der Energiewirtschaft in der Bundesrepublik Deutschland - Untersuchungen mit Hilfe eines dynamischen Simulationsmodells, Kernforschungsanlage Jülich, Jülich 1977

Bohn, T.: Ausgewählte Technologien zur rationellen Energieversorgung und ihre Bewertung, in: Rationelle Energieverwendung im Ruhrgebiet, Kommunalverband Ruhrgebiet, Essen 1981, S. 103-118

Bonus, H.: Emissionsrechte als Mittel der Privatisierung öffentlicher Ressourcen aus der Umwelt, in: Schriftenreihe des Walter-Eucken Instituts, Bd. 17, Tübingen 1980

Bossel, Energiesparkonzepte für Gebäude, Tagungsbericht Solentec '81, Kassel 1981

Briechle, D./Voigt, R.: Deep open Pit Mining and Groundwater Problems in the Rhenisch Lignite District, in: Casebook of Methods of Computation of Quantitative Changes in the Hydrological Regime of River Basins Due to Human Activities, UNESCO, Paris 1980, S. 274-289

Bröker, G.: Zusammenfassende Darstellung der Emissionssituation in Nordrhein-Westfalen und der Bundesrepublik Deutschland für Stickoxide, LIS- Bericht Nr. 34, Landesanstalt für Imissionsschutz NW, Essen 1983

Bruch, J./Rogge, H.-D.: Grenzwertvorschlag für Stickoxid, in: Forschungsberichte - Lufthygiene; medizinisches Institut für Lufthygiene und Silikoseforschung, Jahresbericht 1977, Bd. 10, Düsseldorf 1978, S. 143-157

Brunner, C.: Das Fenster, Wärmeloch oder Sonnenkollektor? in: Schweizerische Bauzeitung Nr. 45, 1977

Budde, B.: Der Wirkungszusammenhang zwischen Bergbau und empfindlichen Nutzungen. Unveröff. Manuskript, Universität Dortmund, Dortmund 1983

Budde, B./Nolte, J.: Wirkungsanalyse der räumlich strukturellen Entwicklung des Ruhrgebietes auf die Wasserversorgung, im Auftrag des Ministers für Wissenschaft und Forschung Nordrhein-Westfalen (Az IV B 3-9029; noch nicht veröffentlicht)

Büchler, E./Traube, K.: Kompatibilität der Stromerzeugung in Kraft-Wärme-Kopplung gemäß Raumwärmeszenario 2000 mit Netzanforderungen, Schriftenreihe Energie und Gesellschaft, H 21, TU Berlin, Berlin 1983

Büchler, E./Traube, K.: Raumwärmeszenario 2000, Schriftenreihe Energie und Gesellschaft, H 14, TU Berlin, Berlin 1982

Bünermann, G.: Immissionsschutz unter der Berücksichtigung der Standorte störender Gewerbebetriebe, in: Städte und Gemeinderat, 8/1972, S. 207-211

Bund, K.: Energieversorgung, Essen 1980

Bußmann, W.: Monovalente Gaswärmepumpe für 64 Wohneinheiten in Dortmund-Brackel, in: Kommunale Energieversorgungskonzepte, Materialien zum 6. Kontaktseminar des Informationskreises für Raumplanung, Dortmund 1981

Bundesminister für Ernährung, Landwirtschaft und Forsten: Zum Stand der Waldschäden in der Bundesrepublik Deutschland, Bonn, 26.1.1983

Bundesministerium für Forschung und Technologie: Künftiger Bedarf an elektrischer Energie in Abhängigkeit von wirtschafts- und gesellschaftspolitischen Entwicklungen und dessen Deckung, insbesondere mit Hilfe der Kernenergie, Bericht K 76-03, Eggenstein-Leopoldshafen, 1976

Bundesminister für Forschung und Technologie: Gesamtstudie über die Möglichkeiten der Fernwärmeversorgung aus Heizkraftwerken in der Bundesrepublik Deutschland, Bonn 1977

Bundesminister für Forschung und Technologie (Hrsg.): Deutsche Risikostudie Kernkraftwerke, Eine Untersuchung zu dem durch Störfälle in Kernkraftwerken verursachten Risiko, Köln 1980

Bundesminister des Innern: Verfahrensmuster zur Umweltverträglichkeitsprüfung, Umweltbrief Nr. 11, Bonn 1974

Bundesministerium des Innern: Harrisburg-Bericht, Umweltbrief Nr. 19, Bonn 1979

Bundesministerium des Innern: "Umwelt" vom 22.2.1981, Bonn 1981

Bundesministerium des Innern: "Umwelt" Nr. 91, Bonn, September 1982

Bundesministerium des Innern: "Umwelt" Nr. 93, Bonn, Dezember 1982

Bundesministerium für Wirtschaft (Hrsg.): Energieprogramm der Bundesregierung, Zweite Fortschreibung, Bonn, 14.12.1977

Bundesministerium für Wirtschaft: Daten zur Entwicklung der Energiewirtschaft in der Bundesrepublik Deutschland im Jahre 1979, Bonn 1980

Bundesministerium für Wirtschaft (Hrsg.): Energieprogramm der Bundesregierung, 3. Fortschreibung vom 4.11.1981, Bonn 1981

Bundesministerium für Wirtschaft: Referat Elektrizitätswirtschaft: Die Elektrizitätswirtschaft in der Bundesrepublik Deutschland im Jahre 1980. In: Elektrizitätswirtschaft, H 21 (1981), S. 753-791

Bundesrat: Plenarprotokoll der 519. Sitzung des Bundesrates, Bonn, 4.2.1983

Bundesverband der deutschen Gas- und Wasserwirtschaft, Wasserstatistik 1976, Frankfurt/M. 1977

Bundesverwaltungsgericht: Urteil des BVG zum Abwägungsgebot vom 12.12.1969, (DVBl 1970), S. 415

Concawe: Survey on Quality of Refinery Effluents in Europe, Concawe Report No. 4, 1977

Davis, E.C./Boegley, W.F.: A Rewiew of Water Quality Issues Associated with Coal Storage, in: Journal of Environmental Quality, Vol. 10, Apirl/ June 1981, No. 2

Department of Energy: Preliminary Safety and Environmental Information Document, Vol VII, Fuel Cycle Facilities, January 1980

Der Rasmussen-Bericht (Wash-1400) Übersetzung der Kurzfassung, Institut für Reaktorsicherheit, Köln 1976

Der Rat von Sachverständigen für Umweltfragen: Sondergutachten, 'Energie und Umwelt', Stuttgart 1981

Der Rat von Sachverständigen für Umweltfragen: Umweltgutachten 1978, Mainz 1978

Der Rat von Sachverständigen für Umweltfragen: Sondergutachten "Umweltprobleme des Rheins", Stuttgart 1976

Der Rat von Sachverständigen für Umweltfragen: Waldschäden und Luftverunreinigungen, Sondergutachten März 1983, Bundestagsdrucksache 10/113 v. 8.6.1983, Bonn 1983

Deutscher Bundestag, Bericht der Enquête-Kommission 'Zukünftige Kernenergie-Politik', Teil 1, in: Zur Sache, Themen Parlamentarischer Beratung, 1980

Deutscher Bundestag, Bericht des Ausschusses für Wirtschaft des Deutschen Bundestages, vom 21. Feb. 1980, Bundestagsdrucksache 8/3690, Bonn 1980

Deutscher Bundestag: Bundestagsdrucksache 9/1955, Luftverunreinigungen, saurer Regen und Waldsterben, Bonn, 7.9.1982

Deutscher Bundestag: Enquête-Kommission zukünftige Kernenergie-Politik, Arbeitsgruppe "Modelle": Volkswirtschaftliche Konsequenzen verschiedener Energieversorgungsstrukturen, Anlagenband III, Bonn, März 1983

Deutscher Städtetag: Die Städte in der Energiepolitik, Entschließung des Hauptausschusses des deutschen Städtetages v. 10.3.1978 in Berlin

Dittert, u.a.: Möglichkeiten der Energieeinsparung im Gebäudebestand, Stufe B, Teil I, Batelle, Frankfurt 1979

Dittert, G. u.a.: Rationelle Energieverwendung im Fernwärmeversorgungsgebiet der Stadtwerke Wolfsburg AG, Batelle, im Auftrag des Bundesministeriums für Forschung und Technologie, Frankfurt, April 1981

Dreyhaupt, F.-J.: Schutzabstände in der Bauleitplanung, in: Luftreinhaltung, 1974 S. 2-15

Dreyhaupt, F.-J.: Methoden zur Ermittlung von Schutzabständen zwischen Industrie- und Gewerbegebieten zur Berücksichtigung des Faktors Immissionsschutz in der Planung, in: Luftverunreinigung, 1972, S. 12-20

Dreyhaupt/Ecke: Environmental Protection Policy and Measures to Reduce Hydrocarbon Emissions from Oil Refineries, Welt-Erdöl-Konferenz, Panel Discussion 24, 1977, S. 229-241

Dreyhaupt, F.-J.: Handbuch zur Aufstellung von Luftreinhalteplänen, Köln 1979

Eberhard J., u.a.: Analyse von Informations- und Methodengrundlagen für örtliche Energieversorgungskonzepte, Schriftenreihe des Bundesministers für Raumordnung, Bauwesen und Städtebau, Bonn 1982

Eggeling, G.: Die Kosten-Nutzen-Analyse, Theoretische Grundlagen und praktische Anwendbarkeit, Dissertation, Göttingen 1969

Ehm, H.: Energieeinspargesetz mit Wärmeschutzverordnung, Wiesbaden 1978

Ehm, H.: Stand und Tendenzen des baulichen Wärmeschutzes in Deutschland, Referat im Rahmen des schwedisch-deutschen Kolloquiums, "Rationelle Energieverwendung im Wohnungsbau und in der Stadtentwicklung, Bundesminister für Raumordnung, Bauwesen und Städtebau, Bonn, Sept. 1982

Eisel, H.: Die Nutzung der Bayrischen Gewässer für die Stromerzeugung, in: Wasser + Abwasser / Bau Intern Nr. 2, Feb. 1974, S. 34-43

Emmerich, V.: Die kommunalen Versorgungsunternehmen zwischen Wirtschaft und Verwaltung, Frankfurt/M. 1970

Emrich, D.: Die Entwässerung der Tagebaue im Rheinischen Braunkohlenrevier, in: Bergbau 30, 1979, Nr. 3, S. 126-132

Emschergenossenschaft Essen: interne Statistiken, 1955-1982, (unveröffentlicht)

Engels/Lauten, H.: Landinanspruchnahme durch den Braunkohlenbergbau bis zum Jahre 2000, in: Landwirtschaftliche Zeitschrift, 49, (1977), S. 2669-2680

Erasmus F.G./Lenhartz, R.: Strategie zur Nutzung der Steinkohlenlagerstätten in der Bundesrepublik Deutschland, in: Brennstoff-Wärme-Kraft, Heft 9 (1980), S. 349-355

Esche/Iglbüscher: Das wirtschaftliche Rauchgasentschweflungsverfahren nach dem Saarberg-Hölter-Verfahren, Vortragsmanuskript des 3. Seminars der Economic Commission for Europe zur Entschweflung von Brennstoffen und Rauchgasen, Salzburg, 1981,

Esdorn, H./Wentzlaff, G.: Zur Berücksichtigung der Sonnenstrahlung bei der Berechnung des Jahreswärmeverbrauchs, in: Heizung-Lüftung-Haustechnik (HLH), (1981) Nr. 9, S. 358-367

Esdorn, H./Wentzlaff, G.: Neuvorschläge zum Entwurf der DIN 4701, "Regeln für die Berechnung des Wärmebedarfs von Gebäuden" in: Heizung-Lüftung-Haustechnik (HLH), 1981, H 9, S. 349-356

Euler, H.: Auswirkungen der Anwendung von Schutzabständen auf die kommunale Bauleitplanung in stark industrialisierten und verdichteten Räumen, (Diplomarbeit), Dortmund 1976

Euler, H.: Energiepolitik in Schweden, in: Der Städtetag, Nr. 12, 1981, S. 861-869

Euler, H.: Handlungsmöglichkeiten der kommunalen Planung zur Beeinflussung des Energieverbrauchs, in: kommunale Energieversorgungskonzepte, Materialien zum 6. Kontaktseminar des Informationskreises für Raumplanung, Dortmund 1981

Euler, H.: Modellrechnung zur Abschätzung der Umweltauswirkungen verschiedener Varianten der Wärmeversorgung in Wuppertal, im Auftrag des Amtes für Stadtentwicklung und Stadtforschung der Stadt Wuppertal, (unveröff.) Dortmund 1983

Euler, H.: Zielfindungs- und Methodenprobleme bei der Stadtentwicklungsplanung und Energieversorgungsplanung, in: Rationelle Energieverwendung im Ruhrgebiet, Kommunalverband Ruhrgebiet Oberhausen, Okt. 1981

Ewringmann, D.: Wirtschaftliche Auswirkungen der Abwasserabgabe - theoretische und praktische Überlegungen, in: Umweltschutz der achziger Jahre, Institut für Umweltschutz der Universität Dortmund, Berlin 1981, S. 111-117

Fichtner/Prognos: Parameterstudie örtliche und regionale Versorgungskonzepte für Niedertemperaturwärme; Bundesministerium für Forschung und Technologie, Forschungsvorhaben 03 E - 53 A/B, Bonn 1983, (noch nicht veröff.)

Fichtner/Prognos: Eckdaten der Parameterstudie "örtliche und regionale Energieversorgungskonzepte", unveröff. Manuskript, Stuttgart, 27.5.1982

Finke, L./Spindler, E.: Umweltgüteplanung im Rahmen der kommunalen Bauleitplanung, in: Schriftenreihe des Fachbereichs Landschaftsentwicklung der TU Berlin, Nr. 9, Berlin 1982

Finney, P.: Heizwärmeverbrauchsanalysen und Einflußgrößen auf den Heizwärmeverbrauch, Referat im Rahmen des schwedisch-deutschen Kolloquiums "Rationelle Energieverwendung im Wohnungsbau und in der Stadtentwicklung, Bundesminister für Raumordnung, Bauwesen und Städtebau, Bonn, Sept. 1982

Flecke, B., u.a.: Jülicher Börde und Braunkohlenbergbau; Strukturanalyse eines Raumes im Umbruch, Berlin/Hannover 1981

Flohn, H.: Possible Climatic Consequences of Man-Made Global Warming, IIASA-- Report, RR 80-30, Laxenburg 1980

Fortak, H.: Auswirkungen und Risiken von Primärenergienutzung und Energietransformationen auf das lokale, regionale und globale Klima, in: Materialien zu Energie und Umwelt, Worms 1982, S. 22 ff

Franke, E. (Hrsg.): Stadtklima, Ergebnisse und Aspekte für die Stadtplanung, Stuttgart 1977

Frommes, Wissensgrundlagen der Stadt- und Bauklimatologie, Luxemburg 1980

v.d. Gathen, R.: Entwicklungen in der Bergwirtschaft des Steinkohlenbergbaus. Vortrag im Rahmen des bergmännischen Kolloquium der Universität Clausthal, Clausthal 1980, Manuskript

Gärtner, E.: Die technische Entwicklung des rheinischen Braunkohlenbergbaus sowie der Braunkohlenverwendung in: Glückauf 111, 1975, Nr. 7, S. 318-324

Geiger: Der künstliche Windschutz, zit. nach Faskel, Praxisinformation Energieeinsparung, Bundesarchitektenkammer, Jan 1982, S. 79-85

Georgii, H.W.: Luftchemische Umsetzung und Verweildauer von Luftverunreinigungen beim regionalen und globalen Transport, in: Hohe Schornsteine als Element der Luftreinhaltepolitik in NW, Kolloquium vom 11.12.1980, Ministerium für Arbeit, Gesundheit und Soziales Nordrhein-Westfalen, Düsseldorf 1981, S. 39-53

Gertis, K.: Energieverbrauch und Wärmeschutz im Hochbau, in: Heizung- Lüftung- Haustechnik, (HLH), 26, 1975, Nr. 3, S. 105-114

Gertis, K.: Superdämmung oder Wärmerückgewinnung ? Wo liegen die Grenzen des energiesparenden Wärmeschutzes? in: Bauphysik, H 2, 1981, S. 50-56

Gertis, K.: Wie muß Heizenergieeinsparung in Wohnungen künftig vor sich gehen? in: Bundesbaublatt 30, 1981, H 17, S. 461-474

Gröner, H.: Die Ordnung der deutschen Elektrizitätswirtschaft, Baden-Baden, 1975

Großer Erftverband, Jahresbericht 1981, Bergheim 1982

Grundlinien und Eckwerte für die Fortschreibung des Energieprogramms, Beschluß des Bundeskabinetts v. 23.3.1977, Bulletin der Bundesregierung Nr. 30

Guck, R.: Standorte für Kernkraftwerke, in: Atomwirtschaft, Aug/Sep. 1973, S. 386-391

Guicherit, R. u.a.: Conversion Rate of Nitrogen Oxides in a Polluted Atmosphere, Proceedings of the 11th NATO-CCMS, International Technical Meeting on Air Pollution Modelling and Its Applications, Amsterdam 1980

Gunkel, J., u.a.: Technisches und energetisches Betriebsverhalten von BHKW- Kleinaggregaten, in: Brennstoff-Wärme-Kraft, Nr. 8/9 1982, S. 404-410

Hagstedt, J.: Stand und Tendenzen des baulichen Wärmeschutzes in Schweden, Referat im Rahmen des schwedisch-deutschen Kolloquiums "Rationelle Energieverwendung im Wohnungsbau und in der Stadtentwicklung, Bundesminister für Raumordnung, Bauwesen und Städtebau, Bonn, Sept 1982

Hartkopf, G.: "Siedlungsentwicklung unter dem Diktat knapper werdender Energie - Bedrohung und Chance der Gesellschaft und Umwelt", Vortrag anläßlich der Fachtagung für Wohnungswesen, Städtebau und Raumplanung im Rahmen der DEUBAU am 5.2.1982 in Essen, Vortragsmanuskript

Haury, G., u.a.: Zusammenstellung der in der Bundesrepublik Deutschland durch die Erzeugung und den Verbrauch von Energie bedingten Auswirkungen auf die Umwelt und der legislativen und technischen Maßnahmen zu ihrer Verminderung, Kernforschungszentrum Karlsruhe, KFK 2103 uf, Karlsruhre 1974

Hauser, G.: Der k-Wert im Kreuzverhör, in: Bauphysik 1/1981, S. 3-8

van Haut, H./Stratmann, H.: Experimentelle Untersuchungen über die Wirkung von Stickstoffdioxid auf Pflanzen, Schriftenreihe der Landesanstalt für Immissionsschutz des Landes Nordrhein-Westfalen, Nr. 7, 1967

Hein, K.: Blockheizkraftwerk Iglauer Str. Heidenheim, 283 Wohneinheiten, Vortrag gehalten auf der Energie TEC 1980, Berlin 1980

Hein, K.: Gasbetriebene Blockheizkraftwerke und Heizzentralen in: Gwf - Gas/Erdgas, 1978, H 3, S. 119-125

Heinz, I.: Ökonomische Bewertung der Wirkungen von Luftverunreinigungen, Institut für Umweltschutz der Universität Dortmund, im Auftrag des Umweltbundesamtes, 1979

Heinz, I.: Volkswirtschaftliche Ersparnisse durch rückläufige Luft- und Gewässerverunreinigung, in: Umweltschutz der achziger Jahre, Institut für Umweltschutz der Universität Dortmund, Berlin 1981, S. 146-151

Heitkämper, J.: Wasserwirtschaft im rheinischen Braunkohlenrevier, in: DAI-Deutsche Architekten- und Ingenieurs-Zeitschrift H 5, 1971, S. 86-91

Henneke, J.: Raumplanerische Verfahren und Umweltschutz unter besonderer Berücksichtigung der planerischen Umweltverträglichkeitsprüfung, Münster 1977

Henning, D.: Braunkohlentagebau Hambach, in: Bergbau 10, 1982, S. 540-546

Hilden, H.D./Suchau, K.-H.: Neue Untersuchungen über Verbreitung, Mächtigkeit und Grundwasserführung der Halterner Sandfacies, in: Fortschritte der Geologie von Rheinland und Westfalen, Bd. 20, Beiträge zur Hydrogeologie, Krefeld 1974

Hoede, u.a.: Quantifizierung der Umweltbeeinträchtigung durch moderne Verfahren der Kohlevergasung und Kohleverflüssigung, Fluor GmbH., im Auftrag des Bundesminister des Innern, Düsseldorf 1981

Hörster, H.: Wege zum Energiesparenden Wohnhaus, Philips, Hamburg 1980

Holdren, J.P., u.a.: Risks of Renewable Energy Sources: A Critique of the Inhaber Report, Energy Ressources Group, University of California, Berkeley, June 1979

Hoppe, W.: Staatsaufgabe Umweltschutz, in: Veröffentlichungen der Vereinigung der deutschen Staatsrechtslehrer, H 38, 1980

Hoppe, W.: Die Schranken der planerischen Gestaltungsfreiheit, in: Baurecht, 1970, S. 15 ff

ter Horst, K.: Investitionsplanung, Stuttgart 1980

Huber, L.: Ökologische Wirkungen von Raffinerieabwässern auf Süßwasser, Deutsche Gesellschaft für Mineralölwirtschaft und Kohlechemie, Projekt Nr. 206, 1979

Huber, W.: Umweltgefährdung durch Heizungssysteme in: Wissenschaft und Umwelt, H 3, 1982, S. 147-156

INFRAS: Abschätzung der Umwelteinwirkungen energierelevanter Gesetzesvorhaben im Bereich der Raumwärme. Forschungs- und Entwicklungsvorhaben Nr. 101 05 006, im Auftrag des Umweltbundesamtes, Berlin 1981

Inhaber, H.: Risks with Energy Production, Report AECB-1119, Atomic Energy Control Board of Canada, Ottawa, 2 revidierte Fassung, Nov. 1978, Dritte revidierte Fassung, Nov. 1979

Institut für angewandte Ökologie: "Analytische Weiterentwicklung zur Deutschen Risikostudie Kernkraftwerke" im Auftrag des Bundeministeriums für Forschung und Technologie, Projekt RS 482, (noch nicht veröffent.)

Izmerov, N.F.: Control of Air Pollution in the USSR, Public Health Papers No. 54, World Health Organisation, Genf 1973

Jahrbuch für Bergbau und Energie, Mineralöl und Chemie, Essen 1982

Jakob, K.-H.: Lage und Entwicklungstendenzen der Wirtschaft des deutschen Steinkohlebergbaus in: Glückauf 118, 1982, Nr. 24, S. 1219-1224

Jansen, J.: Einige Grundsätze zur Projektierung von Hochspannungsfreileitungen, in: Veröffentlichungen des Instituts für Energierecht an der Universität zu Köln, Nr. 36/37, Köln 1974

Jordan, E.: Empirische Aspekte der Messung und Bewertung von Umweltschäden aus ökonomischer Sicht, Dissertation, Dortmund 1976

Jöhr, W.A.: Bedrohte Umwelt, die Nationalökonomie vor neuen Aufgaben, in: Walterskirchen, M.P.v. (Hrsg.): Umweltschutz und Wirtschaftswachstum, München 1972

Kacsoh, L./Heger, C.: Freisetzung von Luftschadstoffen bei der Nutzung fossiler Energieträger, in: Materialien zu Energie und Umwelt, Rat von Sachverständigen für Umweltfragen, Worms 1982

Kamm, K.: Umweltverträglichkeitsprüfung unterschiedlicher Energieträgersysteme für neue Baugebiete, in: wlb-Wasser-Luft-Betrieb, H 12, 1980, S. 29-32

Kapp, K.W.: The Social Costs of Business Enterprises, 3. erweiterte Auflage, Nottingham 1978

Kapp, K.-W.: Volkswirtschaftliche Kosten der Privatwirtschaft, Tübingen und Zürich 1958

Kappmeyer, E.: Stand und Tendenzen der Anforderungen und der technischen Entwicklung in der Heizungstechnik. Referat anläßlich des deutsch-schwedischen Kolloquiums, Rationelle Energieverwendung im Wohnungsbau und in der Stadtentwicklung, Bundesminister für Raumordnung, Bauwesen und Städtebau, Bonn, Sept. 1982

Kellog, W.: What if Mankind Warmth the Earth? Vortrag ENVITEC '77, 9. Feb. 1977 in Düsseldorf

Kernkraftwerke Lippe-Ems GmbH: Das Kernkraftwerk Emsland, Lingen 1983

Kennzahlen für den Kohlenbergbau für die Jahre 1981/1982, in: Glückauf 119, 1983, Nr. 6, S. 295

Kernforschungsanlage Jülich: Angewandte Systemanalyse Nr 1, Bd. II, Jülich 1977

Kiemstedt, H.: Gutachten zur Umweltverträglichkeit der Bundesautobahn A 4, Rothaargebirge, - Kurzfassung - Minister für Ernährung, Landwirtschaft und Forsten des Landes Nordrhein-Westfalen, Düsseldorf 1980

Klein, R.: Nutzenbewertung in der Raumplanung, Dissertation, Dortmund 1976

Knepper, J.: Umweltschutzmaßnahmen der Tagebaue im Rheinischen Braunkohlenrevier, in: Der leitende Angestellte, 3/1982, S. 10-17

Knopp: Aspekte der langfristigen Braunkohlenplanung. Drucksache Nr. 13 K 17 0050, Regierungspräsident Köln, 1981, unveröffentlicht

Kobus, H.: Ausbreitung von abgekühltem Wasser in Grundwasserleitern, in: Wärmepumpen und Gewässerschutz, Berlin 1979

Kölble, J.: Staatsaufgabe Umweltschutz, Rechtsformen und Umrisse eines Politikbereichs, in: Die öffentliche Verwaltung, H 13-14, 1979, S. 470-485

Kolar, J.: Indizes zur summarischen Beurteilung der Emission mehrerer luftverunreinigender Stoffe, in: Gwf/Gas-Erdgas 120, 1979, H 2, S. 90-98

Kraftwerks-Union: Überlegungen der KWU-Gruppe zu einem alternativen HTR-Konzept, Erlangen, Bergisch-Gladbach 1980

Krause, F., u.a.: Energiewende - Wachstum und Wohlstand ohne Erdöl und Uran, Frankfurt/M., 1980

Kratzsch, H.: Bergschadenkunde, Berlin/Heidelberg, 1974

Krischke, H.E.: Umweltfreundliche Kohleverbrennung in der Wirbelschicht, Statusseminar umweltfreundliche Kraftwerkstechnologie, Kernforschungsanlage Jülich, Oktober 1980

Krolewski, H.: Technische und wirtschaftliche Probleme zur Frage der Abwärme von thermischen Kraftwerken, in "Die Wasserwirtschaft" 1973, H 11/12, S. 363

Krolewski, H.: Wärmeeinleitung in die Gewässer aus der Sicht der Energiewirtschaft. In: Elektrizitätswirtschaft, 1979, H 24, S. 982-987

Künzel, H.: Repräsentativumfrage über die Heiz- und Lüftungsverhältnisse in Wohnungen in: Gesundheits-Ingenieur 100, 1979, S. 261-265

Küsgen, H.: Planungsökonomie - was kosten Planungsentscheidungen ? Arbeitsberichte zur Planungsmethodik, 3, Stuttgart 1970

Küsgen, H.: Wirtschaftlicher Energieeinsatz, in: Arbeitsbericht 38, Städtebauliches Institut Universität Stuttgart, Stuttgart 1981, S. 65-76

Kugler, U.: Der Abbau der Steinkohlenlagerstätte an der Ruhr in großer Teufe. In: Glückauf 118, 1982, Nr. 17, S. 873-879

Kugeler, Bedeutung neuer Energieumwandlungsprozesse für die kommunale Energieversorgung, in: 2. ITZ-Workshop "Energieversorgungskonzept Ruhr" Innovationsförderungs- und Technologietransfer-Zentrum der Hochschulen des Ruhrgebietes, Duisburg, Juni 1981

Kuhl, G.: Umweltschutz im materiellen Raumordnungsrecht, Münster 1977

Kundel, H.: Die Strebtechnik im deutschen Steinkohlenbergbau, in: Glückauf 118, 1982, Nr. 18, S. 938-947

Kunzmann, K. u.a.: Forschungsprojekt "Lippezone" Universität Dortmund, 1982, unveröffentlicht

Kunzmann, K./Winter, U.: Zur Bewältigung der Folgewirkungen zukünftiger Bergbautätigkeit in der Lippezone, Institut für Raumplanung, Universität Dortmund, 1982, Kurzfassung

Länderarbeitsgemeinschaft Wasser: Grundlagen für die Beurteilung der Wärmebelastung von Gewässern. 2. verbesserte Auflage, Mainz 1977

Landesamt für Wasser und Abfall Nordrhein-Westfalen: Wärmelastrechnung Lippe, Düsseldorf 1980

Landesregierung Nordrhein-Westfalen: Landeskabinett beschließt Handlungsrahmen für den Ausbau der Fernwärme in NRW, Düsseldorf 1981, die Landesregierung informiert, Nr. 142/4/1981

Leach, G., u.a.: A Low Energy Strategy for the United Kingdom, International Institute for Environment and Development, Science Rewiews, Londen 1979

Linksniederreihnische Entwässerungsgenossenschaft, Kamp-Lintfort, interne Statistiken, 1955-1982, (unveröffentlicht)

Linksniederrheinische Entwässerungsgenossenschaft, Kamp-Lintfort, Schriftliche Mitteilung vom 12.8.1982, (unveröffentlicht)

Lippeverband Essen: Interne Statistiken 1955-1982, unveröffentlicht

Lippeverband Essen, Fünfzig Jahre Lippeverband, Dortmund/Essen 1975

Lönnroth, H., u.a.: Energy in Transition - A Report on Energy Policy and Future Options, Secretariat for Future Studies, Udevalla, Schweden 1977

Lovins, A.B.: Sanfte Energie - Das Programm für die energie- und industriepolitische Umrüstung unserer Gesellschaft, Reinbek 1978

Ludwig, G.: Möglichkeiten und Probleme der Anwendung von Nutzen-Kosten-Analysen bei Projekten der Wohngebietssanierung, Institut für Siedlungs- und Wohnungswesen der Universität Münster, Sonderdruck 52, Münster 1972

Ludwig, H./Surendorf F./Weber, E.: TA-Luft als Instrument der Luftreinhaltung, in: Wlb, Wasser, Luft, Betrieb, 1/2 (1983), S. 72-76

Medizinische, biologische, und ökologische Grundlagen zur Bewertung schädlicher Luftverunreinigungen, Sachverständigenanhörung Berlin, 1978

Mellon Institute (R. Sant): The Least-Cost Energy Strategy, Mellon Institute, Boston 1981

Meyer-Abich, K.M.: Energieeinsparung als neue Energiequelle, München 1979

Michaeli, W., u.a.: Erhaltung und Erneuerung überalterter Stadtgebiete aus der Zeit zwischen den Gründerjahren und 1919 in NRW, Schriftenreihe des Instituts für Landes- und Stadtentwicklungsforschung des Landes NW, Wohnungsbau-Kommunaler Hochbau, Bd. 3.016, Dortmund 1977

Michel, B.: Funktion der technischen Infrastruktur in der regionalen Entwicklung, Dissertation, Darmstadt 1978

Michel, G. u.a.: Betrachtungen über die Tiefenwässer im Ruhrgebiet. In: Fortschritte in der Geologie von Rheinland und Westfalen, Bd. 20, 1974, S. 215-236

Mildner, R.: Die Nutzen-Kosten-Analyse als Entscheidungshilfe für die Stadtentwicklungsplanung, Schwarzenbek 1980

Ministerium für Arbeit, Gesundheit und Soziales Nordrhein-Westfalen: Luftreinhalteplan Ruhrgebiet - Ost, Düsseldorf, 1979

Minister für Wirtschaft, Mittelstand und Verkehr Nordrhein-Westfalen: Bericht über die Tätigkeit der Bergebehörden Nordrhein-Westfalen, verschiedene Jahrgänge, Düsseldorf

Minister für Wirtschaft, Mittelstand und Verkehr Nordrhein-Westfalen: Energiebericht 1982, Düsseldorf 1982

Ministerkonferenz für Raumordnung: Ergebnisniederschrift über die 8. Sitzung der MRKO v. 28.2.1974 in Bonn:Raumordnung und Umweltverträglichkeitsprüfung, Bonn, 1974

Mittelbach, u.a.: Der Einfluß moderner Steinkohlekraftwerke auf die Immission in: VGB-Kraftwerkstechnik, H 12, 1978, S. 867-873

Miller, C.: Allgemeine Übersicht über die Trockenkühltürme unter besonderer Berücksichtigung der Stromgestehungskosten, in: Elektrizitätswirtschaft, 1973, H 10, S. 300-304

Möller, K.-P./Oest, W./Ströbele, W.: Wirbelschichtfeuerung in Heizkraftwerken: zwei Fallstudien, in: Elektrizitätswirtschaft, 1980, H 18, S. 642-650

Müller, W.: Städtebau, technische Grundlagen, Stuttgart 1979

Münch, E.: Tatsachen über Kernenergie, Essen 1980

Nesselmüller, G.: Rechtliche Einwirkungsmöglichkeiten der Gemeinden auf ihre Eigengesellschaften, Schriften zum deutschen Kommunalrecht, Bd. 14, Siegburg 1977

Ngiaru, J.O.: Sulphur in the Environment. Part 1: The Atmospheric Circle, Wiley 1978

Obenhaus, W.: Praktikable Entscheidungshilfe - Überlegungen für eine Konzeption der Prüfung der Umweltverträglichkeit öffentlicher Maßnahmen, in: Umwelt, 1973, S. 58-60

Ohlwein, K.: Energiebewußte Eigenheimplanung, Planungs- und Konstruktionshilfen, Wiesbaden 1979

Organisation for Economic Co-Operation and Development (OECD): The Costs and Benefits of Sulphur Oxide Control, Paris 1981

Ortner, G./Ritter, K.: Die Verdunstungsverluste als begrenzender Faktor für Standorte thermischer Kraftwerke an mittleren Flüssen, in: Energie, 1976, Nr. 8, S. 224-230

Pieper, H.: Ökologisches Gutachten Hambach, Landesoberbergamt Nordrhein-Westfalen, Dortmund 1974

Pöpel, F.: Lehrbuch für Abwassertechnik und Gewässerschutz, Wiesbaden 1975, Loseblattsammlung

Pott, J.: Zweifelhafte Opfer für den Wald, in: Zeitung für kommunale Wirtschaft, Nr. 4, 1983

Presse- und Informationsamt der Bundesregierung: Gesellschaftliche Daten 1982, Bonn 1983

Prinz, B., u.a.: Waldschäden in der Bundesrepublik Deutschland, Landesanstalt für Immissionsschutz des Landes Nordrhein-Westfalen, Bericht Nr. 28, Essen 1982

Prinz, W.: Das Flensburger Energiekonzept, Stadtwerke Flensburg, Flensburg 1979

Püttner, G.: Das Recht der kommunalen Energieversorgung, Schriftenreihe des Vereins für Kommunalwissenschaften e.V., Berlin, Bd. 19, 1964

Ramshorn: Die Wasserwirtschaft im Rheinisch-Westfälischen Industriegebiet, in: Glückauf 88, 1952, Heft 7/8, S. 6

Rasmussen: Reactor Safety Study: An Assessment of Accident Risks in US Commercial Nuclear Power Plants, Nuclear Regulatory Commission, Washington D.C., WASH-1400, 1975

Raulefs, W.: Brennstoffeinsparung bei der Wärme-Kraft-Kopplung, in: Fernwärme International 10, (1981) S 238-244

Rat der Stadt Dortmund: Dortmund als Standort einer Kohleverflüssigungsanlage, Ratsvorlage vom 11.11.1981 (unveröffentlicht)

Rawert, H.: Probleme der Entwicklungspolitik im Ruhrgebiet aus der Sicht der langfristigen Energieversorgung. In: Schutzgemeinschaft deutscher Wald, Probleme der Entwicklungspolitik im Ruhrgebiet. Referate der Herbsttagung 1979, Koblenz 1980

Recknagel/Sprenger: Taschenbuch für Heizungs- und Klimatechnik, Frankfurt/M. 1977

Reiners, H.: Braunkohle 2. Deutscher Planungsatlas, 1, Lieferung 11, Hannover (Schroedel)

Regierungspräsident Düsseldorf: Fragenkatalog zu Wasserfragen im Norden des Braunkohlenreviers, Düsseldorf 1982, unveröffentlicht

Richter, E./Knoblauch, K./Jüntgen, H.: Simultane Entfernung von SO_2 und NO_x unter den Bedingungen der Rauchgasreinigung von Kraftwerken, in: Chem. - Ing. - Technik 52 (1980) Nr. 5, S 456 - 457

Riechmann, V.: Kommunale Energiepolitik, in: Archiv für Kommunalwissenschaften, 1982, S. 69-85

Riesenhuber, H.: Interview in der Zeitschrit "Der Spiegel", Nr. 18, (Mai 1983), S. 112

Riksdagen, regeringens proposition 1977/1978 : 76, med energisparplan för befintlig bebyggelse; Stockholm, 1977

Rinke, G./Kaltenbrunner, H.F.: Gewässerbezogene Auswahlkriterien für Kühlverfahren thermischer Kraftwerke als Beitrag zur Bewertung von Wärmeeinleitungen in Vorfluter, Studie im Auftrag des Umweltbundesamtes, Darmstadt 1980

Rödel, E.: Der Braunkohlentagebau als Problem der Raumordnung. In: Das Markscheidewesen 89, 1982, Nr. 4, S. 146-149

Roth, U.: Energie- und klimabewußtes Planen und Bauen, in: Örtliche und regionale Energieversorgungskonzepte, Bundesforschungsanstalt für Landeskunde und Raumordnung, Bonn 1981

Roth, U.: Wechselwirkungen zwischen der Siedlungsstruktur und Wärmeversorgungssystemen, Bundesminister für Raumordnung, Bauwesen und Städtebau, Bonn 1980

Rottmann, D.: Untersuchungen zu Wasseraufkommen, Wasserverwendung und Wasserableitung der Betriebe des Steinkohlenbergbaus in der Bundesrepublik Deutschland, Dissertation, Aachen 1969

Rouvel, L.: Heizwärmeverbrauchsanalysen und Einflußgrößen auf den Heizwärmeverbrauch; Referat im Rahmen des schwedisch-deutschen Kolloquiums, Rationelle Energieverwendung im Wohnungsbau und in der Stadtentwicklung, Bundesminister für Raumordnung, Bauwesen und Städtebau, Bonn, Sept. 1982

Rouvel, L.: Raumkonditionierung, Wege zum energetisch optimierten Gebäude, Berlin 1978

Rudolph, R., u.a.: Fernwärme, Technik und Wirtschaftlichkeit, Batelle Schriftenreihe Energie, Köln 1982

Rudolph, R./Purper, G.: Technikfolgeabschätzung Wärmepumpen; Elektrowärme im technischen Ausbau Nr. 4/5, 1979 A

Rürup, H.: Explorationen am Nordrand des Reviers. Ruhrkohle AG, Essen 1982

Rürup, H.: Steinkohlenbergbau und Wasserwirtschaft im Ruhrkohlenbezirk in: Wasserwirtschaft und Gewinnung fossiler Energieträger. Deutscher Verband für Wasserwirtschaft, Düsseldorf, (1976), Abschnitt 22

Ruhrkohle AG: "Fragen zur Bergewirtschaft", Essen 1982

Sauer, A.: Der Ruhrbergbau in der Landes- und Regionalplanung, in: Das Markscheidewesen, 1982, Nr. 1, S. 19-29

Schäfer, H.: Kumulierter Energieverbrauch von Produkten, Methoden der Ermittlung - Probleme der Bewertung, in: Brennstoff-Wärme-Kraft, Nr. 7, 1982, S. 337-344

Schärer, B.: Kfz-Lärmabgabe-Anreiz für leise Kraftfahrzeuge ? In: Kampf dem Lärm, Bd. 26, 1979, H. 3

Schärer, B.: Luftverschmutzung durch Schwefeldioxid, Texte des Umweltbundesamtes Berlin, 1981

Schiffer, H.W.: Kostenfunktionen der Energieträger, Schriftenreihe des Energiewirtschaftlichen Instituts, Bd. 23, München, 1978

Schilling, H.D., u.a.: Die Wirbelschichtverbrennung und ihre Bedeutung für den Wärmemarkt, in: Erdöl und Kohle, H 9, 1981, S. 368-391

Schmidt, R.: Bergmännische Wasserwirtschaft im Steinkohlenbergbau, in: Bergbau, H 3, 1979, S. 122-125

Schmidt, R.: Bergmännische Wasserwirtschaft und die Gewinnung fossiler Energieträger, Deutscher Verband für Wasserwirtschaft, Düsseldorf 1976, Abschnitt 25

Schmitz, K.: Langfristplanung in der Energiewirtschaft, Basel 1979

Schnug, A.: Elektrizitätswirtschaft, in: Brennstoff-Wärme-Kraft, H 4, 1982, S. 190-201

Schott, T., u.a.: Entwicklung der leitungsgebundenen Energieversorgung bis zum Jahr 2000, in: Brennstoff-Wärme-Kraft, Nr. 5, 1982, S. 281-286

Schott/Teufel: Kohleveredelung, Institut für Energie- und Umweltforschung, Heidelberg, Juni 1981

Sealock, L.J./Mudge, L.K.: Environmental Control Assessment of Entrained Flow Gasifiers-Commercial Control Systems, in: Proceedings ..., Washington D.C., 1979

Semmler, W.: Die Halden als hydrogeologisches Problem, in: Schlägel und Eisen, 1958, Nr. 9, S. 694-698

Siebert, H.: Ökonomische Theorie der Umwelt, Tübingen 1978

Siebert, H.: Instrumente der Umweltpolitik, die ökonomische Perspektive, in: Umweltökonomik, Gäfgen, G. (Hrsg.), Königstein, 1982

Siebert, H.: Neuere Entwicklungen in der ökonomischen Analyse des Umweltschutzes, in: Umweltökonomik, Gäfgen, G. (Hrsg.) Königstein 1982

Siebert, G./Werner, H.: Bergeverkippung und Grundwasserbeeinflussung am Niederrhein, in: Fortschritte der Geologie Rheinland und Westfalen, Krefeld, April 1969, S. 263-278

Siemon, H./Paul, R.: Entwässerung der Braunkohlentagebaue im Rheinischen Braunkohlenrevier, in Braunkohle, Wärme und Energie, Jahrgang 1967, Heft 2, S. 3-12

Solow, R.M.: The Economist's Approach to Pollution and its Control, in: Science, Vol. 173, 1971, S. 498-503

Sperling, D.: Die Stadt in ihrem energetisch-ökologischen Umfeld, Referat anläßlich der "EnergieTec '80" in Berlin, Institut für Städtebau, Berlin 1980

Spindler, E.: Umweltverträglichkeitsprüfung in der Raumplanung, Dortmunder Beiträge zur Raumplanung, Bd. 28, Dortmund 1983

Spreer, F.: Grundsatzfragen örtlicher und regionaler Energieversorgungskonzepte, in: Bundesforschungsanstalt für Landeskunde und Raumordnung, Mannheim-Seminar, Bonn 1981

Staatliches Amt für Wasser- und Abfallwirtschaft (STAWA), Düsseldorf: Wasserwirtschaft und Braunkohle, Düsseldorf 1980

Staatliches Amt für Wasser- und Abfallwirtschaft (STAWA) Düsseldorf: Wasserversorgungsbilanz für den Wirtschaftsraum Mönchengladbach-Viersen, Düsseldorf 1979

Stadt Saarbrücken: "Das örtliche Versorgungskonzept Saarbrücken, 1980-1985" Saarbrücken 1980

Stadtwerke Dortmund, allgemeine Tarife zur Versorgung mit Gas, verschiedene Jahrgänge

STEAG/VEW, Gemeinschaftskraftwerk Bergkamen, Essen 1981, Lageplan

Steimle, F.: Die Bedeutung der Wärmepumpe für Energiewirtschaft und Technik sowie ihr Einfluß auf die Umwelt, in: Statusseminar "Wärmepumpen und Gewässerschutz", Bericht 79-1 der Abwärmekommission, Berlin 1979

Stein: Ökologisches Gutachten über die Auswirkungen des Tagebaues Hambach auf die Umwelt, Teilgebiet Wasserwirtschaft, Bergheim 1975

Stein, A.: Gedanken zur Sicherung der Wasserversorgung im Gebiet des großen Erftverbandes, in: Neue Deliwa-Zeitschrift, 1969, S. 85-89

Steinmüller, B.: Zum Energiehaushalt von Gebäuden, Systemanalytische Betrachtungen anhand vereinfachter, dynamischer Modelle, Dissertation, Aachen 1982

Stich, R. u.a.: Vorschriften zur Umweltverträglichkeitsprüfung in den Fachplanungen, Gutachten im Auftrag des Umweltbundesamtes, Kaiserslautern 1980

Strümpel, B.: Energieeinsatz alternativ, München 1979

Sutter, K.H.: Rückwirkungen von Neuerungen in der Energieversorgung auf die Heizkraftwirtschaft, in: Fernwärme International, 1979, H 3, S. 106-107

Teufel, D.: Analyse der Inhaber Studie, Forschungsbericht St. Sch. 706, Im Auftrag des Bundesministers des Innern, Vorstudie, Heidelberg 1981

Teufel, D.: Forschungsbericht "Analysen der Grundlagen für Risikovergleiche zwischen dem natürlichen Strahlenrisiko, dem mit der Kernenergie verbundenen und dem mit der Stromerzeugung aus Steinkohle verbundenen Gesamtrisiko, im Auftrag des Bundesministerium für Forschung und Technologie, Bonn 1983

Teufel, D.: Risikovergleich Kernenergie, Kohle und natürliche Radioaktivität, Institut für Energie- und Umweltforschung, Heidelberg 1983, Kurzfassung

The National Swedish Board of Physical Planning and Building "Regulations of Energy Conservations in New Buildings", v. 1.1.1977, Stockholm 1977

Treptow, O.: Bodenwirtschaft für den Steinkohlenbergbau, in: Glückauf, H 2, 1959, S. 108-114

Ulrich, B. u.a.: Deposition von Luftverunreinigungen und ihre Auswirkungen in Waldökosystemen im Solling, Schriftenreihe der Forstlichen Fakultät der Universität Göttingen, Nr. 58, Frankfurt 1979

Ulrich, B.: Gefahren für das Wald-Ökosystem durch saure Niederschläge, in: Immissionsbelastungen von Wald-Ökosystemen, Landesanstalt für Ökologie, Landschaftsentwicklung und Forstplanung NW, Recklinghausen 1982

Umweltbundesamt, Bericht über die Wasserversorgung in der Bundesrepublik Deutschland, Berlin 1982

Umweltbundesamt, Luftreinhaltung 81, Entwicklung - Stand - Tendenzen, Berlin 1981

Umweltbundesamt, Jahresbericht 1979, Berlin 1980

Umweltbundesamt: Materialien zum Immissionsschutzbericht 1977, Berlin 1977

VEBA OEL AG: Vorstudie zum Bau einer großtechnischen Kohlehydrieranlage, Essen, Dezember 1981

Verband kommunaler Unternehmen (VKU): Stellungnahme zur Dritten Fortschreibung des Energieprogramms der Bundesregierung (Protokoll der Sitzung vom 15.12.1981)

Vereinigung der Großkesselbesitzer (VGB): Wissenschaftliche Berichte Wärmekraftwerke Nr. 8: Minderungstechnologie für NO_x-Emissionen steinkohlenbefeuerter Großkraftwerke, VGB-TW 301, Essen 1982

Verein Deutscher Ingenieure (VDI): Handbuch Kohlevergasung und -hydrierung zur Bereitstellung von Sekundärenergien, Treibstoffen und Chemierohstoffen, VDI- Gesellschaft, Energietechnik, Essen 1980

Vereinigung deutscher Elektrizitätswerke: Die volkswirtschaftliche Bedeutung der elektrischen Energie auf dem Wärmemarkt, Frankfurt 1980

Vereinigung deutscher Elektrizitätswerke, Frankfurt/M., versch. interne Statistiken, unveröffentlicht)

Vereinigung deutscher Elektrizitätswerke: "Prämissen und Grunddaten der Parameterstudie 'örtliche und regionale Energieversorgungskonzepte für Niedertemperaturwärme", Frankfurt 1982, unveröffentlichtes Manuskript

Vereinigung deutscher Elektrizitätswerke: Stellungnahme der VdEW zu dezentralen Stromerzeugungsanlagen, in: Elektrizitätswirtschaft 1980, S. 762

Vereinigung deutscher Elektrizitätswerke (VdEW): Überlegungen zur künftigen Entwicklung des Stromverbrauchs privater Haushalte in der Bundesrepublik Deutschland bis 1985, Frankfurt 1976

Vereinigte Elektrizitätswerke Westfalen AG (VEW): Tarife, Dortmund, verschiedene Jahrgänge

Volwahsen, A: Stadterneuerung und Energiemodernisierung in Berlin, unveröff. Manuskript 1982

Volwahsen, A. u.a.: Rationelle Energieverwendung im Rahmen der kommunalen Entwicklungsplanung, Schriftenreihe des Bundesministers für Raumordnung, Bauwesen und Städtebau, Bonn 1980

Volwahsen, A., u.a.: Rationelle Energieverwendung im Rahmen der Stadterneuerung, Schriftenreihe des Bundesministers für Raumordnung, Bauwesen und Städtebau, Bonn 1980

Voß, A.: Energiewirtschaftliche Gesamtsituation, in: Brennstoff-Wärme-Kraft, April 1983, S. 137-140

Wagner: Vereinigung deutscher Elektrizitätswerke (VdEW), Frankfurt, Schriftliche Mitteilung vom 20.11.1983

Wagner, H.G.: Der Energieaufwand zum Bau ausgewählter Energieversorgungstechnologien, Dissertation, Aachen 1982

Weidlich, B., u.a.: Rationelle Energieverwendung im Planungsgebiet Erlangen - West, Köln 1980

Wenzel, Davids: Die Kohlenmonoxidemission in der Bundesrepublik Deutschland, Materialien zur Umweltforschung, Stuttgart 1978

Werner, G.: Bauphysikalische Einflüsse auf den Heizenergieverbrauch, Berlin 1980

Werner, G.: Umweltbelastungsmodell einer Großstadtregion, Beiträge zur Umweltgestaltung, B 11, Berlin 1977

Wicke, L.: Die Bedeutung der Lärmabgabe als Instrument der Lärmpolitik, in: Zeitschrift für Umweltpolitik, 2. Jg. 1979, S. 1-34

Wicke, L.: Löst eine Abgabe das Abwärmeproblem ? in: Wirtschaftsdienst, 60. Jg., 1980, S. 280 ff

Wicke, L.: Umweltökonomie, München 1982

Winje, D.: Die Abwärmeabgabe - ein wirtschaftspolitisches Instrument zur Ressourcenschonung ? in: Brennstoff-Wärme-Kraft, 1980, H 7, S. 269-272

Winje, D./Iglhaupt: Der Wasserbedarf in der Bundesrepublik Deutschland bis zum Jahre 2010, im Auftrag des Umweltbundesamtes, Berlin 1980

Winter, C.-J., u.a.: Sonnenenergie - ihr Beitrag zur künftigen Energieversorgung der Bundesrepublik Deutschland, in: Brennstoff-Wärme-Kraft Nr. 5, Mai 1983, S. 243-254

Wissemann: Rheinisch-Westfälische Elektrizitätswerke AG (RWE), Essen, Schriftliche Mitteilung vom 26.1.1983

Witte, E.: Das Informationsverhalten im Entscheidungsprozeß, Tübingen 1972

Wörner, D: Diskussionsbeitrag in: Kühlregie bei Wärmekraftwerken, Abwärmekommission beim Umweltbundesamt, Berlin 1981, S. 35

Wohlrab, B.: Auswirkungen wasser- und bergbaulicher Eingriffe auf die Landeskultur. Untersuchungen zu ihrer Klärung und für ihren Ausgleich. Landesausschuß für landwirtschaftliche Forschung und Beratung, Reihe C, Wissenschaftliche Berichte und Diskussionsbeiträge, Heft 9, Hiltrup 1965

Wohlrab, B.: Luftverunreinigungen, Entstehen und Wirkungen, in: Berichte zur Landeskultur, Gießen 1981

Wunderlich, U.: Auswirkungen des Wärmeentzugs auf die Güte von Oberflächenwässern, in: Wärmepumpen und Gewässerschutz, Berlin 1979

Zangemeister, C.: Nutzwertanalyse in der Systemtechnik, 4. Aufl., München 1976

Zwintscher, K.: Social Costs der öffentlichen Wasserversorgung, Veröffentlichung des Instituts für Wasserforschung, Dortmund 1973

Gesetze und Verordnungen

Abstände zwischen Industrie- und Gewerbegebieten und Wohngebieten im Rahmen der Bauleitplanung RdErl. d. Ministers für Arbeit, Gesundheit und Soziales vom 25.7.1974 (Ministerialblatt NW 1974, S. 992) zuletzt geändert 1982 (Minsterialblatt NW, Nr. 67, vom 20.8.1982)

Bundesbaugesetz (BBauG) i.d.F.v. 18.8.1976 (BGBL I, S. 2256)

Bundesminister des Innern (Hrsg.) Grundsätze für die Prüfung der Umweltverträglichkeit öffentlicher Maßnahmen des Bundes, in: Bekanntmachung des BMI v. 12.9.75, GMBl, 1975, S. 717

Bundesrat: Anlage zur Drucksache 43/83, Entwurf des Landes Hessen zum Schwefelabgabengesetz, Bonn, 26.1.1983

Bundesraumordnungsgesetz, v. 8.4.1965, BGBl, 1965, S 306, i.d.F.v. 1.6.1980, BGBl I, 1980, S. 649 ff

Bundesverwaltungsgericht, Urteil vom 5.7.1974, (Flachglasfall) in: BauR 1974, S. 311

DIN 4108, Wärmeschutz im Hochbau, Teil 4, "Wärme- und feuchteschutztechnische Kennwerte", August 1981

DIN 4701, Regeln für die Berechnung des Wärmebedarfs in Gebäuden, Entwurf, März 1978

DIN 5481: Wortverbindungen mit den Wörtern Konstante, Koeffizient, Zahl, Faktor, Grad und Maß, Deutscher Normenausschuß, Köln/Berlin, Juli 1971

Dreizehnte Verordnung zur Durchführung des Bundes-Immissionsschutzgesetzes (Verordnung über Großfeuerungsanlagen), Kabinettsvorlage v. Feb. 1983, Drucksache 95/83, Bonn 1983

Dritte Verordnung zur Durchführung des Bundesimmissionsschutzgesetzes (Verordnung über den Schwefelgehalt von leichtem Heizöl und Dieselkraftstoff) v. 15.1.1975, (BGBl I, 1975, S. 264 ff)

Einkommensteuer - Durchführungsverordnung (EStDV) v. 24.9.1980, (BGBl, I S. 1801)

Einkommenssteuergesetz (EStG) v. 6.12.1981, (BGBl I, S. 2429)

Emissionserklärungs-Verordnung, 11. Verordnung zum Bundesimmissionsschutzgesetz v. 24.12.1978

Erste Allgemeine Verwaltungsvorschrift zum Bundes-Immissionsschutzgesetz, Technische Anleitung zur Reinhaltung der Luft (TA-Luft) vom 23.2.1983, (GMBl, S. 94)

Gemeindeordnung Nordrhein-Westfalen vom 19. Dez. 1974, (GV NW, 1975, S. 91)

Gesetz gegen Wettbewerbsbeschränkungen (GWB) vom 27. Juli 1957 (BGBl I, S. 1081), in der Fassung vom 24. September 1980, (BGBl I, S. 1761)

Gesetz über Abgaben für das Einleiten von Abwasser in Gewässer (Abwasserabgabengesetz) vom 13. Sept. 1976, (BGBl I, S. 2721)

Gesetz zum Schutz vor schädlichen Umwelteinwirkungen durch Luftverunreinigungen, Geräusche und Erschütterungen und ähnliche Vorgänge (Bundesimmissionsschutzgesetz - BImSchG) v. 15. März 1975, (BGBl I, S. 721) i.d.F. v. 4. März 1982, (BGBl I, S. 281)

Gesetz zur Förderung der Energiewirtschaft vom 13. Dezember 1935, (RGBl I, S. 1451), in der Fassung vom 19. Dez. 1977, (BGBl, I, S. 2750)

Gesetz zur Förderung der Modernisierung von Wohnungen und von Maßnahmen zur Einsparung von Heizenergie (Modernisierungs- und Energieeinsparungsgesetz - ModEnG) v. 12. Juli 1978, (BGBl I, S. 993)

Gesetz zur Förderung der Modernisierung von Wohnungen (Wohnnungsmodernisierungsgesetz - WoModG) v. 23. August 1976, (BGBl. I, S. 2429)

Gesetz zur Regelung der Miethöhe (Miethöhengesetz - MHG) v. 18.12.1974, (BGBl I, S. 3604)

Innenminister des Landes Nordrhein-Westfalen: Bestimmungen über die Förderung der Modernisierung und des Aus- und Umbaus von Wohnungen im Ruhrgebiet (Ruhrbauprogramm - RuhrBauP)

Runderlaß des Innenministers NW vom 13.2.1980 (- VI S - 4.031 - 210/82) als Bestandteil des Aktionsprogramms Ruhr, Maßnahmeprogramm der Landesregierung in NRW zur Verbesserung der Wirtschaftsstruktur und der Lebensbedingungen im Ruhrgebiet, Düsseldorf, 1979

Investitionsprogramm zur wachstums- und umweltpolitischen Vorsorge, (BGBl I, 1977, S. 209)

Investitionszulagengesetz (InvZulG) v. 25.6.1980, (BGBl. I, S. 737)

Technische Richtlinie zur Luftreinhaltung in Mineralölraffinerien und petrochemischen Anlagen zur Kohlenwasserstoffherstellung - Raffinerierichtlinie - in: Ministerialblatt für das Land Nordrhein-Westfalen, 1975, S. 966

Verein Deutscher Ingenieure - Richtlinie 2067, Berechnung der Kosten von Wärmeversorgungsanlagen, Entwurf, Dezember 1979

Verein Deutscher Ingenieure - Richtlinie 2309, Blatt 1 v. März 1983

Verein Deutscher Ingenieure - Richtlinie 2310, Sept. 1974

Verein Deutscher Ingenieure - Richtlinie 2310, Entwurf, Sept. 1978

Verordnung über einen energiesparenden Wärmeschutz bei Gebäuden (Wärmeschutzverordnung) v. 11.8.1977, (BGBl, I., S. 1554)

Verordnung über einen energiesparenden Wärmeschutz bei Gebäuden. (Wärmeschutzverordnung - Wärmeschutz V) vom 24.2.1982, (BGBL I, S. 209)